U0171438

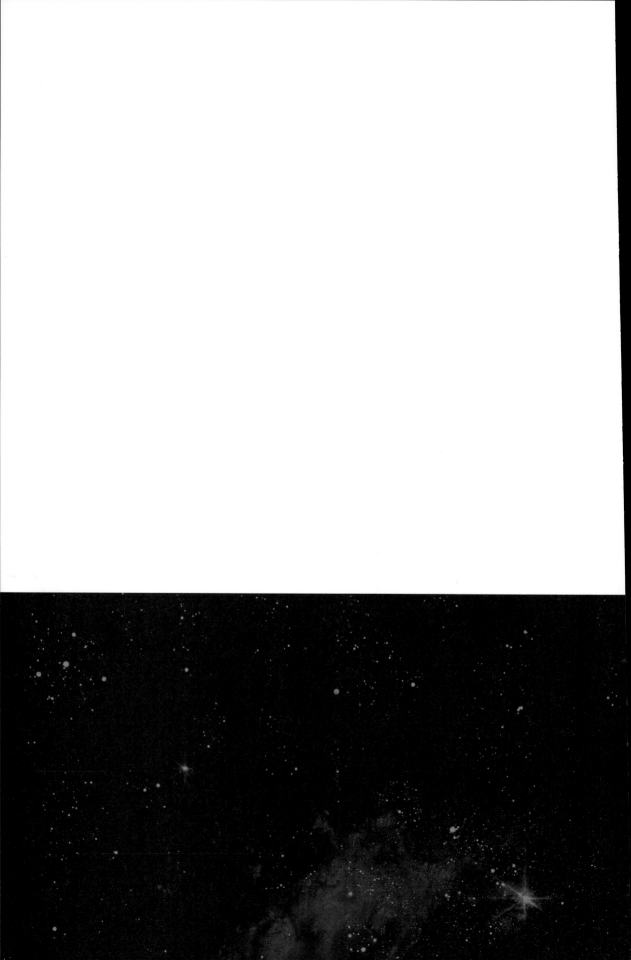

海底科学与技术丛书

并行编程原理与程序设计

PARALLEL PROGRAMMING AND ITS PRINCIPLE

何兵寿　宋　鹏　刘　颖/编著

科学出版社

北　京

内 容 简 介

本书主要介绍目前最常用的几种并行程序设计思路与方法，主要内容包括并行计算基础、OpenMP 并行程序设计简介、MPI 并行程序设计、CUDA 并行程序设计及求解声波方程的并行程序五个部分。其中 OpenMP 对应共享内存的 CPU 并行编程，MPI 对应消息传递的 CPU 并行编程，CUDA 对应 GPU 编程。因此，通过对本书的学习，可以掌握目前最常用的几种并行编程方法。

本书适合高年级本科生、理工科计算机及非计算机类专业研究生作为教材或教学参考书，也适合广大的并行程序设计方法学习者作为参考书使用。本书主要以 C 语言作为宿主语言，凡具有初步的 C 语言基础的读者可以通过学习和练习掌握本书内容。

图书在版编目（CIP）数据

并行编程原理与程序设计 / 何兵寿，宋鹏，刘颖编著. —北京：科学出版社，2021.9

(海底科学与技术丛书)

ISBN 978-7-03-069482-9

Ⅰ. ①并… Ⅱ. ①何… ②宋… ③刘… Ⅲ. ①并行程序-程序设计 Ⅳ. ①TP311.11

中国版本图书馆 CIP 数据核字（2021）第 151589 号

责任编辑：阚 瑞 / 责任校对：杜子昂
责任印制：吴兆东 / 封面设计：无极书装

科 学 出 版 社 出版
北京东黄城根北街 16 号
邮政编码：100717
http://www.sciencep.com

北京中科印刷有限公司印刷

科学出版社发行 各地新华书店经销

*

2021 年 9 月第 一 版 开本：787 × 1092 1/16
2023 年 3 月第二次印刷 印张：30 3/4
字数：700 000

定价：269.00 元

（如有印装质量问题，我社负责调换）

前　言

作为理论和实验之外的科学研究的第三种手段，高性能计算已经并将继续在科学和工程领域中发挥越来越重要的作用。目前，理科各专业、工程技术、经济管理、社会科学乃至媒体艺术等都在使用并行计算技术进行相关研究和设计工作，编写合适的并行程序是实现高性能计算的关键。本书是一本并行编程的入门级教材，主要介绍并行计算基础、OpenMP 并行程序设计方法、MPI 并行程序设计方法和 CUDA 并行程序设计方法等目前最常用的并行编程方法，读者通过对本书的学习可以初步掌握上述三种并行编程工具并初步具备编写并行程序的能力，并行编程能力的进一步提升需要读者通过大量的实习实践和持续学习来实现。

本书主要包括五篇内容。第一篇主要介绍并行计算的软硬件基础，由第 1 章和第 2 章组成。第 1 章为硬件基础部分。首先介绍了并行计算的概念，分析了并行计算和计算科学之间的关系及当代科学与工程问题的计算需求。然后介绍了并行计算机的发展历史、分类、体系结构与存储结构模型，并对目前常见的共享存储多处理机系统、分布存储多处理机系统和集群系统进行了简要介绍。最后介绍了并行计算机的一些基本性能指标。第 2 章为软件基础部分。首先给出了并行算法、进程、线程及加速比和效率等并行计算领域的基本概念，简要介绍了并行程序的三种开发策略和并行算法的描述方法；然后通过一个计算π的样本程序介绍了数据并行模型、消息传递模型和共享变量模型的主要特点和实现思路，并对 PCAM 并行程序设计思路进行了较为详细的介绍；最后对 HPF、PVM、OpenMP、MPI 及 CUDA 等目前最常用的并行程序设计工具进行了介绍。

第二篇为 OpenMP 并行计算的程序设计的简明教程，包括 OpenMP 的简单介绍(第 3 章)，基本的指令结构(第 4 章)，常用的指令、从句、环境变量和库函数说明(第 5 章)，以及利用 OpenMP 如何实现并行程序设计的几个简单实例(第 6 章)。它属于简单的入门教程，仅对 OpenMP 指令结构和常用指令的使用进行了简单介绍，若对 OpenMP 的高级使用，如并行算法的优化等更多详细技术细节需要查阅其官方网站《OpenMP C and C++ Application Program Interface》。

第三篇主要介绍 MPI 并行程序的设计思路与方法。重点介绍了 MPI 的通信调用。MPI 的通信分为点对点通信和组通信两种，点对点通信是指只有两个进程参与的通信(一方发送，另一方接收)；组通信是指要求指定通信域中所有进程都必须参加的通信，两者具有不同的通信上下文，互不干涉。通过点对点通信部分的学习，读者可以掌握 MPI 消息、阻塞通信、非阻塞通信、对等模式并行程序、主从模式 MPI 并行程序、MPI 的四种通信模式及如何设计安全的 MPI 并行程序等重要概念和方法，还可以掌握许多 MPI 的通信调用接口。通过这些内容的学习，读者可以编写出基本的 MPI 并行程序。通过对组通信部分的学习，读者可以掌握 8 个组内消息传递调用、1 个组内同步调用和 4 个组内计算调用，能够在程序设计过程中通过组通信调用提高并行程序的执行效率。本篇还介绍了 MPI 并行程序设计过程中不连续数的发送与接收方法、进程组和通信域的管理方法，这些方法的掌握能让读者编写出更复杂高效的并行程序。本篇最后一章简要介绍了 MPI-2 中的一些新特性，包括动态进程管理、远程存储访问和并行 I/O 等，这为读者进一步深入学习 MPI-2 提供了基础。本篇第 8 章给出了 MPI 的安装与并行环境设置方法，读者可据此下载并安装 MPI 软件包并进行练习。

第四篇介绍如何基于 CUDA 实现算法的 GPU 加速。第 17 章主要介绍 GPU 的发展历史、硬件架构特征及基于 GPU 进行程序开发的发展；第 18 章主要介绍 CUDA C 语言与 CUDA 函数库、CUDA 的安装与配置及 CUDA 编译与驱动。第 19 章和第 20 章介绍如何基于 CUDA 进行程序编写和优化。第 21 章主要介绍如何管理和应用多设备集群实现 CUDA 程序的高性能并行运算。

第五篇只包含第 22 章内容，主要通过一个有限差分求解各向同性介质中声波方程的并行程序来深入理解并行程序设计方法。第 22.1 节给出了有限差分求解声波方程的基本算法与公式，包括方程形式、差分网格、差分格式、差分系数的求取方法、稳定性条件、吸收边界条件及震源的设置方法等，并在此基础上给出了二维声波方程正演模拟的基本步骤与流程图。第 22.2～22.5 节分别给出了有限差分求解声波方程的串行 C 语言程序，C+OpenMP 程序、C+MPI 程序、CUDA 程序及 C+MPI+CUDA 程序，读者可以通过这些程序进一步理解并掌握 OpenMP、MPI、CUDA 及 MPI+CUDA 程序的设计思路与方法。

本书可作为理工科专业的并行编程课程教材，也可以作为研究生课程的教材。对已经就业的工程师和程序员而言，本书也是一本极有价值的参考书。本书由何兵寿、宋鹏、刘颖三人合作编写，其中何兵寿编写了第一篇和第三篇，宋鹏编写了第四篇和第五篇中部分章节，刘颖编写了第二篇和第五篇中部分章节，研究生郭萌和王辉检查了本书的全部例题，全书由何兵寿进行了统一和校对。由于时间较紧，加以编者水平有限，书中难免有不妥之处，敬请广大读者不吝指正。

感谢海底科学与探测技术教育部重点实验室的大力支持与资助，感谢科学出版社的有关策划和编辑人员，正是他们的支持与付出才能使本书顺利出版。

作　者

2020 年 10 月

目　　录

第一篇　并行计算基础

第二篇　OpenMP 并行程序设计简介

第三篇 MPI 并行程序设计

第四篇　CUDA 并行程序设计

第五篇 求解声波方程的并行程序

第一篇 并行计算基础

这一篇主要介绍并行计算的软硬件基础，包括并行计算机硬件基础(第 1 章)和并行程序设计基础(第 2 章)两部分，为后续并行编程方法的学习提供必需的储备知识。

第 1 章为硬件基础部分。首先介绍了并行计算的概念，分析了并行计算和计算科学之间的关系及当代科学与工程问题的计算需求，正是这些需求推动了并行算法与并行计算机软硬件的发展；然后介绍并行计算机的发展历史、分类、体系结构与存储结构模型，并对目前常见的共享存储多处理机系统、分布存储多处理机系统和集群系统进行了简要介绍；最后介绍了并行计算机的一些基本性能指标。

第 2 章为软件基础部分。首先给出了并行算法、进程、线程及加速比和效率等并行计算领域的基本概念，简要介绍了并行程序的三种开发策略和并行算法的描述方法；然后通过一个计算π的样本程序介绍了数据并行模型、消息传递模型和共享变量模型的主要特点和实现思路，并对 PCAM 并行程序设计思路进行了较为详细的介绍；最后对 HPF、PVM、OpenMP、MPI 及 CUDA 等目前最常用的并行程序设计工具进行了介绍。

第 1 章 并行计算机硬件基础

1.1 并行计算

1.1.1 并行计算的概念

并行计算是相对于串行计算来说的，是一种可以同时执行多个指令的计算方法，也可以同时使用多种计算资源解决计算问题，其目的一般有：①通过利用多个 CPU 或 GPU 等资源提供更高的计算效率；②通过利用多个处理器的内存或显存等资源扩大问题求解规模，提供更强的计算能力。并行计算可分为时间上的并行和空间上的并行，时间上的并行指流水线技术，空间上的并行指用多个处理器并发的执行计算。并行计算和高性能计算、超级计算是同义词，因为任何高性能计算和超级计算总离不开并行技术。

并行计算的基本思想是用多个处理器来协同求解同一问题，将被求解的问题分解成若干部分，各部分均由一个独立的处理机来计算。并行计算系统既可以是专门设计的、含有多个处理器的超级计算机，也可以是以某种方式互连的若干台独立计算机构成的集群。

1.1.2 并行计算与计算科学

随着计算机和计算方法的飞速发展，几乎所有的学科都走向定量化和精确化，产生了诸如计算物理、计算化学、计算生物学、计算地球物理学、计算气象学和计算材料科学等的计算科学，逐渐形成了一门计算性的学科分支—计算科学与工程。目前，计算科学已经和理论科学、实验科学并列成为第三门科学，它们彼此相辅相成地推动科学发展与社会进步。许多情况下，由于理论模型复杂甚至理论尚未建立，或者实验费用昂贵甚至实验无法进行，此时计算就成为求解问题的唯一或主要手段。计算科学极大地增强了人们从事科学研究的能力，加速科技向生产力的转化过程，深刻地改变着人类认识世界和改造世界的方法和途径。计算科学的理论和方法作为新的研究手段和新的设计与制造技术的理论基础，正推动着当代科技向纵深发展。

计算科学涉及的大型科学工程计算问题往往需要数学家、工程师和计算机科学家进行跨学科和跨行业协同研究，一方面，它需要运用许多基础数学理论，另一方面又需要熟悉某一特定应用领域的背景知识，并且还需要充分掌握和运用先进的计算设备。所以今后的科学与工程计算工作者应尽可能兼备数学、物理、工程科学和计算机科学等多方面的知识，并善于应用超级计算机进行大规模数值试验与分析。

1.1.3 当代科学与工程问题的计算需求

人类对计算机性能的要求是无止境的，在诸如物理现象模拟、工程设计和自动化、能源勘探、医学、军事及基础理论研究等领域中都对计算提出了极高要求。例如，在气象预报时，要提高全球气象预报的准确性，在经度、纬度和大气层方向上至少要取 200 × 100 × 20 = 40 万个网格点。中期天气预报有的模式需要 635 万个点，内存需要几十千兆字节，总运算量达 25 万亿次，并要求在不到 2 小时内完成 48 小时的天气预报。当计算能力不足时，只好降低结果的分辨率，简化计算方案，从而影响了预报的准确度。又如，在进行油田"油藏模拟"时，假定一个油田有上万口井，每口井模拟时至少要取 8 × 8 × 50 个点，则总的变量个数可高达千万量级，现有的串行计算机很难高效地完成这类问题中的计算工作。此外，在三维地震勘探数值模拟或偏移成像时，往往需要取 2000 × 2000 × 2000 个网格点的变量进行运算，其计算量更大，串行计算机根本无法胜任，必须借助规模庞大的集群来完成计算工作。其他应用领域包括数字核试验、航空航天飞行器的设计、原子物理过程微观世界的模拟、材料科学计算、环境资源以及生物计算等。这些重大的计算问题，往往涉及不规则复杂结构、不均匀复合材料、非线性的动力学系统等复杂数学物理问题。要对这些复杂的非线性数学物理方程进行大规模和高精度的计算，在一般的计算机上用传统的计算方法往往无能为力。

目前科学界和工业界对高速并行计算的需求是广泛的，归纳起来主要有三种类型的应用需求：①计算密集应用，如大型科学工程计算与数值模拟等；②数据密集型应用，如数字图书馆、数据仓库、数据挖掘和计算可视化等；③网络密集型应用，如协同工作、遥控和远程医疗诊断等。

这些重大的应用需求推动了当代计算技术的迅速发展。我们也可以从评测计算机性能的单位量词证实业界对计算能力需求的不断提高：20 世纪 70 年代到 80 年代，常用 Mflops（每秒百万次浮点运算）作为评测计算机性能的指标；20 世纪 80 年代中期又增用 Gflops（每秒 10 亿次浮点运算）作为评测计算机性能的指标；近年来由于大规模并行机的问世，Gflops 亦嫌太小，又出现了采用 Tflops（每秒万亿次浮点运算）作为评测计算机性能的指标；现在 Pflops（每秒千万亿次浮点运算）的计算机的预研工作正在进行。这种计算机速度单位量词的演变，从 M（Mega=10^6）到 G（Giga=10^9）到 T（Tera=10^{12}）一直到 P（Peta=10^{15}），反映了计算机本身速度的惊人的改变，而其背后的驱动力就是那些挑战性的应用需求。

1.2 并行计算机硬件简介

1.2.1 并行计算机的发展历史

并行计算机从 20 世纪 70 年代开始快速发展，到 20 世纪 80 年代出现了蓬勃发展和百家争鸣的局面，20 世纪 90 年代体系结构框架趋于统一，21 世纪初期，集群技术成为一个新的快速发展热点。目前，并行计算机技术日趋成熟，下面以时间为线索简要介绍并行计算机的发展历史。

20 世纪 70 年代诞生了世界上第一台并行计算机 ILLIAC IV（伊利阿克 IV 计算机），它包含 32 个处理单元，具有可扩展性，其计算速度相当于当时性能最高的 CDC 7600 计算机速度的 2～6 倍，但在编程模式上与传统的大型机相差很大。之后诞生的并行机还有 ICLDAP、Good-year MPP，以及向量机 CRAY-1、STAR-100 等，它们都属于 SIMD（single instruction multiple data，单指令多数据）类型，其中 CRAY-1 获得了很好的向量计算效果。这些并行机的出现引起了人们的极大兴趣，吸引了大量的专家学者从事并行计算机的研制和并行程序的设计，为 20 世纪 80 年代并行机的发展奠定了基础。

20 世纪 80 年代早期，以 MIMD（multiple instruction multiple data，多指令多数据）并行机的研制为主，首先诞生的是 Dendlcor HEP，含 16 台处理机，共享存储，能同时支持细粒度和粗粒度并行，并且被应用到实际计算中，使许多人学会了并行计算。之后诞生了共享存储向量多处理机 CRAY X-MP/22（2 个向量机节点）、IBM3090（6 个向量机节点），取得了很好的并行计算性能。同时，以超立方体结构连接的分布式存储 MIMD 结构原型机开始出现。

20 世纪 80 年代中期，共享存储多处理机系统得到了稳定发展。两个成功的机器为 Sequent（20 个节点）、Encore（16～32 个节点），它们提供稳定的 UNIX 操作系统，实现用户间的分时共享，对当时 VAX 系列串行机构成了严重威胁。同时，还诞生了 8 个节点的向量多处理机 Alliant，Alliant 提供了非常好的自动向量并行编译技术；诞生了 4 个节点的向量处理机 CRAY-2。这些向量多处理机系统在实际应用中均取得了巨大的成功。与此同时，人们对共享存储多处理机系统的内存访问瓶颈问题有了较清楚的认识，纷纷寻求解决办法以保证它们的可扩展性。此期间还诞生了可扩展的分布存储 MIMD MPPn CUBE，这台机器含 1024 个节点，CPU 和存储单元均分布包含在节点内，所有节点通过超立方体网络相互连接，支持消息传递并行编程环境，并真正投入实际使用。由于该机在流体力学领域中的几个实际应用获得了超过 1000 的加速比，引起了计算机界的轰动，改变了人们对 Amdahl 定律的认识，排除了当时笼罩并行计算技术的阴影。

在当时的分布式存储体系结构中，处理机间的消息传递与消息长度、处理机间的距离有较大的关系。因此互联网络最优拓扑连接和数据包路由选择算法的研究引起了人们的注意，目的在于减少处理机远端访问的花费。

20 世纪 80 年代后期，真正具有强大计算能力的并行机开始出现。例如，Meiko 系统，它由 400 个 T800 Transputer 通过二维 Mesh（网孔）相互连接构成，适合中等粒度并行。此间出现的主要并行计算机包括：①三台 SIMD 并行机：CM2，Maspar 和 DAP，其中 CM2 对 Linpack 测试获得了 5.2 GFLOPS 的性能；②超立方体连接的分布存储 MIMD 并行机 nCUBE2 与 InteliPSc/860，分别可扩展到 8192 个节点和 128 个节点，峰值性能达 27 GFLOPS 和 7 GFLOPS；③由硬件支持共享存储机制的 BBN TO2000，用 Buttery 多级互联网连接处理机和存储模块，可扩展到 500 台处理机，本地 cache、内存和远端内存访问的延迟时间之比为 1∶3∶7；共享存储向量多处理机系统 CRAY Y-MP，能获得很好的实际运算性能。

进入 20 世纪 90 年代，得益于微电子技术的发展，基于 RISC 指令系统的微处理芯片的性能几乎以每 18 个月增长 1 倍、内存容量几乎每年增长 1 倍的速度发展，而网络通信技术也得到了快速增长，它们都对并行计算机的发展产生了重要影响。

为了满足美国 HPCC（High Performance Computing and Communications，高性能计算与通信）计划中提出的高性能计算要求，考虑到共享存储并行机的内存访问瓶颈问题，人们纷纷把眼光瞄准到分布式存储 MPP（massively parallel processing）系统，使得 MPP 的硬件和软件系统得到了长足发展。由于微处理芯片性能和网络技术的发展，MPP 并行机大量采用商用微处理芯片作为单节点，通过高性能互联网连接而成。由于普遍采用虫孔路由选择算法，因此消息传递的耗时不再与它所经过的节点个数相关，即处理机间的消息传递花费不再与距离相关，或者相关程度可以忽略不计。分布式存储并行程序设计以消息传递为主。

这一时期，MIMD 类型占据主导地位，SIMD 并行机和向量机逐渐退出舞台，但以单个向量机为节点构成的 MIMD 并行机仍然在实际应用中发挥着重要作用。

20 世纪 90 年代中期，微处理器的性能已经非常强大，能够提供每秒几亿到十几亿次的浮点运算速度。同时，互联网络点对点的通信能达到每秒超过 500MB 的带宽。高性能微处理器和网络通信技术为并行计算硬件环境带来了新的面貌，呈现出以下发展趋势。

(1) 以高性能微处理芯片和互联网络通信技术为基础，共享存储对称多处理机（symmetric multiprocessor, SMP）系统得到了迅速发展。它们大多以高性能服务器的面目出现，能提供每秒几百亿次的浮点运算能力、几十个 GB 的内存和超过 10GB 的访存带宽，具有丰富的系统软件和应用软件，很强的容错能力、I/O 能力、吞吐量、分时共享能力和稳定性，友好的共享存储并行程序设计方式和使用方便的并行调试、性能分析工具，为大量中小规模科学与工程计算、事务处理、数据库管理部门所欢迎。因此，它们出现以后，迅速抢占了原属于共享存储向量并行机的市场，成为几百亿次以下并行计算机的主导机型。但它们的可扩展性差，不能满足超大规模并行计算的要求。

(2) 以微处理芯片为核心的工作站能提供近 1 GFLOPS 的计算速度，几十 MB 的内存，能单独承担一定的计算任务。并且，将多台这样的同构或异构型工作站通过高速局域网连接起来，再配备一定的并行支撑软件，形成一个松散耦合的并行计算环境，协同并行求解同一个问题，称之为工作站集群（cluster of workstation, COW）。它们可以利用本局域网范围内空闲的工作站资源，动态地构造并行虚拟机，能提供几十亿或几百亿次的计算性能。例如，多台通过快速以太网相互连接的相同或不同类型的工作站，并配备 PVM（parallel virtual machine，并行虚拟机）、MPI（massage passing interface，消息传递接口）并行程序设计软件支撑环境，就可以称之为一个工作站集群。

由于 COW 具有投资风险小、结构灵活、可扩展性强、软件财富可继承、通用性好、异构能力强等较多优点而被大量中、小型计算用户和科研院校所接受，成为高性能并行计算领域一个新的发展热点，占据了原属于传统并行计算机的部分市场。但它们具有结构不稳定、并行支撑软件少、并行开销大、通信带宽低、负载平衡和并行程序设计难等许多亟待解决的问题，吸引了大量国内外专家学者的注意力。

(3) 由于分布式存储的并行计算机具有并行程序设计难、不容易被用户接受的缺点，单纯的分布式存储并行机已经朝分布共享方向发展。它们都采用最先进的微处理芯片作为处理单元，单元内配备有较大的局部高速缓冲存储器(cache)和局部内存，所有局部内存都能实现全局共享，所有节点通过高性能网络相互连接，用户可以采用共享存储或数据并行的并行程序设计方式，并且自由地申请节点个数和内存大小。

2000 年以来，受重大挑战计算需求的牵引和微处理器及商用高速互联网络持续发展影响，高性能并行机得到前所未有的大踏步发展。至 2005 年底，国内陆续安装到位的万亿次并行机将近 20 台套。从应用领域看，这些并行机大致可分为两类。一类是通用型的并行机系统，以微集群为代表，它们具有优良的性能价格比，占据了高性能计算机的大部分市场；另一类为面向某类重大应用问题而定制的 MPP 系统，通常为国家战略应用而特殊定制。

从体系结构的角度，当前并行机的体系结构可分为如下三类。

(1) 集群(cluster)。集群是利用标准的网络将各种普通的服务器连接起来，通过特定的方法，向用户提供更高的系统计算性能、存储性能和管理性能，同时为用户提供单一系统影像功能的计算机系统。

对集群的研究起源于集群系统的良好可扩展性。提高中央处理器(central processing unit / processor, CPU)主频和总线带宽是最初提高计算机性能的主要手段，但这一手段对系统性能的提升是有限的。接着人们通过增加 CPU 个数和内存容量来提高性能，于是出现了向量机、对称多处理机 SMP 等。但是当 CPU 的个数超过某一阈值，像 SMP 这些多处理机系统的可扩展性就变得极差。主要瓶颈在于 CPU 访问内存的带宽并不能随着 CPU 个数的增加而有效增长。与 SMP 相反，集群系统的性能随着 CPU 个数的增加几乎是线性变化的。

集群系统有三个特征：系统由商用节点构成，每个节点包含 2～4 个商用微处理器，节点内部共享存储；采用商用系统交换机连接节点，节点间分布存储；采用集群 Linux 系统、GUN 编译系统和作业管理系统。

(2) 星群(constellation)。它们也有三个明显的特征：系统由节点构成，每个节点是一台共享存储或者分布共享存储的并行机子系统，包含数十、数百乃至上千个微处理器，计算功能强大；采用商用集群交换机连接节点，节点间分布存储；在各个节点上，运行专用的节点操作系统、编译系统和作业管理系统。2005 年 6 月的 TOP500 中，星群占据 79 台套。

(3) 大规模并行机系统(MPP)。其主要特征为：系统由节点构成，每个节点含 10 个左右处理器，共享存储。处理器采用专用或者商用 CPU；采用专用高性能网络互连，节点间分布存储；专用操作系统、编译系统和作业管理系统。这类系统是传统意义的大规模并行处理系统。它区别于其他两种体系结构的特征表现在：它的处理器或者节点间的互联网络是针对应用需求而特殊定制的，在某种程度上带有专用并行机的特点。该类并行机的处理器个数可扩展到数十万个。

1.2.2 并行计算机的分类

并行计算机按指令与数据分为以下四类。

(1) 单指令流单数据流计算机：SISD (single instruction single data) 计算机，即传统的只有一个处理机的顺序(串行)计算机。

(2) 单指令流多数据流计算机：SIMD (single instruction multiple data) 计算机，如阵列处理机、流水线处理机、关联处理机等。

(3) 多指令流单数据流计算机：MISD (multiple instruction single data) 计算机，此类计算机目前实际应用不多。

(4) 多指令流多数据流计算机：MIMD (multiple instruction multiple data) 计算机，如多处理机和多计算机均属此类计算机。这类计算机是目前并行计算机发展的主要方向。

按机器体系结构可分为以下几类。

(1) 同步并行计算机。它通过全局时钟、中央控制单元(或向量单元控制器)实现并行操作。其中，阵列处理机(array processor)每个处理器均可和其上、下、左、右 4 个近邻相连，所有的处理器在同一控制器控制之下按同一指令的要求，对同一块内存中的不同数据同步进行操作，从而达到操作级并行。显然，阵列处理机实现了空间上的并行。这样的机器对有限差分矩阵运算和快速傅里叶变换(fast Fourier transform, FFT)等计算具有很高的效率，在诸如图像信息处理等领域中得到重要应用。

此外，关联处理机(associative processor)则是一种特殊的阵列机，它按存储内容寻址，对大规模信息检索之类的处理尤为合适。流水线处理机(pipeline processor)将工厂里的生产流水线装配技术应用于计算机结构中，把计算机的运算部件或控制部件等装配成一些有序的子部件，利用功能部件分离与时间重叠的办法，使每个被操作的对象处在整个操作流程的不同功能部件中，且保持在不同的阶段完成，从而达到操作级的并行。这种结构的计算机实现时间上的并行。

(2) MIMD 并行计算机。它分为共享存储多处理机系统(multiple instruct multiple data-shared memory, MIMD-SM)、分布存储的多计算机系统(multiple instruct multiple data-distribute memory, MIMD-DM)和分布虚拟共享存储多计算机系统(multiple instruct multiple data-distributed virtual shared memory, MIMD-DVSM)。其中，MIMD-SM 多处理机以各处理器共享公共存储器进行数据通信为特征，又称为紧耦合多处理机系统。这类并行计算机编程较容易，但机器结构实现较困难，且处理机数增长受限制，目前商用系统一般不超过 256 个处理机。

MIMD-DM 多计算机以各处理器经物理通信链路传递消息进行数据通信为特征，又称为松散耦合多处理机系统。这类并行计算机编程较困难、速度较慢，但实现系统较容易且可扩展性较好。

MIMD-DVSM 多计算机通过通信链路将各计算机连接起来，并将物理上分布的存储器构成一个统一的逻辑存储空间，各计算机通过共享这一逻辑存储空间进行数据通信为特征。这类并行计算机同时吸取了 MIMD-SM 并行计算机和 MIMD-DM 并行计算机的优点，并抛弃它们的缺点，是目前最有前途的一种并行计算机。

(3) 集群并行计算系统。它是一种基于网络的计算机集群并行计算系统。它将若干独立的计算机系统通过高速通信网络互联起来以支持并行计算。集群并行计算系统中的每个计算机称为节点机(可以是巨型机、大型机、中型机、小型机、工作站和高档微机等)。如果集群并行计算系统中所有的节点机都是工作站，那么称这样的集群并行计算系统为工作站集群。

集群并行计算系统具有如下特点。

(1) 易于实现。只需将现有的计算机通过高速通信网络互联起来即可实现。

(2) 可伸缩性强。在现有网络上增加新的计算机即可提高集群并行系统的处理能力。

(3) 平台无关性。可以将各种不同体系结构的计算机互联起来构成一个异构并行计算环境。

(4) 可重用性。因为通过集群并行计算系统中的节点机均是通用计算机，所以可以充分利用原有的成熟的程序代码进行并行程序设计。而且，可以借助分布式共享存储技术，使得应用程序可以透明地访问所有节点机的内存，大大地方便用户的并行程序设计。

(5) 输入输出高度并行。可以利用数据分布技术，充分发挥集群系统中各输入输出的并行操作性能。例如，实现数据库系统的并行操作。

(6) 性能/价格比高。集群并行计算系统中的节点机可以是价格便宜的微机或工作站，但是整个集群系统所能达到的性能却可以与大型机和巨型机媲美。

集群系统的不足之处是：连接入系统中的节点机达到一定规模时，系统可能需要花费大量的时间进行通信，从而降低了并行效率。换句话说，集群计算系统难以适应需要“大规模”并行处理的应用领域。

1.2.3 并行计算机的体系结构

1.2.3.1 单处理机体系结构

一个计算机系统只包括一个运算处理器，称之为单处理机系统。早期的计算机系统是基于单个处理器的顺序处理机器，其硬件结构一般由主机和电脑部件组成。

(1) 主机。主机是安装和保护计算机的核心硬件，这些硬件包括：主板、中央处理器(central processing unit，CPU)、内存、硬盘、显卡、光驱、声卡、网卡、电源、散热器等。

CPU 是整个计算机系统的核心部件，电脑当中的一切指令都由 CPU 控制并运算。一般来说，CPU 的性能是衡量一台电脑档次的主要标准之一。目前的市场以 Intel 和 AMD 两家公司生产的 CPU 为主。典型的 CPU 包含几部分：①算数逻辑单元：执行计算功能，如加法和比较等；②浮点单元：执行浮点数的各种操作；③加载/存储功能部件：实现对数据的加载和存储操作；④寄存器：快速存储器，用来存储中间结果，通常可细分为浮点寄存器和通用寄存器两类；⑤程序计数器：存储下一条执行指令的地址；⑥存储接口：提供对存储系统的访问。

主板主要担负数据传输与交流作用。从某种意义上来说，选择一块高性能的主板甚至比选择一个高品质的 CPU 还重要，一块好的主板可以让电脑更稳定地运行在复杂的数据交换中。

内存是计算机在运行过程中临时存放数据的部件，在工作时直接和 CPU 交换数据，相当于一个临时数据存储仓库，内存的大小和性能直接影响计算机的性能。

显卡又叫图形加速卡，其作用是把主机当中需要显示输出的数据转化成能在显示器上显示的字符、图像和颜色。显卡还有一种类型叫集成显卡，它是某些集成度较高的主板自带的显示部件。

声卡是实现声波和数字信号相互转换的一种硬件，其基本功能是将来自话筒、磁带、光盘的原始声音信号加以转换并输出到耳机、扬声器、扩音机、录音机等音响设备，或通过音乐设备输出接口(musical instrument digital interface, MIDI)使乐器发出对应的声音。

网卡是计算机联通 Internet 的部件，分独立网卡和集成网卡，又分有线网卡和无线网卡等类型，目前使用较广泛的是集成有线网卡。

硬盘是重要的外部存储设备。计算机当中的大部分数据信息(如操作系统、应用软件、图像系统和文档资料等)都是存储在硬盘当中。

光驱是用来读取光盘的设备。电源是电脑的能源中心，为主机中的各种设备提供电力能源。散热器包括 CPU 散热器、主板芯片散热器、显卡散热器和机箱散热器等，其作用是把这些硬件在工作过程中产生的热量带走，使这些部件能够运行在一个安全温度之下。

(2)电脑部件。电脑部件包括显示器、键盘、鼠标等设备。显示器又叫监视器，是电脑的重要输出设备，其功能是把电脑当中的各种信息以图像的形式显示出来。键盘和鼠标是计算机系统的重要输入设备。

1.2.3.2　并行体系结构模型

大型并行机系统结构一般可分为六类：单指令多数据流机 SIMD、并行向量处理机(parallel vector computer, PVP)、对称多处理机(SMP)、大规模并行处理机(MPP)、工作站集群(COW)和分布式共享存储多处理机 DSM(distributed shared memory)。其中 SIMD 计算机多为专用，其余五种均为多指令多数据流计算机 MIMD，目前的多数并行机均用商业化硬件构成，而 PVP 计算机的部分硬件是定制的。后五种并行机的结构如图 1.1 所示。

典型的并行向量处理机的结构如图 1.1(a)，该系统中包含了少量专门设计定制的高性能向量处理器 VP 和高带宽交叉开关网络将 VP 连向共享存储模块，存储器可以以每秒兆字节的速度向处理器提供数据。PVP 通常不使用高速缓存，而是使用大量的向量寄存器和指令缓存器。

SMP 的基本结构如图 1.1(b)所示，该系统使用商业化微处理器(具有片上或外置高速缓存)，它们经常由高速总线(或交叉开关)连向共享存储器。这种机器的系统是对称的，每个处理器都可以等同地访问共享存储器、I/O 设备和操作系统服务。其缺点是共享存储限制了系统中的处理器不能太多(一般少于 64 个)，同时总线和交叉开关互连一旦做成也难于扩展。

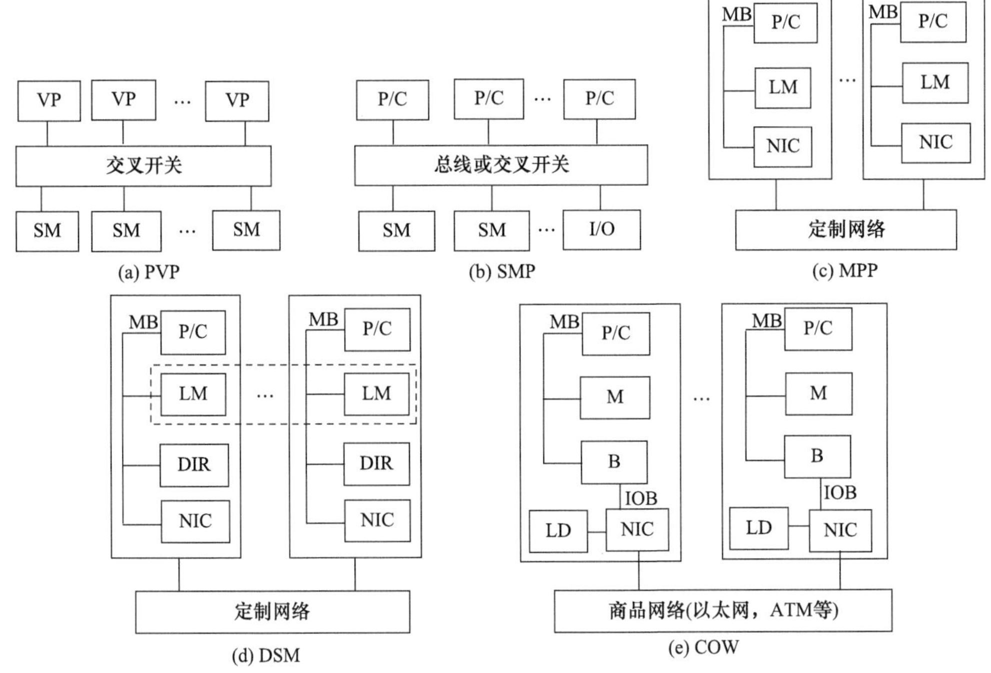

图 1.1　五种并行机结构模型

图 1.1 中，VP 为专门定制的向量处理器(vector processor)，SM 是共享存储器(shared memory)，P/C(microprocessor and cache)是微处理器和高速缓存，I/O(input/output)总线是在内存和外设之间传送数据的运输工具，LM(local memory)是本地存储器，NIC(network interface circuitry)是网络接口电路，MB(memory bus)是存储总线，DIR(cache directory)是高速缓存目录，B(bridge)是存储总线与 I/O 总线之间的接口，M(memory)是存储器，IOB(I/O Bus)是 I/O 总线，LD(local disk)是本地磁盘。

MPP 的基本结构如图 1.1(c)所示，一般是指超大型的计算机系统，具有如下特点：①处理节点采用商业化微处理器；②系统中有物理上的分布式存储器；③采用高通信带宽和低延迟的互联网络(专门设计和定制的)；④能扩展至成百上千乃至上万个处理器；⑤是一种异步的 MIMD 机器，程序由多个进程组成，每个进程都有其独立的私有地址空间，进程间通过消息传递相互作用。MPP 主要应用于科学计算、工程模拟和信号处理等以计算为主的领域。

DSM 的基本结构如图 1.1(d)所示，高速缓存目录 DIR 用以支持分布高速缓存的一致性。DSM 和 SMP 的主要差别在于：DSM 在物理上有分布在各节点中的局存，从而形成了一个共享的存储器。对于用户而言，系统硬件和软件提供了一个单地址的编程空间，从而使得其编程较 MPP 容易。

COW 的基本结构如图 1.1(e)所示，在有些情况下，COW 往往是低成本的、变形的 MPP，COW 的重要界限和特征是：①COW 的每个节点都是一个完整的工作站(不包括监视器、键盘、鼠标等)，这样的节点有时叫作“无头工作站”，一个节点也可以是一台 PC 或 SMP；②各节点通过一种低成本的商业化网络(如以太网、FDDI 和 ATM 开关等)互连

(有的商用集群也使用定做的网络)；③COW 的各节点内有本地磁盘，而 MPP 节点内却没有；④节点内的网络接口是松耦合到 I/O 总线上的，而 MPP 内的网络接口是连到处理节点的存储总线上的，因而可谓是紧耦合式的；⑤一个完整的操作系统驻留在 COW 的每个节点中，而 MPP 中通常只是个微核，COW 的操作系统是工作站 UNIX 加上一个附加的软件层，以支持单一系统映像、并行度、通信和负载平衡等。

表 1.1 汇总了上述 5 种并行机结构的特性比较。

表 1.1　5 种并行机结构的特性对比

属性	PVP	SMP	MPP	DSM	COW
结构类型	MIMD	MIMD	MIMD	MIMD	MIMD
处理器类型	专业定制	商用	商用	商用	商用
互联网络	定制交叉开关	总线、交叉开关	定制网络	定制网络	商业化网络
通信机制	共享变量	共享变量	消息传递	共享变量	消息传递
地址空间	单地址空间	单地址空间	多地址空间	单地址空间	多地址空间
系统存储器	集中共享	集中共享	分布非共享	分布共享	分布非共享
访存模型	UMA	UMA	NORMA	NUMA	NORMA

1.2.3.3　并行存储结构模型

并行机存储结构主要指系统访问存储器的模式，它和并行机的体系机构是实际并行机系统结构的两个方面。并行机存储结构模型主要包括均匀存储访问模型(uniform memory access, UMA)、非均匀存储访问模型(nonuniform memory access, NUMA)、全高速缓存访问模型(cache only memory access, COMA)、高速缓存一致性非均匀存储访问模型(coherent-cache nonuniform memory access, CC-NUMA)和非远程存储访问模型(no-remote memory access, NORMA)等五种。

UMA 模型如图 1.2 所示。图中，P 为处理器，I/O 为输入输出，SM 为共享存储器。其特点是：①物理存储器被所有处理器均匀共享；②所有处理器访问任何存储单元所用的时间是相同的(此即均匀存储访问名称的由来)；③每台处理器可带私有的高速缓存；④外围设备也可以一定形式共享。这种系统由于高度共享资源而称为紧耦合系统。当所有的处理器都能等同地访问所有 I/O 设备、能同样地运行执行程序时，称为对称多处理机；如果只有一台或一组处理器(称为主处理器)能执行操作系统和 I/O，而其余的处理器无 I/O 能力(称为从处理器)，只在主处理器的监控之下执行用户代码，这时称为非对称多处理机。一般而言，UMA 结构适于通用或分时应用。

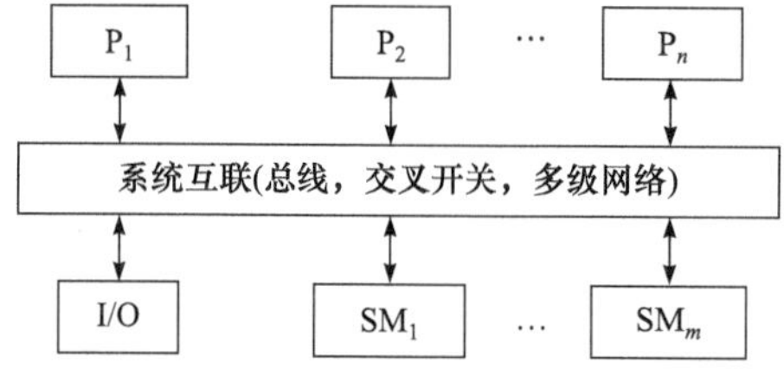

图 1.2　UMA 存储模型

NUMA 模型如图 1.3 所示。图中，P 为处理器，LM 为本地存储，CSM 为群内共享存储，GSM 为全局共享存储，CIN 为网络接口电路。其特点是：①被共享的存储器在物理上是分布在所有的处理器中的，所有本地存储器的集合组成全局地址空间；②处理器访问存储器的时间是不一样的：访问本地存储器或群内共享存储器较快，而访问外地的存储器或全局共享存储器较慢(此即非均匀存储访问名称的由来)；③每台处理器照例可带私有高速缓存，且外设也可以某种形式共享。

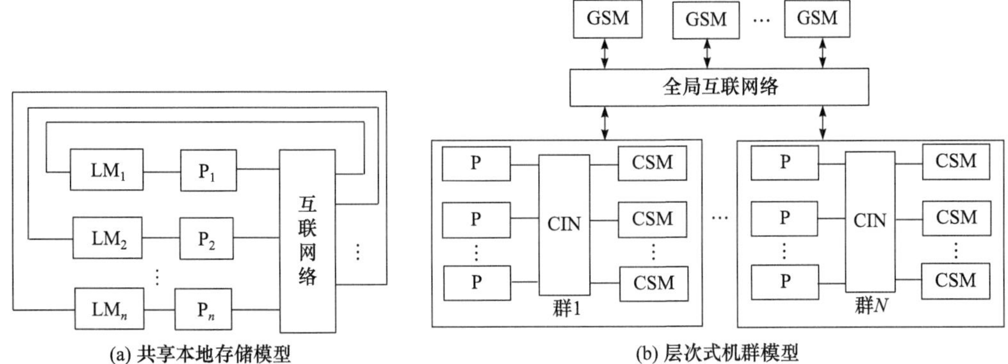

图 1.3 NUMA 多处理机模型

COMA 模型如图 1.4 所示。图中，D 为高速缓存目录，C 为高速缓存，P 为处理器。它是 NUMA 的一种特例，其特点为：①各处理器节点中没有存储层次结构，全部高速缓存组成了全局地址空间；②利用分布的高速缓存目录 D 进行远程高速缓存的访问；③COMA 中的高速缓存容量一般都大于 2 级高速缓存容量；④使用 COMA 时，数据开始时可任意分配，因为在运行时它最终会被迁移到要用到它们的地方。

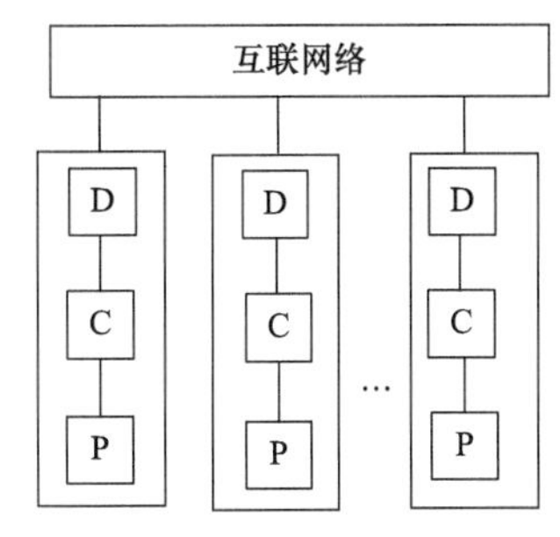

图 1.4 COMA 多处理机模型

CC-NUMA 模型如图 1.5 所示。图中，P/C 是微处理器和高速缓存，Mem 是存储器，I/O 是输入输出，NIC 是网络接口电路，DIR 是高速缓存目录，RC 为远程高端缓存。它实际上是将一些 SMP 机器作为一个单节点而彼此连接起来所形成的一个较大的系统。其特点是：①绝大多数商用 CC-NUMA 多处理机系统都使用基于目录的高速缓存一致性协议；②它在保留 SMP 结构易于编程的优点的同时，也改善了常规 SMP 的可扩放性问题；③CC-NUMA 实际上是一个分布共享存储的 DSM 多处理机系统；④它最显著的优点是程序员无须明确地在节点上分配数据，系统的硬件和软件开始时自动在各节点分配数据，在运行期间，高速缓存一致性硬件会自动地将数据移至要用到它的地方。

NORMA 模型是非远程存储访问模型的简称。在一个分布存储的多计算机系统中，如果所有的存储器都是私有的、仅能由其处理器所访问时，就称为 NORMA。图 1.6 示出了基于消息传递的多计算机一般模型，系统由多个计算节点通过消息传递互联网络连接而成，每个节点都是一台由处理器、本地存储器和/或 I/O 外设组成的自治计算机。图中，P 为处理器，M 为存储器。NORMA 的特点是：①所有存储器均是私有的；②绝大多数 NUMA 都不支持远程存储器的访问；③在 DSM 中，NORMA 就消失了。

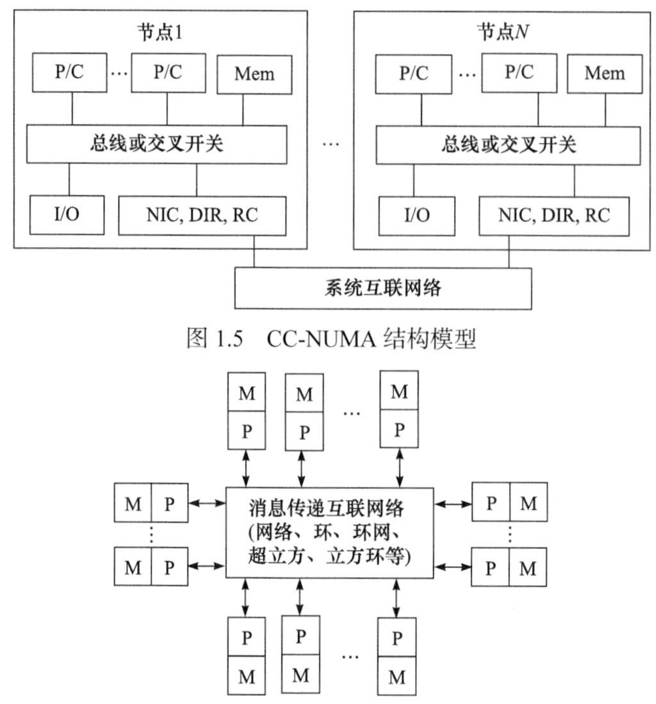

图 1.5　CC-NUMA 结构模型

图 1.6　消息传递多计算机一般模型

图 1.7 为并行机结构模型和并行机访存模型的相互关系。注意，物理上分布的存储器从编程的观点看可以是共享或非共享的；共享存储结构(多处理机)可同时支持共享存储和消息传递编程模型；共享存储编程模型可同时执行于共享存储结构和分布式存储结构上。

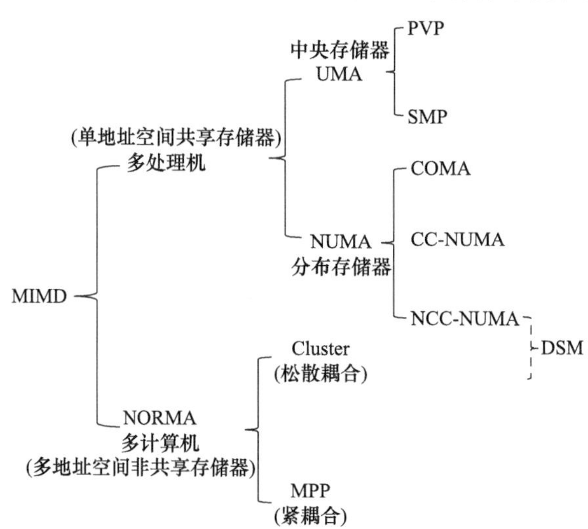

图 1.7　构筑并行机系统的不同存储结构

1.3　当代并行计算机系统简介

自 20 世纪 70 年代初到现在，并行计算机的发展已经有很长历史了。在此期间，出现了各种不同类型的并行计算机，包括向量机、SIMD 计算机和 MIMD 计算机。随着计算机的发展，曾经风行一时的传统向量机和 SIMD 计算机已退出历史舞台，而 MIMD 类型的却占据了主导地位。当代主流的并行计算机是可扩放的并行计算机，包括对此多处理机和大规模并行处理机以及集群系统。本节首先简单介绍共享分布存储多处理机系统，然后介绍分布存储多处理机系统，最后介绍集群系统(包括工作站集群 COW)。

1.3.1 共享存储多处理机系统

现今的并行服务器中几乎普遍采用共享存储的对称多处理机 SMP 结构。SMP 系统属于 UMA 机器，NUMA 机器是 SMP 系统的自然推广，而 CC-NUMA 实际上是将一些 SMP 作为单节点而彼此连接起来所构成的分布共享存储系统(图 1.5)。本节的目的是让读者对分布共享存储多处理机系统有个一般了解。

参照图 1.1(b)，共享存储的 SMP 系统结构具有如下特性：①对称性：系统中任何处理器均可访问任何存储单元和 I/O 设备；②单地址空间。单地址空间有很多好处，例如，因为只有一个操作系统和数据库等副本驻留在共享存储器中，所以操作系统可按工作负载情况在多个处理器上调度进程从而易达到动态负载平衡，又如因为所有数据均驻留在同一共享存储器中，所以用户不必担心数据的分配和再分配；③高速缓存及其一致性：多级高速缓存可支持数据的局部性，而其一致性可由硬件来增强；④低通信延迟：处理器间的通信可用简单的读/写指令来完成(而多计算机系统中处理器间的通信要用多条指令才能完成发送/接收操作)。

目前大多数商用 SMP 系统都是基于总线连接的，占了并行计算机很大的市场，但 SMP 也具有如下问题：①欠可靠：总线、存储器或 OS 失效均会造成系统崩溃，这是 SMP 系统的最大问题；②可观的延迟：尽管 SMP 比 MPP 通信延迟要小，但相对处理器速度而言仍相当可观(竞争会加剧延迟)，一般为数百个处理器周期，长者可达数千个指令周期；③慢速增加的带宽：有人估计，主存和磁盘容量每 3 年增加 4 倍，而 SMP 存储器总线带宽每 3 年只增加 2 倍，I/O 总线带宽增加速率则更慢，这样存储器带宽的增长跟不上处理器速度或存储容量的步伐；④不可扩放性：总线是不可扩放的，这就限制最大的处理器数一般不能超过 10。为了增大系统的规模，可改用交叉开关连接，或改用 CC-NUMA 或集群结构。

1.3.2 分布存储多处理机系统

分布存储的大规模并行处理机 MPP 一词的含义过去并不明确，其意义常随时间而变。按照现今的技术，它是指由成百上千乃至上万个处理器组成的大型计算机系统。1997 年 7 月由 Intel 和 Sandia 研制成的 ASCI Option Red，其处理器数达 9216 个，属于高端 MPP 系统。MPP 系统是属于 NORMA 模型的机器。本节主要讨论 MPP 的结构特性及有关问题。

1.3.2.1　MPP 公共结构

所有的 MPP 均使用物理上分布的存储器，且使用分布的 I/O 也渐渐变多。现今的 MPP 公共结构如图 1.8 所示，其中每个节点有一个或多个处理器和高速缓存（P/C）、一个局部存储器（M）、有或没有磁盘和网络接口电路 NIC，它们均连向本地互联网络（早期多为总线而近期多为交叉开关），而节点间通过高速网络 HSN（high speed network）相连。

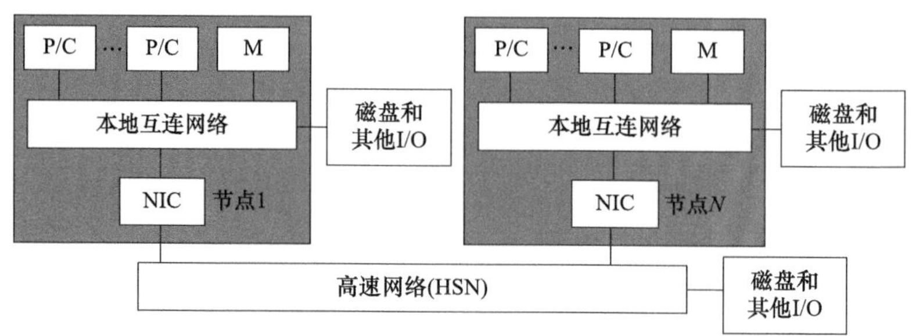

图 1.8　MPP 公共系统结构

1.3.2.2　MPP 设计问题

设计 MPP 系统所应考虑的问题如下。

（1）可扩放性。MPP 的主要特性就是系统能扩展至成千上万个处理器，而存储器和 I/O 的容量及带宽亦能按比例的增加。为此，采用物理上分布的存储器结构，它能提供比集中存储器结构更高的总计存储带宽，因此有潜在的高可扩放性；要平衡处理能力、存储能力和 I/O 的能力，因为存储器和 I/O 子系统的速度不可能与处理器成比例地提高；要平衡计算能力与交互能力，因为进程线程的管理、通信与同步等都相当费时间。

（2）系统成本。因为 MPP 系统中包含大量的元件，为了保证系统的低成本应确保每个元件的低成本。为此，应采用现有的商用 CMOS 微处理器，这些芯片原为 PC 机、工作站和服务器开发的，自然成本要低，并且按照 Moore 定律其性能每一年半到二年要翻一番；要采用相对稳定的结构；要使用物理上分布的存储器结构，它比同规模机器的中央存储器结构要便宜；要采用 SMP 节点方式以削减互连规模。但是现有的商用微处理器是为小系统（如 PC 机、工作站和 SMP 服务器等）而不是为 MPP 设计的，使用它虽在可扩放性和低成本方面有所得益，但用于 MPP 也带来一些问题，诸如，微处理器地址空间不足够大，所以设计者必须加入专门硬件以扩大物理地址空间规模；微处理器和它的计算能力相比，缺乏足够的操作系统支持，使其难以有效地支持进程管理、通信和同步等。

（3）通用性和可用性。MPP 要走向成功，必须是个通用系统，能支持不同的应用（技术和商业）、不同算法范例、不同操作模式，而不局限于很窄的应用。为此，MPP 要支持异步 MIMD 模式；要支持流行的标准编程模式（如 PVM、MPI 和 HPF）；诸节点应能按大、小作业要求进行不同的组合以支持交互和批处理模式；互连拓扑应对用户透明，对用户而言他（她）所看到的是一组全连接的节点；MPP 应在不同层次上支持单一系统映像 SSI（single-system image），因为紧耦合的 MPP 常使用分布式操作系统，所以要在硬件级和 OS 级提供此映像；据估计 1000 个处理器的 MPP 系统，每天至少有一个处理器失效，所以 MPP 必须使用高可用性的技术。

(4) 通信要求。MPP 和 COW 的关键差别是节点间的通信，COW 使用标准的 LAN，而 MPP 使用高速、专用高带宽、低延迟的互联网络，无疑在通信方面优于 COW。然而通信技术的迅速发展，使得 COW 对 MPP 颇具威胁，从而 MPP 对通信技术也提出了更高的要求。

(5) 存储器和 I/O 能力。因为 MPP 是可扩放系统，所以就要求非常大的总计存储器和 I/O 设备容量，然而 I/O 方面的进展仍落后于系统中的其余部分，故如何提供一个可扩放的 I/O 子系统就成为 MPP 的热门研究课题。

1.3.3 集群系统

集群(cluster)一词在近代并行机体系结构中广泛使用，本节介绍两种类型的集群系统：一是构筑高端大规模并行处理系统 MPP 集群；二是由 LAN 互连而成的工作站集群 COW。

1.3.3.1 大规模并行处理系统 MPP 集群 SP2

1991 年秋，IBM 决定涉足 MPP 的研究，开动了 SP(scalable power parallel) 计划。1992 年 2 月开始组队，1993 年 4 月就公布了第一个产品 SP1，继之于 1994 年 7 月宣布了 SP2。IBM 的 SP 是比较特殊的，它采用了集群的办法来构筑 MPP。到 1998 年之前，在世界上的总装机量超过 3000，实属 MPP 系统成功之例。

1) 设计目标和策略

IBM 设计 SP 系统时提出如下目标：①赶市场：遵循着 Moore 定律，为夺性能/价格之冠，产品必须在短期内开发成功；②通用：SP 必须是一个能支持不同技术和商业应用、流行编程模式和不同操作模式的通用系统；③高性能：SP 必须提供整体性能，不仅是处理器速度快，而且存储器和通信系统要快，有优良的编译器和各种库等；④有效性：SP 必须呈现好的可靠性和可用性，使得用户能够方便地在其上运行商业成品代码。为了满足上述目的，IBM 设计团队采用的策略是：灵活的集群结构；专用互联网络；标准的系统环境；标准的编程模式和有选择的单一系统映像支持。

(1) 集群结构。为了达到赶市场和通用的目的，选用集群结构是个关键，其中每个节点都是一个 RS/6000 工作站且各有本地磁盘；每个节点内驻留一个完整的 AIX(IBM 的 UNIX)；各节点经其 I/O 总线(非本地存储总线)连向专门设计的多级高速网络。SP 系列尽量使用标准的工作站组件，只有不能满足要求时才使用专用的硬件和软件。这样的结构既简单又灵活且系统的规模是可扩放的(从很少的几个节点到数百个节点)。

(2) 标准环境。SP 使用标准的、开放式的、分布式 UNIX 环境，它能利用现存的标准软件进行系统管理、作业管理、存储管理等，IBM 工作站的 AIX 操作系统中均含有这些软件。对于那些 AIX 环境不能有效执行的应用，SP 提供了一组高性能服务，诸如高性能开关 HPS(high performance switch)、用户级通信协议(US 协议)优化的消息传递库 MPL(message passing library)、并行程序开发和执行环境、并行文件系统、并行数据库和高性能 I/O 子系统等。

(3) 标准编程模式。SP 系统以标准编程模式支持以下三种应用方式：①串行计算：尽管 SP2 是个并行机，但允许现有的以 C、C++和 Fortran 编写的串行程序可不加修改地运行在单节点的 SP 系统上，这是可以理解的，因为集群结构和标准的环境确保了这一点；②并行科技计算：SP 现在支持 MPL、MPI、PVM、HPF 模式，正打算支持共享存储的模式；③并行商用计算：IBM 正在并行化一些关键数据库、事务监视子系统，现今 IBM DB2 数据库系统的并行版本已在 SP2 上实现。

(4) 系统可用性。SP 系统由上千个部件组成，它们原先是为低价的、规模不大的工作站设计的，现把它们组织在一起必然经常失效。但 SP 是个集群结构，而集群结构意味着是一个分开的操作系统映像，它和 SMP 结构驻留在共享存储器中的单一操作系统映像不同(它的 OS 出错将导致全系统崩溃)，集群结构一个节点映像失效不会导致全系统崩溃；另外 SP 的诸节点均同时连向以太网和高性能开关网，这样一个网络的失效，节点间还可使用另一个网络进行通信；还有 SP 的软件基础设施也提供了故障检测、诊断、系统重组和故障恢复等服务。

(5) 部分单一系统映像。在一个分布系统中，用户看到的是一些单独的、分开的工作站，真正的单一系统映像是很难实现的，且对某些商业应用也不是关键要求。所以 IBM 的设计者们只是在单进入点、单文件层、单控制点和单作业管理系统方面实现了单一系统映像，而在 SP 系统中并不实现单地址空间。

2) 系统结构

图 1.9 为 SP 系统简化框图。一个 SP 系统可含 2～512 个节点，每个节点有其自己的局存和本地磁盘。所有的节点均连向两个网络：普通的以太网和高性能开关。以太网虽慢但有很多好处：当高性能开关失效时，它可作为后援；当高性能开关正被开发或改进时，仍可利用以太网查错、测试和维持系统运行；此外以太网也可用来系统监视、引导、加载和管理等。

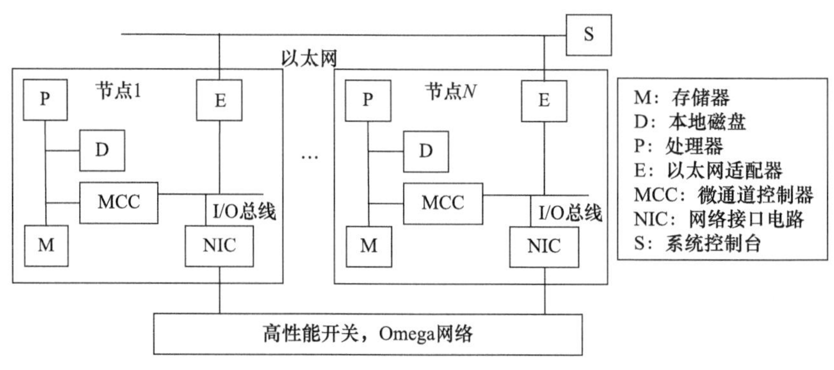

图 1.9　SP 系统结构

(1) 系统互联。高性能开关(HPS)由节点内的开关硬件和开关帧(switch frames)组成。图 1.10 示出了 IBMSP2 中所使用的 128 路高性能开关，其中每帧由一个 16 路开关板所连接的 16 个处理节点(N_0～N_{15})所组成，8 个帧再用一个附加级开关板连接起来，每一开关板上有两级开关芯片，所以此多级互联网络总共有 4 个开关板。HPS 是一个使用此开关的由 40MHz 时钟驱动的带缓冲的多级Ω互联网络。它使用了虫蚀选路法，一个 8 位的片(flits)在无竞争时穿过一级(即一个开关芯片)只需 5 个时钟(即 125ns)。因此 HPS 无竞争时的硬件延迟是很小的，对于 512 个节点仅 875ns。但实际延迟比此值高得多，一个进程发送一个空包给另一个进程至少花 40μs，这种消息传递延迟大部分是由软件开销造成的。HPS 能提供成对节点之间的双向传输带宽为 40MB/s。

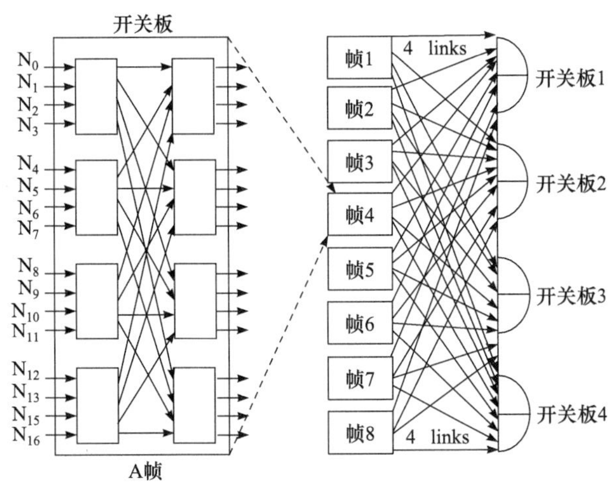

图 1.10 SP2 中的 128 路高性能开关(HPS)

(2) 节点结构。SP2 有三种不同的节点，分别是宽节点(wide node)、窄节点(thin node)和窄节点 1，它们主要差别在于存储器的容量、数据路径宽度和 I/O 总线的槽数不同，但所有这些节点都使用时钟为 66.7MHz 的 POWER(performance optimized with enhanced RISO)-2 微处理器。每个处理器有一个 32KB 的指令高速缓存、256KB 的数据高速缓存、指令和转移控制单元、两个定点运算单元、两个各能执行乘-加操作的浮点运算单元。由于定点和浮点运算可同时进行，所以 POWER-2 具有 4×66.7Mflops=267Mflops 的峰值速度。POWER2 是个超标量处理器，使用短指令流水线、先进的转移预测技术和寄存器重命名技术，使得它在每个时钟周期内能执行 6 条指令：两条取/存指令、两条浮点乘加指令、一条变址增一指令和一条条件转移指令。

3) I/O 子系统和网络接口

SP 的 I/O 子系统如图 1.11 所示。它基本上是围绕着 HPS 构筑起来的，并用 LAN 的信关与 SP 系统以外的机器相连。SP 的节点有四类：主机节点(H)用于用户登录和交互处理；I/O 节点主要执行 I/O 功能(如全局文件服务)；信关节点(G)用于联网；计算节点(C)专负责计算。

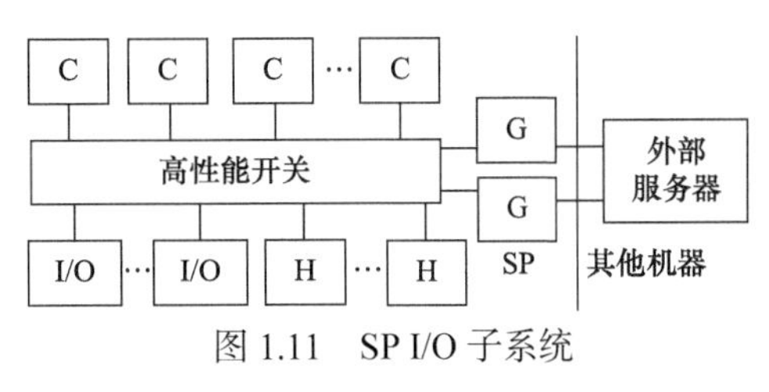

图 1.11 SP I/O 子系统

每个 SP 节点通过网络接口电路(NIC)与 HPS 相连。如图 1.12 所示，适配器包含一个 8MB 的 DRAM 和受控于一个 40MHz 的 i860 微处理器。适配器经微通道接口搭在微通道(micro channel)上，它是一个标准的 I/O 总线并用于将外设连向 RS/6000 工作站和 IBM PC 机，同时适配器也经过存储和开关管理单元 MSMU(memory and switch management unit)

连向 HPS(经由各为 8 位宽的 IN-FIFO 和 OUT-FIFO)。除此之外，它还包含一些控制/状态寄存器和用作 i860 总线控制器,检查和刷新 DRAM。另外,一个 4KB 的双向 FIFO(BID)缓冲器用于连接微通道和 i860 总线。

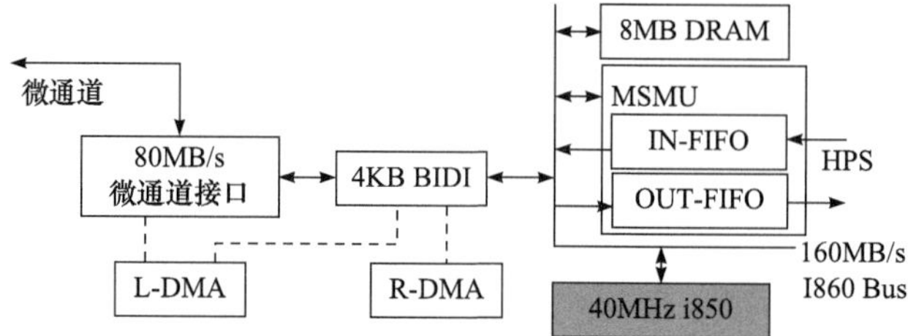

图 1.12 SP 通信适配器

参照图 1.12 来解释一下数据从节点发往 HPS 的过程：当节点处理器高速适配器要发送数据时，i860 将直接存储访问 DMA(direct memory access)传输所必需的信息(称为 Header)写入 BIDI，当此 Header 抵达 BIDI 之首部时，左部 DMA(L-DMA)负责将数据从节点(微通道)传入 BIDI；完成时，LDMA 将硬件计数器增，i860 写另一个 Header 至右部 DMA(R-DMA)，R-DMA 负责将数据从 BIDI 传至 MSMU 中的 OUT-FIFO，然后再将数据传送至 HPS。

从 HPS 接收数据是类似的：当数据到达时，MSMU 通知 i860，它就写一个 Header 以启动 R-DMA，R-DMA 就负责将数据从 IN-FIFO 传至 BIDI；完成时，i860 向 BIDI 写入一个 Header，当它抵达 BIDI 之首部时，LDMA 抽取此 Header，并负责将数据从 BIDI 传至微通道。

4) 系统软件

SP 系统软件层次如表 1.2 所示，其核心部分是 IBM AIX 操作系统。SP 沿用了绝大部分 RS6000 工作站环境，包括数据库管理系统(如 DB2)，在线事务处理监视器(如 CICS/6000)，系统管理和作业管理，标准操作系统 AIX，Fortran、C、C++编译器，数学和工程库(如 ESSL)及上万个串行应用程序等。SP 系统只加入了若干新软件和改进了某些现存的软件，它们都是可扩放并行集群系统所要求的。

表 1.2 SP 系统软件层次

<table>
<tr><td colspan="4">应用</td></tr>
<tr><td colspan="4">应用子系统(数据库、事务处理监视器等)</td></tr>
<tr><td>系统管理</td><td>作业管理</td><td>并行环境</td><td>编译器等</td></tr>
<tr><td colspan="4">全局服务(提供单一系统映像)</td></tr>
<tr><td colspan="4">有效性服务</td></tr>
<tr><td colspan="2">高性能服务</td><td colspan="2">标准操作系统(AIX)</td></tr>
<tr><td colspan="4">标准 RS/6000 硬件(处理器、存储器、I/O 设备，适配器)</td></tr>
</table>

(1) 并行环境。AIX 并行环境(parallel environment, PE)为用户提供了开发和执行并行程序的平台。如图 1.13 所示，它包含四部分：并行操作环境(parallel operating environment, POE)，消息传递库(message passing library, MPL)，可视化工具(visualization tool, VT)和并行调试器(parallel debugger, Pdbx)。其中 POE 用于控制并行程序的执行，它是由一个运行在家用节点(是一个连向 SP 节点的 RS6000 工作站)上的划分管理程序(partition manager)来控制。家用节点是用户调用并行程序的地方，并行程序作为 SP 计算节点上一个或多个任务来运行。家用节点提供标准的 Unix I/O 设备(如 Stdin、Stdout 和 Stderr)，它通过 LAN(如以太网)与计算节点进行标准的 I/O 通信。例如，用户从家用节点的键盘上按 Ctrl+C 键可终止所有的任务，用 Printf 语句就可在家用节点的屏幕上显示输出。消息传递通信是经由 HPS 或以太网执行专门 MPL 功能实现的，这个库提供诸如进程管理、点到点通信、整体通信等 33 种功能，IBM SP 还支持 MPI 的不同版本。

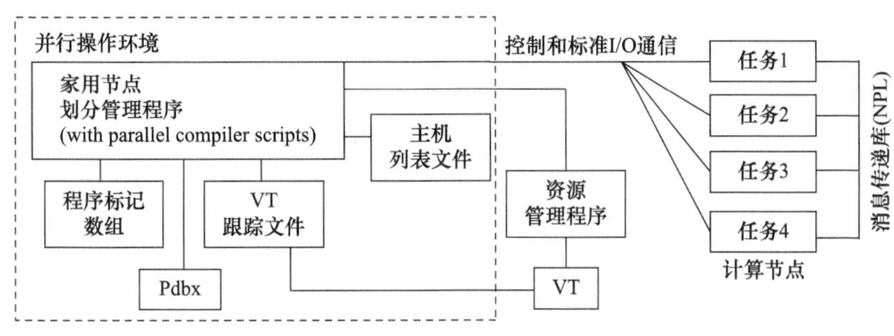

图 1.13　SP 集群的并行环境

(2) 高性能服务。IBM SP 除了能直接使用标准的、商用的原来为 RS/6000 工作站和基于 TCP/IP 网络的分布系统所开发的软件外，它还提供了一些高性能服务，包括高性能通信子系统、高性能文件系统、并行库、并行数据库和高性能 I/O 等。

SP 支持两种通信协议：基于 IP 的协议(执行在核空间)和 US 协议(执行在用户空间)，两者均可在 HPS 上或常规网(如以太网)上使用。但 US 协议具有较好的性能，可它每个节点中只允许有一个任务去使用 US 协议；当每个节点上有多个任务时，使用基于 IP 的协议可导致较好的整个系统的利用率。

(3) 并行 I/O 文件系统。SP 高性能文件系统称之为并行 I/O 文件系统(parallel I/O file system, PIOFS)，对绝大多数应用和系统实用程序它是与 POSIX 一致的。Unix 操作和命令(如 read、write、open、close、ls、cp 和 mv 等)与顺序 Unix 系统中的一样，除了允许传统的 Unix 文件系统接口外， PIOFS 提供了并行接口以便能对文件进行并行分布和操作。

IBM 开发了称之为 DB2 并行版本的并行数据库软件程序，它能运行在 SP 和其他集群平台上。数据库分布在多个节点中，数据库功能则装入数据驻留的节点上。DB2 并行版本在机器规模和问题规模两方面都是可扩放的，它能运行在数百个节点上并能处理多达万亿字节的大型数据库。

(4) 有效性服务。SP 系统由一组运行在节点上的守护程序(daemon)提供软件有效性基础设施。心跳守护程序周期地改变心跳信息以指示哪些节点是存在的。属籍服务能识别节点和进程属于某一组。当属籍关系因节点失效、停机或再启动改变时，通告服务用来通知活动的成员，并随后调用恢复服务协调恢复以使活动的成员继续工作。

(5)全局服务。SP系统提供的全局服务有外部系统数据储存库(system data repository, SDR)，它维持有关节点、开关和现行作业等全系统的信息。当部分系统失效时SDR对重组系统是有用的，其内容能将系统带回失效前的状态。

采用通过HPS支持TCP/IP和UDP/IP可实现全局网络访问。通过网络文件系统(network file system, NFS)可提供单一文件系统。除了NFS外，SP还为全局磁盘访问提供虚拟共享磁盘(virtual shared disk, VSD)技术。VSD是位于AIX逻辑盘组管理器LVM(logical volume manager)之顶的一个设备驱动层。当一个节点进程欲访问本地共享磁盘时，VSD直接传递请求至节点的LVM；当一个节点进程欲访问远程共享磁盘时，VSD传递请求至远程磁盘的VSD，然后再将其传至远程节点的LVM。

(6)系统管理。SP系统控制台是一台控制工作站。SP系统管理器从此单控制点管理整个SP系统，包括系统安装、监视和配置、系统操作用户管理、文件管理、作业计费、打印和邮件服务等。此外，SP中的每个节点、开关等都有一块能自动检测环境条件的监视卡以及时控制硬件部件。管理者能使用这些设施开/关电源和监视器，复位单节点和开关等部件。SP还有支持用户交互和批处理两种作业模式，它们既可以是串行程序也可以是并行程序。

1.3.3.2 工作站集群COW

工作站集群COW是实现并行计算的一种新主流技术，是属于分布式存储的MIMD并行计算机结构，由工作站和互联网络两部分组成。由于这种结构用于并行计算的主要资源是工作站，所以工作站集群的名称便由此产生。工作站集群COW这一名称，在早期的研究阶段，也曾被称为工作站网络NoWs。本部分主要讨论COW的基本原理及其有关问题。

1)什么是COW

随着工作站性能迅速提高和价格日益下降及高速网络产品陆续问世，一种新型的并行计算系统便应运而生。这种系统将一群工作站用某种结构的网络互连起来，充分利用各工作站的资源，统一调度、协调处理，以实现高效并行计算。图1.14给出了COW的硬件组成，它由工作站和互联网络两部分组成，工作站上增加一块主机接口板以实现联网。互联网络可以是普通的LAN(如以太网等)，也可以是高速开关网络(如ATM、交换式高速以太网等)。工作站是个广义的称呼，它可以是高档微机，甚至也可以是个对称多处理机SMP。一个实用的COW还应有一个高效的软件环境，包括操作系统(可为通用的UNIX、AIX，也可为改进和修改的操作系统)、通信协议(实现工作站到互联网络的数据通信服务)、可由用户调用的通信原语库及并行程序设计环境与工具等。从用户、程序员和系统管理员的角度看，COW相当于单一并行系统，感觉不到多个工作站的实际存在；从程序设计模式的角度看，它与MPP一样可采用面向消息传递的SPMD编程方式，即各个工作站均运行同一个程序，但分别加载不同的数据，从而可支持粗粒度的并行应用程序。

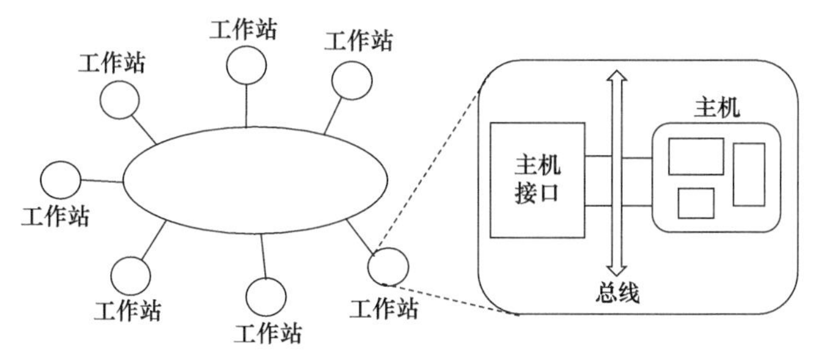

图 1.14 COW 的一般结构

2) 为什么发展 COW

和前面所介绍的对称多处理机 SMP 和大规模并行机 MPP 相比，COW 在实用上具有一些明显的优点：①投资风险小：用户在购置传统巨型机或 MPP 系统时，总是担心使用效率不高和性能发挥得不好，如果购置后在一定程度上确实出现此问题，就相当于搁置或浪费了大批资金，但 COW 不存在此问题，因为即使 COW 在技术上不够先进，但每台高性能的工作站仍可照旧使用，不会浪费资金；②编程方便：用户无须学用新的并行程序设计语言(如并行 C、并行 C++、并行 Fortran 等)，只要利用所提供的并行程序设计环境，在常规 C、C++和 Fortran 等程序中相应的地方插入少量的几条原语，即可使这些程序在 COW 上运行，这一点是最受用户欢迎的；③系统结构灵活：用户将不同性能的工作站使用不同的体系结构和各种互联网络构成同构或异构的工作站集群系统，从而可弥补单体系结构适应面窄的弱点，可更充分地满足各类应用要求；④性价比高：一般一台巨型机或 MPP 都很昂贵(费用常以几百万元、几千万元计)，而一台高性能工作站相对便宜(费用仅以几万元或十几万元计)，一个 COW 系统从浮点运算能力来看，虽然每台工作站的运算能力不大，但一群工作站的总体运算性能可能会非常高，能接近一些巨型机的性能，但价格却低了很多；⑤能充分利用分散的计算资源：当个人工作站处于空闲状态时，COW 可在空闲时间内给这些工作站加载并行计算任务，从而工作站资源可得到充分利用；⑥可扩放性好：用户可根据需要增加工作站的数目，以高带宽和低延迟的网络技术支持获得高的加速比，从而获得应用问题的高可扩放性。

3) COW 的关键技术

实现工作站集群需要解决的主要问题是通信性能和并行编程环境。因为组成 COW 的硬件环境中工作站的性能已相当高，且还在不断地提高，相对而言工作站性能不是关键问题；相反，负责数据通信的互联网络却是一项关键技术，因为 COW 系统中并行计算时各工作站之间需要经过互联网络交换数据，某些工作站上的程序所需要的数据也往往要通过网络获取或提交。如果网络通信延迟时间很长，再加上用于通信的软件开销(此部分不可忽视)可能限制了 COW 技术对某些问题的适应性。

伴随高速网络而产生的另一关键技术是工作站到网络的主机接口网络接口的设计，它应尽量保持网络的传输速度与主机数据收发速度相匹配，其中增加高速缓存或采用 DMA 是可供选择的两种技术。网络接口使工作站可以利用网络传输数据，但也增加了通信延迟，它占用工作站 CPU 时间，从而影响了 COW 的性能。一般减少延迟的方法有：①设计精简通信协议以减少数据移动的次数和协议处理时间；②采用主动消息(active message）携带数据处理命令以重叠计算和通信；③定制通信处理单元以消除通信对工作站 CPU 的依赖。

另外，COW 要走向实用必须为用户提供一个良好的使用环境和一套完善的工具系统，主要包括：①并行编程环境，如一些通信原语库、多种编程语言（Express、PVM、Linda、P4、MPI）的支持及并行编译器等；②可视化监视/调试器（如 Express 的 domtool、基于 PVM 的 XPVM 等）；③并行图形库（如基于 Express 的 Plotix 等）；④并行文件系统和数据库，以适应开展分布式事务处理的研究与开发。

1.4 并行计算机的一些基本性能指标

1.4.1 CPU 和存储器的某些性能指标

表 1.3 列出了并行计算机的一些基本性能参数，下面将着重讨论 CPU 和存储器的某些基本性能指标，主要包括工作负载、并行执行时间、存储器层次结构及典型性能参数、存储器带宽估计等。

表 1.3 并行计算机基本性能参数一览表

名称	符号	含义	单位
机器规模	n	处理器的数目	无量纲
时钟频率	f	时钟周期长度的倒数	MHz
工作负载	W	计算操作的数目	Mflop
顺序执行时间	T_1	程序在单处理机上的运行时间	s（秒）
并行执行时间	T_n	程序在并行机上的运行时间	s（秒）
速度	$R_n = W/T_n$	每秒百万次浮点运算	Mflops
加速	$S_n = t_1/t_n$	衡量并行机有多快	无量纲
效率	$E_n = S_n/s$	衡量处理器的利用率	无量纲
峰值速度	$R_{\text{peak}} = nR'_{\text{peak}}$	所有处理器峰值速度之积 R'_{peak} 为一个处理器的峰值速度	Mflops
利用率	$U = R_n/R_{\text{peak}}$	可达速度与峰值速度之比	无量纲
通信延迟	t_0	传送 0 字节或单字的时间	μs
渐进带宽	r_∞	传递长消息通信速率	MB/s

（1）工作负载。所谓工作负载，就是计算操作的数目，通常可用执行时间、所执行的指令数目和所完成的浮点运算数三个物理量来度量它。执行时间指在特定的计算机系统上的一个给定的应用所占用的总时间，即应用程序从开始到结束所掠过的时间，它不只是 CPU 时间，还包括了访问存储器、磁盘、I/O 通道的时间和 OS 开销等。对于大型科学与工程计算问题，使用所执行的浮点运算数目来表示工作负载是很自然的。对于程序中其他类型的运算，可按如下经验规则折算成浮点运算数：在运算表达式中的赋值操作、

变址计算等均不单独考虑(即它们被折算成 0Flop)；单独赋值操作、加法、减法、乘法、比较、数据类型转换等运算均各折算成 1 Flop；除法和开平方运算各折算成 4Flop；正(余)弦、指数类运算各折算成 8Flop；其他类运算按其复杂程度，参照上述经验数据折算之。对于任何给定的应用，它所执行的指令条数就可视为工作负载，常以百万条指令为计算单位，与其相应的速度单位就是 MIPS(每秒百万条指令)。

(2)并行执行时间。在无重叠操作的假定下，并行程序的执行时间 T_n 为

$$T_n = T_{\text{comput}} + T_{\text{paro}} + T_{\text{comm}}$$

其中，T_{comput} 为计算时间；T_{paro} 为并行开销时间，包括进程管理(如进程生成、结束和切换等)时间，组操作(如进程组的生成与消亡等)时间和进程查询(如询问进程的标志、等级、组标志和组大小等)时间；T_{comm} 为通信时间，包括同步(如路障、锁、临界区、事件等)时间，通信(如点到点通信、整体通信、读/写共享变量等)时间和聚合操作(如归约、前缀运算等)时间。

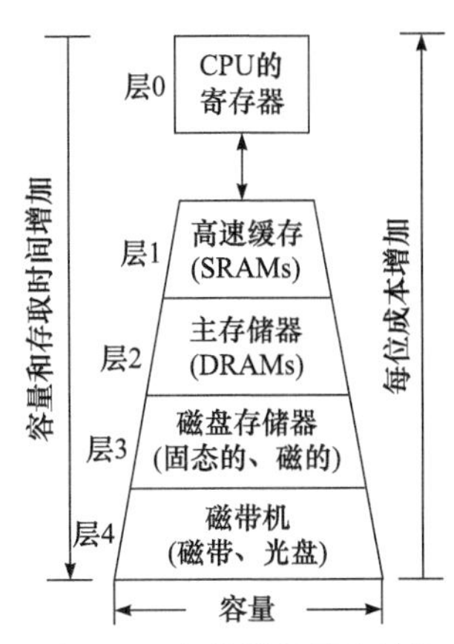

图 1.15 存储器的层次结构

(3)存储器的层次结构。在近代计算机中，为了加快处理器与存储器之间的数据移动，存储器通常按图 1.15 所示的层次结构进行组织。如图 1.16 所示，对于每层均可用三个参数表征：①容量 C：指各层的物理存储器件能保存多少字节的数据；②延迟 L：指读取各层物理器件中一个字节所需的时间；③带宽 B：指在 1 秒内各层的物理器件中能传送的字节数。各层存储器及其相应的典型的 C、L、B 值示于图 1.16 中。

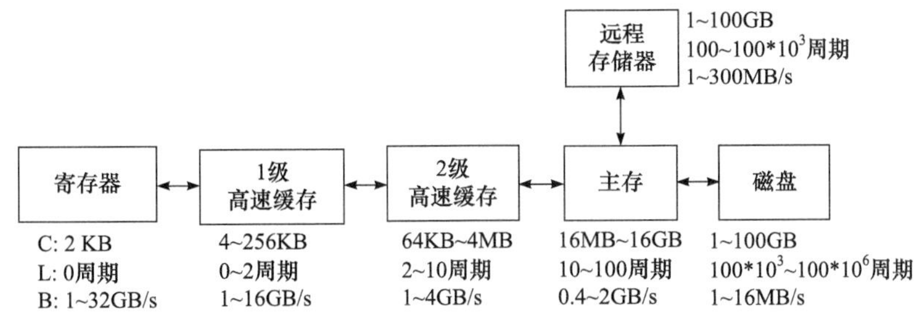

图 1.16 各层存储器的典型性能参数

(4)存储器带宽的估算。假定字长为 64 位(8 字节)，对于 RISC 类型机器中的加法操作，它从寄存器中取 2 个 64 位的字相加后再回送至寄存器，如果使用 100MHz 的时钟(通常 RISC 加法指令可在单拍内完成)，则存储带宽为 $3\times8\times100\times10^6=2.4$(GB/s)。可见，较快的时钟和处理器中较高的并行操作，可获得较宽的带宽。

1.4.2 通信开销

这一部分主要讨论由多进程相互作用所引起的通信开销 T_{comm}。这种开销比普通的计

算时间要长得多，而且随系统不同而变化很大。

(1)点到点通信开销的测量。对于点到点的通信，测量开销使用乒—乓方法：节点0发送 m 个字节给节点1；节点1从节点0接收 m 个字节后，立即将消息发回节点0。总的时间除以2，即可得到点到点通信时间，也就是执行单一发送或接收操作的时间。用乒—乓方式测量延迟的算法见算法1.1。

算法 1.1 乒—乓法测量延迟的算法

```
for i = 0 to Runs-1 do   /*发送者，Runs 为节点数*/
  if(my_node_id = 0)then  /* my_node_id 为当前节点的编号*/
   start_time=second( ) /*second( )为时标函数*/
   send an m-byte message to node 1
   receive an m-byte message from node 1
   end_time=second( )
   total_time = end_time - start_time
   communication_time[i] = total_time/2
else if(my_node_id = 1)then  /*接收者*/
     receive an m-byte message from node 0
     send an m-byte message to node 0
   end if
 end if
end for
```

乒—乓方法可一般化为热土豆法，也称为救火队法：节点0发送 m 个字节至节点1，节点1再将其发送给节点2，依此类推，节点 n–1再将其返回给节点0，总时间除以 n 即可。

(2)点到点通信开销的表达式。Hockney对于点到点的通信，给出了如下所示的通信开销 $t(m)$ 的解析表达式，它是消息长度 m(字节)的线性函数：

$$t(m) = t_0 + m / r_\infty$$

其中，t_0 是通信启动时间(μs)；r_∞ 是渐近带宽(MB/s)，表示传送无限长的消息时的通信速率。Hockney也同时引入了两个附加参数：半峰值长度 $m_{1/2}$ (字节)，表示达到一半渐近带宽(即 $\frac{1}{2}r_\infty$)所需要的消息长度；特定性能 π_0(MB/s)，表示短消息带宽。4个参数 t_0、r_∞、$m_{1/2}$ 和 π_0 中只有两个是独立的，其他两个可使用如下关系式推导出：

$$t_0 = m_{1/2} / r_\infty = 1 / \pi_0$$

1.4.3 机器的成本、价格与性价比

从技术角度看，计算机的价格并不能代表机器的性能，但对广大购置计算机的人员

来说，却往往是首先要考虑的因素。而计算机的价格是怎样定的呢？显然与生产制造计算机的成本有关。所以，了解计算机的最后标价是怎样从原料的成本逐步加码而来是很必要的。此外，性能显然与价格也有关系，人们总是希望花费最少的钱而能购置性能最高的机器，这就是计算机的所谓性能/价格比问题。对于任何计算机设计与制造者而言，如何利用各种先进技术来达到高的性能/价格比总是基本的目标。

(1) 机器的成本与价格。价格和成本是两个不同但又相关的概念：成本并不代表用户购机的价格，它在变成实际价格之前是会经过一系列的变化；价格的上扬会使机器销售市场不景气，导致产量的下降，从而使成本就会增大，而最终致使价格进一步上涨。一般成本每变化 1000 元，价格将会变化 3000～4000 元，价格还是时间的函数。下面说明从原料成本到最终标价的演变过程(以工作站为例)：①原料成本：它是指一件产品中所有零部件的采购成本总和，是价格中最基本、明显的部分。②直接成本：它是指与一件产品生产直接相关的成本，包括劳务成本、采购成本(运输、包装等)、剩余零头和产品质量成本(人员培训、生产过程管理等)等，直接成本通常在原料成本上增加 20%～40%。③毛利：主要包括研发费、市场建立费、销售费、设备维护费、房租、贷款利息、税前利润和税务费等，原料成本、直接成本和毛利相加在一起就得到平均销售价格，毛利一般占其 20%～55%。④折扣：是产品在零售商店销售时，商店所获取的利润，加上平均销售价格就是机器价目单的标价。

(2) 机器的性能/价格比。性能/价格比可定义为速度与购买价格的比值，即单位代价所获取的性能。例如，每百万元能获取多少个 MIPS(每秒百万条指令)或多少个 Mops(每秒百万次浮点运算)。高的性价比意味着成本是有效的。成本有效性可用利用率来指示。利用率指可达到的速度与峰值速度之比。较高的利用率对应着每单位货币较多的 Gflops。

近代计算机的设计者非常注意提高机器的性价比。例如，由于工作站集群 COW 的设计采用了 COTS(commodity off-the-shelf) 技术，因此其性价比要比 PVP 和 MPP 等高得多。一般一台超级计算机或大规模并行机都很昂贵，而一台高性能的工作站相对便宜。一个 COW 系统从浮点运算能力来看，虽然每台工作站只有几 Mflops 到几十 Mflops，但一群工作站的总体运算性能可高达 Gflops 的量级，能接近一些超级计算机的性能，但价格却低了很多。

(3) 利用率和成本有效性。利用率可定义为实际可达速度与理论峰值速度之比。如果用成本来衡量，则利用率对应于 Gflops/元。低的利用率总是指明程序或是编译器很差。经验数据是：执行在单处理器的 MPP 上的顺序应用，其利用率为 5%～40%，典型的为 8%～25%；而执行在多个处理器的 MPP 上的并行应用，其应用率为 1%～35%，典型的为 4%～20%。所以，一般人认为执行在单节点上的顺序的利用率总是高于并行程序，因为后者伴有通信、等待等额外开销。

第 2 章　并行程序设计基础

2.1　并行算法的基础知识

2.1.1　并行算法领域的一些基本概念

定义 2.1　算法 算法是解题方法的精确描述，是一组有穷的规则，它规定了解决某一特定类型问题的一系列运算。

定义 2.2　并行算法 并行算法是一些可同时执行的诸进程的集合，这些进程互相作用和协调动作，从而实现给定问题的求解。并行计算的基本思想是用多个处理器来协同求解同一问题，将被求解的问题分解成若干个部分，各部分均由一个独立的处理机来并行计算。并行算法可从不同的角度分类成数值计算的和非数值计算的并行算法；同步的、异步的和分布式的并行算法；共享存储的和分布存储的并行算法；确定的和随机的并行算法等。

定义 2.3　数值计算 数值计算是指基于代数关系运算的一类计算，如矩阵运算、多项式求值、求解线性方程组等。求解数值计算问题的算法称为数值算法。

定义 2.4　非数值计算 非数值计算是指基于比较关系运算的一类计算，如排序、选择、搜索、匹配等。求解非数值计算问题的算法称为非数值算法。

定义 2.5　同步并行算法 同步并行算法是指诸进程的执行必须相互等待的一类并行算法。

定义 2.6　异步并行算法 异步并行算法是指诸进程的执行不必相互等待的一类并行算法。

定义 2.7　分布并行算法 分布并行算法是指由通信链路连接的多个场点或节点，协同完成问题求解的一类并行算法。按照上述意义，在局域网环境下进行的计算称为分布计算。在 Internet 流行的今天，可把工作站集群 COW 环境下进行的计算称为网络计算。推而广之有人把基于 Internet 的计算称为元计算。

定义 2.8　确定算法 确定算法是指算法的每一步都能明确地指明下一步应该如何行进的一种算法。

定义 2.9　随机算法 随机算法是指算法的每一步，随机地从指定范围内选取若干参数，由其来确定计算下一步走向的一种算法。

定义 2.10　粒度 粒度是各个处理机可独立并行执行的任务大小的度量。大粒度反映可并行执行的运算量大，亦称为粗粒度。指令级并行是小粒度并行，称为细粒度。

定义 2.11　加速比　假设串行执行时间为 T_s，使用 q 个处理机并行执行的时间为 $T_p(q)$，则加速比为 $S_p(q)={T_s}/{T_p(q)}$。

定义 2.12　效率　设 q 个处理机的加速比为 $S_p(q)$，则并行算法的效率为 $E_p(q)={S_p(q)}/{q}$。

定义 2.13　性能　求解一个问题的计算量为 W，执行时间为 T，则性能(FLOP/s)为 $\mathrm{Perf}={W}/{T}$。

引理 2.1　Amdahl 定律　对已给定的一个计算问题，假设串行所占的百分比为 α，则使用 q 个处理机的并行加速比为 $S_p(q)=\dfrac{1}{\alpha+(1-\alpha)/q}$。

Amdahl 定律表明，当 q 增大时，$S_p(q)$ 也增大。但它是有上界的，也就是说，无论使用多少处理机，加速的倍数不超过 $1/\alpha$。

引理 2.2　Gustafson 公式　假设在每个处理机中，串行部分的百分比为 α，则使用 q 个处理机的并行加速比为 $S_p(q)=\alpha+q(1-\alpha)$。

定义 2.14　进程　进程是具有独立功能的程序在某个数据集合上的一次运行活动，是系统进行资源分配和调度的独立单位。进程的概念主要有两点：①进程是一个实体。每一个进程都有它自己的地址空间，一般包括文本区域、数据区域和堆栈。文本区域存储处理器执行的代码；数据区域存储变量和进程执行期间使用的动态分配的内存；堆栈区域存储活动过程调用的指令和本地变量。②进程是一个"执行中的程序"。程序是一个没有生命的实体，只有处理器赋予程序生命时(操作系统执行时)，它才能成为一个活动的实体，我们称其为进程。

进程是操作系统中最基本、重要的概念。是多道程序系统(多道程序系统是在计算机内存中同时存放几道相互独立的程序，使它们在管理程序控制之下，相互穿插的运行，其特征为宏观上并发、微观上串行)出现后，为了刻画系统内部出现的动态情况，描述系统内部各道程序的活动规律引进的一个概念，所有多道程序设计操作系统都建立在进程的基础上。

进程与程序的区别在于：①程序是指令的有序集合，是一个静态概念；而进程强调执行过程，动态地被创建，并被调度执行后消亡，即进程是有生命周期的。②进程是一个能独立运行的单位，能与其他进程并发执行，而程序是不能作为独立运行的单位并发执行的；③各个进程在并发执行过程中会产生相互制约关系，造成各自前进速度的不可预测性，而程序本身是静态的，不存在这种异步特征。

例如，如果把一首歌曲的曲谱比作程序，则基于曲谱的演奏活动就是进程。曲谱是静态的，而演奏是个动态过程。同一个曲谱可以多次演奏，一次演奏也可以综合多个曲谱。曲谱与演奏不存在一一对应关系，程序和进程之间也不存在一一对应关系，一个程序运行在不同的数据集合上可构成不同的进程，而一个进程在活动中可能要用到多个程序。

定义 2.15　线程 线程是操作系统能够进行运算调度的最小单位。它包含在进程中，是进程的实际运作单位。一条线程指的是进程中一个单一顺序的控制流，一个进程中可以并发多个线程，每条线程并行执行不同的任务。线程自己不拥有系统资源，只拥有一点儿在运行中必不可少的资源，但它可与同属一个进程的其他线程共享进程拥有的全部资源。由于所有的线程共享进程的内存地址空间，所以线程间的通信就容易得多，通过共享进程级全局变量即可实现。一个进程至少有一个线程。

进程与线程的区别为：①进程是操作系统进行资源分配的最小单位，是线程的容器。线程是程序执行的最小单位。计算机执行程序时会为程序创建相应的进程，进行资源分配时，也是以进程为单位进行的。每个进程都有相应的线程，在执行程序时，实际上是执行相应的一系列线程。②进程有自己独立的地址空间，每启动一个进程，系统都会为其分配地址空间，建立数据表来维护代码段、堆栈段和数据段；线程没有独立的地址空间，同一进程的线程共享本进程的地址空间。③进程之间的资源是独立的，同一进程内的线程共享本进程的资源。④每个独立的进程有一个程序入口和顺序执行序列。但线程不能独立执行，必须依存在应用程序中，由应用程序提供多个线程执行控制。⑤线程是处理机调度的基本单位，但进程不是。由于程序执行的过程其实是执行具体的线程，那么处理机处理的也是程序相应的线程，所以处理机调度的基本单位是线程。⑥进程执行开销大，线程执行开销小。由于线程基本不拥有资源，因此创建、终止、切换线程的开销要比进程小得多。同时，由于同一进程内的各个线程共享地址空间，因此线程间通信比进程通信高效得多，线程之间可以直接读写进程数据段(如全局变量)来进行通信。

2.1.2　并行程序开发策略与并行算法的描述方法

2.1.2.1　并行程序开发策略

开发并行应用程序有三种策略：自动并行化，调用并行库，重新编写并行代码。对于程序员来说，这三种策略的工作量和难度逐渐增大。

自动并行化指将已有的串行代码直接并行化，让编译器接收并识别带有可并行化标记的代码，从而无须或很少需要程序员的干预就可以高效地生成并行目标代码。它是开发并行应用程序最理想的方法，可免去程序员繁重的代码并行化劳动，但这种方法实现起来非常困难，且自动并行化方法往往效率很低，同时还需要涉及非常复杂的编译技术。

调用并行库是指对已有的串行代码进行分析，将其中一些常用的并行程序段封装在一个高效优化的并行库中，这个库可以被很多应用程序直接调用，从而免去程序员复杂、低效的劳动。实践证明，这种并行化方法是最受欢迎的，是目前开发并行应用程序最流行的方法。

重新编写并行代码往往在对应用程序本质结构进行分析的基础上，对已有的串行代码进行重大甚至彻底的修改，从头开始编写全新的并行代码，这样将会产生比前两种并行化方法更高效的并行程序，但这种方法将会大大增加程序员的编程负担。这种方法一方面可为程序员提供更多的选择语言和编程工具的自由，另一方面使得可重用的代码非常少，从而使并行编程非常困难。

2.1.2.2 并行算法的描述方法

算法一般采用算法语言进行描述，算法语言可以是自然语言，也可以是某种程序设计语言。采用程序设计语言描述算法时，语言的选用应避免二义性，力图直观易懂而不苛求严格的语法格式。

对于并行算法的描述，所有串行算法的描述语句及过程调用等均可使用，此外还需要引入几条并行语句表达其并行性。例如，可采用以下方法描述并行算法。

par-do 语句 当算法的若干步要并行执行时，可以使用“ Do in parallel”语句，简记为“par-do”进行描述：

```
for i=1 to n par-do
   …
end for
```

其中，“ end for”也可代之以“ odrap”。

for all 语句　当几个处理器同时执行相同的操作时，可以使用“ for all”语句描述：

```
for all Pi , where 0≤i≤k do
   …
end for
```

注意，为了算法书写简洁，在意义明确的前提下，参数类型总是省去，同时语句“ begin…end”的使用也比较随便。

2.1.3 并行算法中的同步与通信

2.1.3.1 同步

同步是在时间上强制使各执行进程在某一点必须相互等待，确保各进程的正确工作顺序和对共享可写数据的正确访问（互斥访问），程序员需在算法的适当位置设置同步点。同步可用软件、硬件和固件的办法来实现。

下面以 MIMD-SM 多处理器系统中 n 个数的求和为例（算法 2.1），说明如何用同步语句 lock 和 unlock 来确保对共享可写数据的互斥访问。假定系统中有 m 个处理器 $P_0, \cdots, P_{m-1}$；输入数组 $A=(a_0, \cdots, a_{n-1})$ 存放在共享存储器中；全局变量 L 存放求和结果；局部变量 L 包含各处理器计算的子和；lock 和 unlock 为加锁和解锁命令；在 for 循环中各进程异步地执行各语句，并结束在“end for”；一旦每个进程都达到了 end for 语句，一个单一进程执行 end for 语句之后的下一语句。

算法 2.1　共享存储多处理器上求和算法

输入：$A=(a_0,\cdots,a_{n-1})$，处理器数 m

输出：$S=\sum a_i$

```
Begin
  S = 0
    for all Pi where 0⩽i⩽m-1 do
      L = 0
      for j = i to n step m do
        L = L+ aj
      end for
      lock(S)
      S = S + L
      unlock (S)
  end for
End
```

2.1.3.2 通信

通信是在空间上对各并发执行的进程施行数据交换。通信可使用通信原语来表达：在共享存储的多处理机中，可使用 global read(*X*,*Y*) 和 global write(*U*,*V*) 来交换数据，前者将全局存储器中数据 *X* 读入局部变量 *Y* 中，后者将局部数据 *U* 写入共享变量 *V* 中；在分布存储的多计算机中，可使用 send(*X*, *i*) 和 receive(*Y*, *j*) 来交换数据，前者是处理器发送数据 *X* 给 P_i，后者是处理器从 P_j 接收数据 *Y*。

2.2 并行程序设计模型

对用户而言，所设计的任何并行算法最终总要通过并行编程在具体的并行机上实现。不同体系结构模型并行机的编程风范不同，而不同的并行编程风范又建立在不同的并行程序设计模型之上。本节简要讨论数据并行、消息传递和共享变量三种并行程序设计模型。

2.2.1 计算 π 的样本程序

为方便讨论，选取数值积分法求 π 的近似值的程序作为样本程序来介绍上述三种并行程序设计模型。

用数值积分算法计算 π 在数学上等同于求区间[0,1]范围内函数曲线 $\frac{4}{1+x^2}$ 的面积（图 2.1）。为此，将区间[0,1]划分成 *N* 个等间隔的子区间，每个子区间的宽度为 1/*N*；然后计算出各个子区间中点处的函数值；再将各个子区间的面积相加，就可以计算出 π 的近似值。具体公式为

$$\pi = \int_0^1 \frac{4}{1+x^2}\mathrm{d}x \approx \sum_{0\leqslant i\leqslant N} \frac{4}{1+\left(\frac{i+0.5}{N}\right)^2} \cdot \frac{1}{N}$$

上述算法的串行 C 语言代码见算法 2.2。

算法 2.2　计算 π 的串行 C 语言代码段

```
#define N 1000000
main( ) { double local, pi=0.0, w;
        long i;
        w=1.0/N;
        for(i=0; i< N; i++){
        local=(i + 0.5)* w;
        pi= pi+4.0/(1.0 + local * local); }
    printf(" pi is% f\n", pi*w);
   }
```

其中，N 为等分间隔数，其值越大，π值越精确，但计算时间也就越长。

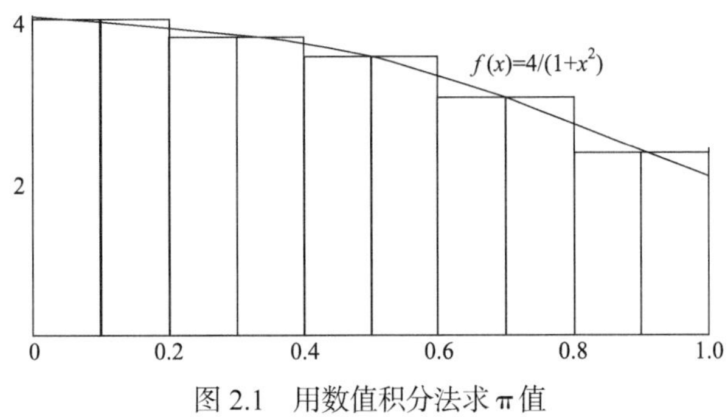

图 2.1　用数值积分法求 π 值

2.2.2　数据并行模型

所谓数据并行(data-parallel)是指把数据划分成若干块分别映像到不同的处理机上，每台处理机对处理程序所分派的数据并行地完成同一指令规定的操作。为实现快速有效的数据处理，数据应在各处理单元之间合理分配与存储。在这种处理方式中，不同处理机在计算过程中通常还需要进行一定数量的通信，因此需要根据问题的特点设计合理的并行处理算法，以减小处理机间的通信对并行处理性能的影响。目前大部分并行处理都采用这种处理方式，尤其是对于计算复杂性很高的问题(如流体力学计算、图像处理)进行并行处理。

数据并行模型是指并行执行作用于一个大数据集中不同部分的同一个操作。它一般具有以下特点。

(1) 单线程。从程序员的角度看，一个数据并行程序由一个进程执行，具有单一控制线；就控制流而论，一个数据并行程序就像一个顺序程序一样。

(2)并行操作于聚合数据结构上。数据并行程序的一个单步(语句)，可指定同时作用在不同数据组元素或其他聚合数据结构上的多个操作。

(3)松散同步。在数据并行程序的每条语句之后，均有一个隐含的同步，这种语句级的同步是松散的(相对于 SIMD 机器每条指令之后的紧同步而言)。

(4)全局命名空间。数据并行程序中的所有变量均驻留在单一地址空间内，在满足变量作用域规则的前提下，所有语句可访问任何变量。

(5)隐式相互作用。数据并行程序的每条语句之末都存在一个隐含路障，所以不需要一个显式同步；通信可由变量指派而隐含地完成。

(6)隐式数据分配。程序员不必明确地指定如何分配数据，可将改进数据局部性和减少通信的数据分配方法揭示给编译器。

下面用算法 2.3 中计算 π 值的例子来理解数据并行的基本特点。

算法 2.3　计算π的数据并行编程代码段*//

```
main( )
{
  long i, j, t
  long N= 10000;
  double local [N], temp[N], pi, w;
  A: w = 1.0/N;
  B: forall (i= 0; i<N; i++)
  {
     P: local [i] = (i+0.5)* w;
     Q: temp[i] = 4. 0/(1.0 + local[i] * local[i]);
  }
  C: pi = sum(temp);
  D: printf("pi is %f \n'', pi*w);
}
```

上述程序中包含了 4 个语句 A、B、C 和 D，B 语句又包括两个子语句 P 和 Q，A、B、C、D 四个语句可由单一进程一个接一个地执行，其中语句 A 和 D 是普通的顺序语句；语句 C 执行 N 个 temp 数组元素的归约求和，并将结果赋值给变量 pi；语句 P 并行执行表达式求值并更新所有 N 个 local 数据组元素，但所有这 N 个元素均必须由语句 P 更新完后语句 Q 才能被执行；类似地，在语句 C 执行归约求和之前，所有 temp 元素均必须由语句 Q 进行赋值。

2.2.3　消息传递模型

在消息传递模型中，驻留在不同节点上的进程通过显式地发送和接收消息来实现进程间的数据交换。消息可以是指令、数据、同步信号或中断信号等。在消息传递并行程序中，用户必须明确地为进程分配数据和负载。它比较适合于开发粗粒度的并行性，这些程序是多线程的和异步的，要求显式同步(如路障等)，以确保正确地执行顺序。然而这些进程均有其分开的地址空间。消息传递模型比数据并行模型灵活，两种广泛使用的标准库 PVM 和 MPI 使消息传递程序大大增强了可移植性。消息传递模型具有以下特点。

(1)多线程。消息传递程序系由多个进程组成，每个进程都有其自己的控制线且可执行不同的代码；消息传递模型既支持控制并行(如 MPMD)，又支持数据并行(如 SPMD)。

(2)异步并行性。消息传递程序的诸线程彼此异步地执行，使用诸如路障和阻塞通信的方法来实现进程间的同步。

(3)分离的地址空间。并行程序的进程驻留于不同的地址空间内。一个进程中的数据变量对其他进程不可见，因此一个进程不能直接读/写另一进程中的变量，进程的相互作用通过执行特殊的消息传递操作实现。

(4)显式相互作用。程序员必须解决包括数据通信、同步和聚合等所有相互作用问题；负载分配通常通过属主-计算规则来完成，即进程只在其所拥有的数据上执行计算。

(5)显式分配。工作负载和数据均需用户用显式方法分配给各进程。

消息传递模型几乎适用于目前所有的并行计算机，如分布存储的并行计算机、共享存储的多处理机系统、分布共享存储的多处理机系统和由工作站群机构成的虚拟并行机等。

目前的消息传递系统通常是以消息传递库的形式实现的，现有的编程语言通过调用这些消息传递库来达到并行目的，而消息传递库也需要提供常用的计算机语言(如 C 语言、Fortran 语言、C++语言和 Fortran90 等)调用接口。

下面算法 2.4 中通过消息传递方式来实现 π 值的并行计算，以加深对消息传递并行程序基本特点的理解。

算法 2.4　计算π的消息传递编程代码

```
# define N 100000
main (int argc, char *argv[ ] )
{   double local=0.0, pi, w, temp =0.0;
    long i, taskid, numtask;
    MPI_Init(&arge, &argv);
    A:  w=1.0/N;
     MPI_Comm_rank(MPI_COMM_WORLD, &taskid);
     MPI_Comm_Size( MPI_COMM_WORLD, &numtask);
    B:  for(i=tasked; i<N; i=i+numtask)
    {
        P:  temp=(i+0.5)*w;
        Q:  local=4.0/(1.0+temp*temp)+local;
    }
    C:  MPI_Reduce(&local, &pi, 1, MPI_Double, MPI_SUM, 0,
```

```
        MPI_COMM_WORLD);
    D:  if(tasked==0)printf("pi is %f \n'', pi*w);
    MPI_Finalize();
}
```

上述代码中包含了 4 个语句 A、B、C 和 D，其中 B 语句又包括两个子语句 P 和 Q，这些语句均由多个进程并行执行，不同进程只计算整个计算空间的某一部分，最后把所有进程的计算结构累加起来就得到了问题的最终解。上述程序中，每个进程内都包含了 local, pi, *w*, temp, *i*, taskid, numtask 等变量，这些变量都是各进程私有的，分别驻留在各自的内存空间中，其他进程无权访问。

上述程序中，语句 A 计算本进程中的 *w* 值(注意：在这个例子中，各进程的 *w* 值是相等的，但其他问题中，不同进程中的相同变量往往具有不同的值)，A 之后的两条语句分别获得本进程的进程号和指定通信域中的进程个数(注意：本例中各个进程的 taskid 变量值是不同的，但 numtask 变量值是相等的)。B 语句是一个循环，它同样需要所有进程都执行之，但不同进程计算的数据区间是不一样的。P 语句计算各矩形宽度方向的中点位置，Q 语句计算各矩形的高并通过 B 循环语句累加起来(各个进程中的 local 值是不同的)。C 语句是一个特殊的组通信调用(规约操作)，它将各个进程计算得到的 local 值累加起来并将之赋给进程 0 的 pi 值。D 语句是一个判断语句，它同样需要所有进程都必须执行，只不过对于 0 进程外的其他进程来说，由于不满足 if 语句中的条件，因此后面的打印语句不会执行，只有 0 进程满足 if 语句的条件，因此打印语句只有 0 进程会执行，其他进程不执行。

2.2.4 共享变量模型

共享变量模型中，驻留在各处理器上的进程可以通过读/写公共存储器中的共享变量实现进程间的数据交换，数据处于单一地址空间，各进程之间通过读/写共享数据隐式地进行通信，程序员也不需要显式分配数据，工作负载可显式分配也可隐式分配，但进程间的同步必须是显式的，以保持进程执行的正确顺序。

共享变量模型与数据并行模型的相似之处在于它有一个单一的全局名字空间；与消息传递模型的相似之处在于它是多线程的和异步的。这种编程模式具有可编程性强和系统可用性高的优点，在科学和工程计算中被广泛应用。

根据并行系统中存储器的物理分布，共享存储系统可分为纯共享存储环境和虚拟共享存储环境。

纯共享存储环境的主要特点是：①系统中存在着一个集中的、公共的共享存储器；②系统中集中的存储器对程序员而言是全局同一编址的；③系统不支持对非一致存储访问应用程序的任何支持。虚拟共享存储环境的主要特点是：①系统中分布的局部存储器组成了系统的全局共享虚拟存储器；②系统中的虚拟共享存储器对程序员而言是全局可寻址的，即由操作系统负责将这些物理上分布的局部存储器向用户呈现为共享的存储视图，所共享的数据空间是连续的，且可以用常用的读/写操作访问之。

下面算法 2.5 中通过共享变量方式来实现 π 值的并行计算，以加深对共享变量并行程序基本特点的理解。

算法 2.5 计算π值的共享变量编程代码

```
#define N 100000
main( )
{   double local, pi=0.0, w;
    A:  w = 1.0/N;
    B:  # Pragma Parallel
    # Pragma Shared(pi, w)
    # Pragma Local(i, local)
    {   #Pragma p for iterate(i = 0; N; 1)
        for(i=0; i<N, i++)
         P:   local = (i + 0.5)* w;
         Q:   local = 4.0/(1.0 + local * local);
    }
    C:  #Pragma Critical
        pi = pi + local;
    D:  printf("pi is %f \n'', pi * w);
}
```

算法 2.5 中，# Pragma Parallel 为编译指导语句，表示接下来的 for 循环将被多个线程并行执行。需要说明的是，编译指导语句提供的信息不是必需的，编译器可以在忽略它的情况下仍然生成正确的目标程序，但这些信息可以辅助编译器进行程序优化。# Pragma Shared(pi, w)表示变量 pi 和 w 为共享变量，所有进程都可以访问。# Pragma Local(i, local)表示变量 i 和 local 为局部变量(各进程的私有变量)，除本进程外，其他进程不能访问它。#Pragma p for iterate($i=0$; N; 1)指每个进程都要进行迭代。#Pragma Critical 指令指定一块同一时间只能被一条线程执行的代码区域，如果一个线程正在一个 Critical 区域执行而另一个线程到达这个区域并企图执行，那么它将会被阻塞，直到第一个线程离开这个区域。

上面的代码中，每个进程都计算各自的矩形面积累加，并把累加结果放在各自的私有变量 local 中(语句 P 和语句 Q)，语句 A 由程序开始时启动的主线程执行，语句 B 告诉启动一个并行域，此后程序开始并行执行，C 语句结束各进程的并行计算并将各个进程求得的部分和累加起来并与 w 相乘得到最终的 π 值。

上述三种显式并行程序设计模型(数据并行、消息传递、共享变量)的主要特征可综合于表 2.1 中。

表 2.1　三种并行程序设计模型的主要特征

特性	数据并行	消息传递	共享变量
控制流(线)	单线程	多线程	多线程
进程间操作	松散同步	异步	异步
地址空间	单一地址	多地址空间	单地址空间
相互作用	隐式	显式	显式
数据分配	隐式或半隐式	显式	隐式或半隐式

2.3　并行程序设计方法

2.3.1　PCAM 并行程序设计思路

2.3.1.1　并行算法的 PCAM 设计方法

设计一个高效的并行算法并不是一件容易的事，它的设计过程比较复杂。通常编程设计过程可以分为划分(partitioning)、通信(communication)、组合(agglomeration)和映射(mapping)四步(图 2.2)。

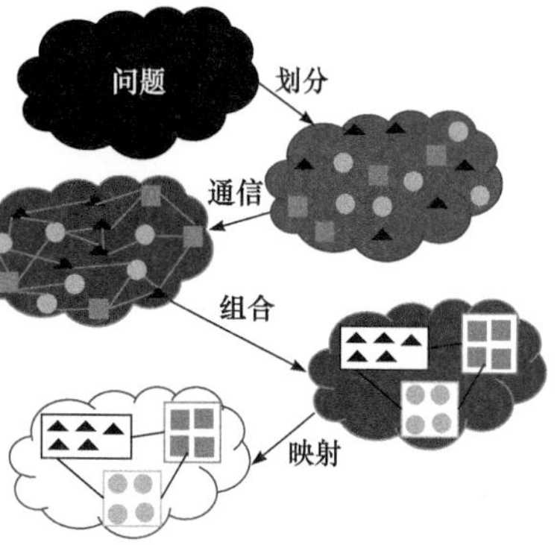

问题
划分
通信
组合
映射

图 2.2　PCAM 并行程序设计示意图

1)任务划分

该阶段将整个使用域或功能分解成一些小的计算任务，它的目的是要揭示和开拓并行执行的机会。划分方法一般包括域分解(或称数据分解)和计算功能分解(称功能分解)两种。

域分解的划分对象是数据，这些数据可以是算法(或程序)的输入数据，计算的输出数据，或者算法所产生的中间结果。域分解的步骤是，首先分解与问题相关的数据，一般应使这些小的数据片尽可能相等。其次将每个计算关联到它所操作的数据上。由此会产生一系列任务。每个任务包括一些数据及其上的操作。当一个操作可能需要别的任务中的数据时，就会产生通信需求。在计算的不同阶段，可能要对不同的数据结构进行操作，或者需要对同一数据结构进行不同的分解，在此情况下，我们要分别对待，然后考虑将各阶段设计的分解和算法装配到一起。

功能分解也叫计算划分，其基本出发点不同于域分解，它首先关注被执行的计算上，而不是计算所需的数据上。如果所做的计算划分是成功的，然后再继续研究计算所需的数据，如果这些数据不相交，就意味着划分很成功；如果这些数据有相当的重叠，就会产生大量的通信，此时应重新进行功能分解或数据分解。

任务划分的判据主要有以下几点。

(1) 划分后的任务数是否高于目标机上处理器数目一个量级？如果不是，将可能导致后续的设计步骤缺乏灵活性。

(2) 划分结果是否避免了冗余计算和存储？如果不是，则所产生的算法对大型问题可能是不可扩放的。

(3) 诸划分的任务尺寸是否大致相当？如果不是，则分配处理器时很难做到工作量均衡。

(4) 划分的任务数是否与任务尺寸成比例？理想情况下，问题尺寸的增加应引起任务数的增加而非任务尺寸的增加，否则，即使有更多的处理器，算法也可能无法求解更大规模的问题。

(5) 是否采用了几种不同的划分方法，多考虑几种选择可提高灵活性，同时既要考虑域分解又要考虑功能分解。

2) 通信分析

由任务划分产生的各项任务一般不能完全独立地执行，一个任务中的计算可能需要用到另一个任务中的数据，这就产生了通信需求。所谓通信就是为了进行并行计算，各任务之间需要进行的数据交换。通信分析可以检测在任务划分阶段划分的合理性。

下列问题常用于检验通信设计是否合理。原则上讲，应给予它们肯定回答。

(1) 所有任务是否均大致执行相同多的通信？如果不是，则所设计的算法的可扩放性可能是不好的。

(2) 每个任务是否只与少量的近邻相通信？如果不是，则可能导致全局通信，在这种情况下，应设法将全局通信机构改为局部通信结构。

(3) 诸通信操作是否能并行执行？如果不是，则所设计的算法可能是低效和不可扩放的。

(4) 不同任务的计算能否并行执行？如果不是，则所设计的算法很可能是低效和不可扩放的，在此情况下，可考虑重新安排通信/计算次序等来改善之。

3) 任务组合

前两个阶段划分了任务并考虑了任务间的通信，但所得到的算法仍然是抽象的，因为这两个阶段没有考虑它在特定并行机上的执行效率。任务组合阶段将从抽象到具体，按照性能要求和实现的代价重新考察前两个阶段所做的选择，必要时可以将一些小的任务组合成更大的任务以提高执行效率和减少通信开销，力图得到一个在某一类并行机上能有效执行的并行算法。

组合的目的是通过合并小尺寸的任务来减少任务数，减小通信成本，提高效率，但组合后的任务数仍可能多于处理器的数目，理想的情况是，在组合时就将任务数减少到恰好每个处理器上一个，从而得到一个 SPMD 的程序，这时映射也宣告完成。另外，组合时也需要考虑是否值得进行数据和/或计算的重复(增加计算和通信的粒度可减少通信成本)，组合时还需要保持足够的灵活性，同时要减少软件工程代价。

组合是否合理的判据主要包括以下几点。

(1) 用增加局部性的方法进行组合是否减少了通信成本？如果不是，检查能否由别的组合策略来达到。

(2)如果组合已造成重复计算，是否已权衡了其得益？

(3)如果组合已重复了数据，是否已证实这不会因限制问题尺寸和处理器数的变化范围而牺牲了可扩放性？

(4)由组合所产生的任务是否具有大致相同的计算和通信代价？

(5)任务数是否与问题尺寸成比例？如果不是，则算法可能是不可扩放的。

(6)如果组合减少了并行执行的机会，是否已证实现在的并发性仍能适应目前和将来的并行机？

(7)在不导致负载不平衡，不增加软件工程代价和不减少可扩放性的前提下，任务数能否再进一步减少，在其他条件等同时，创建较少的大粒度的任务算法通常是简单高效的。

(8)如果并行化现有的串行程序，是否考虑了修改串行代码所增加的成本？如果此成本是高的，应考虑别的组合策略，它能增加代码重用的机会。

4)处理器映射

映射是设计的最后阶段。要决定将每一个任务分配到哪个处理器上去执行。目的是要最小化全局执行时间和通信成本，并最大化处理器的利用率。映射的主要目的是减少算法的总执行时间，其策略有二：一是把那些能够并发执行的任务放在不同的处理器上以增强并行度；二是把那些需频繁通信的任务置于同一个处理器上以提高局部性。这两个策略有时会冲突，需要权衡。映射的判据主要包括以下几点。

(1)如果采用集中式负载平衡方案，是否已验证中央管理者不会成为瓶颈？

(2)如果采用动态负载平衡方案，是否已经衡量过不同策略的成本？

(3)如果采用概率和循环法，是否有足够多的任务来保证合理的负载平衡，一般情况下，任务数应该十倍于处理器数。

(4)如果要为一个复杂问题设计一个 SPMD 程序，是否考虑过基于动态任务创建和消除的算法，因为后者可能会得到一个更简单的算法，但性能可能有问题。

2.3.1.2 设计并行算法的基本原则

设计并行算法的基本原则简述如下。

(1)与体系相结合。常见的并行计算的硬件载体有 FPGA(field programmable gate array)、GPU、多核 CPU(ARM、x86)、DSP(digital signal processor)等。FPGA 硬件加速的思想是设计流水线和设计多个加速核。GPU 和多核 CPU 通过多核运算来达到并行的目的，核与核之间的通信开销是不可忽视的因素。DSP 采用了并行指令和专用指令，能在一个时钟周期内执行复杂操作，但通用性不强。

(2)具有可扩展性。并行算法是否随处理机个数增加而能够线性或近似线性的加速，这是评价一个并行算法是否有效的重要标志之一。

(3)粗粒度。通常情况下，粒度越大越好。这是因为在每个处理机中有很多需要计算的工作任务，如此可以充分发挥多处理机的作用。一般情况下，由于细粒度并行算法的加速比不高，因此业界往往采用粗粒度并行算法来求解大规模计算问题。

(4)减少通信。一个高效率的并行算法，通信是至关重要的。提高性能的关键是减少通信量和通信次数，通常情况下，通信次数是决定因素。

(5)优化性能。一个算法是否有效，不仅依赖理论分析结果，也和实现过程中采用的技术息息相关。性能主要看单处理机能够发挥计算能力的百分比，然后是并行效率。

影响并行算法效率的因素可能很多，但是这里所给出的几条是主要因素。因此，在算法设计过程中，如果能够将上述五条加以仔细考虑，就能够取得非常好的效果。

2.3.2 并行编程语言

2.3.2.1 并行语言的产生方法

并行程序是需要通过并行语言来表达的，并行语言的产生方式有三种：①设计全新的并行语言；②扩展原来串行语言的语法成分，使它支持并行特征；③为串行语言提供可调节的并行库，并不改变串行语言。

设计一种全新的并行语言的优点是可以完全摆脱串行语言的束缚，从语言成分上直接支持并行，这样可以使并行程序的书写更方便、更自然，相应的并行程序也更容易在并行机上实现。但是由于并行计算至今还没有像串行计算那样统一的冯·诺伊曼模型可供遵循，因此并行机、并行模型、并行算法和并行语言的设计和开发千差万别，没有一个统一的标准。虽然有多种多样全新的并行语言出现，但至今还没有任何一种新出现的并行语言成为普遍接受的标准。设计全新的并行语言实现起来难度和工作量都很大，但各种各样并行语言的出现、实践和研究，无疑都为并行语言和并行计算的发展做出了贡献。

一种重要的对串行语言的扩充方式就是标注，即对串行语言的并行扩充作为原来串行语言的注释，对于这样的并行程序，若用原来的串行编译器来编译，标注的并行扩充部分将不起作用，仍将该程序作为一般的串行程序处理，若使用扩充后的并行编译器来编译，则该并行编译器就会根据标注的要求，将原来串行执行的部分转化为并行执行。对串行语言的并行扩充相对设计全新的并行语言显然难度有所降低，但需要重新开发编译器，使它能够支持扩充的并行部分。一般地，这种新的编译器往往和运行时支持的并行库相结合。

仅仅提供并行库是一种对原来的串行程序设计改动最小的并行化方法，这样原来的串行编译器也能够使用，不需要任何修改。编程者只需要在原来的串行程序中加入对并行库的调用，就可以实现并行程序设计。

对于这三种并行语言的实现方法，目前最常使用的是第二种和第三种方法，特别是第三种方法。

图 2.3 给出了并行语言的实现方式和实现难度之间的关系。

2.3.2.2 目前常用的并行语言简介

并行语言的发展十分迅速，并行语言的种类也很多，但是真正使用起来并被广泛接受的语言却很少。目前应用比较广泛的并行编程工具主要包括 HPF，PVM，OpenMP，MPI 和 CUDA 等。以下对这几种并行编程工具进行简要介绍。

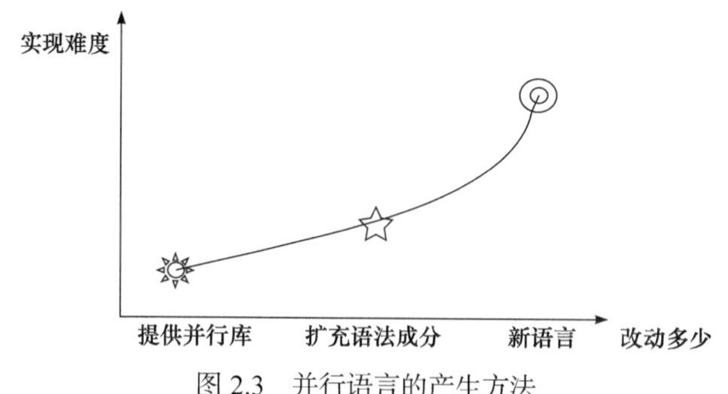

图 2.3　并行语言的产生方法

1) HPF(high performance Fortran，高性能 Fortran)简介

HPF 是 Fortran 90 的一个扩展，它通过定义新指令、新语法和库过程等方式来扩展 Fortran 90 标准，以获得更高的并行性能。开发 HPF 语言的主要目标包括：①对数据并行程序设计的支持；②跨越不同体系结构的可扩展性；③在具有不同存储访问开销的并行计算机上的高性能(而且不妨碍在其他机器上的性能)；④以标准 Fortran 作为基础，与其他语言(如 C 语言等)及其他程序设计风格之间(如消息传递)的开放接口和互操作性。

HPF 基本实现了这些目标，为了使数据管理的多数细节自动化，它提供了一个指令集，用户通过在 Fortran 90 或更高版本的 Fortran 程序中插入这些指令来描述数据布局。编译器和运行系统把这些高级指令翻译为复杂的低级操作集，执行实际的数据通信和必要的处理机间同步。布局指令的重要特性就是它们对程序的语义没有影响，仅仅是向编译器提供不同处理机为获得高性能而应如何分配数组元素和其他数据结构的建议。这种布局说明相对独立于机器，一旦存在就可以被编译器定制，并运行于各种各样的分布存储机器上。

HPF 提供了注释形式的指令来扩展变量类型的说明，能够对数组的数据布局进行详细控制。下面举例说明指令的使用。假设 Fortran 语言串行代码如算法 2.6 所示。

算法 2.6　Fortran 语言串行代码段

```
REAL A(1000,1000), B(1000,1000)
DO J = 2, 999
   DO I = 2, 999
      A(I, J)= (A(I, J+1)+ 2*A(I, J)+ A(I, J-1)+ B(I+1, J)+
      2*B(I, J)+B(I-1, J))* 0.25
   ENDDO
ENDDO
```

该例中，数组第一维上的迭代可以并行执行，因而按这一维进行划分是最自然的。例如，编程人员在 A 的声明之后插入以下指令，就可以实现依照可用的处理机把数据划分为相互链接的块：

```
! HPF$ DISTRIBUTE A(BLOCK , *)
```

HPF 还提供其他标准分布模式，包括 CYCLIC 和 CYCLIC(*K*)。其中 CYCLIC 表示元素以循环方式逐一分配给各处理机，CYCLIC(*K*)表示以 *K* 个元素为基本块，按循环方式块分配给各处理机。一般来说，对于只有边界元素之间才发生通信的计算问题，BLOCK 是较好的分布；而 CYCLIC 中的变量则可使计算的负载平衡更好。另外，在许多计算中(包括上面的例子)，不同的数组数据应使用相同的或相关的数据布局。ALIGN 指令用来说明这种情况下的多个数元素对之间的匹配。例如，使用以下指令，可以指定数组 B 使用与数组 A 相同的分布：

```
! HPF$  ALIGN  B(I, J)  WITH  A(I, J)
```

对于下标值为整型线性函数的下标，也允许使用 ALIGN，这非常适合于匹配不同形状的数组。

除了分布指令之外，HPF 还有一些特殊的指令，用于辅助并行的识别。由于 HPF 是基于 Fortran 90 的，因此可以用数组操作来直接表示元素对之间的并行。这些操作非常适合应用到数组维的分布中，使编译器能相对容易的同时管理同步和数据移动。在上面的例子中加入数组标记之后的程序见算法 2.7。

算法 2.7　HPF 代码段

```
REAL A(1000,1000), B(1000,1000)
! HPF$  DISTRIBUTE  A(BLOCK , *)
! HPF$  ALIGN  B(I,J)  WITH  A(I,J)
DO J = 2 , N
     A(2:N, J)= (A(2:N, J+1)+2*A(2:N, J)+A(2:N, J-1)+B(3:N+1,
J)+2*B(2:N, J)+B(1:N-1, J))*0.25
ENDDO
```

另外，编程人员可以保留循环标记，但同时要指明内层循环并行执行。INDEPENDEN 指令用于说明其后的循环是可以安全地并行执行的。把该指令加到上面的例子中，相应的程序变为算法 2.8。

算法 2.8　HPF 代码段

```
REAL A(1000,1000), B(1000,1000)
! HPF$ DISTRIBUTE A(BLOCK, *)
! HPF$ ALIGN B(I, J)WITH A(I, J)
DO J = 2, N
  ! HPF$ INDEPENDENT
  DO I = 2, N
   A(I, J)= (A(I, J+1)+ 2*A(I, J)+ A(I, J-1)+ B(3:N+1, J)+ 2*B
    (I, J)+ B(I-1, J))* 0.25
```

```
  ENDDO
 ENDDO
```

虽然许多编译器可以自动检测这种并行性。但上述指令确保了所有编译器都把这段程序看成是可以并行执行的。对于那些理论上不能自动检测的循环，INDEPENDENT 指令显得更为重要。

使用上面的标记或依靠编译器的依赖分析，有关循环执行效率的负担就转移到了 HPF 实现上。通常 HPF 的内部实现会根据“属主计算”的规则对循环迭代进行分布，赋值语句左部的数组元素所在的宿主处理机执行相应的计算迭代。比如对于上面的例子，如果有 25 个处理机，则第一个处理机处理 2～40 迭代步，第二个处理机处理 41～80 迭代步，依次类推。这些计算可以完全并行地执行。注意，当 I 等于 $40k$ 和 $40k+1$ 时，对 B(I-1, J) 和 B(I+1, J) 的引用会导致通信。编译器会自动产生这种通信，并对通信进行打包以优化性能。在分布存储机器上，打包通常在循环体开始之前发送 B 数组中所有要求的值，以此避免重复发送消息的启动开销。

HPF 编译器通常必须功能足够大，以保持基本的 Fortran90 程序的含义。例如，我们可以用算法 2.9 中的归约循环代码实现求和操作。

算法 2.9　HPF 代码段

```
REAL A(10000)
!HPF$ DISTRIBUTE A(BLOCK)
X=0.0
DO I=1,10000
 X = X + A(I)
ENDDO
```

尽管上面这段程序比用 MPI 编写的消息传递程序简单，但它有一个前提是要产生具有合理效率的程序，编译器必须对求和提供足够的支持。特别是，HPF 编译器必须知道主要的计算是归约求和，并且在每个处理机上都要重复 X 的值，最后还必须能够并行执行。为使用户能够帮助系统识别这样的并行性，HPF 提供了相应的指令。

在上面的例子中，通常的 INDEPENDENT 指令是不适用的，因为重复地对 X 赋值，会产生数据依赖。然而，由于归约是具有可并行化特性的常见操作，算法 2.10 中 HPF 为指令提供了额外的子句来处理这种情况。

算法 2.10　HPF 代码段

```
REAL A(10000)
! HPF$ DISTRIBUTE A(BLOCK)
X=0.0
IHPF$ INDEPENDENT, REDUCTION (X)
DO I = 1, 10000
```

```
 X = X + A(I)
ENDDO
```

上面这段程序较容易被编译器处理，从而产生高效的程序。另外，我们还注意到，存在用于该归约的标准内部函数：

```
REAL A(10000)
! HPF$ DISTRIBUTE A(BLOCK)
X= SUM(A)
```

编译器能够用库函数或以内联方式扩充 SUM，实现上面的归约。无论哪种方式，产生的代码都会执行上面所描述的操作。

本节的最后一个例子(算法 2.11)是用于实现多重网格方法的简单 HPF 代码段。在该例中，所有的数组都和 master 对齐，master 是最细的网格层，它在两个方向上的分布都能获得最大局部性。这样所有编译器都可以在计算循环中识别这种并行；同时我们还在程序中恰当地使用了数组。

算法 2.11　HPF 代码段

```
REAL A(1023, 1023), B(1023, 1023), APRIME(511, 511)
!HPF$ ALIGN B(I, J)WITH A(I, J)
!HPF$ ALIGN APRIME(I, J)WITH A(2*I-1, 2*J-1)
!HPF$ DISTRIBUTE A(BLOCK, BLOCK)
!HPF$ INDEPENDENT, NEW(I)
DO J= 2, 1022  ! Multigrid Smoothing(Red-Black)
  !HPF$ INDEPENDENT
  DO I = MOD(J, 2)+2, 1022, 2
    A(I, J)=0.25*(A(I+1, J)+A(I-1, J)+A(I, J-1)+A(I, J+1))+
B(I, J)
  ENDDO
ENDO
! HPF$ INDEPENDENT, NEW(I)
DO J= 2, 510    !Multigrid Restriction
  !HPF$ INDEPENDENT
  DO I = 2, 510
    APRIME(I, J)= 0.05 * (A(2*I-2, 2*J-2)+ 4*A(2*I-2, 2*J-
1)+A(2*1-2, 2*J)+4*A(2*I-1, 2*J-2)+4*A(2*I-1, 2*J)+A(2*I,
2*J-2)+4*A(2*I, 2*J-1)+A(2*I, 2*J)
  ENDDO
ENDDO
```

上面的例子中，外层循环的 INDEPENDENT 指令中使用了限制子句 NEW(I)，这就保证了内层循环归约变量 I 在每组执行不同的外层循环迭代的处理机中要进行复制。这基本上等价于其他并行语言中的 PRIVATE 指令。

HPF 编译一直是重要的研究和开发主题。有 11 家公司提供 HPF 产品，超过 30 个应用已开发出来，或者正在开发，有的应用超过了一万行代码。

HPF 的主要缺点是它对定义在非规则网格(mesh)上问题的支持局限性，而在重要的科学和工程应用中，非规则网格占相当大的比重。为解决 HPF 的这一问题及其他问题，HPF 论坛完成了第二轮的标准化，推出了 HPF2.0。HPF2.0 包含重要的非规则分布，如间接分布。间接分布可采用运行时数组和通用块分布方式，可允许块的大小不同。

2) PVM(parallel virtual machine，并行虚拟机)简介

PVM(并行虚拟机)是一套并行计算工具软件，是当前流行的大型科学计算并行消息传递环境之一。它支持多种体系结构的计算机，如工作站、并行机与向量机等，通过网络将它们连接起来，给用户提供一个功能强大的分布存储计算机系统。通过它，我们可以组成一个异构的系统，它使用起来就像一个功能强大的单一并行计算机，而它本身可以由一些 Unix 或 Windows 的计算机组成。PVM 软件包的可移植性很强，其源码可以通过相关研究单位的网络实验室免费获得。PVM 使得人们可以在不增加或少量增加成本的前提下，应用他们现有的计算机硬件来解决大型问题。PVM 支持 C、Fortran 和 Java，并常当作教授学习并行编程的教学工具。

PVM 最早由美国田纳西大学、橡树岭国家实验室及埃默里大学开发成功。美国橡树岭国家实验室于 1989 年写成了第一个版本，之后，田纳西大学将其重写，并于 1991 年发布了版本 2，1995 年发布了 3.3 版本。

PVM 是一个自包含、通用的纯软件系统。使用 PVM，用户可以构造一个虚拟机，它由一组全相连的节点组成，每个节点可以是任意一台 UNIX 计算机，可以是共享存储或分布存储多机系统，也可以是串行、向量或并行计算机。应用程序可以将 PVM 看成一个虚拟的并行计算机系统，该系统基于消息传递模型，同时在一定程度上还支持共享存储模型。

(1) PVM 的特点。

PVM 支持用户采用消息传递方式编写并行程序，计算以任务为单位，一个任务就是个 UNIX 进程，每个任务都有一个 taskid 来标识(不同于进程 ID)。PVM 支持在虚拟机中自动加载任务运行，任务间可以相互通信及同步。一般来说，PVM 系统中一个任务被加载到哪个节点上去运行，对用户是透明的(PVM 允许用户指定任务被加载的节点)，这样就方便用户编写并行程序。归结起来，PVM 的特点有如下几点。

① PVM 系统支持多用户及多任务，多个用户可将系统配置成相互重叠的虚拟机，每个用户可同时执行多个应用程序。

② 易于编程。PVM 支持多种并行计算模型，用户使用 PVM 提供的函数库可进行并行程序或分布式程序的设计工作，使用传统的 C 语言和 Fortran 语言。

③ 系统提供了一组便于使用的通信原语，可实现一个任务向其他任务发消息，向多个任务发消息及阻塞和非阻塞收发消息等功能。系统还实现了消息缓冲区的动态管理机制，每个消息所需的缓冲区由 PVM 运行时动态申请，消息长度只受节点上可用存储空间

的限制。

④ PVM 提出了进程组的概念，可以把一些进程组成一个进程组，一个进程可属于多个进程组，而且可以在执行时动态改变。

⑤ 支持异构计算机联网构成并行虚拟计算机系统且易于安装、配置。PVM 支持的异构性分为三层：机器层、应用层和网络层。也就是说，PVM 允许应用任务充分利用网络中适于求解问题的硬件结构；PVM 处理所有需要的数据转换任务；PVM 允许虚拟机内的多个机器用不同的网络相连。

⑥ 具有容错功能，当发现一个节点出故障时，PVM 会自动将之从虚拟机中删除。

⑦ 结构紧凑。整个系统只占 3M 左右的空间，并且该软件系统是免费提供的。

(2) PVM 的结构。

一个完整的 PVM 系统由三部分组成：PVM 守护进程（PVM daemon，PVMD），PVM 接口库和 PVM 监控台进程。

PVM 守护进程是整个 PVM 的核心。它驻留在构成虚拟机的每台实际计算机上，完成整个虚拟机的维护、任务的控制、消息的传递等工作。运行 PVM 的应用程序时，由于各程序在运行时经常需要了解其他程序的运行情况或运行结果，所以需要一个桥梁来联系各个任务。PVMD 就是这个桥梁，每一台 PVM 主机都有一个 PVMD 在后台运行，它是在 PVM 启动时建立的。PVMD 在应用程序的消息传递中扮演"邮局"的角色。本地任务把"信"（消息）寄到本地的 PVMD，本地 PVMD 把"信"转发给远程 PVMD，远程 PVMD 再把"信"送到远程任务那里。PVM 接口库里面包含了用户可调用的 PVM 库函数，如消息传递、任务创建、任务间协作同步及虚拟机的动态配置等，所有 PVM 应用程序都必须和该库相连。PVM 监控台则作为一个特殊的 PVM 任务提供一个处理机管理任务管理等的交互式用户界面。它们一起为用户提供在松散耦合的网络上进行并行计算的能力。

在 PVM 中，应用通过一种标准接口来访问网络中的处理单元。应用程序由多个组件组成，每个组件是一个子任务，子任务的粒度比较大。在执行期间，可启动每个组件的多个实例。图 2.4 描述了 PVM 虚拟机的结构。

应用程序可把 PVM 系统看成是一通用型，灵活的并行计算资源。该资源可以用三种层次进行访问：透明模式、结构依赖模式和低级模式。在透明模式中，组件的实例被自动送到最合适的处理单元中；在结构依赖模式中，用户可指明执行特定组件所需的特定结构；在低级模式中，应用可直接指定要使用的机器。这种多层次访问方式具有灵活性，并且保证了可以充分利用网上个别机器的特殊性能。

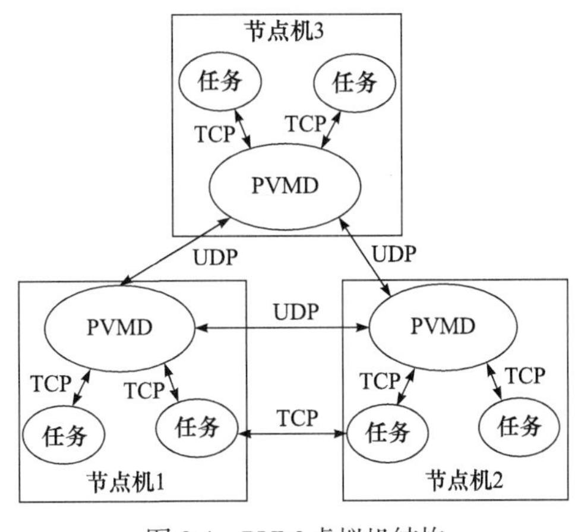

图 2.4 PVM 虚拟机结构

(3) PVM 的功能。

从应用程序员的角度来看，PVM 的功能如下。

① 系统配置。PVM 系统中的节点机数目可以变化，另外新的机器类型也可以增加，

坏掉的机器可以从 PVM 中删除，这些只要更改启动时的主机文件(hostfile)即可。另外在应用程序中可用相应的函数进行处理机的增加/删除操作。

② 通信和消息打包解包。在执行分布式程序时，多个子程序(子任务或进程)必须进行通信，从而有效协作，共同完成计算任务，PVM 提供了基于消息传递的通信设施。PVM 中提供了用于消息打包解包及在不同的任务之间进行消息传送的函数。在 PVM 通信模型中保证了任何任务可把消息送给任何 PVM 任务，并且对要发送的消息大小和数量没有任何限制。在 PVM 中实现的是阻塞发送、阻塞接收和非阻塞接收功能。PVM 模型保证了消息的原有顺序，即先发先收。另外消息缓冲区是动态分配的。

③ 任务派生和管理。PVM 提供把用户进程变为 PVM 任务的函数。在 PVM 函数库中，有启动和结束 PVM 任务的函数，提供把任务与其他 PVM 任务相联系的机制。每个任务都有一整型任务标识号(tid)，tid 必须是唯一的。在 PVM 计算模型中，任务划分工作由程序员完成，而任务分配由系统控制，存在多种任务分配方式。

④ 异常情况处理。当 PVM 系统中的某一个主机失败后，PVM 能自动检测出坏机器并把它从虚拟机中删去。应用能查询主机的状态，并且能要求置换主机。需要指出的是，在处理主机失败时，系统并不负责应用程序能正确恢复，这必须由应用程序自己来进行错误恢复和任务迁移等。

⑤ 调试功能。一般来说，调试并行程序比调试串行程序困难得多。在 PVM 中提供了两个子程序，PVM_Perror 用于自动检测错误情形是否发生；PVM_Serror 用于打印所发出的错误状态。另外，在串行调试器中，可手工启动 PVM 任务。

(4) PVM 消息机制。

PVM 系统最主要的功能就是支持消息传递方式的并行程序设计，所以 PVM 系统的核心部分就是实现 PVM 任务间通信的代码。作为一个消息传递系统，PVM 的消息机制是整个软件中的关键部分，构成了 PVM 的骨架，将 PVM 的各部分及其上的 PVM 用户任务联系在一起。

PVM 的消息机制分为两层。第一层是系统消息收发层，使用 UDP (user datagram protocol, 用户数据报协议) 传输数据进行 PVMD 间的通信，主要任务是进行各成员机之间的协调。其上流动着两类消息：一类是 PVMD 间的控制消息，用于完成各类 PVM 内部管理及控制功能；另一类是由 PVMD 转发的任务间的消息，在此基础上建立的第二层是用户任务消息收发系统，建立在 TCP (transmission contral protocol，传输控制协议) 通信管道的基础上，在系统消息收发层的帮助下实现 PVM 任务间的通信。PVM 的两层消息机制是互相联系的。通过它们，PVM 提供了一个与真正的并行机上完全一致的消息传送模式程序运行环境。

PVM 消息机制的主要功能之一是协调完成系统服务功能，使用户任务能对虚拟机进行查询和控制。一个典型的服务通常是这样进行的：用户调用 PVM 库函数要求提供某种服务，如报告 PVM 当前成员机状态、增加或删除一台成员机等。然后 PVM 库函数向本地 PVMD 发出一个与请求相应的 TM (transprot mode) 类消息，请求提供这项服务。本地 PVMD 将此请求用对应的 DM (device manage) 类消息转给有能力处理此请求的 PVMD，如增删成员机请求必须由主 PVMD 处理，启动任务则要新任务所在成员机的 PVMD 来执行等。有权处理此请求的 PVMD 也可能就是本地 PVMD，此时 DM 消息就发给它自己。收到 DM 消息的 PVMD 就执行这个工作，把查询或执行的结果回送给本地 PVMD，这个 PVMD 再把结果告诉提出请求的任务。这样，通过消息系统的协调，这些任务就通过 PVMD 间的协作完成了。

算法 2.12 给出用 C 语言描述的 PVM 计算π的 SPMD 示范程序，以供读者理解 PVM。

算法 2.12　C+PVM 计算π的 SPMD 程序

```
#define n 16 /*number of tasks*/
#include "pvm3.h"
Main(int argc, char **argv)
{   int mytid, tids[n], me, i, N, re, parent;
    double mypi, h, sum=0.0, x;
    me = pvm_joingroup("PI");
    parent = pvm_parent( );
    if(me == 0)
   {   pvm_spawm("PI", (char **)0, 0, " ", n-1, tids);
       printf("Enter the number of regins:");
       scanf("%d", &N);
       pvm_initsend(PvmDataRaw);
       pvm_pkint(&N, 1, 1);
       pvm_mcast(tids, n-1, 5);
   }
   else
   {   pvm_recv(parent, 5);
       Pvm_upkint(&N, 1, 1);
   }
   pvm_barrier("PI", n); /*optional*/
   h = 1.0/(double)N;
   for(i = me+1; i<=N; i+=n)
   {   x = h * ((double)i-0.5);
       sum += 4.0/(1.0+x*x);
   }
mypi = h * sum;
pvm_reduce(PvmSum, &mypi, 1, PVM_DOUBLE, 6, "PI", 0);
if(me ==0)printf("pi is approximately %.16f \ n", mypi);
pvm_lvgroup("PI");
pvm_exit( );
}
```

3) OpenMP (open multi-processing，共享存储并行编程) 简介

OpenMP 是一种用于共享内存并行系统的多线程程序设计的库，特别适合用于多核 CPU 上的并行程序开发设计，它支持的语言包括：C 语言、C++、Fortran 等。目前大多数编译器支持 OpenMP (如：Sun Compiler、GNU Compiler、Intel Compiler、Visual Studio 等)。程序员在编程时，只需要在特定的源代码片段前面加入 OpenMP 专用的#pargma omp 预编译指令，就可以“通知”编译器将该段程序自动进行并行化处理，并且在必要的时候加入线程同步及通信机制。当编译器选择忽略#pargma omp 预处理指令时，或者编译器不支持 OpenMP 时，程序又退化为一般的通用串行程序，此时，代码依然可以正常运作，只是不能利用多线程和多核 CPU 来加速程序的执行。

OpenMP 使得程序员可以把更多的精力投入到并行算法本身，而非具体的实现细节。对基于数据分集的多线程程序设计，它是一个很好的选择。同时，OpenMP 也提供了更强的灵活性，可以较容易的适应不同的并行系统配置。线程粒度和负载平衡等是传统多线程程序设计中的难题，但在 OpenMP 中，OpenMP 库从程序员手中接管了部分这两方面的工作，从而使得程序员可以更加专注于具体的算法本身，而非如何编程使得代码在 CPU 负载平衡和线程粒度方面做出平衡。但是，作为高层抽象，OpenMP 并不适合需要复杂的线程间同步和互斥的场合。OpenMP 的另一个缺点是不能在非共享内存系统(如计算机集群)上使用。在这样的系统上，MPI 使用较多。

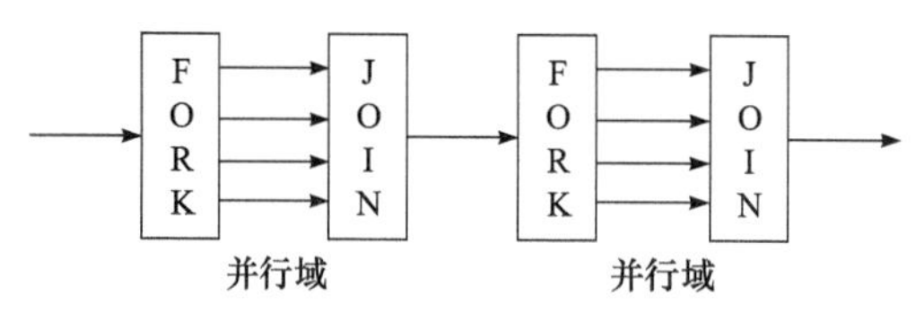

图 2.5　FORK-JOIN 并行执行模型

OpenMP 使用 FORK-JOIN 并行执行模型(图 2.5)，所有的 OpenMP 程序开始于一个单独的主线程。主线程会一直串行地执行，直到遇见第一个并行域才开始并行执行。接下来的过程如下：①FORK：主线程创建一对并行的线程，然后，并行域中的代码在不同的线程队中并行执行；②JOIN：当诸线程在并行域中执行完之后，它们或被同步，或被中断，最后只有主线程在执行。

算法 2.13 给出用 C+OpenMP 计算π的程序示例，以供读者理解 OpenMP。

算法 2.13　C+OpenMP 计算π的 SPMD 程序

```
#include <omp.h>
static long num_steps = 100000;
double step;
#define NUM_THREADS 2
void main( );
{   int i;
    double x, pi, sum[NUM_THREADS];
    step = 1.0/(double)num_steps
    omp_set_num_threads(NUM_THREADS);
    #pragma omp parallel
```

```
    {   double x;
        int id;
        id = omp_get_thread_num( );
        for(i=id, sum[id]=0.0; i<num_steps; i = i+num_THREADS)
        {   x = (i+0.5)*step;
            sum[id] += 4.0/(1.0+x*x);
        }
     }
   for(i=0; pi=0.0; i<NUM_THREADS; i++)pi += sum[i]*step;
}
```

本书第二篇将更详细地介绍 OpenMP 的编程思路与方法。

4) MPI(message passing interface，消息传递接口)

MPI 是基于消息传递编写并行程序的一种用户界面，是消息传递并行程序设计的标准之一，并成为并行程序设计事实上的工业标准。消息传递是目前并行编程中广泛使用的一种模式，特别是在分布式存储的并行计算机和工作站集群上，MPI 的使用尤其广泛。在 MPI 和 PVM 问世以前，并行程序设计与并行计算机系统是密切相关的，即使采用相同算法解决相同问题，对不同计算机也要编写不同的并行程序，增加了并行程序设计的难度和工作量，且程序的可移植性差，MPI 很好地解决了这一问题，使并行程序具有和串行程序一样的可移植性。

消息传递接口是一种编程接口标准，而不是一种具体的编程语言。简而言之，MPI 标准定义了一组具有可移植性的编程接口。各个厂商或组织遵循这些标准实现自己的 MPI 软件包，典型的实现包括开放源代码的 MPICH、LAM MPI 及不开放源代码的 Intel MPI。由于 MPI 提供了统一的编程接口，程序员只需要设计好并行算法，使用相应的 MPI 库就可以实现基于消息传递的并行计算。MPI 支持多种操作系统，包括大多数的类 UNIX 和 Windows 系统。

本书第三部分将详细介绍 MPI 的编程思路与方法。

5) CUDA(compute unified device architecture，统一计算设备架构)

CUDA 是一种将 GPU(graphics processing unit，图形处理器)作为数据并行计算设备的软硬件体系，硬件上 NVIDIA GeForce 8 系列以后的 GPU(包括 GeForce、ION、Quadro、Tesla 系列)已经采用支持 CUDA 的架构，软件开发包上 CUDA 也已经发展到 CUDA Toolkit 8.0，并且支持 Windows、Linux、MacOS 三种主流操作系统。

GPU 又称显示核心、视觉处理器、显示芯片，是一种专门在个人电脑、工作站、游戏机和一些移动设备上进行图像运算工作的微处理器。时下的 GPU 多数拥有 2D 或 3D 图形加速功能。有了 GPU，CPU 就从图形处理的任务中解放出来，执行其他更多的系统任务，这样可以大大提高计算机的整体性能。目前，GPU 已经不再局限于 3D 图形处理，GPU 通用计算技术发展已经引起业界不少的关注，在浮点运算、并行计算等部分计算方面，GPU 可以提供数十倍乃至上百倍于 CPU 的性能。

CUDA是显卡厂商NVIDIA在2007年推出的并行计算平台和编程模型。它利用GPU能力，实现计算性能的显著提高。CUDA是一种由NVIDIA推出的通用并行计算架构，该架构使GPU能够解决复杂的计算问题，从而能通过程序控制底层的硬件进行计算。它包含了CUDA指令集架构(ISA)及GPU内部的并行计算引擎。开发人员可以使用C/C++/C#语言来为CUDA架构编写程序。CUDA提供host-device的编程模式及非常多的接口函数和科学计算库，通过同时执行大量的线程而达到并行的目的。

本书第四篇将详细介绍CUDA的编程思路与方法。

第二篇　OpenMP 并行程序设计简介

本篇主要介绍 OpenMP 并行计算的程序设计的简明教程，包括 OpenMP 的简单介绍(第 3 章)，基本的指令结构(第 4 章)，常用的指令、从句、环境变量和库函数说明(第 5 章)，以及利用 OpenMP 如何实现并行程序设计的几个简单实例(第 6 章)。本篇属于简单入门级教程，仅对 OpenMP 指令结构和常用指令的使用进行了简单介绍，如果需要更多、更详细地了解或掌握 OpenMP 的技术细节和 OpenMP 并行算法的优化方法，读者可以进入 OpenMP 的官方网站进行学习。

本篇第 3 章从共享内存式并行计算模型出发，介绍了 OpenMP 的概念、发展历史和 OpenMP 的优势，在常用操作系统环境(Windows 和 Linux)下配置 OpenMP 的编译环境的方法。第 4 章简单介绍如何将 OpenMP 的指令嵌入常规 C/C++或者 Fortran 程序中以实现并行程序设计，以及基本的指令结构(即指令代码的构成)，列出了常用的指令、子句和 OpenMP 库函数供查询。第 5 章较为详细地介绍了常用指令的用法，利用简单的程序例子介绍了并行程序的实现过程，包括数据管理、并行控制、同步管理、锁管理和常用的库函数的介绍。第 6 章给出了几个较为完整的实例(循环结构、求π的积分、快速排序算法)的并行实现，以便于读者进一步巩固 OpenMP 编程语言，还简要介绍程序如何进行优化处理。

第 3 章　OpenMP 介绍

3.1　什么是 OpenMP

OpenMP(open multi-processing)是适用于共享内存多处理器体系结构的可移植并行编程模型，通过在源代码中加入指导性注释语句来指导编译器进行编译，从而在编译环节实现程序并行化。当编译器忽略这些注释，或者编译器不支持 OpenMP 时，程序跟串行的程序没有差别，大多数代码仍然可以正常、正确地运行，但不能利用多线程来实现程序的并行计算。因此，OpenMP 具有简单、移植性好、可扩展性高及支持增量并行化开发等优点，已经成为并行编程的标准之一。OpenMP 支持的编程语言包括 C 语言、C++和 Fortran 等，支持 OpenMP 的编译器包括 Sun Studio、Intel Complier 和 GNU 编译器等。

3.2　共享内存式并行计算

进入 21 世纪，人们对计算机运算速度的需求日益增长，然而由于一些技术限制，如时钟频率难以提升等，计算机制造商只能通过增加计算机处理器核数来提升运算能力，迫使计算机进入了多核时代。目前多核计算机已经成为主流，市面上常见的单个处理器包含 2～12 核，如何开展多核的并行计算是硬件发展的必然。并行计算的优点是具有强大的数值计算和数据处理的能力，能够广泛应用于国民经济、国防建设及科学技术发展中具有深远影响的重大课题和领域，如地球物理勘探、天气预报、新型武器设计、天体和地球空间科学等。

并行计算主要有两种经典的实现方式：共享内存和分布式内存。虽然二者的最终目的都是利用并行硬件提高运算效率、扩大计算规模，但是这两种机制在结构方面存在许多差异。在共享内存计算系统中，整个程序的各个分布进程并行运行，共享相同的内存空间。这种方式保证了数据在核心和处理器之间高速传输，缺点是共享内存节点上的计算资源有限。如果问题规模扩大，或者当需要引入更多核心来减轻每个核心的计算量时，却无法增加更多内存资源，所以共享内存方式的扩展性较差，不同计算机资源可能需要不同的并行设置来达到最大的并行效率。

3.3　OpenMP 的发展历程

OpenMP 在 1997 年由 SGI（Silicon Graphics）领导的工业协会推出，目的是实现一个与 Fortran 77 和 C 语言绑定的非正式并行编程接口，后来引入了对 Fortran 95 和 C++的支持。现在 OpenMP 规范的指定是由 OpenMP 体系结构审议委员会（Architecture Review Board）组织管理的，其版本从最初的 1.0 发展到现在的 4.5 版本。

OpenMP 的发展历程：1994 年，提出第一个 ANSI X3H5 草案，被否决；1997 年，第一个被认可的 OpenMP 标准规范；1997 年 10 月，发布与 Fortran 语言捆绑的第一个标准规范 Fortran verison 1.0；1998 年 11 月，发布支持 C/C++的标准规范 C/C++ Version1.0；2000 年 11 月，发布 Fortran Version 2.0；2002 年 3 月，发布 C/C++ Version 2.0；2005 年 5 月，发布 OpenMP 2.5 标准；2008 年 3 月，发布 OpenMP 3.0 标准；2011 年 7 月，发布 OpenMP 3.1 标准；2013 年 7 月，发布 OpenMP 4.0 标准；2015 年 11 月，发布 OpenMP 4.5 标准；2018 年 11 月，发布 OpenMP 5.0 标准。

3.4　Windows 平台下 OpenMP 环境搭建

Windows 环境下的 C++或者 Fortran 编译器可以选择基于 Microsoft Visual Studio 集成环境（自带 ICC 编译器）和 Intel Visual Fortran（IVF）编译器，IVF 的编译器可以集成到 Visual Studio 开发环境中，其匹配情况见图 3.1。

IVF \ VS		2008	2010	2012	2013	2015	2017						2019	Windows	
							15.0 15.1	15.2	15.3	15.4 15.5 15.6	15.7	15.8		XP	7/8/10
10.1		✓												✓	
11.0		✓												✓	
11.1.048		✓												✓	✓
XE 2011		✓	✓											✓	✓
XE 2013	初代	✓	✓	✓										✓	✓
	SP1 update1	✓	✓	✓	✓									✓	✓
XE 2015	初代		✓	✓	✓									✓	✓
	update4		✓	✓	✓	✓								✓	✓
XE 2016			✓	✓	✓	✓									✓
XE 2017	初代			✓	✓	✓									✓
	update4			✓	✓	✓	✓								✓
	update5			✓	✓	✓	✓	✓							✓
	update6			✓	✓	✓	✓	✓	✓						✓
	update7			✓	✓	✓	✓	✓	✓	✓					✓
XE 2018	初代				✓	✓	✓	✓							✓
	update1				✓	✓	✓	✓	✓						✓
	update3				✓	✓	✓	✓	✓	✓					✓
	update4				✓	✓	✓	✓	✓	✓		⊠			✓
XE 2019	初代				✓	✓	✓	✓	✓	✓	✓	⊠			✓
	update1				✓	✓	✓	✓	✓	✓	✓	✓			✓
	update2				✓	✓	✓	✓	✓	✓	✓	✓			✓
	update4				✓	✓	✓	✓	✓	✓	✓	✓	✓		✓

⊠　**调试有问题**

图 3.1　Visual Studio 集成环境和 IVF 编译器的匹配情况

1) Windows 环境的配置过程

(1) 启动 Microsoft Visual Studio，基于 Visual C++编译器创建一个“Win32 控制台应用程序”项目，或者 Intel Visual Fortran 编译器创建一个“Console Application”项目，填写相应的项目名称和路径，如图 3.2 所示。

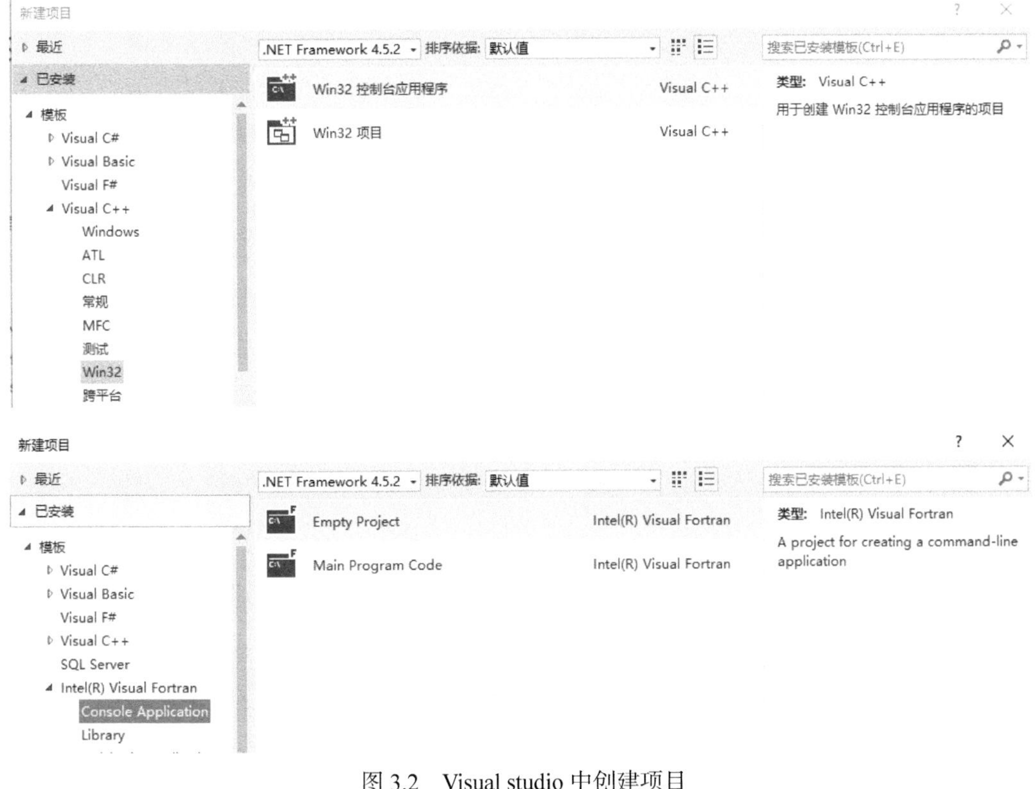

图 3.2　Visual studio 中创建项目

(2) 设置当前编译器支持的 OpenMP 编译选项，如图 3.3 所示。

Visual C++项目的配置过程：[项目]—>[属性]—>[C/C++]—>[语言]—> [OpenMP 支持]—>[是（/openmp)]—>[确定]。

IVF 项目的配置过程：[项目]—>[属性]—> [Fortran]—> [Language]—> [Process OpenMP Directives]—> [Generate Parallel Code（/Qopenmp)]—> [确定]。

(3) 注意项目属性的编译选项 Debug 和 Release 模式，不同模式优化的 OpenMP 执行效率不一样。

2) Linux 环境下的配置过程

Linux 环境下 C/C++编译器可以选用 GCC 和 Intel icc 编译器，对于 OpenMP 的支持非常简单，只需要在编写完 OpenMP 的代码后，编译时加入对 OpenMP 的编译参数即可，如 GCC 编译采用“-fopenmp”来实现。当然 Fortran 编译器可以选用 GFortran 和 Intel Fortran 编译器。

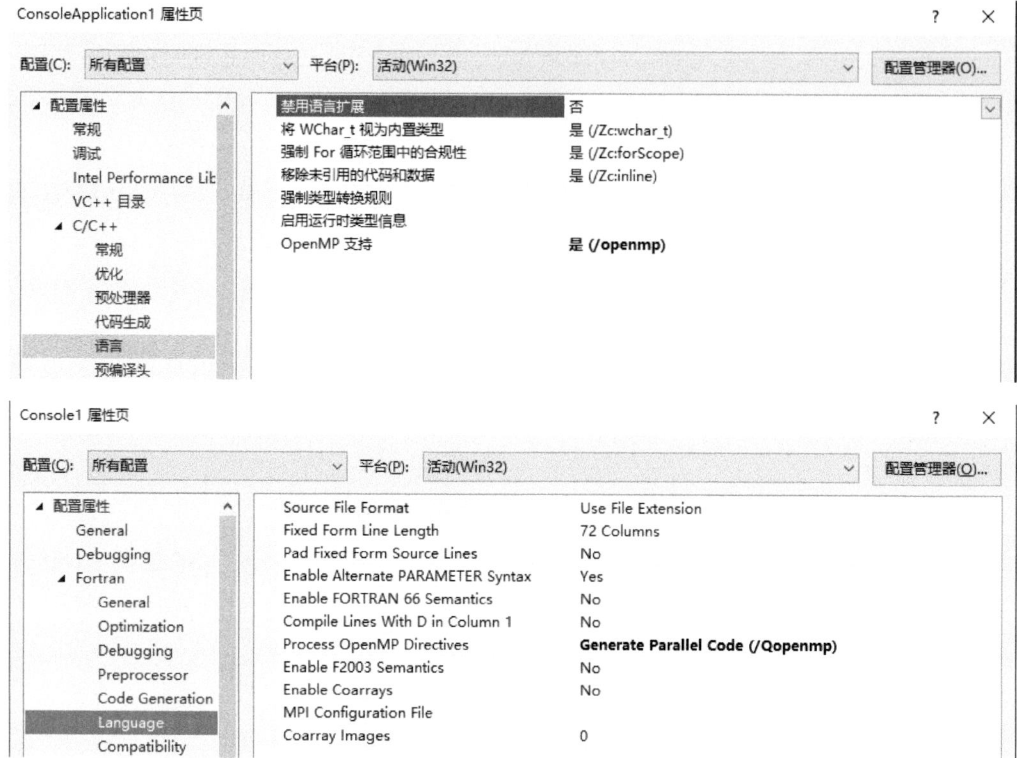

图 3.3　Visual studio 项目属性中 OpenMP 并行运行环境设置

第 4 章　OpenMP 指令结构

20 世纪 60 年代以后，并行已经越来越常见，操作系统通过中断当前正在执行的程序并将 CPU 的控制权交由另一个程序来管理，从而有效地在多个程序间共享 CPU 时间，达到并行的效果(即分时)。每个进程能在一个“CPU 时间片段”内获得 CPU 的控制权，然后将控制权交回操作系统，操作系统再将 CPU 控制权交于另一个进程，以此类推。分时可以提高计算机资源的使用效率，但不能提高单个进程的运行速度，并且分时可能会由于减少分配给某个进程的 CPU 时间片段而直接降低程序性能，或者由于频繁调用操作系统的任务调度程序，需要较多的额外开销而影响程序的性能。而 OpenMP 直接在进程中开辟多个线程，实现线程间的并行计算，通常情况下能够达到更高的并行效率。

通过 OpenMP 实现程序的并行化并不难，因为编程人员只需在源代码中加入一些编译指导语句来告诉编译器如何调配资源来实现并行，通常不需要重写代码的重要部分就可以得到良好的并行性能。编译指导语句类似于预编译语句，是在程序源代码编译过程中告诉编译器的特定语句，包含了 OpenMP 接口的一些语句。

4.1　编译指导语句的一般形式

OpenMP API 提供了编译指导语句来控制并行，由标识符、指令、子句列表构成。用于 C/C ++程序的 OpenMP 指令始终以#pragma omp 开头，后跟一个标识指令的特定关键字，然后加入有一个或多个子句列表，每个子句用逗号或空格分隔。这些子句用于进一步指定具体操作行为或进一步控制并行执行方式，子句之间用逗号隔开。编译指导语句不得与其周围的代码位于同一行，但可以采用续行符(\)换行提升代码的可读性，其一般形式见图 4.1。

```
#pragma omp指令名[子句1],[子句2],[···][new-line]
```

图 4.1　C/C++语言中 OpenMP 编译指导语句的一般形式

在 Fortran 语言中编译指导语句为一个特殊引导符开头的注释语句，在自由文件格式和固定文件格式中略有不同。在固定格式中，特殊引导符有三个选择，但必须从文件的第一列开始，且“!$omp”字符间不能有间隔，同时具有固定文件格式相同的限制，如文件列数、空白符、续行等，如图 4.2 所示。Fortran 自由文件格式中只支持第一个引导符“!$omp”，可以从文件的任意列开始，但引导符前面只能有空白符(包括制表符)，遵从

Fortran 自由文件格式的规则，如图 4.3 所示。在 Fortran 中，指令名之前必须有一个空格，编译指导语句换行时必须在行末加入特定的换行符（&），且第二行的起始部分必须写上特殊引导符“!$omp”，否则编译会报错，如图 4.4 所示。特别注意，Fortran 语言不区分字母大小写。另外，由于编译指令语句都是以注释开头，编译器难以检查出拼写错误，比如写成“!omp paralel”，编译器无法识别出 OpenMP 指令，就会当成注释，且难以检查，因此写 OpenMP 指令时，需特别注意编译指令语句的拼写。

```
!$omp 指令名[子句1],[子句2],[…] [new-line]
c$omp 指令名[子句1],[子句2],[…] [new-line]
*$omp 指令名[子句1],[子句2],[…] [new-line]
```

图 4.2　Fortran 固定文件格式 OpenMP 编译指导语句的一般形式

```
!$omp 指令名[子句1],[子句2],[…] [new-line]
```

图 4.3　Fortran 自由文件格式 OpenMP 编译指导语句的一般形式

```
!$omp 指令名[子句1],[子句2],[…]  &
!$omp  [子句3],[子句4],[…]
```

图 4.4　Fortran 自由文件格式换行示意

在 Fortran 中!OMP Parallel 和!OMP End Parallel 指令对构成了并行块结构，编译器在编译!OMP Parallel 时会开辟多个线程，在编译!OMP End Parallel 时编译器销毁开辟的额外线程，在并行块里面的程序代码采用多线程并行执行，线程数可以通过环境变量或特定的函数来设置，本书后面会详细介绍。需要特别注意的是，!OMP Parallel 和!OMP End Parallel 指令对必须成对出现，其所定义的并行区域内的代表必须是一个完成的执行单元，不允许有跳出语句或不完整的循环结构等。但!OMP End Parallel 指令是可选的，在没有遇到下一个指令语句之前，都属于当前并行块，所以为了提高程序的可读性，建议不要省略并行块结束指令语句。

4.2　主要指令

编译指导语句的一般形式中都包含指令名，用于告诉编译器执行 Open MP 相关的指令。C/C++语言的编译指导语句中的主要指令见表 4.1，这些指令用来指导多个线程之间的执行顺序、同步、数据控制等，指令后面的子句则给出了相应的指令参数，从而实现编译指导语句的具体执行。Fortran 语言的编译指导语句基本差不多，本书仅以 C/C++为例简明介绍编译语句的使用。表 4.1 只列举了常用的几个指令，具体指令的使用见第 5 章。

表 4.1 OpenMP 主要指令

指令	功能描述
parallel	开辟并行块
for	放在循环之前，将循环分配给多个线程并行执行
sections	放在代码段之前，表示代码段程序并行执行
critical	表示代码临界段只能串行执行，其他线程被阻塞在临界段开始位置，当前线程执行完后才能执行下一个线程
flush	标识一个同步点，检查共享变量情况
single	表示后面的代码仅被一个线程执行
barrier	并行块内线程同步
atomic	指定特定的一块内存区域被自动更新
master	指定代码段仅由主线程执行
ordered	指定并行块内的循环按次序执行

4.3 主要子句

OpenMP 编译指导语句由标识符、指令、子句列表构成，其中子句列表用于对指令的补充说明和功能限制，子句之间用逗号隔开，表 4.2 列举了常用的子句功能，具体用法详见第 6 章。子句后面往往跟随有变量列表、描述、运算符等，如 private(变量列表)，default(PRIVATE)，reduction(运算符|变量列表)。

表 4.2 OpenMP 主要子句

子句	功能描述
private	表示变量列表中变量对于每个线程来说均是私有的
shared	表示变量列表中变量对于每个线程来说均是共享的
default	表示并行块中所有变量为私有变量/共享变量(缺省)
firstprivate	表示变量为私有变量，但进入并行块时每个新开辟的线程继承主线程中同名的原始变量值作为自己的初始值
lastprivate	表示退出并行块时，最后一个线程中的一个或多个变量值复制给主线程中同名原始变量
reduction	指定变量列表中的变量为私有变量，但在并行结束时对线程组的相应变量执行归约运算，并将结果返回主线程同名变量
threadprivate	表示全局变量在并行区域内变成私有变量
copyin	表示由 threadprivate 定义的全局变量的私有副本复制给并行区域内的其他线程的同名变量
copyprivate	表示将线程中局部变量的私有副本复制给并行区域内其他线程的同名变量，通常和 single 指令联合使用
nowaite	表示并行块退出时，忽略指令中暗含的同步栅障
schedule	指定 for 循环的任务分配调度类型
num_threads	指定线程的个数
if	条件判断

4.4 常用库函数

编译指导语句的优势体现在编译阶段，对于程序运行阶段则支持较少。OpenMP 提供了运行时库函数来支持运行时对并行环境的改编和优化。OpenMP 库提供了一组库函数，可以分为三种：运行时的环境函数、锁函数和时间函数。它们用于设置和获取执行环境的相关信息，以及一系列用于同步的函数。要使用运行时库函数所包含的函数，必须在相应的源文件中包含头文件“omp.h”。OpenMP 库函数类似于相应编程语言内部的函数调用，因此在没有库支持的编译器上无法正确识别 OpenMP 程序，这是库函数与编译指导语句不同的地方。当还有运行时库函数的 OpenMP 程序移植到不支持 OpenMP 的计算机上进行编译时，需要删除这些函数的代码才能编译成功。表 4.3 列出了几个常用的库函数。

表 4.3 OpenMP 常用库函数

函数名	功能描述
omp_set_num_threads	设置当前并行块中线程数量
omp_get_num_procs	返回当前计算机的处理器数量
omp_get_num_threads	获得当前并行块中线程数量
omp_get_thread_num	返回当前的线程 ID
omp_get_max_threads	返回当前并行区域内可用的最大线程数
omp_get_dynamic	判断是否支持动态改变线程数量
omp_set_dynamic	启用或关闭线程数量的动态改变
omp_get_wtime	返回相对于某一时刻而言已经经历的时间
omp_init_lock	初始化简单锁
omp_set_lock	给简单锁上锁
omp_unset_lock	给简单锁解锁
omp_destroy_lock	关闭一个锁并释放内存

第 5 章　OpenMP 常用指令的用法

5.1　数据管理

OpenMP 程序的一个重要特征是内存空间共享，即多个线程共享内存空间上的变量而实现线程间的数据传递，因此线程间的数据通信非常方便快捷。但在某些情况下不同线程之间又需要独立的私有变量来实现每个线程之间的独立计算，因此，OpenMP 提供了共享变量(shared)和私有变量(private)两种重要的形式，而在编程过程中，还会遇到全局变量(或外部变量)和局部变量(或自动变量)，全局变量的作用域是整个源程序，当开辟 OpenMP 并行区块的时候，如何管理全局变量、局部变量在所有线程组的使用需要相应的数据管理。对于局部变量而言，将其定义为私有变量可能用到的子句有 private 和 firstprivate/lastprivate，将其定义为共享变量可能用到的子句有 shared 和 copyprivate；对于全局变量而言，将其定义为私有变量可能用到的子句有 threadprivate 和 copyin 子句，将其定义为共享变量可能用到的子句有 shared 和 copyprivate。这些子句都必须搭配一个或者多个指令名，实现对某段程序或者某个循环的数据管理，若对 parallel 和 for 指令还不了解，可以先学习 5.2 节的并行控制内容，然后再学习这一节的数据管理。

5.1.1　Private 子句

Private 子句可以将出现在变量列表中的一个或多个变量声明为线程组中子线程的私有变量，并在并行区域的开始处为线程组的每个线程产生一个该变量的私有副本，其他线程无法访问私有副本。但此私有变量的初始值是未定义的，它不会继承并行区域外同名原始变量的值，且在并行结束后恢复串行区时，变量的值继承了进入并行区域前同名变量的初始值。值得注意的是，在并行区域内对各线程私有变量是否初始化取决于所使用的编译器设置，换言之，有些编译器会对各线程的私有变量进行初始化为 0，而有些编译器并不对各线程的私有变量进行初始化操作。Private 子句的用法格式为：private(list)。

程序 5.1 是一个使用 private 子句的代码例子。

程序 5.1　测试 private 子句

```
int k = 100;
#pragma omp parallel for private(k)
 for ( k=0; k < 4; k++)
```

```
{   printf("k=%d/n", k);     }
  printf("last k=%d/n", k);
```

上面程序执行后打印的结果如下：

```
k=3
k=0
k=2
k=1
last k=100
```

从运行结果可以看出，for 循环前的变量 *k* 和循环区域内的变量 *k* 其实是两个不同的变量。Private 表明在并行区域内，线程组内的每一个线程都会产生一个并行区域外的同名原始变量的副本，且和并行区域外同名原始变量没有任何关联。但出现在 reduction 子句中的参数不能出现在 private 子句中。

5.1.2　Firstprivate/Lastprivate 子句

Private 子句声明的私有变量无法继承并行区域外同名原始变量的值，但实际情况中有时需要继承原有共享变量的值，OpenMP 提供了 firstprivate 子句来实现这个功能，即每个子线程的私有副本的值初始化为进入并行区域前串行区域内同名的原始变量的值。在并行区域内，当完成对子线程私有变量的计算后，有时需要将它的值传递给并行区域外同名的原始变量，OpenMP 提供了 lastprivate 子句来实现此功能。把程序 5.1 的代码进行简单的修改为程序 5.2。

程序 5.2　测试 firstprivate 子句

```
int k = 100;
#pragma omp parallel for firstprivate(k)
for ( i=0; i < 4; i++)
{   k+=i;
   printf("k=%d/n",k);
}
printf("last k=%d/n", k);
```

上面代码执行后打印结果如下：

```
k=100
k=101
k=103
k=102
last k=100
```

从运行结果可以看出，并行区域内的私有变量 *k* 继承了外面共享变量 *k* 的值 100 作为初始值，并且在退出并行区域后，共享变量 *k* 的值保持 100 未变。由于在并行区域内是多个线程并行执行的，最后到底是将哪个线程的最终计算结果赋给了对应的共享变量呢？OpenMP 规范中指出，如果是 for 循环迭代，那么是将最后一次循环迭代中的值赋给对应的共享变量；如果是 section 构造，那么是最后一个 section 语句中的值赋给对应的共享变量。注意这里说的最后一个 section 是指程序语法上的最后一个，而不是实际运行时最后一个运行完的。如果是类(class)类型的变量使用在 lastprivate 参数中，那么使用时有些限制，需要一个可访问的、明确的缺省构造函数，除非变量也被使用作为 firstprivate 子句的参数；还需要一个拷贝赋值操作符，并且这个拷贝赋值操作符对于不同对象的操作顺序是未指定的，依赖于编译器的定义。

另外，private 子句不能和 firstprivate 子句或 lastprivate 子句混用同一变量，因为 firstprivate 和 lastprivate 子句已经包含了 private 子句的功能，且在进入并行区域后对私有变量进行初始化或退出并行区域时复制给外部的同名变量。但 firstprivate 和 lastprivate 子句可以对同一变量使用，即对同一变量都起作用。

5.1.3 Shared 子句

Shared 子句可以用于声明一个或多个变量为共享变量。所谓的共享变量，是指在一个并行区域代码块内的所有线程只拥有变量的一个内存地址，所有线程均能访问此变量，并进行读写操作。所以，对于并行区域内的共享变量，需要考虑数据竞争条件，若要防止竞争，可能需要增加对应的保护，可采用 critical 等指令来避免数据竞争的出现。不要轻易使用共享变量，尽量将对共享变量的访问转化为对私有变量的访问。

程序 5.3 是一个使用共享变量方案实现求和的并行计算，由于没有采取保护，会有数据竞争。

程序 5.3 测试 shared 子句

```
#define COUNT 10000
int main()
{
    int sum = 0;
    #pragma omp parallel for shared(sum)
    for(int i = 0; i < COUNT;i++)
    {       sum = sum + i;   }
    printf("%d\n",sum);
    return 0;
    }
```

多次运行，结果可能不一样。另外，需要注意，循环迭代变量在循环构造区域里是私有的，声明在循环构造区域内的自动变量都是私有的。这一点其实也是比较容易理解的，很难想象，如果循环迭代变量也是共有的，OpenMP 该如何去执行，所以也只能是私有的了。即使使用 shared 来修饰循环迭代变量，也不会改变循环迭代变量在循环构造区域中是私有的这一特点。下面我们用程序 5.4 来做一个简单测试。

程序 5.4　测试 shared 子句共享循环迭代变量

```
#define COUNT 10
int main()
{
     int sum = 0;
     int i = 0;
     #pragma omp parallel for shared(sum, i)
     for(i = 0; i < COUNT;i++)
     {    sum = sum + i;  }
     printf("%d\n",i);
     printf("%d\n",sum);
     return 0;
}
```

输出结果为

```
0
45
```

若程序为串行运行，*i* 的结果应为 10。程序 5.4 能侧面说明在并行块中变量 *i* 是私有的。它的最后输出 *i* 是 0，并不是 0 到 COUNT 之内的一个可能的值，尽管这里使用 shared 修饰变量 *i*。注意，这里的规则只是针对 for 循环并行区域，对于其他的并行区域没有这样的要求。

5.1.4　Default 子句

Default 子句用于指定并行区域内变量的默认属性，C++的 OpenMP 中 default 的参数只能为 shared 或 none，对于 Fortran，可以取 private、firstprivate 等参数，具体参考手册。Default(shared) 表示并行区域内的共享变量在不指定的情况下都是 shared 属性；default(none) 表示必须显式指定所有共享变量的数据属性，否则会报错，除非变量有明确的属性定义(比如循环并行区域的循环迭代变量只能是私有的)。如果一个并行区域，没有使用 default 子句，那么并行区域内变量都是默认公有的，但由前面介绍的 shared 子句可知，循环指标变量默认是私有变量。另外并行区域内的局部变量是私有变量，以及由 private、firstprivate、lastprivate 和 reduction 子句中列出的都是私有的。程序 5.5 为 default 子句的简单测试，从程序运行结果来看，sum 为 shared 属性，而 *i* 的属性不会改变，仍然只能为私有，其效果和加上 default(shared)是一样的。如果使用 default(none)，那么编译会报错“没有给 sum 指定数据共享属性”，不会为变量 *i* 报错，因为 *i* 是有明确含义的，只能为私有。

程序 5.5　测试 default 子句

```
#define COUNT 10
int main()
{
    int sum = 0;
    int i = 0;
    #pragma omp parallel for
    for(i = 0; i < COUNT;i++)
    {    sum = sum + i;  }
    printf("%d\n",i);
    printf("%d\n",sum);
    return 0;
}
```

输出结果为

```
0
45
```

5.1.5　Threadprivate 子句

根据变量的生存周期可将变量分为全局变量和局部变量，对于全局变量，可采用指令 threadprivate 将此全局变量定义为私有变量，即 threadprivate 子句用来指定全局的变量被各个线程各自复制了一个私有的拷贝，各个线程具有各自私有的全局变量。用法为：#pragma omp threadprivate(list) new-line。其中，变量列表 list 中的变量必须为全局变量，且 threadprivate 将全局变量指定为私有变量后，此变量可以在前后多个并行区域之间保持连续性，但各个并行块的线程数量必须保持一致否则指令 threadprivate 指定的私有变量的初值是未定义的，即 threadprivate 把全局变量变成了线程内的全局变量，当每一个线程对自己有用的全局变量副本进行写操作时，其他线程是不可见的。值得注意的是：①threadprivate 和 private 的区别在于 threadprivate 声明的变量通常是全局范围内有效的，而 private 声明的变量只在它所属的并行构造中有效；②用作 threadprivate 的变量的地址不能是常数；③对于静态变量也同样可以使用 threadprivate 声明成线程私有的；④对于 C++的类(class)类型变量，用作 threadprivate 的参数时有些限制，当定义时带有外部初始化时，必须具有明确的拷贝构造函数。

程序 5.6 是用 threadprivate 命令来实现一个各个线程私有的计数器，各个线程使用同一个函数来实现自己的计数，即在并行块内调用计数器函数时，每个线程的 counter 变量是一个静态变量，函数结束时会保存到线程的内存中。

程序 5.6　测试 threadprivate 子句

```
int counter = 0;
```

```
#pragma omp threadprivate(counter)
int increment_counter()
{
     counter++;
     return(counter);
}
```

5.1.6 Copyin、copyprivate 子句

Copyin 子句用于将主线程中 threadprivate 变量的值拷贝到执行并行区域的各个线程的同名变量中，从而使得并行区域内的线程都拥有和主线程同样的初始值。另外，copyin 中的参数必须被声明成 threadprivate 的变量，对于 C++类型的变量，必须带有明确的拷贝赋值操作符。Copyin 的一个可能需要用到的情况是，比如程序中有多个并行区域，每个线程希望保存一个私有的全局变量，但是其中某一个并行区域执行前，希望与主线程的值相同，就可以利用 copyin 进行赋值。

Copyprivate 子句用于将线程私有副本变量的值从一个线程广播到执行同一并行区域的其他线程的同一变量，通常用于 single 块的结尾处完成广播操作。Copyprivate 只能用于 private/firstprivate 或 threadprivate 修饰的变量；但当采用 single 子句指令中，copyprivate 的变量不能用于 private 和 firstprivate 子句中。程序 5.7 是测试 copyin、copyprivate 子句的例子，在程序最开始定义了变量 *A* 为线程私有变量，因此在第二个指导性语句中 copyin(*A*) 可以省略，因为初始值都是一样的，需要注意在第三个指导性语句中 copyprivate(*C*) 中的变量 *C* 没有定义成私有变量，所以不能使用 copyprivate 子句。

程序 5.7 测试 copyin、copyprivate 子句

```
#include <omp.h>
int A = 100;
#pragma omp threadprivate(A)
int main()
{
     int B = 100;
     int C = 1000;
     #pragma   omp   parallel   firstprivate(B)copyin(A)//
copyin(A)can be ignored!
     {
          #pragma  omp  single  copyprivate(A)copyprivate(B)//
copyprivate(C)// C is shared, cannot use copyprivate!
          {
               A = 10;
```

```
            B = 20;
        }
        printf("Initial A = %d\n", A);  // 10 for all threads
        printf("Initial B = %d\n", B);  // 20 for all threads
    }
    printf("Global A: %d\n",A);  // 10
    printf("Global A: %d\n",B);  // 100. B is still 100! Will
not be affected here!
    return 0;
}
```

5.1.7 Reduction 子句

在科学计算中，经常会遇到并行计算后的累加求和、累减求差、累乘求积等运算，这类运算的特点是反复将运算作用到一个变量或一个值上，并报结果保存到原变量中，这类操作被称为规约操作。Reduction子句主要用来对一个或多个参数条目指定一个操作符，每个线程将创建参数条目的一个私有拷贝，在区域结束处，将用私有拷贝的值通过指定的运行符运算，原始的参数条目被运算结果的值更新。表 5.1 列出了可以用于 reduction 子句的一些操作符及对应私有拷贝变量缺省的初始值，私有拷贝变量的实际初始值依赖于 reducion 变量的数据类型。Reduction 子句用法为：reduction(operator:list)。

表 5.1 Reduction 操作中各种操作符对应拷贝变量的缺省初始值

运算类型	运算符	初始值
加	+	0
乘	*	1
减	-	0
按位与	&&	所有位为 1
按位或	||	0
按位疑惑	^	0
逻辑与	&&	1
逻辑或	||	0
最大值	max	尽量小的负数
最小值	min	尽量大的正数

例如，一个整数求和的程序如程序 5.8 所示。对 1000 以内的所有整数进行求和操作，然后对结果进行规约操作后写入 sum 变量中，且变量 sum 的初始值也会参与规约加法计算。注意，如果在并行区域内不加锁保护就直接对共享变量进行写操作，则存在数据竞

争问题，会导致不可预测的异常结果。若共享数据作为 private、firstprivate、 lastprivate、threadprivate、reduction 子句的参数进入并行区域，就变成线程私有，不需要加锁保护了。程序 5.8 中循环迭代变量 i 默认是私有的，也无须加锁保护。

程序 5.8　测试 reduction 子句

```
int i,sum=100;
#pragma omp parallel for reduction(+: sum)
for (i=0;i<1000;i++)
{   sum += i;   }
printf( "sum = %ld/n", sum);
```

5.2　并行控制

5.2.1　Parallel 指令

Parallel 指导指令用来创建并行域，此并行区域也可称为 parallel 结构，后边紧跟一个大括号将要并行执行的代码放在一起，parallel 结构是 OpenMP 并行的基础。对于 C/C++，通常需要包含头文件<omp.h>，并且是大小写敏感的。

Parallel 指令一般与 for 指令、sections 指令配合使用，parallel 指令是用来为一段代码创建多个线程来执行它的。Parallel 块中的每行代码都被多个线程重复执行。和传统的创建线程函数相比，相当于为一个线程入口函数重复调用创建线程函数来创建线程并等待线程执行完。在 C/C++中，parallel 指令的使用方法如图 5.1 所示。

```
#pragma omp parallel [子句1],[子句2],[…] [new-line]
    if(逻辑变量表达式)
    private(变量列表)
    shared(变量列表)
    firstprivate(变量列表)
    default(shared|none)
    reduction(运算符:变量列表)
    copyin(变量列表)
    num_threads(整型变量)
```

图 5.1　Parallel 指令使用方法

Parallel 指令后可以跟一到多个子句，方括号[ ]表示可选项，常用的子句有 if、private、shared、firstprivate、default、reduction、copyin 和 num_threads。当程序遇到#pragma omp parallel 时，程序就会生成一个线程组，当前线程为主线程，编号为 0，线程组中其他线程也有其相应的线程号，用于程序的控制。线程组中所有线程均复制并执行 parallel 并行结构中的代码。

程序 5.9 为 parallel 指令的一个简单应用，主程序中开辟一个线程块，每个线程打印一个字符串 。程序运行后打印出了 4 个“Test”，说明 parallel 后的语句被 4 个线程分别执行了一次，4 个是程序默认的线程数，一般情况下等于计算的处理核心数，可以通过计算机设备管理器查看。

程序 5.9 测试 parallel 子句

```
#include <iostream>
#include “omp.h”
using namespace std;
void main(int argc, char*argv)
{
    #pragma omp parallel
    {
        cout << “Test” << endl;
    }
    system(“pause”);
}
```

输出结果为

```
Test
Test
Test
Test
```

Parallel 指令后可以跟到一到多个子句，常用的子句有 if、private、shared、firstprivate、default、reduction、copyin 和 num_threads。除了 if 和 num_threads 子句，其他都在 5.1 节中介绍过了，接下来介绍一下 if 和 num_threads 子句。

5.2.1.1 If 子句

在 parallel 结构中，OpemMP 提 if 子句来实现条件判断并行，也就是说如果 if 子句的条件能够满足，就开辟并行块并创建相应的线程数量，采用并行方式来运行并行区域的代码，如果 if 子句不能得到满足，就采用串行方式来运行 parallel 结构内的代码。对程序 5.9 进行修改，加入一个条件语句，来判断并行块是否并行计算，如程序 5.10 所示。

程序 5.10 测试 if 子句

```
#include <iostream>
#include “omp.h”
using namespace std;
void main(int argc, char*argv)
{
    int ncp=omp_get_num_procs(); //获得处理器/线程个数
    #pragma omp parallel if(ncp>1)
```

```
    {
        cout << "Test" << endl;
    }
    system("pause");
}
```

如程序 5.10 所示，加入 if 子句判断变量 ncp>1 是否成立，若成立则并行运行输出“Test”字符串，其中变量 ncp 为当期的处理器核数或线程数量，可以通过 omp_get_num_procs()函数来获得，详情见 5.4 节常用的库函数。

5.2.1.2 设定线程数量及 num_threads 子句

对并行区域设置线程数量是开展并行计算和并行控制必不可少的关键步骤，主要分为默认模式、静态模式、动态模式和嵌套模式。

(1)默认模式指在程序中对并行计算的线程数量不做显示声明，实际参加并行的线程数量等于系统可以提供的线程数量，如程序 5.8 所示。此方式的程序扩展性好，当硬件升级到更多核后，在不修改程序的情况下，程序创建的线程数量随着处理器核数的变化而变化，能够充分利用机器的性能，但程序对线程的掌控度小，尤其是当程序的结果依赖线程的数量和线程编号时，有可能会得到错误的结果。如果计算负载小，线程过多也会浪费系统资源。

(2)静态模式是由程序员调用函数或者在环境变量中设置线程数量。在串行代码中调用函数，omp_set_num_threads()函数可以设置调用函数之后的程序代码中开辟并行块时分配的线程数量。

(3)动态模式顾名思义是指在并行区域中，线程数是动态确定的，可以通过调用库函数 omp_set_dynamic()来实现，如果参数为真，表明启用了可用线程的动态调整，此时 omp_set_num_threads()函数只是设定了线程数量的上限，实际参加并行线程数不会超过所设置的线程数目；如果参数为假，则为静态模式，可以调用 omp_set_num_threads()函数来设置实际开辟的线程数量。默认模式实际上就是动态模式。程序 5.11 为测试设置数量的程序，通过调用 omp_set_dynamic(1)设定为动态模式，注释掉则为静态模式。从运行结果来看，当前计算机是有足够资源来开辟三个线程。

程序 5.11　测试设置线程数量

```
#include <stdio.h>
#include "omp.h"
int main(int argc,char*argv)
{
    int nthreads, nthreads_set, tid;
    omp_set_dynamic(1);  //设置并行模式为动态模式，去掉此行则为静态
    模式
```

```
        nthreads_set=3;
        omp_set_num_threads(nthreads_set);
        printf("set_number_threads=%d\n", nthreads_set);
        # pragma omp parallel private(tid,nthreads)
        {
            nthreads=omp_get_num_threads();
            tid=omp_get_thread_num();
            printf("number of threads = %d  tid=%d\n", nthreads,
            tid);
        }
    }
```

执行上述代码后，运行结果如下：

```
set_number_threads=3
number of threads=3  tid=0
number of threads=3  tid=1
number of threads=3  tid=2
```

(4) 嵌套模式由库函数 omp_set_nested() 启动或禁用嵌套并行操作，即可以在并行区域嵌套新的子并行区域。通常跟 num_threads 子句配套使用，要在最外层并行区域的指导性语句中的 num_threads 子句设置外层并行区域的线程数，在外层并行区域的代码块中可以通过调用 omp_set_num_threads() 函数或者 num_threads 子句来分别设置每一个子线程，开辟新的子并行区域的线程数目。Omp_set_nested() 函数调用必须在外层并行块之前设置程序为嵌套并行模式。程序 5.12 为测试嵌套并行程序，主程序中有两个循环，其中一个嵌套到另一个循环体中，每个循环都用 num_ threads 子句设置了当前循环体开辟的线程数，在循环体中进行打印输出相应的进程数量和进程标志号。从结果中可以看出，当设置 omp_set_nested(1) 时，内部循环体中打印的即为内部循环开辟的进程数量 4(小写的 *i,j* 对应的输出行)，外层循环体开辟的进程数为 3(大写的 *I* 对应的输出行)。当设置 omp_set_nested(0)时，此时为静态模式，内部循环的 parallel 指令不会起作用，编译器默认内部循环对于每个线程都是串行的，此时内部循环体中打印进程数量 1。另外需要注意的是程序 5.12 的运行结果由于计算机当前的资源情况不一样导致运行输出的顺序不一样，即使同一台电脑运行多次的输出结果可能都会不一样，但总的输出结果肯定是一样的。

程序 5.12　测试嵌套并行

```
#include <iostream>
#include"omp.h"
using namespace std;
int main(int argc, char *argv)
{
```

```
    int i, j, k;
    k=omp_get_nested();
    cout<<"是否支持并行嵌套: "<<k<<"\n";
    omp_set_nested(1); //设置支持嵌套并行
    k=omp_get_nested();
    cout<<"是否支持并行快套: "<<k<<"\n";
#pragma omp parallel for num_threads(3)
    for (i=0: i<3; i++)
    {
        #pragma omp parallel for num_threads(4)
        for(j=0; j<4; j++)
        {
           cout<<"i="<<i<<"j="<<j<<"Threads                                    :
"<<omp_get_num_threads()<<
"ThreadID: "<<omp_get_thread_num()<<"\n":
         }

         cout<<"-----------------\n I="<<i<<"Threads:
"<<omp_get_num_threads()<<
"ThreadID: "<<omp_get_thread_num()<<"\n":
    }
}
```

运行结果为:

```
是否支持并行嵌套: 0
是否支持并行嵌套: 1
 i=0 j= i= i= i=2 j=1 Threads:4 i=0 i=2 j=0 Threads:4 ThreadID:0
1 j=0 Threads:4 ThreadID:0
0 Threads:4 i=1 j=1 Threads:4 ThreadID:1
 ThreadID:0
 j=1 Threads:4 ThreadID:1
 ThreadID:1
1 j=2 Threads:4 ThreadID:2
 i=0 i=1 j=3 Threads:4 ThreadID:3
 i=0 i=2 j=2 Threads:4 ThreadID:2
 i=2 j=3 Threads:4-----------------
 I=1 Threads:3 ThreadID:1
 j=2 Threads:4 ThreadID:2
 j=3 Threads:4 ThreadID:3
```

```
----------------
I=0 Threads:3 ThreadID:0
ThreadID:3
----------------
I=2 Threads:3 ThreadID:2
```

5.2.2 For 指令

使用 parallel 指令只是产生了并行域，让多个线程分别执行相同的任务，并没有实际的使用价值。Parallel for 用于生成一个并行域，并将计算任务在多个线程之间分配，从而加快计算运行的速度。可以让系统默认分配线程个数，也可以使用 num_threads 子句指定线程个数。For 指令则是用来将一个 for 循环分配到多个线程中执行。For 指令一般可以和 parallel 指令合起来形成 parallel for 指令使用，也可以单独用在 parallel 语句的并行块中。Parallel for 用于生成一个并行域，并将计算任务在多个线程之间分配，用于分担任务。其工作流程如下：①利用指令 parallel 将 *n* 次循环置于并行区域内；②利用 for 指令将 *n* 次循环任务进行分配；③每个线程负责其中的一部分循环工作，且每次循环之间数据相互独立。在 C/C++中，for 指令的使用方法如图 5.2 所示。

```
#pragma omp for [子句1],[子句2],[…] [new-line]
                schedule(类型，循环迭代次数)
                ordered
                private(变量列表)
                firstprivate/lastprivate(变量列表)
                shared(变量列表)
                reduction(运算符:变量列表)
                nowait
{
循环体;
}
```

图 5.2　For 指令使用方法

For 指令后可以跟一到多个子句，方括号[ ]表示可选项，常用的子句有 private、shared、firstprivate、lastprivate、default、reduction、ordered、schedule 和 nowait。其中，子句 schedule 用于设置循环迭代次数的分配策略；ordered 子句指定循环体以串行方式执行；nowait 表示线程组中的线程在并行执行完循环体相应的任务后不进行同步，如果没有，则所有并行块内的线程组在并行执行完循环后必须进行同步。指令 for 在使用过程中，应注意以下事项。

(1) 在 for 指令之后必须紧跟 for 循环体，并且 for 指令必须位于#pragma omp parallel 初始化的并行区域内，且一个 parallel 并行块内可以有多个 for 指令，但 parallel 指令和 for 指令结合时(即 parallel for 指令)，只能有一个 for 循环体。程序 5.13 为 for 指令的测试程序，从运行结果来看，循环被分配到四个不同线程中执行，执行顺序随机。

程序 5.13　测试 for 指令

```
#include"omp.h"
#include < iostream >
int main(int argc, char*argv)
{
int j = 0;
#pragma omp parallel for
for ( j = 0; j < 4; j++ )
{
printf("j = %d, ThreadId = %d/n", j, omp_get_thread_num());
}
}
```

执行后会打印出以下结果:

```
j = 0, ThreadId = 0
j = 2, ThreadId = 2
j = 1, ThreadId = 1
j = 3, ThreadId = 3
```

(2)循环必须是单入口、单出口。循环内部不允许出现能够到达循环之外的跳转语句，除非使用 exit 语句来终止整个应用程序，也不允许由外部跳转到达循环内部。

(3)对于嵌套循环，在不存在数据竞争的情况下，尽量对最外层的循环指标变量进行并行化处理，这样不需要多次重复的调用 OpenMP 调度函数来开辟和销毁线程。也不是所有的 for 循环都得使用并行，因为调度函数的时间消耗也许大于计算本身的时间消耗。

5.2.3　Schedule 子句

在并行的 for 循环中，当循环中每次迭代的计算量不相等时，如果简单地给各个线程分配相同次数的迭代，会造成各个线程计算负载不均衡，使得有些线程先执行完，有些后执行完，造成某些 CPU 核空闲，影响程序性能，如程序 5.14 所示。

程序 5.14　负载不均衡实例

```
int i, j;
int a[100][100] = {0};
for ( i =0; i < 100; i++)
{
    for( j = i; j < 100; j++ )
    {
        a[i][j] = i*j;
    }
```

```
}
```

如果将最外层循环并行化，比如使用 4 个线程，如果给每个线程平均分配 25 次循环迭代计算，显然 i=0 和 i=99 的计算量相差了 100 倍，那么各个线程间可能出现较大的负载不平衡情况。OpenMP 提供了 schedule 子句来实现任务的调度。循环体任务的调度基本原则是满足计算量均衡、避免高速缓存(cache)冲突和任务分解容易。

Schedule 子句格式为：schedule(type, [size])。其中参数 type 是指调度的类型，可以取值为 static(静态调度)，dynamic(动态调度)，guided(指导性调度)，runtime(运行时调度)四种。其中，runtime 允许在运行时确定调度类型，因此实际调度策略只有前面三种。参数 size 表示每次调度的迭代数量,必须是整数,该参数是可选的。当 type 的值是 runtime 时，不能使用该参数。下面分别详细介绍。

(1)静态调度(static)。将所有的循环迭代划分为大小相等的块，或在循环迭代次数不能整除线程数量与块大小的乘积时尽可能划分成大小相等的块。大部分编译器在没有使用 schedule 子句的时候，默认是 static 调度。static 在编译的时候就已经确定了，哪些循环由哪些线程执行。假设有 n 次循环迭代，t 个线程，那么给每个线程静态分配大约 n/t 次迭代计算。n/t 不一定是整数，因此实际分配的迭代次数可能存在差 1 的情况。在不使用 size 参数时，分配给每个线程的是 n/t 次连续的迭代，若循环次数为 10，线程数为 2，则线程 0 得到了 0～4 次连续迭代，线程 1 得到 5～9 次连续迭代。当使用 size 时，将每次给线程分配 size 次迭代。若循环次数为 10，线程数为 2，指定 size 为 2，则 0、1 次迭代分配给线程 0，2、3 次迭代分配给线程 1，以此类推。如程序 5.15 所示。

程序 5.15　静态调度实例

```
#pragma omp parallel for schedule(static)
for(i = 0; i < 10; i++ )
{
printf("i=%d, thread_id=%d/n", i, omp_get_thread_num());
}
```

运行结果如下：

```
i=0, thread_id=0
i=1, thread_id=0
i=2, thread_id=0
i=3, thread_id=0
i=4, thread_id=0
i=5, thread_id=1
i=6, thread_id=1
i=7, thread_id=1
i=8, thread_id=1
i=9, thread_id=1
```

可以看出线程 0 得到了 0～4 次连续迭代，线程 1 得到 5～9 次连续迭代。注意由于多线程执行时序的随机性，每次执行时打印的结果顺序可能存在差别。

(2) 动态调度(dynamic)。动态调度依赖于运行时的状态动态确定线程所执行的迭代，也就是线程执行完已经分配的任务后，会去领取剩余的任务(与静态调度最大的不同，每个线程完成的任务数量可能不一样)。由于线程启动和执行完的时间不确定，所以事先无法知道当前迭代被分配到哪个线程。当不使用 size 时，将迭代逐个分配到各个线程；当使用 size 时，逐个分配 size 数量的迭代给各个线程，这个用法类似静态调度。程序 5.16 为使用动态调度不带 size 参数的例子。

程序 5.16 动态调度实例

```
#pragma omp parallel for schedule(dynamic)
for(i = 0; i < 10; i++ )
{     printf("i=%d,  thread_id=%d/n",  i,  omp_get_thread_num
());   }
```

打印结果如下：

```
i=0, thread_id=0
i=1, thread_id=1
i=2, thread_id=0
i=3, thread_id=1
i=5, thread_id=1
i=6, thread_id=1
i=7, thread_id=1
i=8, thread_id=1
i=4, thread_id=0
i=9, thread_id=1
```

当动态调度使用 size 参数时：

```
#pragma omp parallel for schedule(dynamic, 2)
for(i = 0; i < 10; i++ )
{
     printf("i=%d,  thread_id=%d/n",  i,  omp_get_thread_num
());
}
```

运行结果如下：

```
i=0, thread_id=0
i=1, thread_id=0
i=4, thread_id=0
i=2, thread_id=1
i=5, thread_id=0
```

```
i=3, thread_id=1
i=6, thread_id=0
i=8, thread_id=1
i=7, thread_id=0
i=9, thread_id=1
```

从运行结果可以看出第 0、1，4、5，6、7 次迭代被分配给了线程 0，第 2、3，8、9 次迭代则分配给了线程 1，每次分配的迭代次数为 2。

(3) 指导性调度(guided)。采用启发式调度方法进行调度，每次分配给线程迭代次数不同，开始比较大，以后逐渐减小。开始时每个线程会分配到较大的迭代块，之后分配到的迭代块会逐渐递减。迭代块的大小会按指数级下降到指定的 size 大小，如果没有指定 size 参数，那么迭代块大小最小会降到 1。size 表示每次分配的迭代次数的最小值，由于每次分配的迭代次数会逐渐减少，少到 size 时，将不再减少，如程序 5.17 所示。具体采用哪一种启发式算法，需要参考具体的编译器和相关手册的信息。

程序 5.17　指导性调度实例

```
#pragma omp parallel for schedule(guided,2)
for(i = 0; i < 10; i++ )
{      printf("i=%d,  thread_id=%d/n",  i,  omp_get_thread_num
());   }
```

运行结果如下：

```
i=0, thread_id=0
i=1, thread_id=0
i=2, thread_id=0
i=3, thread_id=0
i=4, thread_id=0
i=8, thread_id=0
i=9, thread_id=0
i=5, thread_id=1
i=6, thread_id=1
i=7, thread_id=1
```

由程序 5.17 运行结果可知，第 0、1、2、3、4 次迭代被分配给线程 0，第 5、6、7 次迭代被分配给线程 1，第 8、9 次迭代被分配给线程 0，分配的迭代次数呈递减趋势，最后一次递减到 2 次。

(4) 运行时调度(runtime)。runtime 调度并不是和前面三种调度方式似的真实调度方式，它是在运行时根据环境变量 omp_schedule 来确定调度类型，最终使用的调度类型仍然是上述三种调度方式中的某种。

5.2.4 Sections 指令

除了循环结构可以进行并行之外，分段并行(sections)是另外一种有效的并行执行方法。它主要用于非循环程序代码的并行，如果一个程序分为多个任务，后面的任务不依赖前面的计算任务，即它们之间不存在相互依赖的关系，就可以将不同的子任务分配给不同的线程去执行。Section 语句是用在 sections 指令结构里用来将 sections 结构里的代码划分成几个不同的段，每段都并行执行。语法格式如图 5.3 所示。

```
#pragma omp sections [子句1],[子句2],[…] [new-line]
                private(变量列表)
                firstprivate/lastprivate(变量列表)
                reduction(运算符:变量列表)
                nowait
{
    #pragma omp section
    程序任务1
    #pragma omp section
    程序任务2
}
```

图 5.3　Sections 指令使用方法

Sections 指令结构块内的各个 section 里的代码都是并行执行的，并且各个 section 被分配到不同的线程执行。使用 sections 语句时，需要注意的是这种方式需要保证各个 section 里的代码执行时间相差不大，否则某个 section 执行时间比其他 section 过长就达不到并行执行的效果了。用 for 指令来分摊是由系统自动进行，只要每次循环间没有时间上的差距，那么分摊是很均匀的，使用 section 来划分线程是一种手工划分线程的方式。跟 for 指令一样，section 内部不允许出现能够到达 section 之外的跳转语句和从外部语句到达 section 内部，如果 sections 指令没有 nowait 子句，则在 sections 指令结束时会有一个隐藏的栅障(barrier)。sections 指令的例子代码如程序 5.18 所示。

程序 5.18　测试 sections 指令实例 1

```
#include"omp·h"
# include<iostream>
void main(int argc, char *argv)
{
    #pragma omp parallel sections {
    #pragma omp section num_threads(4)
      printf("section 1 ThreadId = %d\n", omp_get_thread_num
());
    #pragma omp section
      printf("section 2 ThreadId = %d\n", omp_get_thread_
```

```
num());
      #pragma omp section
       printf("section 3 ThreadId = %d\n", omp_get_thread_num
());
      #pragma omp section
       printf("section 4 ThreadId = %d\n", omp_get_thread_num
());
   }
```

运行结果如下：

```
section 1 ThreadId = 0
section 2 ThreadId = 2
section 4 ThreadId = 3
section 3 ThreadId = 1
```

从结果中可以发现第4段代码执行比第3段代码早，说明各个section里的代码都是并行执行的，并且各个section被分配到不同的线程执行。程序5.18也可以改写成程序5.19。

程序 5.19　测试 section 指令实例 2

```
#include"omp·h"
# include<iostream>
void main(int argc, char *argv)
{
   #pragma omp parallel {
     #pragma omp sections num_threads(4)
     {
        #pragma omp section
         printf("section 1 ThreadId = %d\n", omp_get_thread_
num());
        #pragma omp section
         printf("section 2 ThreadId = %d\n", omp_get_thread_
num());
     }
     #pragma omp sections num_threads(4)
     {
         #pragma omp section
          printf("section 3 ThreadId = %d\n", omp_get_thread_
                num());
         #pragma omp section
          printf("section 4 ThreadId = %d\n", omp_get_thread_
```

```
                    num());
        }
    }
```

运行结果如下：

```
section 1 ThreadId = 0
section 2 ThreadId = 3
section 3 ThreadId = 3
section 4 ThreadId = 1
```

以上两个程序的执行方式的区别是，两个 sections 语句是串行执行的，即第二个 sections 语句里的代码要等第一个 sections 语句里的代码执行完后才能执行。值得注意的是，虽然开辟了四个线程，但线程 2 没有分配到任务。

5.2.5 Single 指令

在程序任务中，有时需要在并行计算区域内某个计算任务串行执行，以防止数据的冲突(如文件的 I/O 操作等)。在 single 指令对应的程序任务块，只分配一个线程串行的执行，这个线程并不一定是主线程，并行块内的其他线程都会跳过 single 程序块内的计算任务，在 single 指令块的结束部分进行同步。其语法格式如图 5.4 所示。

```
#pragma omp single [子句1],[子句2],[…] [new-line]
                private(变量列表)
                firstprivate (变量列表)
                copyprivate(运算符:变量列表)
                nowait
{
    程序任务
}
```

图 5.4　Single 指令使用方法

Single 指令的可选项可以在 private 和 firstprivate 这两个子句中选择，nowait 和 copyprivate 子句在 single 结构结束处起作用。如果有 nowait，则线程组中的其他线程在 single 结构后不进行同步。Copyprivate 在 single 结构结束处将执行计算任务的线程私有变量广播给执行 single 结构的其他线程，因此 copyprivate 一般只能跟 single 结构联用。跟 for 指令一样，single 结构块内部不允许出现能够到达 single 之外的跳转语句和从外部语句到达 single 内部。

5.3 同步管理

在多线程编程中，线程间的同步资源访问是一个常见问题。当两个或多个线程同时访问同一个内存区域时，必须考虑到不同的线程对同一个变量进行读写访问引起的数据竞争问题。例如，一个线程可能正在更新某个变量的内容，而另一个线程正在读取同一个变量的内容。如果线程间没有互斥机制，则不同线程对同一变量的访问顺序是不确定的，有可能导致错误的执行结果。因此，在多线程并行执行的情形下，程序必须具备必要的线程同步机制或者对线程的执行顺序进行控制，才能保证结果的正确性。OpenMP 中有两种不同类型的线程同步机制，一种是互斥锁机制，一种是事件同步机制。

互斥锁机制的设计思路是对一块共享的存储空间进行保护，保证任何时候最多只能有一个线程对这块存储空间进行访问，从而保证数据的完整性，这块存储空间称为“临界区”。可以通过 critical、atomic 等指导指令及 OpenMP 函数库中的互斥函数来实现。

事件同步机制的设计思路是控制线程的执行顺序，可以通过设置 barrier 同步栅障、ordered 定序区段、matser 主线程执行、nowait、sections、single 指令来实现。

5.3.1 Critical 指令

Critical(临界块操作)指令用于对存在数据竞争的变量所在的代码区域前插入相应的临界块操作语句，critical 指令包含的代码块成为临界块，在执行临界块代码前，线程必须获得临界块的控制权，这样通过编译指导语句保护存在数据竞争的变量。Critical 结构的特性规定了同一时间内只允许一个线程执行临界块内的代码，其他线程必须进行排队依次执行 critical 结构，如果某个线程到达 critical 时，有线程正在占用 critical 临界块，那么它会被阻塞(排队等待)，直到目前正在执行临界块代码的线程完成。因此 critical 指令无法嵌套使用，也不允许出现结构外的跳转语句结构。使用 critical 定义临界区的格式如下：

```
#pragma omp critical(名称)
{
需要被保护的代码块
}
```

程序 5.20 为测试 critical 指令的示例，0～999 的加法求和程序，若不加 critical 语句，则多个线程同时执行 sum+=i 语句。比如在某个时刻 sum 的值为 5050，此时有多个线程都获得了 sum 的初始值 5050，然后都执行加法运算并添加到 sum 值返回，当同时多个线程执行时，只有最后一个线程返回的 sum 值会被存储起来，这样就会出现有的线程虽然执行了加法计算，但没有被记录。所以，加上 critical 之后可以保证每次执行结果总是正确的，值为 49995000，但如果不加 critical 语句，结果可能不确定。

程序 5.20　测试 critical 指令

```
#include<iostream>
#include"omp.h"
using namespace std;
void main(int argc,char*argv)
```

```
{
      int sum = 0;
      #pragma omp parallel for
      for (int i = 0; i < 10000; i++)
      {
              #pragma omp critical
              {
                  sum += i;
              }
      }
      cout << sum << endl;
}
```

5.3.2 Atomic 指令

Atomic(原子操作)指令是指操作的不可分性，也就是说在同一时间由 atomic 指令规定的语句每次只能有一个线程进行操作，在执行过程中是不会被打断的。因此，通过这种方式能够完成对单一内存单元的更新,从而提供一种更高效率的互斥锁机制。与 critical 指令可以定义一个任意大小的代码块作为临界区保护不同，atomic 原子操作应用在单条赋值语句中，原子操作可以更好地被编译器优化，系统开销更小，执行速度快。当对一个数据进行原子操作保护时，就不能对数据所在程序代码进行临界块的保护，这是因为原子操作保护和临界块保护是两种完全不同的保护机制，OpenMP 运行过程中无法在这两种机制间建立配合机制。利用 atomic 指令可以将程序 5.20 修改为程序 5.21，实现效果一样，但执行效率更高。

程序 5.21　测试 atomic 指令

```
#include<iostream>
#include"omp.h"
using namespace std;
void main(int argc, char*argv)
{
     int sum = 0;
     #pragma omp parallel for
     for (int i = 0; i < 10000; i++)
     {
       {
               #pragma omp atomic
               sum += i;
```

```
        }
    }
    cout << sum << endl;
}
```

5.3.3 Barrier 指令

如果程序代码的后面与前面存在依赖时，为了避免由并行计算的多线程产生数据竞争或者访问冲突，可加入同步机制。Barrier 是 OpenMP 中线程同步的一种方法，在多线程代码块中插入 barrier，则先完成计算任务的线程到达此处会等待，直到最后一个线程也完成了计算任务，然后继续往下执行。Barrier 相当于设置了一个线程的集合点，所有线程都到达之后才能继续往下执行。Barrier 指令是一个时间消耗很大的栅障，如果大量使用会导致计算速度的急剧下降，因此在程序中应尽量避免 barrier 指令的使用。另外，OpenMP 的许多指令(如 parallel,for,sections,critical,single 等)自身都带有隐含的 barrier，除非采用 nowait 子句进行了声明。因此，如何合理的使用 nowait 需要根据程序代码的特性进行区分，必要的时候可以在程序中加入显式的 barrier。程序 5.22 是一个必要的显式 barrier 声明例子。

程序 5.22　测试 barrier 指令

```
#include<iostream>
#include"omp.h"
using namespace std;
int sum = 0;
void Initialization()
{
     for (int i = 0; i < 5; i++)
     {
          sum += i;
     }
}
int main(int argc, char*argv)
{
     #pragma omp parallel num_threads(4)
     {
         Initialization();
         #pragma omp barrier
         printf("i=%d, thread_id=%d\n", sum, omp_get_thread_
             num());
```

```
        }
    }
```

以上程序输出结果显示所有线程的 sum 变量值都是 40，如果没有添加 barrier，有的线程还没有执行完，不同的线程可能同时访问 sum 变量，存在数据竞争问题，导致输出的 sum 结果值不确定。

5.3.4 Ordered 指令

Ordered 指令要求在循环 for 区域内代码的执行需要按循环迭代的顺序执行。比如在一个循环中，一部分的工作可以并行执行，而特定的部分需要按照串行的工作流程依次执行，而且特定部分工作需要等待前面的工作全部完成以后才能够正确执行。在任意时刻，只允许一个线程执行 ordered 结构内代码，且一个 for 循环内部只能出现一次 ordered 指令。

程序 5.23 为测试 ordered 指令的程序，ordered 指令必须绑定到 for 指令中，且在 for 循环中需要对按顺序执行的代码块进行 ordered 指令的调用，且在 for 循环中只能出现一次 ordered 指令。

程序 5.23　测试 ordered 指令

```
#include<iostream>
#include"omp.h"
using namespace std;
intmain(int argc,char*argv)
{
    #pragma omp parallel for ordered
    for (int i = 0; i < 5; i++)
    {
        #pragma omp ordered
       printf("i=%d, thread_id=%d\n", i, omp_get_thread_ num());
    }
 }
```

从运行结果来看，输出是按照 *i* 从小到大的次序依次执行的，如果不加 ordered，输出结果是无序的。

5.3.5 Master 指令

Master 指令要求主线程去执行接下来的代码块或者某一语句，这个代码块虽然位于 parallel 的并行域中，但是并不会被多个线程执行，主线程外其他线程直接越过。master 指令和 single 指令很类似，但 master 指令没有隐含的栅障，且 master 要求的是主线程执行代码块，而 single 指令是任意一个线程，且有栅障在 single 指令结束处。程序 5.24 为测试 master 和 single 指令的程序。

程序 5.24　测试 master 和 single 指令

```
#include<iostream>
#include"omp.h"
using namespace std;
void main(int argc,char*argv)
{
    #pragma omp parallel
    {
        #pragma omp master\\改为 single 指令后为开辟的线程组里某一个
                线程执行 for 循环
        for (int i = 0; i<5; i++)
        {
          printf("i=%d, thread_id=%d\n", i, omp_get_thread_
                num());
        }
     }
}
```

5.3.6　Flush 指令

Flush 指令标识一个同步点，在该点上 list 中的变量都要被写回内存，而不是暂存在寄存器中，这样保证多线程数据的一致性。 主要解决多个线程之间的共享变量的一致性问题。用法:

flush[(list)]

该指令将列表中的变量执行 flush 操作，直到所有变量都已完成相关操作后才返回，保证了后续变量访问的一致性。由于线程将共享变量更新后，其值可能暂存在寄存器中，并没有写到变量所在内存中，这样会导致其他线程不知道该更新而使用共享变量的旧值进行运算，可能会得到错误的结果。通过使用 flush 指令，要求相应的变量值刷新到内存中，从而保证线程读取到共享变量的最新值。通常，barrier、parallel、critical、ordered、 for 、sections、 single 指令都隐含 flush 操作。

5.4　常用库函数

5.4.1　运行时库函数

编译指导语句是在程序编译阶段通过添加相关的预编译代码告诉编译器进行并行处

理，对于运行阶段则支持较少。另外一种提供 OpenMP 并行功能的形式就是 OpenMP 的运行时库函数，它用于设置和获取运行环境的相关信息。要使用运行时库函数所包含的库函数，必须在相应的源文件中包含头文件“omp. h”。OpenMP 库函数类似于相应编程语言内部的函数调用，因此在没有库支持的编译器上就无法正确识别 OpenMP 程序，这是库函数与编译指导语句不同的地方。表 5.2 为常用的 OpenMP 运行时库函数，这些函数的使用方法请查阅相关帮助文档或这些函数的源代码。

表 5.2　运行时库函数

库函数	功能
omp_set_num_threads	设置在下一个并行区域中使用的线程数
omp_get_num_threads	返回当前处于执行调用的并行区域中的线程数
omp_get_max_threads	返回调用 omp_get_num_threads 函数可以返回的最大值
omp_get_thread_num	返回组内线程的线程号(译注：不要和线程总数搞混)
omp_get_thread_limit	返回可用于程序的最大 OpenMP 线程数
omp_get_num_procs	返回程序可用的处理器数
omp_in_parallel	用于确定正在执行的代码是否是并行的
omp_set_dynamic	启动或者禁用可执行并行区域的线程数(由运行时系统)的动态调整
omp_get_dynamic	用于确定是否启动了动态线程调整
omp_set_nested	用于启用或者禁用嵌套并行
omp_get_nested	用于确定嵌套并行是否被弃用
omp_set_schedule	当“运行时”被用作 OpenMP 指令中的调度类型时，设置循环调度策略
omp_get_schedule	当“运行时”被用作 OpenMP 指令中的调度类型时，返回循环调度策略
omp_set_max_active_levels	设置嵌套并行区域的最大数量
omp_get_max_active_levels	返回嵌套并行区域的最大数量
omp_get_level	返回嵌套并行区域的最大数量
omp_get_ancestor_thread_num	给定当前线程的嵌套级别，返回其祖先线程的线程号
omp_get_team_size	给定当前线程的嵌套级别，返回其线程组的大小
omp_get_active_level	返回包含调用任务的嵌套活动并行区域的数量
omp_in_final	如果在最终任务区域中执行该例程，则返回 true；否则返回 false

5.4.2　锁管理

在多任务操作系统中，同时运行的多个任务可能都需要使用同一种资源。例如，公司部门里，有人在使用打印机打印东西的同时(还没有打印完)，还有人刚好也在此刻使用打印机打印东西，如果不做任何处理，打印出来的东西肯定是错乱的。在 OpenMP 线程编程中肯定也会涉及线程之间的资源共享问题，可以使用互斥锁来管理线程的执行，即只有获得互斥锁的线程可以执行，其他线程阻塞。互斥锁是一种简单的加锁方法，用来控制对共享资源的访问。互斥锁只有两种状态，即上锁(lock)和解锁(unlock)。互斥锁的操作流程如下。

(1) 在访问共享资源后临界区域前，对互斥锁进行加锁。

(2) 在访问完成后释放互斥锁导上的锁。

(3) 对互斥锁进行加锁后，任何其他试图再次对互斥锁加锁的线程将会被阻塞，直到锁被释放。表 5.3 为 OpenMP 提供的常用锁管理函数。它提供的互斥函数可放在任意需要的位置，程序员必须自己保证在调用相应锁操作之后释放相应的锁，否则就可能造成多线程程序的死锁。

表 5.3　OpenMP 常用锁管理函数

void omp_init_lock(omp_lock_t *lock)	初始化一个简单锁
void omp_set_lock(omp_lock_t *lock)	简单锁加锁操作
int omp_test_lock(omp_lock_t *lock)	如果简单锁已经成功设置，则返回真
void omp_unset_lock(omp_lock_t *lock)	简单锁解锁操作
void omp_destroy_lock(omp_lock_t *lock)	销毁简单锁并释放内存
void omp_init_nest_lock(omp_nest_lock_t *lock)	初始化一个嵌套锁
void omp_set_nest_lock(omp_nest_lock_t *lock)	嵌套锁加锁操作。执行该函数的线程阻塞等待加锁完成，锁计数加 1
void omp_test_nest_lock(omp_nest_lock_t *lock)	如果嵌套锁已经成功设置，则返回当前锁计算器的新值，否则返回 0
void omp_unset_nest_lock(omp_nest_lock_t *lock)	嵌套锁解锁操作
void omp_destroy_nest_lock(omp_nest_lock_t *lock)	销毁嵌套锁并释放内存

程序 5.25　互斥锁管理函数

```
#include <iostream>
#include <omp.h>
static omp_lock_t lock;
int main(int argc,char*argv)
{
    omp_init_lock(&lock); //初始化互斥锁
    #pragma omp parallel for
    for(int i = 0; i < 5; ++i)
    {
        omp_set_lock(&lock);   //获得互斥器
        std::cout  <<  omp_get_thread_num()<<   "+"   <<
std::endl;
        std::cout  <<  omp_get_thread_num()<<   "-"   <<
std::endl;
        omp_unset_lock(&lock); //释放互斥器
    }
    omp_destroy_lock(&lock);  //销毁互斥器
```

```
        return 0;
}
```

运行结果为

```
1+
1-
0+
0-
2+
2-
4+
4-
3+
3-
```

程序 5.25 为测试互斥锁的程序，通过对 for 循环中的所有内容进行加锁保护，使得同一个时刻只能有一个线程执行 for 循环中的内容。从结果可以看出，线程 1 或线程 2 在执行 for 循环内部代码时不会被其他线程打断。如果删除代码中的获得锁释放锁的代码，则相当于没有互斥锁，同一时刻所有线程执行 for 循环中每个线程执行自己分配到的任务，则打印结果是混乱的。

5.4.3 环境变量

OpenMP 在 Windows 环境下比较容易实现，只需在 VS 集成平台的项目属性中进行配置预定义变量即可；同时也可以在 Windows 系统中设置环境变量，例如，设置线程数目可以采用：我的电脑 -> 属性 -> 高级 -> 环境变量，新建一个 omp_num_threads 变量，值设为 2，即为程序执行的线程数。常用环境变量如表 5.4 所示。

表 5.4 OpenMP 常用环境变量

omp_dynamic	启用或者禁用并行执行区域的线程的动态调整，如 set omp_dynamic = false
omp_schedule	设置 parallel for 指令中的运行时调度类型，缺省值为 static，如 set omp_schedule=static, 2
omp_threads	设置在并行执行区域内使用的线程数目，如 set omp_threads=8
omp_nested	启用或禁用嵌套的并行性，缺省值为 false，如 set omp_nested=false
omp_stacksize	为 OpenMP 创建的线程设置栈的大小，其值为正整数后面带 B/K /M/G 等，表示字节大小，如 set omp_stacksize=20M
omp_wait_policy	设置正在等待的线程所需的策略：active 或 passive。active 表示线程等待时会占用处理器时间，passive 表示线程等待时处理机休眠
omp_proc_bind	设置线程与处理器核心一对一绑定，避免线程在不同处理器间切换，如 set omp_proc_bind=true

第 6 章　OpenMP 实例

本章主要通过几个 OpenMP 实例来加深读者对 OpenMP 的理解。

6.1　循环实例

循环是程序设计过程中最常见的结构，在 C/C++语言中，for 循环最为常见，也最容易开展 OpenMP 并行程序设计。理论上若不同迭代变量对应的程序语句块没有相关性，则开辟的线程越多并行效率越高，然而在实际程序执行中，OpenMP 语句开辟线程和变量的管理等都会花费较大的资源，若并行部分计算量不大，当开辟线程数少时会有一定的效率提升，当开辟更多线程时，计算效率有可能会下降。程序 6.1 为循环的实例，首先定义一个空跑 80000 次循环的 test 函数，在主程序中有一个 80000 次调用 test 函数的循环，通过 OpenMP 分别开辟 2～12 个线程来对比其并行计算效率。运行结果可见，使用 OpenMP 优化后的程序执行时间是原来的 1/8 左右，并且并不是线程数使用越多效率越高，一般线程数达到 4～8 个的时候，不能简单通过提高线程数来进一步提高效率。

程序 6.1　循环实例程序

```
#include "omp.h"
#include <iostream>
using namespace std;
//OpenMP 效率提升以及不同线程数效率对比
void test()
{
    for (int i = 0; i < 80000; i++)
    {   // 空跑 80000 次循环
    }
}
void main()
{
    float startTime = omp_get_wtime();
//指定两个线程
    #pragma omp parallel for num_threads(2)
    for (int i = 0; i < 80000; i++)
```

```
        {   test( );  }
        float endTime = omp_get_wtime();
        printf("指定 2 个线程，执行时间：%f\n", endTime - startTime);
        startTime = endTime;
    //指定 4 个线程
        #pragma omp parallel for num_threads(4)
        for (int i = 0; i < 80000; i++)
        {   test( );  }
        endTime = omp_get_wtime();
        printf("指定 4 个线程，执行时间：%f\n", endTime - startTime);
        startTime = endTime;
    //指定 8 个线程
    #pragma omp parallel for num_threads(8)
        for (int i = 0; i < 80000; i++)
        {   test( );   }
        endTime = omp_get_wtime();
        printf("指定 8 个线程，执行时间：%f\n", endTime - startTime);
        startTime = endTime;
    //指定 12 个线程
       #pragma omp parallel for num_threads(12)
       for (int i = 0; i < 80000; i++)
       {   test( ); }
       endTime = omp_get_wtime();
       printf("指定 12 个线程，执行时间：%f\n", endTime - startTime);
       startTime = endTime;
    //不使用 OpenMP
       for (int i = 0; i < 80000; i++)
       {   test( ); }
       endTime = omp_get_wtime();
       printf("不使用 OpenMP 多线程，执行时间： %f\n",  endTime  -
startTime);
       startTime = endTime;
    }
```

执行结果为

指定 2 个线程，执行时间：6.187500

指定 4 个线程，执行时间：3.005859

指定 8 个线程，执行时间：1.695313

指定 12 个线程，执行时间：1.851563

不使用 OpenMP 多线程，执行时间：12.279297

6.2 并行程序的优化

利用积分法计算π值是一个非常适合并行处理的例子，本节就以此例子说明 OpenMP 同步机制的选择及并行程序的优化方法与思路。π值的计算可以采用数值积分方法，在数学上等同于求区间[0,1]范围内函数曲线 $\frac{4}{1+x^2}$ 的面积(图 2.1)。为此，将区间[0,1]划分成 N 个等间隔的子区间，每个子区间的宽度为 $1/N$；然后计算出各个子区间中点处的函数值；再将各个子区间的面积相加，就可以计算出 π 的近似值。从计算量来算，N 值越大，π值越精确，但计算时间也就越长。具体公式为

$$\pi=\int_0^1\frac{4}{1+x^2}\mathrm{d}x\approx\sum_{0\leqslant i\leqslant N}\frac{4}{1+\left(\frac{i+0.5}{N}\right)^2}\cdot\frac{1}{N}$$

上述算法的串行 C 语言代码见程序 6.2，除了一个除法和一个赋值外，计算几乎完全消耗在 for 循环。如果能够将其并行化，那么获得的加速将会相当可观。我们可以采用 OpenMP 对程序 6.2 进行并行加速，但是程序里面涉及变量的累加，若直接运行可能存在数据的竞争问题，通常可以采用临界区、原子操作、规约操作等对程序代码进行优化。

程序 6.2　计算π值串行程序

```
#include <iostream>
#include "omp.h"
#define N 1000000
int main(int argc, char *argv)
{
    double sum = 0.0;
    double temp;
    for(int i = 0; i < N; i++)
{
        temp= (i+0.5)/ N;
        sum+=4/(1+temp*temp);
}
printf("pi is% f\n", sum / N);
}
```

6.2.1 临界区实现

从程序 6.2 可以看出，计算π的程序进行并行处理的障碍在对变量 sum 的更新上，每个线程需要使用变量 sum 并把计算结果累加到其值上，容易引起线程的访问冲突，因此最简单的办法就是使用临界区保护对应代码。修改后实现如程序 6.3 所示。

程序 6.3 计算π值并行程序

```
#include <iostream>
#include "omp.h"
#define N 1000000
#define NUM_THREADS 8
int main(int argc, char *argv)
{
    double sum = 0.0;
    double temp;
    #pragma omp parallel for shared(sum)
    for (int i = 0; i < N; i++)
    {
    temp = (i + 0.5) / N;
    #pragma omp critical
    sum += 4 / (1 + temp*temp);
}
printf("pi is% f\n", sum / N);
return 0;
}
```

由于使用临界区导致多线程串行执行的时间长，程序 6.3 的性能通常会比串行还慢。通过分析程序 6.3 可以看出，需要使用临界区保护的只是对 sum 变量的更新，而计算时不用放到临界区里面的，故将其转移到临界区外会更好，以减少总的串行执行的代码。程序 6.4 是一个优化版本，主要要点是尽量减少临界区的代码量。

程序 6.4 计算π值并行程序优化版

```
#include <iostream>
#include "omp.h"
#define N 1000000
#define NUM_THREADS 8
int main(int argc, char *argv)
{
    double sum = 0.0;
    double temp;
    #pragma omp parallel for shared(sum)
    for (int i = 0; i < N; i++)
    {
         temp = (i + 0.5) / N;
```

```
        temp = 4 / (1 + temp*temp);
        #pragma omp critical
        sum +=temp;
    }
    printf("pi is% f\n", sum / N);
    return 0;
}
```

6.2.2 原子操作实现

实际上程序 6.4 的循环内只对变量 sum 进行了加法运算，从第 5 章的知识我们可知原子操作是 OpenMP 中性能更好的互斥访问方式，且原子操作是支持加法运算的，故可以使用 OpenMP 支持的原子操作进一步提升性能。如程序 6.5 所示。

程序 6.5　计算π值并行程序的原子操作实现代码

```
#include <iostream>
#include "omp.h"
#define N 1000000
#define NUM_THREADS 8
int main(int argc, char *argv)
{
    double sum = 0.0;
    double temp;
    #pragma omp parallel for shared(sum)
    for (int i = 0; i < N; i++)
    {
        temp = (i + 0.5) / N;
        temp = 4 / (1 + temp*temp);
        #pragma omp atomic
        sum += temp;
    }
    printf("pi is% f\n", sum / N);
    return 0;
}
```

6.2.3 归约实现

无论是临界区，还是原子操作，都会导致多线程之间的等待，从而损害程序性能。实际上从代码来看，多个线程对 sum 的更新满足归约模式，故使用 OpenMP 中的归约语句会是更好的选择。使用归约操作无须线程之间相互等待，因此应该能够提升其性能，如程序 6.6 所示。需要注意在 reduction 声明的变量及操作时默认变量列表的变量为共享变量，所以不需要进行 shared 声明，归约完全去掉了对共享变量 sum 的互斥访问，故性能应当比原子操作版本更优。

程序 6.6　计算π值并行程序的归约操作实现代码

```
#include <iostream>
#include "omp.h"
#define N 1000000
#define NUM_THREADS 8
int main(int argc, char *argv)
{
    double sum = 0.0;
    double temp;
    #pragma omp parallel for reduction(+:sum)
    for (int i = 0; i < N; i++)
    {
         temp = (i + 0.5) / N;
         temp = 4 / (1 + temp*temp);
         sum += temp;
    }
    printf("pi is% f\n", sum / N);
    return 0;
}
```

6.3　快速排序并行算法

排序算法是计算机科学、模式识别、人工智能、商业服务、高性能计算和大数据等领域最常用的知识。基于排序算法的重要性，科研工作者不断在实践中开发出各种各样的排序算法。但是，由于各个排序算法的时间复杂度、空间复杂度和稳定性的不同与限制，其使用范围有所不同。随着计算机应用与发展的领域越来越广，再加上计算机硬件的速度和存储空间的局限性，怎样提高计算机性能并节省存储空间逐渐成为高性能计算发展的方向。排序算法的选择恰当与否直接影响程序的执行效率和内外存储空间的占用量，从而影响整个软件的性能。OpenMP 能够很好地实现排序算法的并行化设计，以此提高排序算法的计算效率，而快速排序是排序算法中一种重要的排序方法。快速排序的基本思想是：通过一趟快速排序将要排序的数据分割成独立的两部分，其中一部分的所有数据都比另外一部分的所有数据要小，然后再按照此方法对这两部分数据分别进行快速排序，逐次递归执行直到完成所有数据的比较，实现过程可参考程序 6.7。

程序 6.7　快速排序并行算法

```
#include <stdio.h>
#include <stdlib.h>
#include <time.h>
#include "omp.h"
//int count=0;
void swap(int &a, int &b)//
{    int x;
     x = a;
     a = b;
     b = x;
}
int randint(int a,int b)
{    int e=0;
     e = b-a;
     return rand()% e + a;
}
void quicksort(int *A,int l, int u)
{    int i, m, k;
if (l >= u)return;
// k=randint(l, u);//
// swap(A[l],A[k]);//实现了随机化
m = l;
for (i = l+1; i <= u; i++)
if (A[i] < A[l])/*不管是选第一个元素作为 pivot 还是最后一个作为 pivot，假如我们想得到的是从小到大的序列，那么最坏的输入情况就是从大到小的；如果我们想得到从大到小的序列，那个最坏的输入情况就是从小到大的序列*/
swap(A[++m], A[i]);
swap(A[l], A[m]);
// count += u-l;//用于统计比较次数
quicksort(A,l, m-1);
quicksort(A,m+1, u);
}
void main(int argc, char *argv)
```

```
{   omp_set_num_threads(2);  //--------设置线程数为2，因为是双核的CPU
    int j=50000,k=0,i=0;
    int m=0, n=0;
    clock_t begin, end;
    double cost;
    srand((unsigned)time( NULL ));
    int len=50000;
    int short_len=len/2;
    int B[50000],C[25000],D[25000];//将B分为两个小数组，并行的对他们调用快速排序算法
    #pragma omp parallel default(none)shared(B,len)private(i)//---这个for循环是并行的
    {   #pragma omp for
        for(i=0;i<len;i++)
        {   B[i]=j--;//初始化B[]数组    }
    }
    begin = clock();//----------------计时开始点
    #pragma omp parallel default(none)shared(B,C,D,short_len) private(i)//---这个for循环是并行的
    {   #pragma omp for
        for(i=0;i<short_len;i++)//---这个for循环是并行的
      {   C[i]=B[i];//将B[]的前25000个数放入C[]
          D[i]=B[i+25000];//将B[]的后25000个数放入D[]
      }
      }
      #pragma omp parallel default(none)shared(C,D,short_len)//private(i)------快速排序的并行region
      {
            #pragma omp parallel sections
            {
                #pragma omp section
                quicksort(C, 0, short_len-1);//对C[]排序
                #pragma omp section
                quicksort(D, 0, short_len-1);//对D[]排序
            }
      }
      printf("/n");
      // begin = clock();
```

```
for(;k<len;k++)//----------将C[]和D[]进行归并排序放入B[]里面
{
    //if(C[k]<D[k])
    if(m<short_len && n<short_len)
    {
        if(C[n]<=D[m])
        {
            B[k] = C[n];
            n++;
        }
        else
        {
            B[k]=D[m];
            m++;
        }
      }
     if(m==short_len || n==short_len)
     {
        if(m==short_len)  B[k]=D[m];
        else  B[k]=C[n-1];
        k+=1;
        break;
     }
    }
    if(/*m==short_len &&*/ n<short_len)
    {
        int tem=short_len-n;
        for(int p=0;p<tem;p++)
        {
                B[k]=C[n];
                n++;
                k++;
        }
    }
    else if(/*n==short_len &&*/ m<short_len)
    {
        int tem=short_len-m;
        for(int q=0;q<tem;q++)
```

```
        {
            B[k]=D[m];
            m++;
            k++;
        }
    }//----------------------------归并算法结束
    end = clock();//----------------计时结束点
    cost = (double)(end - begin)/ CLOCKS_PER_SEC;
    printf("%lf seconds/n", cost);//输出运行 interval
    system("pause");
}
```

第三篇　MPI并行程序设计

本篇主要介绍MPI并行程序的设计思路与方法。重点介绍了MPI的通信调用，MPI的通信分为点对点通信和组通信两种，点对点通信是指只有两个进程参与的通信(一方发送，另一方接收)，组通信是指要求指定通信域中所有进程都必须参加的通信，两者具有不同的通信上下文，互不干涉。

通过点对点通信部分的学习，读者可以掌握MPI消息、阻塞通信、非阻塞通信、对等模式并行程序、主从模式MPI并行程序、MPI的四种通信模式及如何设计安全的MPI并行程序等重要概念和方法，还可以掌握许多MPI的通信调用接口。通过这些内容的学习，读者可以编写出基本的MPI并行程序。

通过对组通信部分的学习，读者可以掌握8个组内消息传递调用、1个组内同步调用和4个组内计算调用，能够在程序设计过程中通过组通信调用提高并行程序的执行效率。本篇还介绍了MPI并行程序设计过程中不连续数的发送与接收方法、进程组和通信域的管理方法，这些方法的掌握能让读者编写出更复杂高效的并行程序。第8章给出了MPI的安装与并行环境设置方法，读者可据此下载并安装MPI软件包进行练习。第16章简要介绍了MPI-2中的一些新特性，包括动态进程管理、远程存储访问和并行I/O等，这为读者进一步深入学习MPI-2提供了基础。

第 7 章　MPI 编程基础

7.1　MPI 简介

7.1.1　MPI 的含义

MPI（message passing interface）是一个信息传递应用程序接口，是一种基于消息传递模型的并行编程工具，是一个跨语言的通信协议。MPI 的含义一般包括三个方面：①MPI 是一个库而不是一门语言，MPI 不能独立使用，它必须和特定的串行语言结合起来才能使用。但按照并行语言的分类可以把 Fortran+MPI 或 C+MPI 看作是一种在原来串行语言基础之上扩展后得到的并行语言。MPI 库可以被 C，C++，Fortran77，Fortran90，C#，Java 或者 Python 调用，从语法上说它遵守所有对库函数/过程的调用规则，和一般的函数或过程没有区别。②MPI 是一种标准或规范的代表而不特指某一个对它的具体实现。③MPI 是一种消息传递编程模型，并成为这种编程模型的代表和事实上的标准。MPI 虽然很庞大，但其最终目的是服务于进程间通信这一目标。

7.1.2　MPI 的目标

MPI 为自己制定了一个雄心勃勃的目标，概括起来主要包括三个方面：较高的通信性能；较好的程序可移植性；强大的功能。具体为：①提供应用程序编程接口；②提高通信效率，措施包括避免存储器到存储器的多次重复拷贝，允许计算和通信的重叠等；③可在异构环境下提供实现；④提供的接口可以方便 C 语言和 Fortran 77 的调用；⑤提供可靠的通信接口，用户不必处理通信失败；⑥定义的接口和现在已有接口（如 PVM、NX、Express、p4 等）差别不能太大，但是允许扩展以提供更大的灵活性；⑦定义的接口能在基本的通信和系统软件无重大改变时，在许多并行计算机生产商的平台上实现。接口的语义是独立于语言的；⑧接口设计应是线程安全的（允许一个接口同时被多个线程调用）。

MPI 提供了一种与语言和平台无关，可以被广泛使用的编写消息传递程序的标准，用它来编写消息传递程序，不仅实用、可移植、高效和灵活，而且和已有的实现没有太大的变化。

7.1.3　MPI 的产生

无论是共享存储并行机还是分布存储并行机，消息传递都是得到广泛应用的一种模式，尽管在具体实现上存在区别，但通过消息传递来实现进程间信息交换的思路是相同的。因此，通过定义核心库程序的语法和语义，在各种计算机上实现消息传递有益于广大用户。这是 MPI 产生的重要原因。

MPI 的标准化开始于 1992 年 4 月 29 日至 30 日在 Virginia 的 Williamsburg 召开的分布存储环境中消息传递标准的讨论会，该会议讨论了消息传递接口的一些重要的基本特性，组建了一个制定消息传递接口标准的工作组。1992 年 11 月，由 Dongarra 等建议的初始草案推出，该草案主要定义了消息传递接口应有的基本特点，即点对点通信标准。草案没有给出组通信和线程安全等方面的内容。1993 年 1 月，第一届 MPI 会议在 Dallas 举行，1993 年 2 月公布了 MPI 修订版(MPI1.0)。之后定期召开了一系列关于 MPI 核心的研讨会。1994 年 5 月，MPI 标准正式发布，同年 7 月发布了 MPI 标准的勘误表。1997 年，MPI 论坛发布了一个修订的标准，叫作 MPI-2，同时原来的 MPI 更名为 MPI-1。

在制定 MPI 标准的过程中，标准制定者充分吸收了许多现有的消息传递系统中有吸引力的特点，而不是只取其中一种作为标准。MPI 的标准化工作来自美国和欧洲的大约 40 个组织的 60 名人员，其中包括大多数主要的并行计算机制造商，以及来自大学、政府实验室和公司的研究人员。

相对于 MPI-1，MPI-2 的扩充很多，但主要是三个方面：并行 I/O，远程存储访问和动态进程管理。1994 年发布的 MPI 标准有 129 个函数，1997 年发布的 MPI-2 标准已经超过了 200 个函数，其中最常用的有 30 多个。

7.1.4　MPI 的语言绑定

由于 MPI 是一个库而不是一门语言，因此对 MPI 的使用必须和特定的语言结合起来进行。

在 MPI-1 实现了和 Fortran77 与 C 语言的绑定，并且给出了通用接口和针对 Fortran77 与 C 的专用接口说明。Fortran90 是 Fortran 的扩充，它在表达数组运算方面有独特的优势还增加了模块等现代语言的方便开发与使用的各种特征。C++作为面向对象的高级语言，随着编译器效率和处理器速度的提高，它可以取得接近于 C 的代码效率，面向对象的编程思想已经被广为接受。因此在 MPI-2 中除了和 Fortran77 和 C 语言绑定外，还与 Fortran90 和 C++实现了绑定。目前，MPI 还实现了与 C#、Java 与 Python 的绑定。

7.1.5　目前 MPI 的主要实现

MPI 不是一个独立的自包含系统，而是建立在本地并行程序设计环境之上，其进程管理和 I/O 均由本地并行程序设计环境提供。除了商业版的 MPI 实现以外，国际上也开发了一些免费的 MPI 实现，主要包括以下几种(表 7.1)。

表 7.1　MPI 的一些实现

实现名称	研制单位	网址
MPICH	Argonne and MSU	http://www-unix.mcs.anl.gov/mpi/mpich
LAM	Ohio State University	http://www.lammpi.org/download/
CHIMP	Edinburgh	ftp://ftp.epcc.ed.ac.uk/pub/packages/chimp/release

7.2　一个简单的 MPI 程序

本节以“Hello World!”示例程序为切入点给出 MPI 程序的基本框架。

7.2.1　MPI 实现的“Hello World!”

7.2.1.1　用串行 Fortran 语言和 C 语言实现“Hello World!”

串行 Fortran 语言实现“Hello World!”的程序代码如程序 7.1。

程序 7.1　用 Fortran 语言实现的“Hello World!”

```
program main
     write(*,*)'Hello World! '
end
```

串行 C 语言实现“Hello World!”的程序代码如程序 7.2。

程序 7.2　用 C 语言实现的“Hello World!”

```
#include <stdio.h>
void main(int argc, char *argv[ ])
{   printf(“hello world!\n”);    }
```

以上两段代码的运行结果均见图 7.1。

```
Hello World!
```

图 7.1　程序 7.1 和程序 7.2 的运行结果

7.2.1.2　用 Fortran+MPI 实现“Hello World!”

程序 7.3 和程序 7.4 分别为 Fortran77+MPI 和 Fortran90+MPI 并行程序。

程序 7.3　用 Fortran77+ MPI 实现的“Hello World!”

```
program main
  include 'mpif.h'
```

```
  character *(MPI_MAX_PROCESSOR_NAME)processor_name
  integer myid, numprocs, namelen, rc, ierr
  call MPI_INIT(ierr)
  call MPI_COMM_RANK(MPI_COMM_WORLD, myid, ierr)
  call MPI_COMM_SIZE(MPI_COMM_WORLD, numprocs, ierr)
  call MPI_GET_PROCESSOR_NAME(processor_name, namelen, ierr)
  write(*,*)'Hello World! Process ', myid, ' of ', numprocs,
  ' on ', processor_name
  call MPI_FINALIZE(rc)
end
```

程序 7.4 用 Fortran90+ MPI 实现的“Hello World!”

```
program main
  use mpi
  character *(MPI_MAX_PROCESSOR_NAME)processor_name
  integer myid, numprocs, namelen, ierr
  call MPI_INIT(ierr)
  call MPI_COMM_RANK(MPI_COMM_WORLD, myid, ierr)
  call MPI_COMM_SIZE(MPI_COMM_WORLD, numprocs, ierr)
  call MPI_GET_PROCESSOR_NAME(processor_name, namelen, ierr)
  write(*,*)'Hello World! Process ', myid, ' of ', numprocs,
  ' on ', processor_name
  call MPI_FINALIZE(ierr)
end
```

可以看出，Fortran+MPI 程序由以下四部分组成。

(1)第一部分：包含 MPI 头文件。用 Fortran 语言编写的 MPI 并行程序必须有 MPI 的 Fortran 头文件 mpif.h，如果用 Fortran90 编写 MPI 程序则需包含头文件“use mpi”，即 MPI 被定义为一个 Fortran90 调用的模块(程序 7.4)。

(2)第二部分：与 MPI 有关的变量的声明与定义。MPI_MAX_PROCESSOR_NAME 是 MPI 预定义的宏，即某一 MPI 的具体实现中允许机器名字的最大长度，机器名放在变量 processor_name 中，整型变量 myid 和 numprocs 分别用来记录某一个并行执行的进程标识和所有参加计算的进程的个数，namelen 是实际得到的机器名字的长度，ierr 得到 MPI 过程调用结束后的返回结果和可能的出错信息。

(3)第三部分：MPI 程序的开始 MPI_INIT 和结束 MPI_FINALIZE，分别完成 MPI 程序的初始化和结束工作。

(4)第四部分：MPI 程序的程序体，包括各种 MPI 过程调用语句和 Fortran 语句。MPI_COMM_RANK 得到当前正在运行的进程的标识号，赋给变量 myid，MPI_COMM_SIZE 得到指定通信域中所有参加运算的进程的个数，放在 numprocs 中，MPI_GET_

PROCESSOR_NAME 得到运行当前进程的机器的名称，结果放在 processor_name 中，它是一个字符串，该字符串的长度放在 namelen 中，write 语句是普通的 Fortran 语句，它将本进程的标识号、进程个数及运行当前进程的机器的名字打印出来，和一般的 Fortran 程序不同的是这些程序体中的语句是并行执行的，每一个进程都要执行。假定本程序启动时共产生 4 个进程同时运行，而运行本程序的机器的机器名为“p_1”，4 个进程都在 p_1 上运行，其标识分别为 0，1，2，3， 执行结果如图 7.2 的左边所示。虽然这一 MPI 程序本身只有一条打印语句，但是由于它启动了四个进程同时执行，每个进程都执行打印操作，故而最终的执行结果有四条打印语句。本程序的执行流程可以用图 7.3 表示。

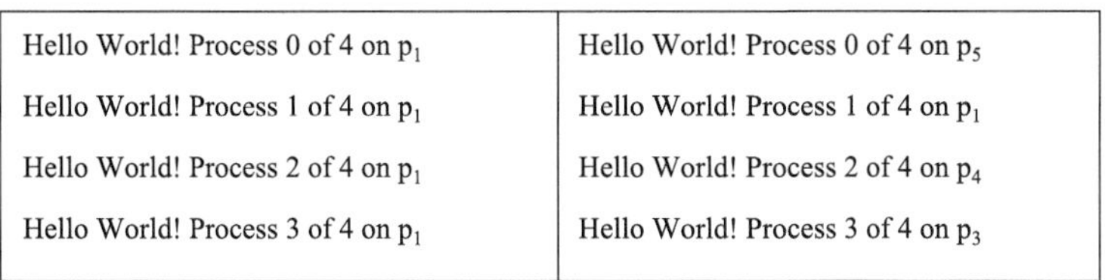

Hello World! Process 0 of 4 on p_1	Hello World! Process 0 of 4 on p_5
Hello World! Process 1 of 4 on p_1	Hello World! Process 1 of 4 on p_1
Hello World! Process 2 of 4 on p_1	Hello World! Process 2 of 4 on p_4
Hello World! Process 3 of 4 on p_1	Hello World! Process 3 of 4 on p_3

图 7.2　程序 7.3 的运行结果

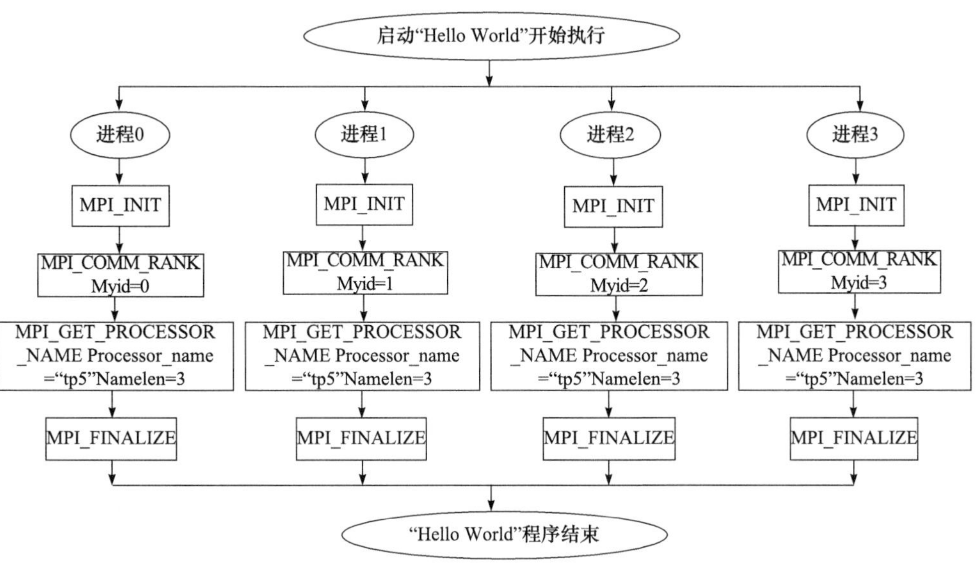

图 7.3　程序 7.3 在同一台机器上的执行过程

如果该程序在 4 台不同的机器 p_1，p_3，p_4，p_5 上执行，则其执行结果见图 7.2 的右边所示，即 4 个进程所运行的机器不同，由于 4 个进程同时执行，且本程序没有限定打印语句的顺序，因此不管哪个进程的打印语句在前，哪个在后，都没有关系，只要有 4 条正确的输出语句即可。

7.2.1.3　用 C+MPI 实现“Hello World!”

程序 7.5 为第一个 C+MPI 并行程序，其结构和 Fortran77+MPI 的完全相同，但对于不同的调用，在形式和语法上有所不同。

程序 7.5 用 C + MPI 实现的“Hello World!”

```
#include "mpi.h"
#include <stdio.h>
void main(int argc,char *argv[ ])
{   int myid, numprocs, namelen;
    char processor_name[MPI_MAX_PROCESSOR_NAME];
    MPI_Init(&argc, &argv);
    MPI_Comm_rank(MPI_COMM_WORLD, &myid);
    MPI_Comm_size(MPI_COMM_WORLD, &numprocs);
    MPI_Get_processor_name(processor_name, &namelen);
    printf("Hello World! Process %d of %d on %s\n", myid,
    numprocs, processor_name);
    MPI_Finalize( );    }
```

可以看出，C+MPI 程序同样由以下四部分组成。

(1)第一部分：包含 MPI 相对于 C 实现的头文件 mpi.h。

(2)第二部分：与 MPI 有关的变量的声明与定义。和 Fortran 一样，MPI_MAX_PROCESSOR_NAME 是 MPI 预定义的宏，即 MPI 允许机器名字的最大长度，机器名放在变量 processor_name 中，整型变量 myid 和 numprocs 分别用来记录进程标识和进程个数，namelen 是机器名字的长度。

(3)第三部分：MPI 程序的开始(MPI_Init)和结束(MPI_Finalize)，分别完成 MPI 程序的初始化和结束工作，这两个调用在 Fortran77 和 C 中所需要的参数是不同的，习惯上 Fortran77 中所有 MPI 调用均为大写(由于 Fortran77 并不区分大小写，因此使用小写的程序仍然是正确的，这里全用大写主要是遵守 MPI 书写 Fortran77 程序的惯例)，而在 C 中是以“MPI_”开头，后面的部分第一个字母大写，其他小写。

(4)第四部分：MPI 程序主体，包括 MPI 调用语句和 C 语句。MPI_Comm_rank 得到当前进程的标识号，赋给变量 myid，MPI_Comm_size 得到参加运算的进程个数，赋给变量 numprocs，MPI_Get_processor_name 得到本进程运行的机器名称，结果放在 processor_name 中，它是一个字符串，该字符串的长度放在 namelen 中，printf 语句将本进程的标识号、并行执行的进程个数、本进程所运行的机器的名字打印出来。和一般的 C 程序不同的是，这些程序体中的执行语句是并行执行的，每一个进程都要执行。假定本程序在同一台电脑(机器名为 p_5)上启动 4 个进程并行运行，4 个进程的标识分别为 0，1，2，3，其执行结果见图 7.2 的左边。虽然这一 MPI 程序本身只有一条打印语句，但是由于它启动了四个进程同时执行，每个进程都执行打印操作，故而最终的执行结果有四条打印语句，本程序的执行流程和 Fortran77+MPI 的实现版本是一样的。

如果该程序在 4 台不同机器 p_1，p_3，p_4，p_5 上执行，其执行结果如图 7.2 的右边。对比 Fortran77+MPI 和 C+MPI 程序的输出结果，不难发现不管是在一台机器上运行，还是在多台机器上运行，其最终执行输出结果是一样的。

7.2.2 MPI 程序的框架结构

从前面的例子可以看出，MPI 程序的框架结构可以用图 7.4 表示。把握了其结构后，下面的主要任务就是掌握 MPI 提供的各种通信方法与手段。

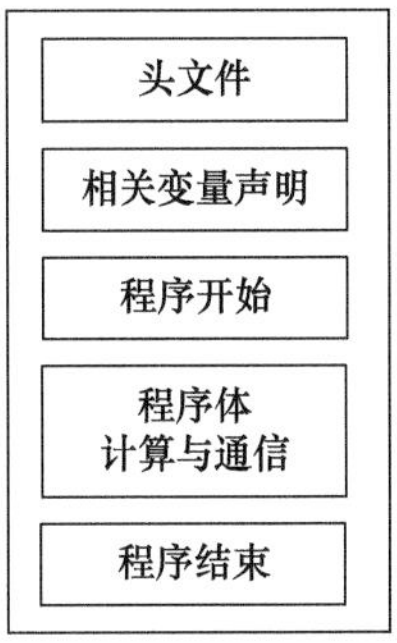

头文件

相关变量声明

程序开始

程序体
计算与通信

程序结束

图 7.4 MPI 程序的框架结构

7.2.3 MPI 程序的一些惯例

用户在利用 MPI 编写并行程序时一般需要遵循以下惯例。

(1) 不管是常量、变量还是过程或函数调用，所有 MPI 的名字都有前缀“MPI_”。在自己编写的程序中不要说明以前缀“MPI_”开始的任何变量和函数。

(2) Fortran 形式的 MPI 调用，一般全为大写（虽然 Fortran 不区分大小写），C 形式的 MPI 调用，则为 MPI_Aaa_aaa 的形式。

(3) 几乎所有 MPI 的 Fortran 子程序在最后参数中都有一个返回代码，对于成功的返回，其值是 MPI_SUCCESS，其他的错误代码是依赖于实现的。部分 MPI 操作是函数，它没有返回代码参数。

(4) Fortran 中的句柄以整型表示，二值变量是逻辑类型。Fortran 的数组下标是以 1 开始，但在 C 中是以 0 开始。

7.3 6 个基本函数组成的 MPI 子集

在 MPI-1 中共有 128 个调用接口，在 MPI-2 中有 287 个，完全掌握这么多的调用对于初学者比较困难。但理论上，MPI 所有的通信功能可以用它的 6 个基本的调用来实现，掌握了这 6 个调用，就可以实现所有的消息传递并行程序的功能。

本节首先介绍这 6 个调用，然后用举例说明如何用这 6 个调用来完成基本的消息传递并行编程，最后介绍了 MPI 数据类型和 MPI 消息。

7.3.1 子集介绍

在介绍调用之前，先介绍 MPI 对 Fortran77 和 C 的调用说明方式。

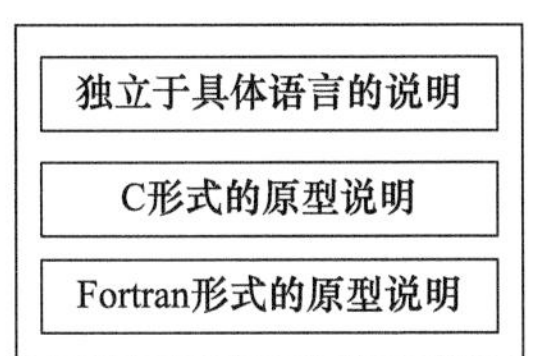

图 7.5 MPI 调用的说明格式

7.3.1.1 MPI 调用的参数说明

如图 7.5 所示，对于有参数的 MPI 调用，MPI 首先给出一种独立于具体语言的说明，对各个参数的性质进行介绍，然后再给出它的 Fortran77 和 C 的原型说明，在 MPI-2 中还给出了 C++形式的说明。

对于独立于具体语言的说明，MPI 的参数类型有三种：

①IN(输入)型：指调用部分传递给 MPI 的参数，MPI 除了使用该参数外不允许对这一参数做修改；②OUT(输出)型：指 MPI 返回给调用的结果参数，该参数的初始值对 MPI 没有意义；③INOUT(输入输出)型：指调用部分先将该参数传递给 MPI，MPI 对该参数引用、修改后将结果返回给外部调用，该参数的初始值和返回结果都有意义。

如果某个参数在调用前后没有改变，比如某个隐含对象的句柄，但该句柄指向的对象被修改了，这一参数仍然被说明为 OUT 或 INOUT。如果 MPI 函数的一个参数被一些并行执行的进程用作 IN，而被另一些同时执行的进程用作 OUT，虽然在语义上它不是同一个调用的输入和输出，这样的参数语法上也记为 INOUT。

当一个 MPI 参数仅对一些并行执行的进程有意义而对其他的进程没有意义时，不关心该参数取值的进程可以将任意的值传递给该参数。

在本章介绍的 MPI 调用说明中，首先给出不依赖任何语言的 MPI 调用说明，然后给出这个调用的 C 版本和 Fortran77 版本。以 MPI_INIT 为例：

```
MPI_INIT()                 独立于具体语言的说明，对于这个调用没有参数说明
int MPI_Init( int *argc, char *** argv) C 形式的原型说明， argc 为变量数目，argv 为变量数组，两个参数均来自 main 函数的参数
MPI_INIT(IERROR)   Fortran 形式的原型说明
  INTEGER IERROR
```

MPI 调用接口 1 MPI_INIT

在 C 和 Fortran77 的说明中，对 void * 和<type>需要进行特殊说明。MPI 的库与一般的 C 和 Fortran77 库在语法上是基本相同的，但对于 MPI 调用，允许不同的数据类型使用相同的调用，比如对于数据的发送操作，整型、实型、字符型等都用一个相同的调用 MPI_SEND，对于这样的数据类型，在 C 和 Fortran77 的原型说明中，分别用 void * 和<type>来表示，即用户可根据通信的要求对不同的数据类型使用相同的调用。

7.3.1.2 MPI 初始化

MPI_INIT(MPI 调用接口 1)是并行初始化函数，它是 MPI 程序的第一个调用，用于完成 MPI 程序所有的初始化工作。除非特殊情况，所有 MPI 程序的第一条可执行语句都是这条语句。

7.3.1.3 MPI 结束

MPI 提供的用于结束并行计算的接口如下。

```
MPI_FINALIZE()         独立于具体语言的说明
int MPI_Finalize(void)   C 形式的原型说明
MPI_INIT(IERROR)       Fortran 形式的原型说明
  INTEGER IERROR
```

MPI 调用接口 2 MPI_FINALIZE

MPI_FINALIZE 是并行结束函数，它是 MPI 程序的最后一个调用，也是 MPI 程序的最后一条可执行语句，用于告知 MPI 系统 MPI 已经使用完毕，为 MPI 分配的资源可以释放了。一般在 MPI_FINALIZE 后就不应该再调用任何 MPI 接口了。

7.3.1.4 获取当前进程的进程标识

通常一个通信域中包含多个进程，每个进程都有一个唯一的进程号，且每个进程的进程号互不重复，获取本进程的进程号的 MPI 接口如下。

```
MPI_COMM_RANK(comm, rank)                    独立于具体语言的说明
  IN       comm        该进程所在的通信域(句柄)
  OUT      rank        调用进行在 comm 中的标识号
int MPI_Comm_rank(MPI_comm comm, int *rank)    C 形式的原型说明
MPI_COMM_RANK(COMM, RANK, IERROR)              Fortran 形式的原型说明
  INTEGER COMM, RANK, IERROR
```

MPI 调用接口 3　MPI_COMM_RANK

这一调用返回调用进程在给定通信域中的进程标识号。有了该标识号，不同的进程就可以将自身和其他进程区别开来，实现各进程的并行和协作。

7.3.1.5 获取指定通信域所包含的进程个数

MPI 编程中，进程不仅需要知道自己的进程标识号，而且要知道指定通信域中的进程个数。MPI_COMM_SIZE 接口可实现该功能。

```
MPI_COMM_SIZE(comm, size)             独立于具体语言的说明
  IN       comm        该进程所在的通信域(句柄)
  OUT      size        通信域 comm 中包含的标识数
int MPI_Comm_size(MPI_comm comm, int *size)      C 形式的原型说明
MPI_COMM_SIZE(COMM, SIZE, IERROR)                Fortran 形式的原型说明
  INTEGER COMM, SIZE, IERROR
```

MPI 调用接口 4　MPI_COMM_SIZE

这一调用返回给定的通信域中所包含的进程个数，进程通过该调用得知在给定的通信域中一共有多少个进程在并行执行。

通常在 MPI 初始化之后紧接着就调用 MPI_COMM_RANK 和 MPI_COMM_SIZE，以获得当前进程的进程号和通信域中的进程数，这两个调用其实回答了两个问题：①任务有多少个进程来进行并行计算？②我是哪个进程？

7.3.1.6 消息发送

消息发送与接收是 MPI 中最基本的消息操作，MPI 提供的消息发送接口如下。

```
MPI_SEND(buf, count, datatype, dest, tag, comm)
IN      buf           发送缓冲区的起始地址(可选类型)
IN      count         将发送的数据的个数(非负整数)
IN      datatype      发送数据的数据类型(句柄)
IN      dest          目标进程标识号(消息发送给哪个进程)(整型)
IN      tag           消息标志(整型)
IN      comm          通信域(句柄)
int MPI_Send(void* buf, int count, MPI_Datatype datatype, int dest, int tag,MPI_Comm comm)
MPI_SEND(BUF, COUNT, DATATYPE, DEST, TAG, COMM, IERROR)
   <type>   BUF(*)
   INTEGER COUNT, DATATYPE, DEST, TAG, COMM, IERROR
```

MPI 调用接口 5　MPI_SEND

MPI_SEND 从本地内存中的 buf 位置开始，拿出 count 个 datatype 类型的数据作为消息内容发送给 comm 通信域中的 dest 进程。tag 是本次发送的消息标志，消息数据在发送缓冲区中是连续存放的。count 不以字节为单位，而是以数据类型为单位。datatype 可以是 MPI 的预定义类型，也可以是用户自定义的类型(将在后面的部分介绍)。通过使用不同的数据类型调用 MPI_SEND 可以发送不同类型的数据。

7.3.1.7　消息接收

MPI 提供的消息接收调用如下。

```
MPI_RECV(buf, count, datatype, source, tag, comm, status)
   OUT     buf           接收缓冲区的起始地址(可选数据类型)
   IN      count         最多可接收的数据的个数(整型)
   IN      datatype      接收数据的数据类型(句柄)
   IN      source        接收数据的来源即发送数据的进程标识号(整型)
   IN      tag           消息标识与相应的发送操作的表示相匹配相同(整型)
   IN      comm          本进程和发送进程所在的通信域(句柄)
   OUT     status        返回状态(状态类型)
int MPI_Recv(void* buf, int count, MPI_Datatype datatype, int source, int tag, MPI_Comm comm, MPI_Status *status)
MPI_RECV(BUF, COUNT, DATATYPE, SOURCE, TAG, COMM, STATUS, IERROR)
   <type> BUF(*)
   INTEGER COUNT, DATATYPE, SOURCE, TAG, COMM, STATUS(MPI_STATUS_SIZE), IERROR
```

MPI 调用接口 6　MPI_RECV

MPI_RECV 从 comm 通信域中的 source 进程接收消息，该消息的数据类型和消息标识和本调用指定的 datatype 和 tag 一致，接收到的消息所包含的数据个数最多不超过 count(count 同样以数据类型为单位)。接收到的数据放在接收缓存区中，接收缓冲区由 buf、count 和 datatype 定义。接收到消息长度必须小于或等于接收缓冲区的长度，即接收缓冲区的容量不能小于待接收数据的长度(MPI 没有截断，如果接收到的数据长度过大，接收缓冲区会发生溢出错误)，因此编程者要保证接收缓冲区的长度不小于接收到的数据的长度。如果一个短于接收缓冲区的消息到达，则只有相应于这个消息的那些地址被修改。count 可以是零，相当于接收一个空消息。datatype 可以是 MPI 的预定义类型，也可以是用户自定义的类型。

7.3.1.8 返回状态 status

消息接收函数的最后一个参数为返回状态参数，返回状态变量 status 是 MPI 预定义的一个数据类型，C 实现中 MPI_Status 的定义为：

```
typedef struct MPI_Status{
    int count; int concelled; int MPI_SOURCE; int MPI_TAG;
    int MPI_ERROR;
} MPI_Status
```

接收调用返回时将在返回状态变量中存访实际接收消息的状态信息，通过对 status.MPI_SOURCE、status.MPI_TAG 和 status.MPI_ERROR 等的引用，就可以得到返回状态中所包含的源进程标识、tag 标识和本接收操作返回的错误代码。

在 Fortran 实现中，status 是包含 MPI_STATUS_SIZE 个整型元素的数组，status(MPI_SOURCE)、status(MPI_TAT)和 status(MPI_ERROR)分别表示消息的源进程、源进程标识和该操作的返回代码。除了以上三个信息之外，对 status 变量执行 MPI_GET_COUNT 等调用可以得到接收到消息的长度信息。

7.3.1.9 完整的消息发送与接收举例

程序 7.6 介绍一个简单的同时包含发送和接收调用的例子，其中进程 0 向进程 1 发送一条消息，该消息是一个字符串“Hello, process 1”。进程 1 接收该消息并打印。

程序 7.6 一个简单的发送接收程序

```
#include "mpi.h"
main( int argc, char **argv )
{   char message[20]; int myrank;
    MPI_Init( &argc, &argv );     /* MPI 程序的初始化*/
    MPI_Comm_rank( MPI_COMM_WORLD, &myrank ); /* 得到当前进程的进程
    号*/
    if  (myrank  ==  0){    /*  0  进程先对字符串 message 赋值，然后通过
MPI_Send 语句将它发送给进程 1，消息的长度为 strlen(message)，消息数据的类
```

型为 MPI_CHAR，第四个参数指将消息发给进程 1，消息标识是 99，MPI_COMM_WORLD 是通信域*/

```
   strcpy(message, "Hello, process 1");
   MPI_Send(message,   strlen(message),   MPI_CHAR,   1,   99, MPI_COMM_WORLD); }
   if(myrank==1){/*进程 1 执行接收消息操作，它使用 message 作为接收缓冲区。可见，同一变量在发送和接收进程中的作用是不同的。它指定接收消息的最大长度为 20，消息的数据类型为 MPI_CHAR 字符型，接收的消息来自进程 0，而接收消息携带的标识必须为 99，使用的通信域也是 MPI_COMM_WORLD，接收完成后的各种状态信息存放在 status 中。*/
   MPI_Recv(message,  20,  MPI_CHAR,  0,  99,  MPI_COMM_WORLD, &status);
   printf("received :%s:", message);  }
 MPI_Finalize( );  /* MPI 程序结束*/
}
```

7.3.2 MPI 预定义的数据类型

每个 MPI 消息都有相应的数据类型，MPI 通过引入消息数据类型来解决消息传递过程中的异构性问题及数据不连续问题。MPI 的消息数据类型可以分为两种：预定义数据类型和派生数据类型。

MPI 支持异构计算，它指在由不同计算机组成的系统上运行应用程序时，系统中的每台计算机可能由不同厂商生产，使用不同的处理器和操作系统。一个重要的问题是：当这些计算机使用不同的数据表示时，如何保证通信双方的互操作性。

MPI 通过提供预定义数据类型来解决异构计算中的互操作性问题。针对不同的语言绑定，MPI 分别建立了预定义数据类型和宿主语言之间的对应关系，表 7.2 和表 7.3 分别列出了针对 Fortran 语言绑定和 C 语言绑定的 MPI 预定义数据类型及其对应关系。

表 7.2 MPI 预定义数据类型与 Fortran77 数据类型的对应关系

MPI 预定义数据类型	相应的 Fortran77 数据类型
MPI_INTEGER	INTEGER
MPI_REAL	REAL
MPI_DOUBLE_PRECISION	DOUBLE PRECISION
MPI_COMPLEX	COMPLEX
MPI_LOGICAL	LOGICAL
MPI_CHARACTER	CHARACTER(1)
MPI_BYTE	无对应类型
MPI_PACKED	无对应类型

表 7.3 MPI 预定义数据类型与 C 数据类型的对应关系

MPI 预定义数据类型	相应的 C 数据类型
MPI_CHAR	signed char
MPI_SHORT	signed short int
MPI_INT	signed int
MPI_LONG	signed long int
MPI_UNSIGNED_CHAR	unsigned char
MPI_UNSIGNED_SHORT	unsigned short int
MPI_UNSIGNED	unsigned int
MPI_UNSIGNED_LONG	unsigned long int
MPI_FLOAT	Float
MPI_DOUBLE	Double
MPI_LONG_DOUBLE	long double
MPI_BYTE	无对应类型
MPI_PACKED	无对应类型

从表中看出，MPI_BYTE 和 MPI_PACKED 数据类型没有相应于一个 Fortran77 或 C 的数据类型。MPI_BYTE 的一个值由一个字节组成(8 个二进制位)。一个字节不同于一个字符，对于字符表示，不同机器可以用一个以上的字节表示字符，但所有机器上一个字节有相同的二进制值。

如果宿主语言有附加数据类型，MPI 也提供相应的附加类型，如表 7.4 所示。

表 7.4 附加的 MPI 数据类型

附加的 MPI 数据类型	相应的 C 数据类型
MPI_LONG_LONG_INT	long long int
附加的 MPI 数据类型	相应的 Fortran77 数据类型
MPI_DOUBLE_COMPLEX	DOUBLE COMPLEX
MPI_REAL2，MPI_REAL4, MPI_REAL8	REAL*2，REAL*4, REAL*8
MPI_INTEGER1, MPI_INTEGER2, MPI_INTEGER4	INTEGER*1, INTEGER*2, INTEGER*4

7.3.3 MPI 数据类型匹配

MPI 消息的传递过程如图 7.6 所示。

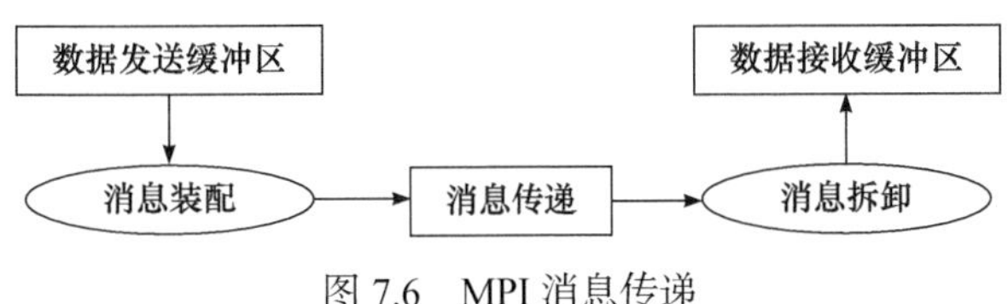

图 7.6 MPI 消息传递

MPI 的消息传递过程分为三个阶段：①消息装配，将发送数据从发送缓冲区中取出，加上消息信封等形成完整消息；②消息传递，将装配好的消息从发送端传递到接收端；③消息拆卸，从接收到的消息中取出数据送入接收缓冲区。在这三个阶段都需要类型匹配，其匹配规则为：①消息装配时发送缓冲区中变量的类型必须和相应的发送操作指定的 MPI 类型匹配；②消息传递时发送操作指定的类型必须和相应的接收操作指定的类型匹配；③消息拆卸时接收缓冲区中变量的类型必须和接收操作指定的 MPI 类型匹配。

以上指出了在什么时候需要类型匹配，MPI 中类型匹配有两层意思：①宿主语言的类型和通信操作所指定的类型匹配；②发送方和接收方的类型匹配。

对于类型匹配的第一个方面，比如在 C 语言中，声明为 int 类型的变量在发送和接收时要使用 MPI_INT 与之对应，声明为 float 类型的变量，在发送和接收时要使用 MPI_FLOAT 与之对应，以此类推。

对于类型匹配的第二个方面，要求收发双方对数据类型的指定必须一样：发送方用 MPI_FLOAT，接收方也必须用 MPI_FLOAT。C 语言中，虽然有时 int 和 long 有相同的表示，但 MPI 认为 MPI_INT 和 MPI_LONG 是不同类型，即 MPI_INT 和 MPI_LONG 是不匹配的。

上述类型匹配规则的例外是：MPI_BYTE、MPI_PACKED 和 MPI 的派生数据类型，它们可以和任何以字节为单位的存储相匹配，包含这些字节的类型是任意的，MPI_TYPE 用于不加修改地传送内存中的二进制值，MPI_PACKED 用于打包数据的传送，其他的派生数据类型用于不连续数据的传送。

归纳起来，类型匹配规则可概括为：①有类型数据的通信，发送方和接收方均使用相同的数据类型；②无类型数据的通信，发送、接收方均以 MPI_BYTE 作为数据类型，也可以一方用 MPI_BYTE 作为数据类型，另一方用其他数据类型；③打包数据的通信，发送、接收方均使用 MPI_PACKED；④派生数据类型的匹配规则将在本书后面说明。

程序 7.7 给出了有类型数据的正确匹配；程序 7.8 的类型匹配是不正确的，因为 MPI_FLOAT 不能和 MPI_BYTE 进行匹配；程序 7.9 是正确的无类型数据匹配，发送方和接收方均使用 MPI_BYTE。

程序 7.7　正确的类型匹配(MPI_FLOAT 对应于 MPI_FLOAT)程序片段

```
float a[20], b[20];
…
MPI_Comm_rank(MPI_COMM_WORLD, &rank);
if(rank == 0) MPI_Send(a, 10, MPI_FLOAT, 1, 0, MPI_COMM_WORLD);
if(rank == 1) MPI_Recv (b, 15, MPI_FLOAT, 0, 0, MPI_COMM_
WORLD, &status);
```

程序 7.8　不正确的类型匹配(收发双方的类型必须严格匹配)程序片段

```
float a[20], b[20];
…
```

```
MPI_Comm_rank(MPI_COMM_WORLD, &rank);
if(rank == 0) MPI_Send(a, 10, MPI_FLOAT, 1, 1, MPI_COMM_WORLD);
if (rank ==1) MPI_Recv (b, 40, MPI_BYTE, 0, 1, MPI_COMM_WORLD,
&status);
```

程序 7.9 正确的无类型匹配(MPI_BYTE 和 MPI_BYTE 对应)程序片段

```
float a[20], b[20];
…
MPI_Comm_rank(MPI_COMM_WORLD, &rank);
if(rank == 0)MPI_Send(a, 40, MPI_BYTE, 1, 1, MPI_COMM_WORLD);
if(rank == 1)MPI_Recv (b, 60, MPI_BYTE, 0, 1, MPI_COMM_WORLD,
&status);
```

程序 7.10 中进程 1 中的字符串 b 的后五个字符被进程 0 中的字符串 a 的前五个字符替代。Fortran 的一个字符变量是定长的字符串，没有特别的终结符号。对于怎样表示字符、怎样存储它们的长度没有固定约定。有些编译器把一个字符参数作为一对参数，其中之一保存这个串的地址，另一个保存串的长度。如果通信缓冲区包含 CHARACTER 类型的变量，那么它们的长度将不被传送给 MPI 程序。这个问题使我们给 MPI 调用提供显式的字符长度的信息。有的编译器把 Fortran 中 CHARACTER 类型的参数作为一个结构(一个长度和一个指针)，在这样的环境中，MPI 调用为得到这个串须间接引用这个指针。

程序 7.10 MPI_CHARACTER 数据类型

```
CHARACTER*10 a, b
INTEGER comm, rank, ierr
comm = MPI_COMM_WORLD
CALL MPI_COMM_RANK(comm, rank, ierr)
IF (rank .EQ. 0)CALL MPI_SEND(a, 5, MPI_CHARACTER, 1, 1, comm,
ierr)
IF (rank .EQ. 1)CALL MPI_RECV(b(6), 5, MPI_CHARACTER, 0, 1,
comm, status, ierr)
```

7.3.4 MPI 消息

7.3.4.1 MPI 消息的组成

一个消息可以比做一封信，需要定义消息的内容(信的内容)，还需要定义消息的发送者或接收者(发信人/收信人地址)，前者为信的内容，后者为信封。MPI 消息也包括信封和数据两个部分，信封给出发送或接收消息的对象及相关信息，数据是消息将要传递的内容。信封和数据又分别包括三个部分，可表示如下：

信封：< 源/目，标识，通信域 >；数据：< 起始地址，数据个数，数据类型 >

图 7.7 和图 7.8 分别给出了 MPI_SEND 和 MPI_RECV 的信封和数据部分。

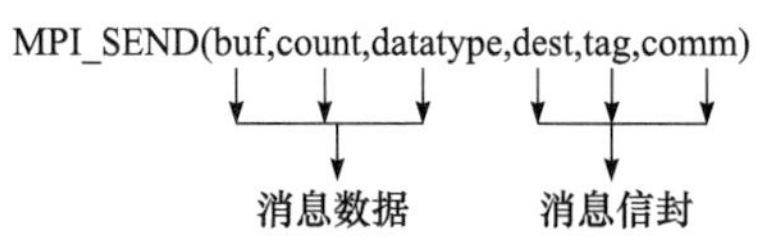

图 7.7　MPI_SEND 的消息数据与消息信封

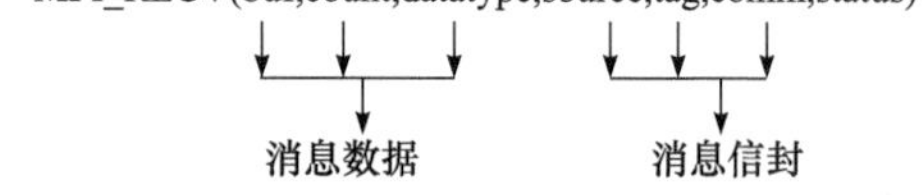

图 7.8　MPI_RECV 的消息数据与消息信封

7.3.4.2　任意源和任意标识

接收操作对消息的选择由消息信封管理。如果消息信封与接收操作所指定 source、tag 和 comm 相匹配，那么该接收操作能接收这个消息。MPI 允许接收者给 source 指定一个任意值 MPI_ANY_SOURCE，表示其他条件满足的前提下，任何进程发送的消息都可以接收；MPI 还允许给消息标识一个任意值 MPI_ANY_TAG，它表示其他条件满足时，任何 tag 的消息都可以接收。

任意源和任意标识可以同时使用，也可以单独使用，但不能给通信域指定任意值。如果一个消息被发送到接收进程，接收进程有匹配的通信域、匹配的 source（或 source=MPI_ANY_SOURCE）和匹配的 tag（或 tag=MPI_ANY_TAG），那么这个消息能被这个接收操作接收。任意源和任意标识的存在，导致了发送和接收之间的不对称性，即一个接收操作可以接收任何发送者的消息，但对于一个发送操作，则必须指明一个单独的接收者。MPI 允许发送者等于接收者，即一个进程可以给自己发送消息。

7.3.4.3　MPI 通信域

通信域是 MPI 的重要概念，MPI 的通信在通信域的控制和维护下进行，所有 MPI 通信任务都直接或间接用到通信域这一参数，对通信域的重组和划分可以方便实现任务的划分。MPI 通信域是一个综合的通信概念，包括进程组、通信上下文和虚拟处理器拓扑等。进程组指所有参加通信的进程的集合，如果一共有 N 个进程参加通信，则进程的编号从 0 到 $N-1$；通信上下文提供一个相对独立的通信区域，不同的消息在不同的上下文中进行传递，不同上下文的消息互不干涉，通信上下文可以将不同的通信区别开来。

MPI 提供了一个预定义的通信域 MPI_COMM_WORLD。MPI 初始化后，便会产生这一通信域，它包括了初始化时可得的全部进程，进程是由它们在 MPI_COMM_WORLD 组中的进程号所标识。用户可以在原有的通信域基础上定义新的通信域，其产生方式有三种：①在已有通信域基础上划分获得；②在已有通信域基础上复制获得；③在已有进程组基础上创建获得。

7.4　简单的 MPI 程序示例

本节给出几个简单 MPI 程序例子，这些例子可实现一些简单功能。

7.4.1 求二维数据中各元素绝对值的最大值

例题：编写一个 MPI 程序，求取二维数组 A[100][100]中各元素的绝对值的最大值（假设共启动 5 个进程）。

问题分析：可分以下几步解决该问题：①分析该问题的串行求解与程序实现方法；②分析并行求解该问题的任务划分方法；③分析各任务之间所需的通信工作（包括通信时间、参与通信的进程和各进程间需要交换的信息等）；④编写 MPI 并行程序。以下将逐步解决以上问题。

(1) 串行机上求解该问题的 C 语言代码见程序 7.11。

程序 7.11　求取二维数组中各元素的最大值的串行代码

```
float max_value( float *A, int N, int M )
{   float xmax;   int i, j, k;    xmax = 0.0;
    for( i=0; i<N; i++ )
       for( j=0; j<M; j++ )
       {   k=M*i+j;
           if(fabs(*A+k)> xmax) xmax = fabs(*A+k); }
       return xmax;
}
```

(2) 任务划分。该问题（数据）有多种划分方法（按行划分、按列划分、其他），究竟采用哪一种划分方案，取决于编程者的习惯、所采用的宿主语言和具体问题的特点。本例中采用 C+MPI 编写程序，为方便起见采用按行划分方案（图 7.9）。

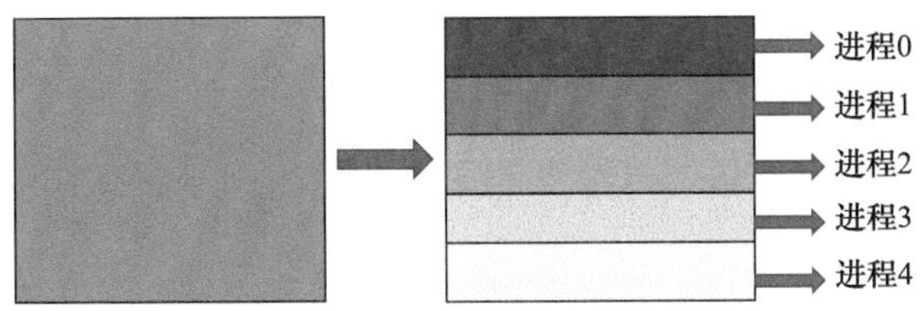

图 7.9　数据划分方法

将二维数组 A 按行分为 5 块（每块 20 行 100 列），从每一块数据中求出一个绝对值的最大值，然后从 5 个最大值中再求出一个最大值，其结果就是本问题的解。具体求解思路与步骤为：①各进程分别求出各自的 xmax；②除 0 进程外，其他四个进程分别将各自计算得到的 xmax 值发送给进程 0；③0 进程执行 4 次接收操作，接收从其他所有进程发送过来的消息；④0 进程对所有进程的计算结果进行比较，求取矩阵的最大值并输出。

(3) 通信分析。该问题的通信需求为：①进程 1～4 在完成本进程的最大值求取任务后执行一次消息发送操作，将其求取的最大值发送给 0 进程；②进程 0 执行 4 次接收操作，接收来自其他 4 个进程发送过来的消息。

(4) 程序映射。依据上述分析，本例中各进程需要完成以下工作：①进程 1～4：各自数据块的赋值；求取本地数据块中各元素的绝对值的最大值；将求得的结果发送给进程 0；②进程 0：本地数据块的赋值；求取本地数据块中各元素的绝对值的最大值并将求解结果放在一维数组 c 的第一个元素中；执行 4 次消息接收操作，分别接收来自进程 1～4 的消息，并将结果分别放在一维数组 c 的第 2～5 个元素中；求取一维数组 c 的最大值，其结果即为整个二维数组 A 中各元素的绝对值的最大值；打印并输出。详细的程序代码见程序 7.12。

程序 7.12　用 C+MPI 求取二维数组中各元素的最大值

```
#include <mpi.h>
#include <stdio.h>
#include <math.h>
#include <stdlib.h>
int main(int argc, char **argv)
{   int size, myid, length, i, j;
    float xmax, **A, c[5];
    MPI_Status status;
    char processor_name[MPI_MAX_PROCESSOR_NAME];
    MPI_Init(&argc, &argv);
    MPI_Comm_size(MPI_COMM_WORLD, &size);
    MPI_Comm_rank(MPI_COMM_WORLD, &myid);
    MPI_Get_processor_name(processor_name, &length);
    A = (float **)malloc(20 * sizeof(float *));
    for (i = 0; i < 20; i++)
    A[i] = (float *)malloc(100 * sizeof(float));
    printf("process num: %d process id:  %d computer
    name: %s\n", size, myid, processor_name);
    for (i = 0; i < 20; i++)
    for (j = 0; j < 100; j++)   A[i][j] = i * 100.0 + j + myid
    * 100.0 * 20;
    xmax = 0.0;
    xmax = max_value(*A, 20, 100);
    printf("processor  %d   xmax = %f\n", myid, xmax);
    if (myid > 0)MPI_Send(&xmax, 1, MPI_FLOAT, 0, myid, MPI_
    COMM_WORLD);
    else {
           c[0] = xmax;
```

```
            for (i = 1; i < 5; i++)MPI_Recv(c+i, 1, MPI_FLOAT,
           i, i, MPI_COMM_  WORLD, &status);
            xmax = 0.0;
            for (i = 0; i < size; i++){ if (fabs(c[i])> xmax)
             xmax = fabs(c[i]); }
            printf(" finial xmax = %f\n ", xmax);
            }
    MPI_Finalize( );
}
```

7.4.2 用 MPI 实现计时功能

在 MPI 程序中经常会用到时间函数，比如用来统计程序运行的时间，或根据时间的不同选取不同的随机数种子，或根据时间的不同对程序的执行进行控制等。因此这里先介绍 MPI 提供的时间函数调用然后给出简单的应用例子。

```
MPI_WTIME()
double    MPI_Wtime(void)
DOUBLE PRECISION MPI_WTIME()
```

MPI 调用接口 7　MPI_WTIME

```
MPI_WTICK()
double    MPI_Wtick(void)
DOUBLE PRECISION MPI_WTICK()
```

MPI 调用接口 8　MPI_WTICK

MPI_WTIME 返回一个用浮点数表示的秒数，它表示从过去某一时刻到调用时刻所经历的时间，如果需要对特定的部分进行计时一般采取的方式见程序 7.13。

程序 7.13　对特定的部分进行计时

```
double starttime, endtime;
...
starttime = MPI_Wtime( )
需计时部分
endtime = MPI_Wtime( )
printf("That tooks %f secodes\n", endtime-starttime);
```

MPI_WTICK 返回 MPI_WTIME 的精度，单位是秒，可以认为是一个时钟滴答一下所占用的时间。程序 7.14 中，进程 0 在一个循环内向进程 1 连续发送了 3000 次消息，消息内容为一个整型数，消息标签为循环次序，进程 1 接收这 3000 次消息，每接收到一个消息就迅速将其发送给进程 0，进程 0 再接收这些消息，并记录 3000 次消息发送与接收所用的时间与时钟频率并打印。

程序 7.14　测试消息传递效率与时钟频率

```
    #include <mpi.h>
    #include <stdio.h>
    int main(int argc, char **argv)
    {   int size, rank, i, m, n;
        double t, t1, t2, tick;
        MPI_Status status;
    MPI_Init(&argc, &argv);
    MPI_Comm_size(MPI_COMM_WORLD, &size); /*获取当前进程的进程号*/
    MPI_Comm_rank(MPI_COMM_WORLD, &rank); /*获取通信域中的进程个数*/
    if(size != 2)/*如果进程数不等于 2，则出错并退出*/
    {   printf("This program must run with 2 processes\n");
            MPI_Abort(MPI_COMM_WORLD, 99); }
        m = rank;
        if(rank == 0)
        {   t1 = MPI_Wtime( ); /*计时开始*/
            for(i=0; i < 3000; i++)/*执行 3000 次发送接收操作*/
            {   MPI_Send(&m, 4, MPI_BYTE, 1, i, MPI_COMM_WORLD);
                MPI_Recv(&n, 4, MPI_BYTE, 1, i, MPI_COMM_WORLD, &
status); }
            t2 = MPI_Wtime( ); /*计时结束*/
            t = t2 - t1; /*求 3000 次发送接收所用的总时间*/
            tick = MPI_Wtick( ); /*获取时钟频率*/
    }
    if(rank == 1)/*进程 1 启动 3000 次接收与发送操作*/
    {   for(i = 0; i < 3000; i++)
        {    MPI_Recv(&m, 4, MPI_BYTE, 0, i, MPI_COMM_WORLD, &
status);
            MPI_Send(&m, 4, MPI_BYTE, 0, i, MPI_COMM_WORLD);   }
    }
    if(rank == 0)printf("Total time for send & recv is %f, MPI_
Wtick is %f\n", t, tick);
    MPI_Finalize( );
}
```

7.4.3 获取机器名字与 MPI 版本号

在编写 MPI 并行程序的过程中，经常要将一些中间结果或最终结果输出到程序自己创建的文件中，对于在不同机器上的进程，常希望输出的文件名包含该机器名，或者是需要根据不同的机器执行不同的操作，这样仅仅靠进程标识是不够的，MPI 为此提供了一个专门的调用，使各个进程在运行时可以得到运行该进程的机器名字。

```
MPI_GET_PROCESSOR_NAME(name, resultlen)
  OUT name         当前进程所运行机器的名字
  OUT resultlen    返回机器名字的长度
int MPI_Get_processor_name (char *name, int *resultlen)
MPI_GET_PROCESSOR_NAME(NAME, RESULTLEN, IERROR)
  CHARACTER   *(*) NAME
  INTEGER RESULTLEN, IERROR
```

MPI 调用接口 9　MPI_GET_PROCESSOR_NAME

MPI_GET_PROCESSOR_NAME 返回调用进程所在机器名和机器名长度。

```
MPI_GET_VERSION(version, subversion)
  OUT     version       当前 MPI 的主版本号
  OUT     subversion    当前 MPI 的次版本号
int MPI_Get_version(int * version, int * subversion)
MPI_GET_VERSION(VERSION, SUBVERSION,IERROR)
  INTEGER VERSION, SUBVERSION, IERROR
```

MPI 调用接口 10　MPI_GET_VERSION

MPI_GET_VERSION 返回 MPI 主版本号 version 和次版本号 subversion。程序 7.15 得到机器的名字和 MPI 的版本号。

程序 7.15　获取当前机器名和 MPI 版本号

```
#include <stdio.h>
#include <mpi.h>
main(int argc, char **argv)
{  char name[MPI_MAX_PROCESSOR_NAME];
   int  resultlen, version, subversion;
   MPI_Init(&argc, &argv);
   MPI_Get_processor_name(name, &resultlen);
   MPI_Get_version(&version, &subversion);
   printf("name: %s version: %d subversion = %d\n", name, version,
```

```
subversion);
      MPI_Finalize( );
   }
```

7.4.4 是否初始化及错误退出

在MPI程序中唯一的一个可以用在MPI_INIT之前的MPI调用是MPI_INITALIZED，用以判断当前进程是否已经调用了MPI_INIT，若已调用，则flag=true，否则flag=false。该调用常在动态进程管理中使用。

```
MPI_INITALIZED(flag)
  OUT flag          是否已执行 MPI_INIT 标志
int MPI_Initialized(int *flag)
MPI_INITALIZED(FLAG, IERROR)
  LOGICAL FLAG
  INTEGER IERROR
```

MPI 调用接口 11　MPI_INITALIZED

在编写MPI程序的过程中，若发现出现无法恢复的严重错误，只好退出MPI程序的执行。MPI提供了这样的调用，并且在退出时可以返回给调用环境一个错误码。

```
MPI_ABORT(comm, errorcode)
  IN comm          退出进程所在的通信域
  IN errorcode     返回到所嵌环境的错误码
int MPI_Abort(MPI_Comm comm, int errorcode)
MPI_ABORT(COMM, ERRORCODE, IERROR)
  INTEGER COMM, ERRORCODE, IERROR
```

MPI 调用接口 12　MPI_ABORT

MPI_ABORT使通信域comm中的所有进程退出。本调用并不要求外部环境对错误码采取任何动作。程序7.16中如果启动进程数目不等于4，则直接使所有进程退出，否则打印进程号和进程个数。

程序 7.16　MPI 主动退出执行的例子

```
#include "mpi.h"
int main(int argc, char **argv)
{   int node,size,i;
    MPI_Init(&argc, &argv);
    MPI_Comm_rank(MPI_COMM_WORLD, &node);
```

```
    MPI_Comm_size(MPI_COMM_WORLD, &size);
    if(size!=4)MPI_Abort(MPI_COMM_WORLD, 99);
    printf("id=%d  size=%d\n",node, size);
    MPI_Finalize( );
}
```

7.4.5 环形消息传递

假设一共有 N 个进程，各进程中有一个整数 m，按图 7.10 所示方式进行消息传递。程序 7.17 为对应的 MPI 并行程序。

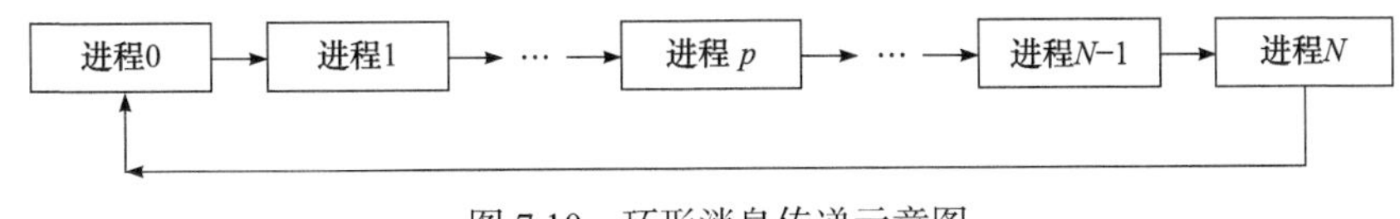

图 7.10 环形消息传递示意图

程序 7.17 环形消息传递

```
#include "mpi.h"
int main(int argc, char **argv)
{   int myid, size, m, n, next, front;  MPI_Status status;
    MPI_Init(&argc, &argv);
    MPI_Comm_rank(MPI_COMM_WORLD, &myid);
    MPI_Comm_size(MPI_COMM_WORLD, &size);
    m = n = myid*100;
    front = (size + myid - 1)% size;
    next = (myid + 1)% size;
    printf("Before communication. Myid=%d ; m= %d, n= %d\n", myid,
m, n);
    MPI_Barrier(MPI_COMM_WORLD);
    if(myid == 0)
    {    MPI_Recv(&n, 1, MPI_INT, front, 1, MPI_COMM_WORLD, &
status);
        MPI_Send(&m, 1, MPI_INT, next, 1, MPI_COMM_WORLD); }
    else
    {   MPI_Send(&m, 1, MPI_INT, next, 1, MPI_COMM_WORLD);
        MPI_Recv(&n, 1, MPI_INT, front, 1, MPI_COMM_WORLD, &
status); }
        printf("After communication. Myid=%d ; m= %d, n= %d\n",
```

```
myid, m, n);
            MPI_Finalize( );
        }
```

用 4 个进程运行该程序，执行结果如图 7.11 所示。

```
Before communication. Myid = 0; m = 0, n = 0
Before communication. Myid = 1; m = 100, n = 100
Before communication. Myid = 2; m = 200, n = 200
Before communication. Myid = 3; m = 300, n = 300
After ommunication. Myid = 0; m = 0, n= 300
After communication. Myid = 1; m = 100, n =0
After communication. Myid = 2; m = 200, n =100
After communication. Myid = 3; m = 300, n = 200
```

图 7.11　环形消息传递程序的输出结果

7.4.6　所有进程相互问候

在许多情况下需要通信域中的每个进程都和其他所有进程进行数据交换，下面给出一个通信域中的每个进程都向其他的所有进程问好的例子(图 7.12)。程序 7.18 为对应的 MPI 并行程序。

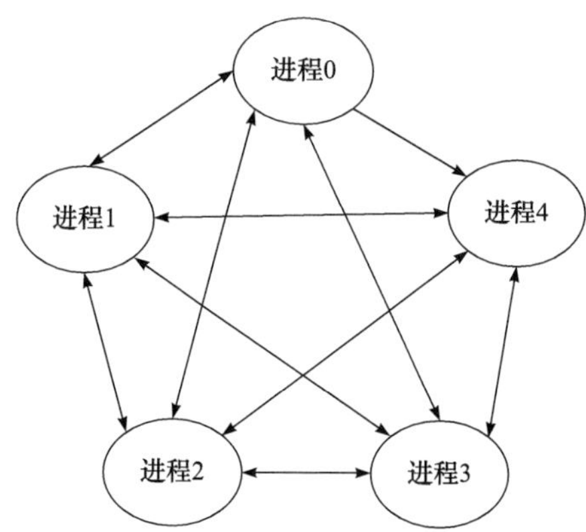

图 7.12　所有进程相互问候

程序 7.18　所有进程相互问候

```
#include "mpi.h"
#include <stdio.h>
void Hello( void );
int main(int argc, char *argv[ ])
{   int me, option, namelen, size;
```

```
    char processor_name[MPI_MAX_PROCESSOR_NAME];
    MPI_Init(&argc, &argv);
    MPI_Comm_rank(MPI_COMM_WORLD, &me); /*得到当前进程标识*/
    MPI_Comm_size(MPI_COMM_WORLD, &size); /*得到总的进程数*/
    if (size < 2){  printf("Requires at least 2 processes\n
"); /*若总进程数小于 2 则出错退出*/ MPI_Abort(MPI_COMM_WORLD, 1);  }
    MPI_Barrier(MPI_COMM_WORLD);  /*同步*/
    Hello( );  /*调用问候过程*/
    MPI_Finalize( );
  }
  void Hello( void )/*任意两个进程间交换信息，信息由发送进程标识和接收
  进程标识组成*/
  {   int nproc, me, buffer[2], node, type = 1;
    MPI_Status status;
    MPI_Comm_rank(MPI_COMM_WORLD, &me);
    MPI_Comm_size(MPI_COMM_WORLD,  &nproc);  /*得到当前进程标识和
总的进程数*/
    if ( me == 0){ printf( "\nHello test from all to all\n
" ); } /* 进程 0 打印提示信息*/
    for ( node = 0; node < nproc; node ++ )/*循环对每一个进程进行
问候*/
    {
    if (node != me)
    {   buffer[0]=me; /*将自身标识放入消息中*/
        buffer[1]=node; /*将被问候的进程标识也放入消息中*/
        MPI_Send(buffer, 2, MPI_INT, node, type, MPI_COMM_WORLD);
/*发送问候消息*/
        MPI_Recv(buffer, 2, MPI_INT, node, type, MPI_COMM_WORLD,
 &status);/*接收被问候消息*/
        if ( (buffer[0] != node)|| (buffer[1] != me))
        printf( "Mismatch on hello process ids; node = %d\n",
node );
    /*若接收到的消息内容不是问候自己的或不是以被问候方的身份问候自己则出
    错*/
        printf( "  Hello from %d to %d", me, node ); /*打印出问
候对方成功的信息*/
    }
    }
```

```
    printf("\n");
}
```

用 5 个进程运行该程序，执行结果如图 7.13 所示。

```
Hello test form all to all
 Hello from 1 to 0  Hello from 1 to 2  Hello from 1 to 3  Hello from 1 to 4
 Hello from 0 to 1  Hello from 0 to 2  Hello from 0 to 3  Hello from 0 to 4
 Hello from 4 to 0  Hello from 4 to 1  Hello from 4 to 2  Hello from 4 to 3
 Hello from 3 to 0  Hello from 3 to 1  Hello from 3 to 2  Hello from 3 to 4
 Hello from 2 to 0  Hello from 2 to 1  Hello from 2 to 3  Hello from 2 to 4
```

图 7.13　所有进程相互问候程序的输出结果

7.4.7　任意源和任意标识的使用

在接收操作中，通过使用任意源和任意标识，使得该接收操作可以接收任何进程以任何标识发送给本进程的数据。下面给出一个使用任意源和任意标识的例子(图 7.14)，其中进程 0 接收来自其他所有进程的消息，然后将各消息的内容、消息来源和消息标识打印出来。程序 7.19 为对应的 MPI 并行程序。

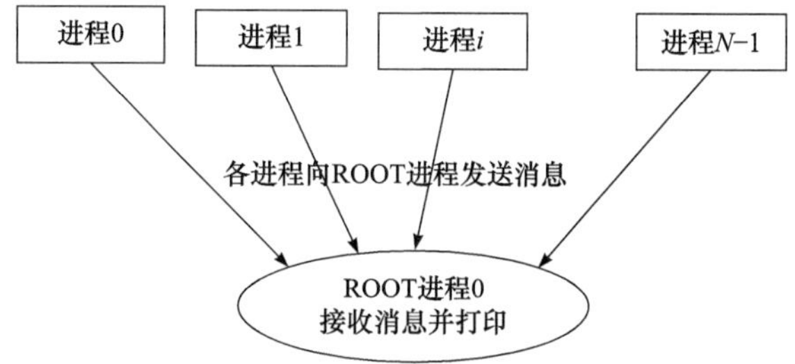

图 7.14　接收任意源和任意标识的消息

程序 7.19　接收任意源和任意标识的消息

```
    #include "mpi.h"
    #include <stdio.h>
    int main( int argc, char ** argv )
    {  int rank, size, i, buf[1];  MPI_Status status; MPI_Comm
comm=MPI_COMM_ WORLD;
       MPI_Init(&argc, &argv);
       MPI_Comm_rank(comm, &rank);
       MPI_Comm_size(comm, &size);
       if (rank==0)
```

```
{   for (i=0; i<100*(size-1); i++)
    {       MPI_Recv(buf,  1,  MPI_INT,  MPI_ANY_SOURCE,
MPI_ANY_TAG, comm, &status);
        printf("Msg=%d  from  %d  with  tag  %d\n",  buf[0],
status.MPI_SOURCE, status.MPI_TAG);  }
    }
  else
 {   for (i=0; i<100; i++)
     {   buf[0] = rank + i;
         MPI_Send(buf, 1, MPI_INT, 0, i, MPI_COMM_WORLD); }
     }
    MPI_Finalize( );
 }
```

7.4.8　编写安全的 MPI 程序

编写 MPI 程序时，如果通信调用的顺序不当，很容易造成死锁，程序 7.20 是引起消息死锁的例子。为说明问题方便，将该程序中的 4 个消息传递调用分别命名为 A、B、C、D(程序中的注释)。

程序 7.20　总会死锁的 MPI 程序段

```
MPI_Comm_rank(MPI_COMM_WORLD, &rank);
if(rank==0)
{   MPI_Recv(x2, 3, MPI_INT, 1, tag, MPI_COMM_WORLD, &status);
/*A*/
    MPI_Send(x1, 3, MPI_INT, 1, tag, MPI_COMM_WORLD); /*C*/}
if(rank==1)
{   MPI_Recv(x1, 3, MPI_INT, 0, tag, MPI_COMM_WORLD, &status);
/*B*/
    MPI_Send(x2, 3, MPI_INT, 0, tag, MPI_COMM_WORLD); /*D*/}
```

程序 7.20 的执行流程如图 7.15 所示，该例中接收语句 A 能否完成取决于发送语句 D， 即 A 依赖于 D；从执行次序可以看出，发送消息语句 C 的执行又依赖于它前面接收语句 A 的完成，即 C 依赖于 A；同时，接收语句 B 能否完成取决于进程 0 的第二条发送语句 C 的执行，即 B 依赖于 C；从执行次序可以看出，语句 D 的执行又依赖于 B 的完成。故 A 依赖于 D， D 依赖于 B，B 依赖于 C，C 依赖于 A，形成了一个环，进程 0 和进程 1 相互等待，彼此都无法执行，导致死锁。

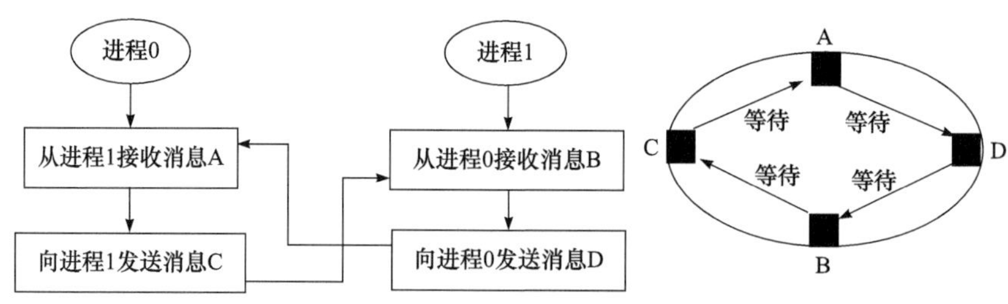

图 7.15　总会死锁的通信调用次序

若两个进程需要相互交换数据，在两个进程中首先都进行接收调用显然是不合适的。那么同时先进行发送调用(程序 7.21，图 7.16) 的结果又是怎样的呢?

程序 7.21 的执行流程如图 7.16 所示，由于进程 0 或进程 1 的发送需要系统提供缓冲区(在 MPI 的四种通信模式中有详细的解释)，如果系统缓冲区不足，则进程 0 或进程 1 的发送将无法完成；相应的，进程 1 和进程 0 的接收也无法正确完成。显然对于需要相互交换数据的进程，直接将两个发送语句写在前面也是不安全的。

程序 7.21　不安全的消息发送接收顺序

```
MPI_Comm_rank(MPI_COMM_WORLD, &rank);
if(rank==0)
{   MPI_Send(x1 , 3 , MPI_INT,1,tag, MPI_COMM_WORLD);
   MPI_Recv(x2 , 3 , MPI_INT,1,tag, MPI_COMM_WORLD,&status);   }
if(rank == 1)
{   MPI_Send(x2, 3 ,MPI_INT,0,tag, MPI_COMM_WORLD);
   MPI_Recv(x1, 3 ,MPI_INT,0,tag, MPI_COMM_WORLD,&status);   }
```

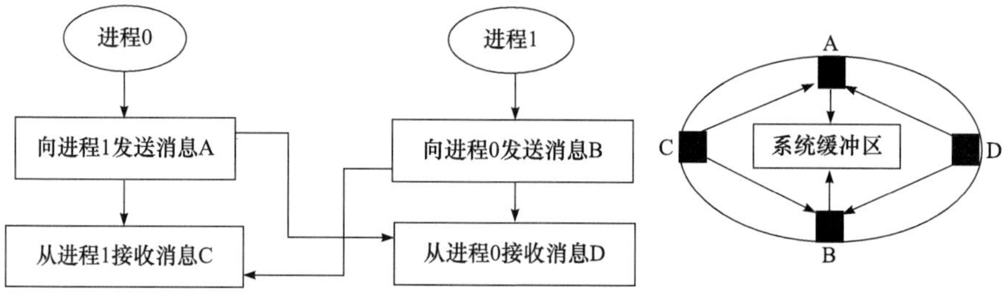

图 7.16　不安全的通信调用次序

下面介绍一种可以保证消息安全传递的通信调用次序(图 7.17)，即当两个进程需要相互交换数据时，一定要将它们的发送和接收操作按照次序进行匹配，即一个进程的发送操作在前，接收操作在后；而另一个进程的接收操作在前，发送操作在后，前后两个发送和接收操作要相互匹配。

程序 7.22 的执行流程如图 7.17 所示，C 的完成只需要 A 完成，而 A 的完成只要有对应的 D 存在，则不需要系统提供缓冲区也可以进行，这里恰恰满足这样的条件，因此 A 总能够完成，因此 D 也一定能完成。当 A 和 D 完成后，B 的完成只需要相应的 C，不需要缓冲区也能完成，因此 B 和 C 也一定能完成，所以说这样的通信形式是安全的。显然 A 和 C、D 和 B 同时互换也是安全的。

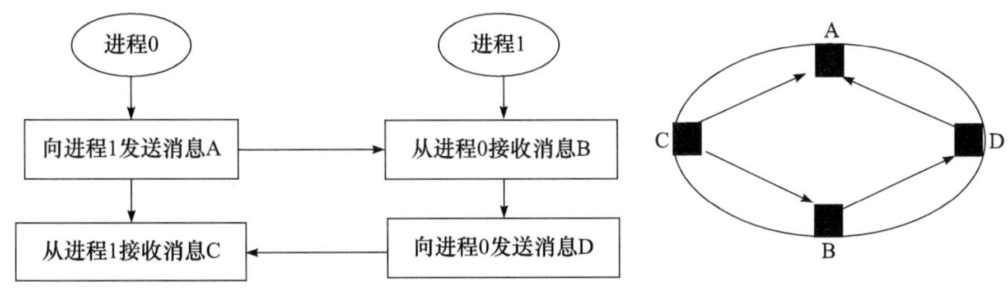

图 7.17 安全的通信调用次序

程序 7.22 安全的消息发送接收顺序

```
MPI_Comm_rank(MPI_COMM_WORLD, &rank);
if(rank==0)
{   MPI_Send(x1, 3, MPI_INT, 1, tag, MPI_COMM_WORLD);
   MPI_Recv(x2, 3, MPI_INT, 1, tag, MPI_COMM_WORLD, &status);   }
if(rank==1)
{   MPI_Send(x2, 3, MPI_INT, 0, tag, MPI_COMM_WORLD);
   MPI_Recv(x1, 3, MPI_INT, 0, tag, MPI_COMM_WORLD, &status);   }
```

第 8 章　MPI 的安装与并行编程环境的设置

本章以 MPICH2 为例介绍 MPI 的安装与并行编程环境的设置方法。并行编程环境的设置方法有很多种，本章只介绍其中一种。本章内容包括 MPICH2 在两种典型的操作系统 Linux 和 Windows 上的安装、MPI 程序的编译和运行。读者可以按照本章介绍的方法安装 MPICH2、编写和运行各种 MPI 程序。值得一提，MPICH2 可以免费从网上下载。

8.1　Linux 环境下的 MPICH2 安装与设置

Linux 环境下的 MPICH2 安装与设置步骤如下。

步骤 1　下载 MPICH2 安装包。下载地址：http://www.mpich.org/downloads/，根据不同的操作系统，选择不同版本的安装包。本章以 Red Hat 4.1.2 系统为例，下载得到的软件安装压缩包为：mpich-3.3.tar.gz。

步骤 2　解压文件。流程：①创建目录存放安装包（创建目录：/home/mpi_test/program/mpich2-install/soft，并将下载的安装包拷贝至该文件夹下）；②创建 MPI 安装目录（创建目录：/home/mpi_test/program/mpich2-install/install）；③进入安装压缩包的目录，命令为 cd /home/mpi_test/program/mpich2-install/soft；④解压压缩包，命令为 tar –xzvf mpich-3.3.tar.gz。

步骤 3　安装。流程：①进入解压缩文件夹，命令为 cd/home/mpi_test/program/ mpich2-install/soft/mpich-3.3；②配置（./configure –prefix=[安装路径]），命令为：./configure –prefix=/home/mpi_test/program/mpich2-install/install；③接着依次执行如下命令：make; make install。

步骤 4　设置环境变量，在 PATH 中添加 MPI 的 bin 目录。流程：①用 vi 打开主目录中的.bashrc 文件，命令为 vi ～/.bashrc；②在文件末尾添加（export PATH=[MPI 安装路径]/bin:$PATH）：export PATH=/home/mpi_test/program/mpich2-install/install/bin:$PATH；③保存并退出.bashrc 文件，命令为：wq；④使修改的.bashrc 文件生效：source ～/.bashrc。

步骤 5　编译 MPI 程序，在放置 MPI 程序的文件夹中执行 mpicc [程序名] –o [可执行文件名]。如 mpicc Hello_World.c –o hello_world。

步骤 6　执行 MPI 程序（mpirun –n [进程数] ./[可执行文件名]）。命令为 mpirun –n 8 ./hello_world。

8.2 Windows 环境下 MPICH2 的安装与设置

8.2.1 安装

安装步骤如下。

步骤 1 下载 MPICH2 软件包。下载地址：http://www.mpich.org/ downloads/，通过下载可得到文件：mpich2-1.4.1p1-win-x86-64.man(64 位)；mpich2-1.4.1p1-win-ia32.man(32 位)。将下载好的.man 文件后缀改为.msi，即可在 windows 上进行安装，win64 位和 win32 位 MPICH2 安装过程相同，下面安装过程以 win32 位系统为例进行说明。

步骤 2 安装。双击修改完后缀的 MPICH2 程序包 mpich2-1.4.1p1-win-x86-64.msi，并按提示进程安装。默认安装目录为 C：\Program Files\MPICH2，选中 Everyone，接着按照提示完成安装即可。

步骤 3 计算机环境变量中加入 mpich2 的路径。方法：右击计算机(此电脑)—属性—高级系统设置—高级—环境变量—path 中加入 C:\Program Files\MPICH2\bin 路径(图 8.1)。

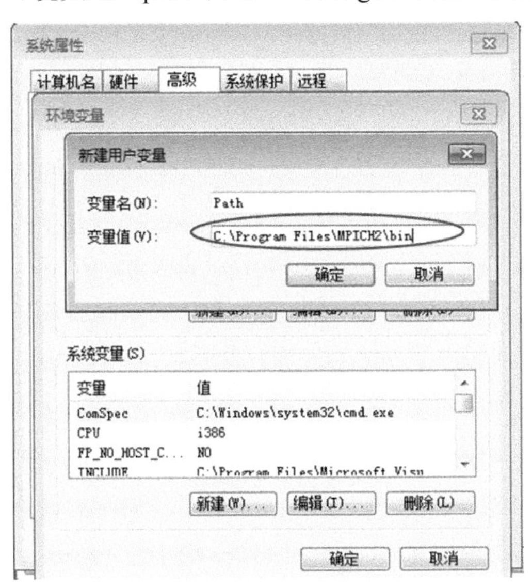

图 8.1 环境变量中加入 mpich2 的路径

步骤 4 双击运行 C:\Program Files\MPICH2\bin 目录下的 wmpiregister。流程：①输入账户的用户名与密码；②点击 Register 注册；③点击 OK 确认(提醒：用户名和密码必须是有管理员权限的密码，否则在运行该软件的时候将会出错)。

步骤 5 流程：①以管理员身份启动命令名提示符：找到命令处理程序 C:\Windows\System32\cmd.exe，点击右键：选择以管理员身份运行；②在 C:\Program Files\MPICH2\bin 目录下运行：smpd -install -bunny(账户名)*******(账户密码)。

步骤 6 配置。运行 C:\Program Files\MPICH2\bin 目录下的 wmpiconfig，按照提示完成操作。

步骤 7 验证安装是否正确完成。流程：①查看 C：\Program Files\MPICH2 目录是否存在；②打开“任务管理器”中的“服务”选项卡，查看是否有一个 smpd.exe 进程。如果有，说明安装成功。以后每次启动系统，该进程将自动运行。

步骤 8 采用相同的方法完成局域网内其他计算机的安装工作。要求：①均为管理员账户；②目标目录必须完全相同。

8.2.2 编译运行 C+MPI 程序

8.2.2.1 在 VC++6.0 上编写并运行 MPI 程序

步骤如下所示。

步骤 1 新建一个 Win32 Console Application 工程。流程：①文件 –> 新建–>工程，填写工程名称和位置；②打开该工程并点击工程 –>设置(用 alt + F7 也可打开)；③在左侧“设置”中选择“所有配置”，右侧选中“c/c++”选项卡，“分类”中选“预处理器”，在“附加包含路径”框中输入“C:\Program Files\MPICH2\ include”(MPI 安装目录)(图 8.2)；

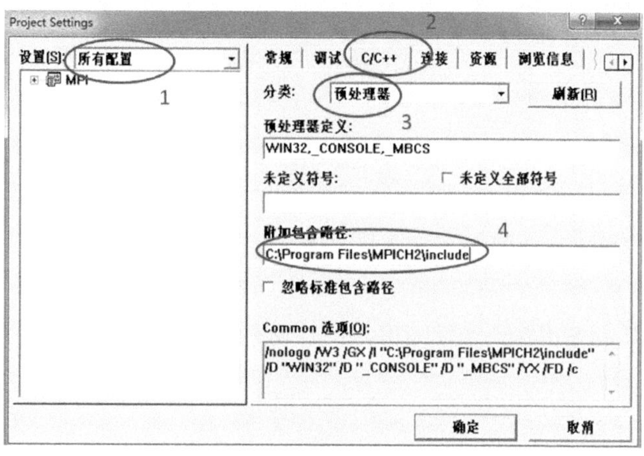

图 8.2 配置附加包含路径

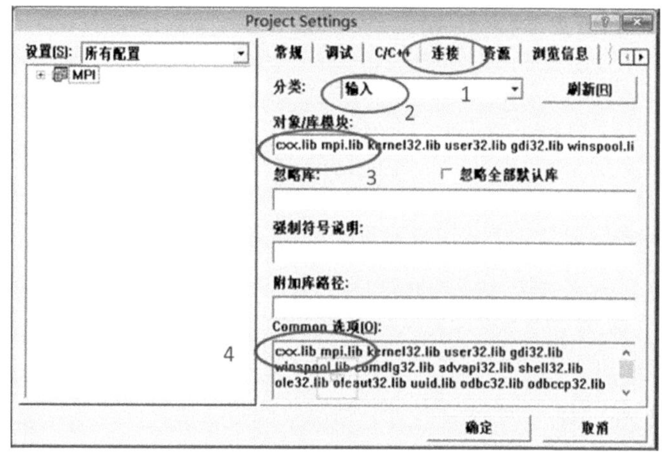

图 8.3 配置对象/库模块

④选择“连接”选项卡，“分类”中选“输入”，在“对象/库模块”中添加 cxx.lib 和 mpi.lib 到对象/库模块框中（以空格分隔），点击“确定”，cxx.lib 和 mpi.lib 会出现在“common 选项”框中（图 8.3）；⑤还是在“连接”选项卡中，添加 C:\Program Files\MPICH2\lib（即 MPI 安装目录）到“附加库路径”，点击“确定”，完成配置。

步骤 2 MPI 程序的编写和运行。流程：①新建 C++源程序文件（图 8.4）；②输入程序，在 C++源程序文件中输入所编写的 MPI 程序，需要注意的是在 C+MPI 源程序文件需要添加宏定义#define MPICH_SKIP_MPICXX；③点击组建 –>全部重建，编译完成后生成可执行的 exe 文件（图 8.5）；④在 Debug 文件夹里找到生成的 exe 文件，Debug 文件夹在当前工程目录下；⑤用 MPIEXEC 运行 exe 文件（MPIEXEC 的位置：C:\Program Files\MPICH2\bin），先在右侧选择所需进程数，然后点击左侧 Execute 运行。若选中 run in an separate window，则弹出独立的 cmd 窗口，程序中的输出结果均显示在独立的窗口中（即运行 C 语言程序的黑框），若不选该选项，程序中的输出结果则显示在下方空白状态窗中（图 8.6）。

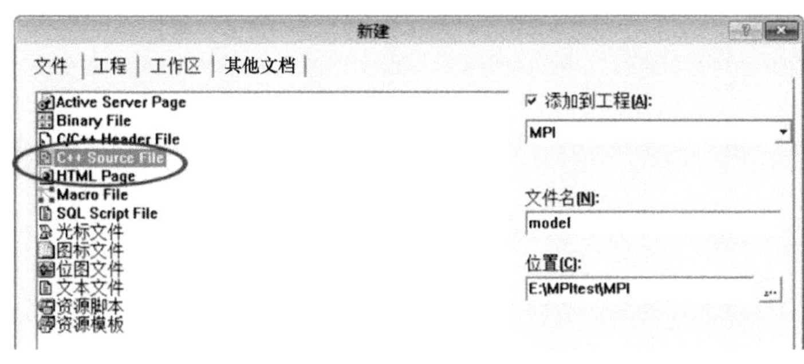

图 8.4　新建 C++源文件

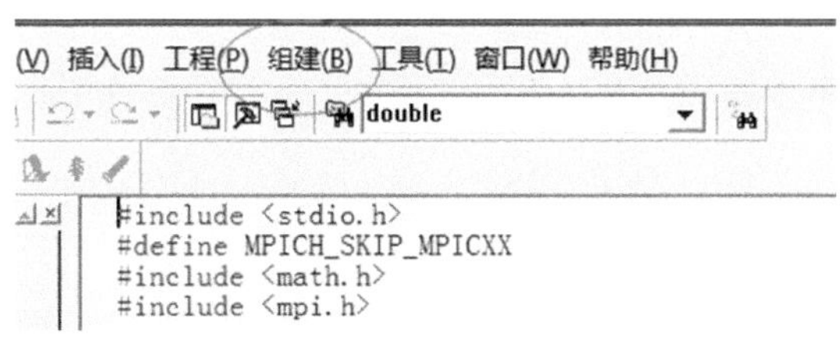

图 8.5　全部组建

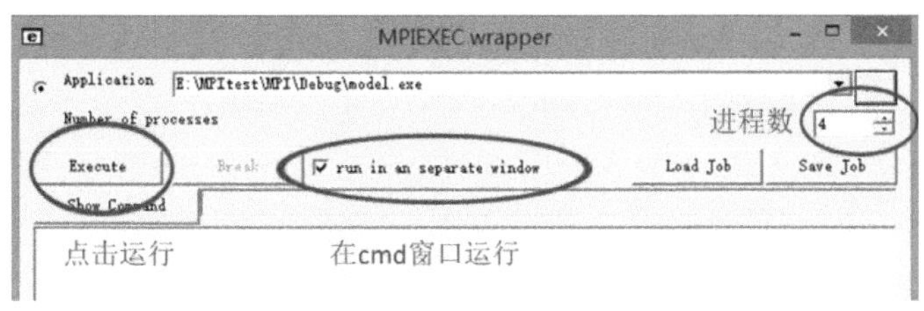

图 8.6　使用 MPIEXEC 执行 MPI 程序

此时已完成在单台计算机中运行多进程的 MPI 程序。如果需要在多台计算机上运行 MPI 程序时，需要注意以下几点：①各台机器均装有 MPI，且 MPI 文件所在的目录相同；

②同一个 MPI 程序在各台机器上的位置必须相同；③同一个 MPI 程序必须在所有机器上进行编译；④各台机器的用户名必须是系统管理员账户；⑤关闭各台电脑的 windows 防火墙；⑥只有零进程能够进行输入操作。

8.2.2.2　在 VS 上编写并运行 MPI 程序

在 VS 上编写并运行 MPI 程序需要设置 C++的编译环境。流程：①启动 Visual studio 2013；②新建项目–>Visual C++->空项目->输入名称–>确定（假定输入的项目名为 mpi）；③右击源文件–>添加->新建项–>C++文件（.cpp）---输入名字–>点击“添加”；④加入程序代码；⑤右击解决方案–>配置管理器–>活动解决方案平台–>新建–>键入或选择新平台–>选择 X64–>确定（如果为 32 位，则跳过 5）（图 8.7，图 8.8）；⑥项目–>mpi 属性，在 C/C++–>常规–>附加包含目录中加入 C:\program files\ mpich2\lnclude（图 8.9）；⑦项目–>mpi 属性–>链接器–>常规 –> 附加库目录中加入 c:\program files\mpich2\lib（图 8.10）；⑧项目–>mpi 属性–>链接器–>输入–>附加依赖项中加入 mpi.lib，点击应用，确定（图 8.11）；⑨生成–>生成解决方案；⑩打开 C：\Program Files\MPICH2\bin 目录下，双击 wmpiexec.exe，打开生成的可执行文件，输入计算所用的进程数，点击运行。

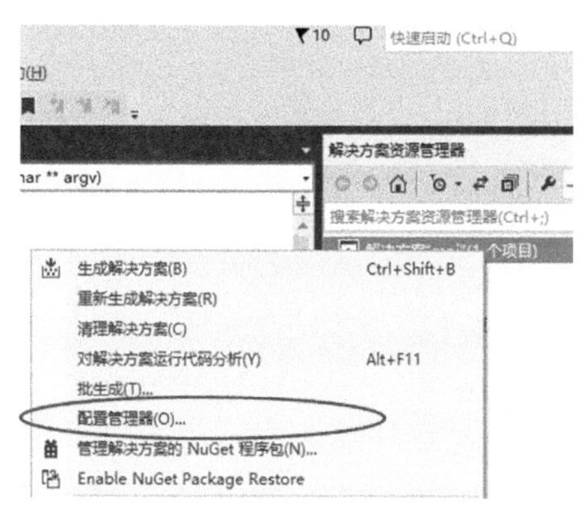

图 8.7　打开配置管理器

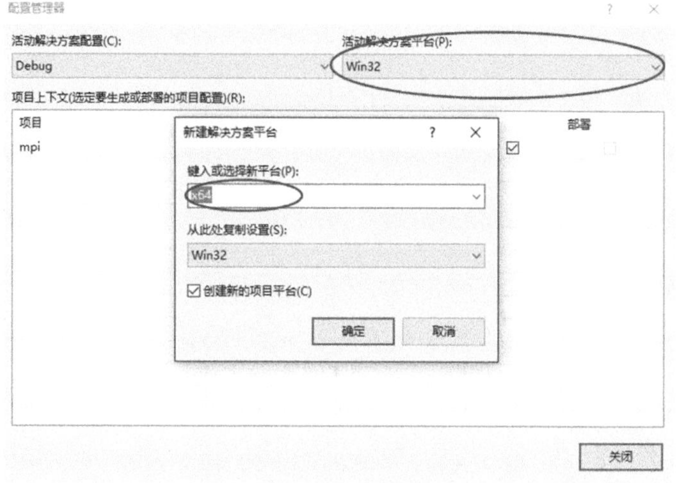

图 8.8　设置配置管理器

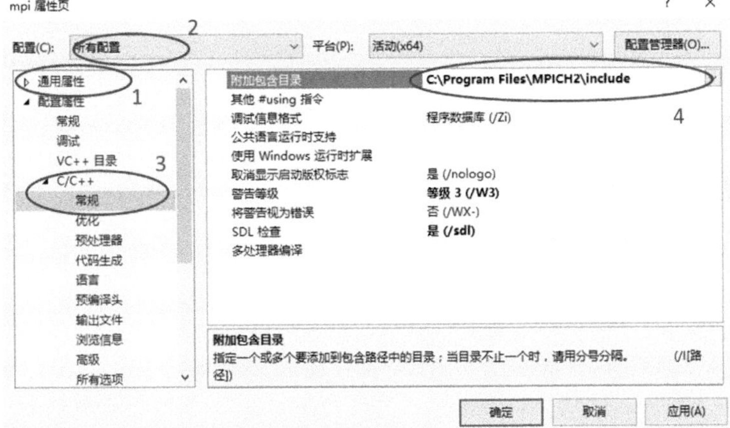

图 8.9　设置 MPI 属性页

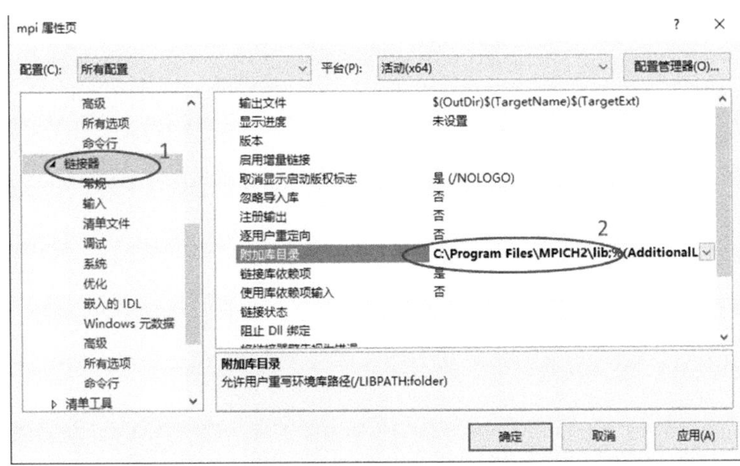

图 8.10　设置 MPI 属性页

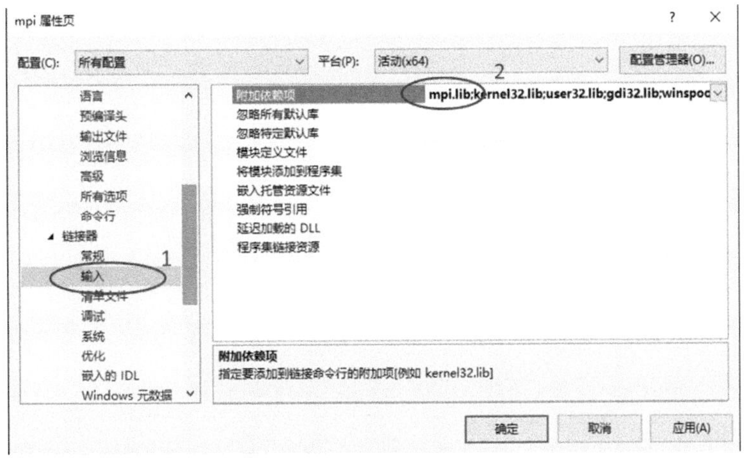

图 8.11　设置 MPI 属性页

8.2.3 编译运行 Fortran+MPI 程序

8.2.3.1 在 vf6.5 上编写并运行 MPI 程序

在 vf6.5 上编写并运行 MPI 程序流程：①新建 Fortran console Application(图 8.12)；②在空界面中打开：工程–>设置；③为所有选项设定点选 Link–>input，在 Object/library modules 中添加 fmpich2s.lib，添加内容会出现在 common option 中(图 8.13)；④点选 Tools–>Directions，分别在 include files、library 中添加对应的 mpich2 库路径：C:\Program Files\MPICH2\include 和 C:\Program Files\MPICH2\lib(图 8.14)；⑤MPI 程序的编写和运行。VF 的 MPI 程序的编写和运行与 VC 类似，新建 Fortran fixed Format Source File，写入代码并编译，将编译成功后 Debug 文件夹中的.exe 文件在 vmpiexec.exe 中运行即可。

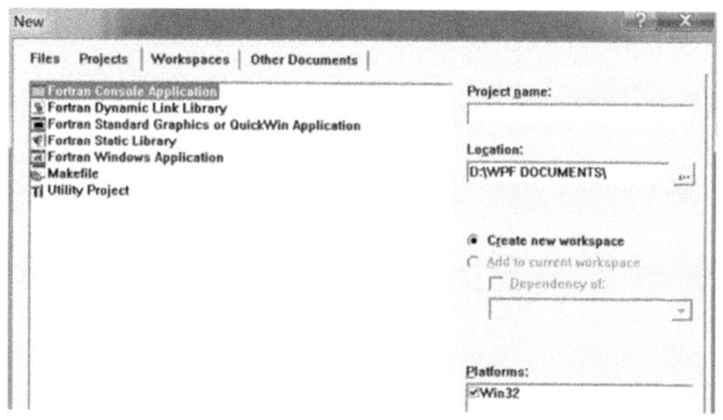

图 8.12 新建 Fortran console Application

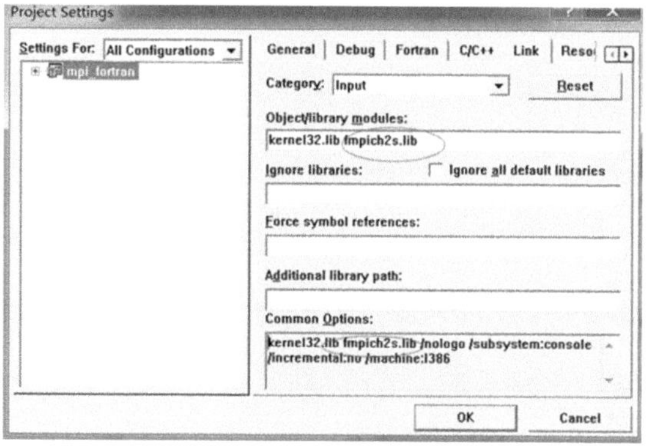

图 8.13 设置

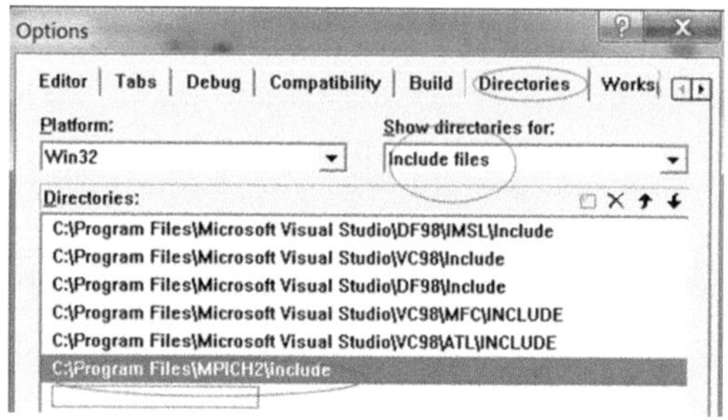

图 8.14 设置

8.2.3.2 在 VS 上编写并运行 MPI 程序

在 VS 上编写并运行 MPI 程序的环境设置流程：①启动 Visual studio 2008；②新建项目–>intel(R) visual fortran–>console application–>empty project–>确定(假定输入的项目名为 Console1)(图 8.15)；③source files–>添加–>新建项–>fortran fixed form file–>输入文件名–>点击添加；④加入程序代码；⑤点击解决方案平台–>配置管理器–>活动解决方案平台–>X64(图 8.16, 图 8.17)；⑥项目–>Console1 属性–>配置–>所有配置；平台–>活动 X64(图 8.18)；⑦项目–>Console1 属性–>fortran–>preprocessor–>additional include directory 中加入相应内容(图 8.19)；⑧项目–>Console1 属性–>linker–>general–>additional Library directorier 中加入 c:\program files\mpich2\lib(图 8.20)；⑨项目–>Console1 属性–>linker–>input–>additional dependencis 中加入 mpi.lib fmpich2.lib(用空格分开)，点击应用，确定(图 8.21)；⑩生成–>生成解决方案；⑪打开 C：\Program Files\MPICH2\bin 目录，双击 wmpiexec.exe，打开生成的可执行文件，输入计算所用的进程数，点击 Execute 执行。

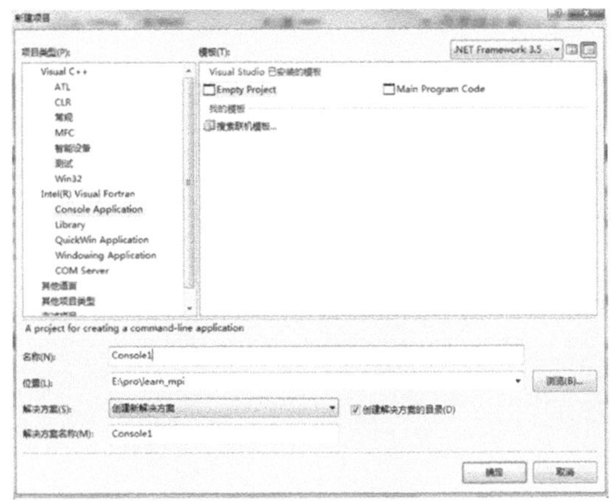

图 8.15　VS 中新建项目

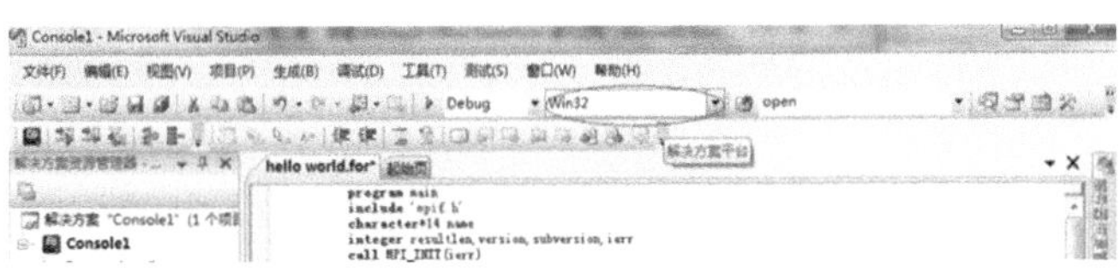

图 8.16　设置活动解决方案平台

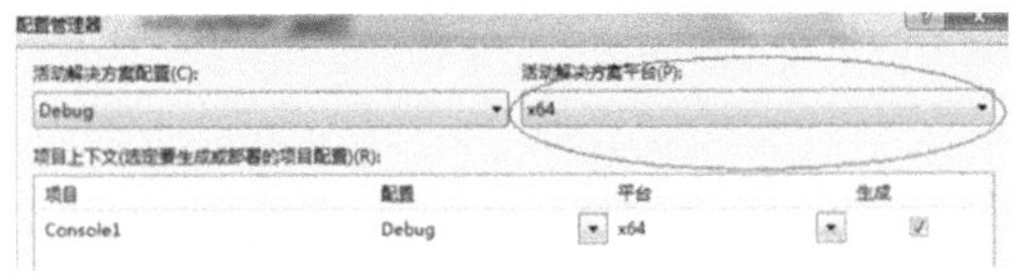

图 8.17　设置活动解决方案平台

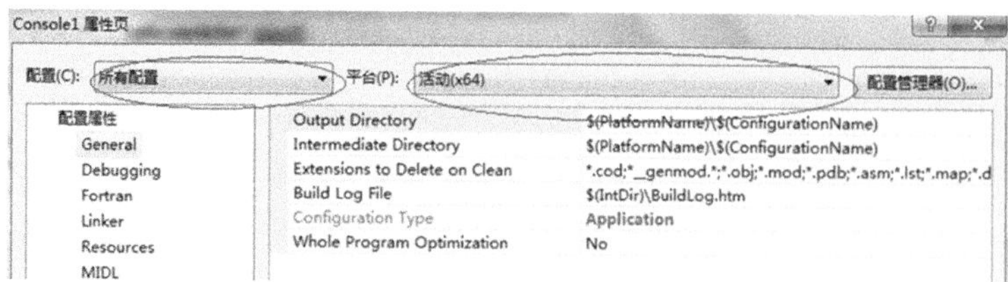

图 8.18　设置属性页

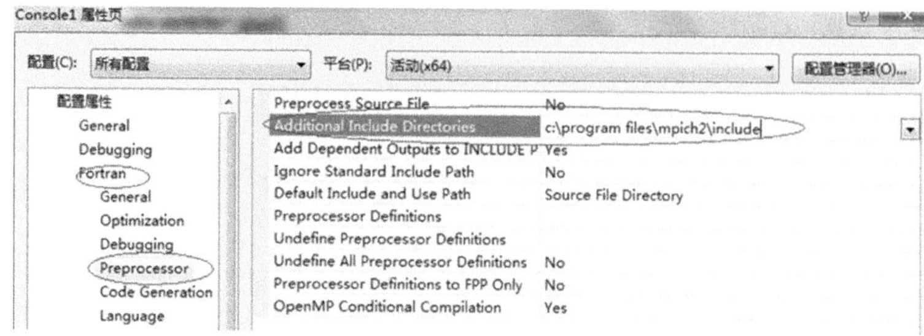

图 8.19　设置属性页

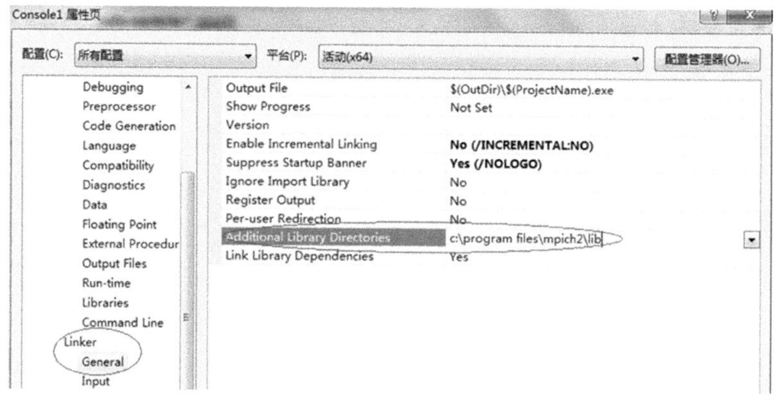

图 8.20　设置属性页

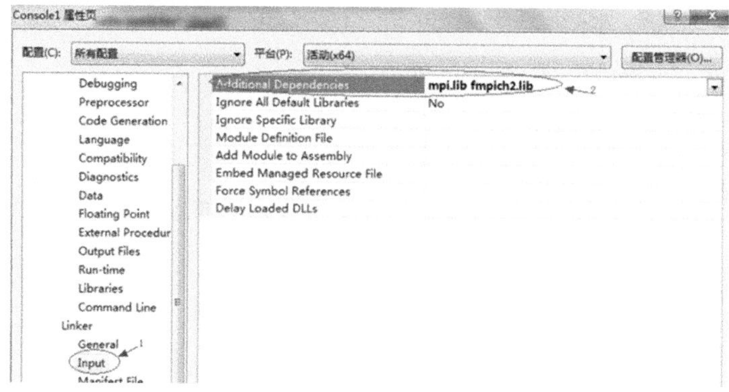

图 8.21　设置属性页

第 9 章 对等模式与主从模式的 MPI 程序设计

本章介绍对等模式和主从模式的 MPI 程序设计思路与方法。绝大部分 MPI 程序都是这两种模式之一或二者的组合，掌握了这两种模式，就掌握了 MPI 并行程序设计的主线。从本章开始，对 MPI 调用的介绍只给出不依赖具体语言的原型说明，不再给出 C 形式的调用接口和 Fortran 形式的调用接口，读者可在本篇第 16 章或其他资料中查看相关 MPI 调用的 C 形式接口和 Fortran 形式接口，其他语言的 MPI 接口需要在相关网站上查询。

9.1 对等模式 MPI 程序设计

对等模式指 MPI 程序中各个进程的功能、地位相同或相近，各进程的代码也相近，所不同的只是处理的对象和操作的数据。本节通过雅可比(Jacobi)迭代来了解对等模式的 MPI 程序设计方法。

9.1.1 问题描述——雅可比迭代

Jacobi 迭代得到的新值是原来旧值点相邻数值点的平均。Jacobi 迭代具有很高的并行性，将参加迭代的数据按块分割后，各块之间除了相邻的元素需要通信外，在各块的内部可以完全独立地并行计算。随着计算规模的扩大，通信开销的相对比例会降低。这有利于提高并行效果。程序 9.1 是 Jacobi 迭代的串行 C 语言代码。

程序 9.1 用 C 语言实现的 Jacobi 迭代串行代码

```
for( k=0; k<setp; k++)
{   for(i=0; i<n; i++)
      for(j=0; j<m; j++)b[i][j] = 0.25 * (a[i-1][j] + a[i+1][j]
+ a[i][j-1] + a[i][j+1])
    for(i=0; i<n; i++)
      for(j=0; j<m; j++)a[i][j] = b[i][j]
}
```

9.1.2 用 MPI 程序实现雅可比迭代

为了并行求解，将参加迭代的数据按行进行分割，并假设一共有 4 个进程同时并行计算，数据的分割结果见图 9.1。

假设需要迭代的数据是 $M\times M$ 的二维数组 A(M,M)，并设 $M=4\times N$，按图 9.1 进行数据划分，则分布在四个不同进程上的数据分别是：进程 0：A$(1:N, M)$；进程 1：A$(N+1:2\times N, M)$；进程 2：A$(2\times N+1:3\times N, M)$；进程 3：A$(3\times N+1:M, M)$。

迭代过程中，边界点新值的计算需要相邻边界其他块的数据，因此在每一个数据块的上下两侧又各增加 1 行，用于存放从相邻数据块通信得到的数据。这样原来每个数据块的大小从 $N\times M$ 扩大到$(N+2)\times M$，进程 0 和进程 3 的数据块只需扩大一行即可满足通信的要求，但为了编程方便和形式一致，在两边都增加了数据块(图 9.1 中的深灰色部分)。

计算和通信过程是这样的，首先对数组赋初值，边界赋为 6，内部赋为 0，注意对不同的进程，赋值方式是不同的。然后开始进行 Jacobi 迭代，在迭代之前，每个进程都需要从相邻的进程得到数据块，同时每一个进程也都需要向相邻的进程提供数据块(图 9.2，注意 C 语言中二维数组在内存中是按行排列的)。由于每一个点的新值是由相邻点的旧值得到的，所以这里引入一个中间数组 B 来记录临时得到的新值，一次迭代完成后，再进行更新操作。程序 9.2 是这一例子的完整程序。

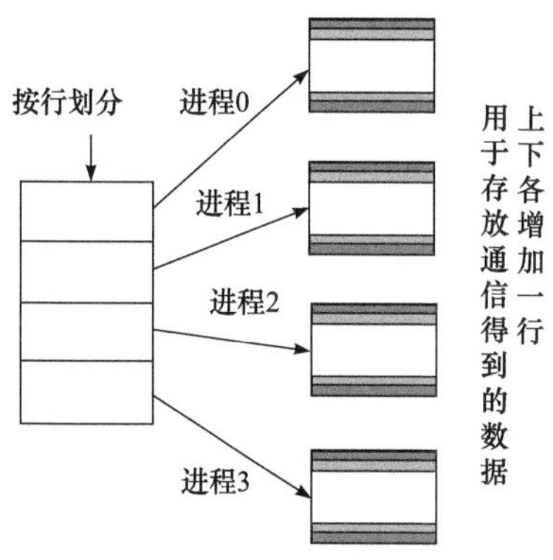

图 9.1　Jacobi 迭代的数据划分及其与相应进程的对应

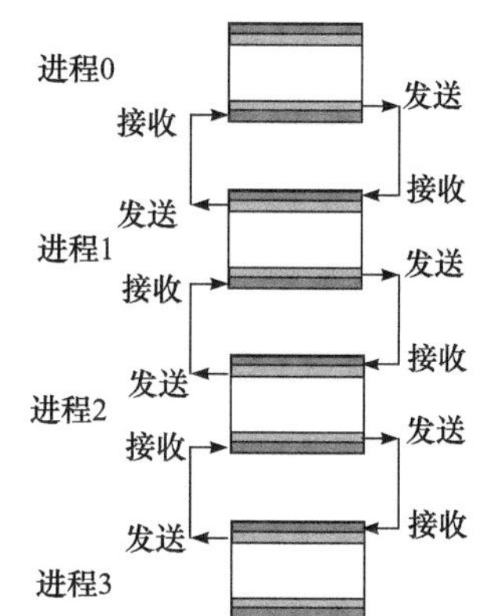

图 9.2　Jacobi 迭代的通信数据图示

程序 9.2　用 C+MPI 实现的雅可比迭代

```
#include "mpi.h"
#include <stdio.h>
#define N 88
#define SIZE N/4
#define T 22
void print_myRows(int, float [ ][N]);
```

```
int main(int argc, char *argv[ ])
{   float myRows[SIZE+2][N], myRows2[SIZE+2][N];
int myid, i, j, step, r_begin, r_end;
MPI_Status status;
MPI_Comm comm = MPI_COMM_WORLD;
MPI_Init(&argc, &argv);
MPI_Comm_rank(comm, &myid);  /*以下进行二维数组的初始化*/
for (i=0; i<SIZE+2; i++)
   for (j=0; j<N; j++) myRows[i][j] = myRows2[i][j] = 0;
if (myid == 0){ for (j=0; j<N; j++)myRows[1][j] = 6.0; }
if (3==myid){ for (j=0; j<N; j++) myRows[SIZE][j] = 6.0; }
for (i=1; i<SIZE+1; i++) myRows[i][0] = myRows[i][N-1] = 6.0;
for (step=0; step<T; step++)/*Jacobi 迭代部分*/
{   // 传递数据
if (myid<3)MPI_Recv(&myRows[SIZE+1][0], N, MPI_FLOAT, myid+1, 0, comm, &status);
// 从下方进程接收数据
if (myid>0) MPI_Send(&myRows[1][0], N, MPI_FLOAT, myid-1, 0, comm);
// 向上方进程发送数据
if (myid<3)MPI_Send(&myRows[SIZE][0], N, MPI_FLOAT, myid+1, 0, comm);
// 向下方进程发送数据
if (myid>0)MPI_Recv(&myRows[0][0], N, MPI_FLOAT, myid-1, 0, comm, &status);
// 从上方进程接收数据
// 计算并更新
r_begin = (0 == myid)? 2:1;  //计算迭代的起始行
r_end = (3 == myid)? SIZE-1:SIZE;  //计算迭代的终止行
for (i = r_begin; i <= r_end; i++) //新值等于周围 4 个点的旧值的平均
  for (j = 1; j<N-1; j++)
    myRows2[i][j]=0.25*(myRows[i][j-1]+myRows[i][j+1]+myRows[i-1][j]+myRows[i+1][j]);
for (i = r_begin; i<=r_end; i++)
  for (j = 1; j<N-1; j++)  myRows[i][j] = myRows2[i][j];
}
print_myRows(myid, myRows);
MPI_Finalize();
```

```
}
void print_myRows(int myid, float myRows[][N])
{   int  i, j;
printf("Result in process %d:\n", myid);
for(i = 0; i<SIZE+2; i++)
{   for(j = 0; j<N; j++) printf("%1.3f\t", myRows[i][j]);
    printf("\n");   }
}
```

程序 9.2 也可以改为 Fortran+MPI 程序，由于 Frotran 语言中二维数组按列存放，因此为编程方便起见，我们对该数据按列划分，本章直接给出其 Fortran+MPI 程序(为方便起见，本书忽略 Fortran 源程序的书写格式，程序中的汉字均为注释)(程序 9.3)。

程序 9.3　用 Fortran+MPI 实现的 Jacobi 迭代

```
program main
include "mpif.h"
integer totalsize, mysize, steps, n, myid, numprocs, i, j, rc
Parameter ( totalsize = 88, mysize = totalsize/4, steps = 25)
Real a( totalsize, mysize + 2 ), b( totalsize, mysize + 2 )
Integer begin_col, end_col, ierr, status( MPI_STATUS_SIZE )
call MPI_INIT(ierr)
call MPI_COMM_RANK( MPI_COMM_WORLD, myid, ierr )
call MPI_COMM_SIZE( MPI_COMM_WORLD, numprocs, ierr )
do j = 1, mysize+2        数组初始化
  do i = 1, totalsize
    a(i, j)= 0.0
  end do
end do
if (myid .eq. 0)then
  do i = 1, totalsize
    a(i, 2)= 6.0
  end do
end if
if (myid .eq. 3)then
  do i = 1, totalsize
    a(i, mysize+1)= 6.0
  end do
end if
do i = 1, mysize+2
```

```
      a(1, i)= 6.0
      a(totalsize, i)= 6.0
    end do
    do n = 1, steps        Jacobi 迭代部分
      if (myid .lt. 3)      (从右侧的邻居得到数据)
        call  MPI_RECV(a(1,mysize+2),totalsize,MPI_REAL,myid+1,10,
MPI_COMM_WORLD, status, ierr)
    if (myid .gt. 0)    (向左侧的邻居发送数据)
      call MPI_SEND(a(1, 2), totalsize, MPI_REAL, myid - 1, 10,
MPI_COMM_WORLD, ierr)
    if (myid .lt. 3)    (向右侧的邻居发送数据)
      call  MPI_SEND(a(1,  mysize+1),totalsize,  MPI_REAL,  myid+1,
10,MPI_COMM_WORLD, ierr)
    if (myid .gt. 0)      (从左侧的邻居接收数据 )
      call  MPI_RECV(a(1,  1),  totalsize,  MPI_REAL,  myid-1,  10,
MPI_COMM_WORLD, status, ierr)
      (数据通信部分完成 )
    begin_col = 2
    end_col = mysize + 1
    if (myid .eq. 0) begin_col = 3
    if (myid .eq. 3) end_col = mysize
    do j = begin_col, end_col
      do i = 2, totalsize-1
        b(i, j)= 0.25*(a(i, j+1)+ a(i, j-1)+ a(i+1, j)+ a(i-1, j))
      end do
    end do
    do j = begin_col, end_col
      do i = 2, totalsize - 1
          a(i, j)= b(i, j)
        end do
      end do
    end do
    do i = 2, totalsize-1
      print *, myid, (a(i, j), j = begin_col, end_col)
    end do
    call MPI_FINALIZE(rc)   (MPI 程序结束)
    end
```

9.1.3 采用捆绑发送接收实现雅可比迭代

上面的 Jacobi 迭代例子中，每个进程都要向相邻进程发送数据，同时从相邻进程接收数据，如果在编程过程中不注意发送与接收的次序，则很有可能引起消息死锁。MPI 提供了捆绑发送和接收操作，可以在一条 MPI 语句中同时实现向其他进程发送数据和从其他进程接收数据操作。该调用可在一定程度上避免消息死锁。

捆绑发送和接收操作把发送一个消息到某进程和从另一个进程接收一个消息合并到一个调用中，源进程和目标进程可以相同也可以不同。捆绑发送接收操作虽然在语义上等同于一个发送操作和一个接收操作的结合，但由于系统会优化发送与接收的先后次序，因此它可以避免单独书写发送或接收操作时由收发次序造成的死锁，最大限度避免死锁的产生。

捆绑发送接收操作是不对称的，由捆绑调用发出的消息可以被普通接收操作接收，捆绑发送接收调用也可以接收普通发送操作发送的消息。MPI 的捆绑发送接收调用接口如下。

```
MPI_SENDRECV(sendbuf, sendcount, sendtype, dest, sendtag, recvbuf, recvcount,
recvtype, source, recvtag, comm, status)
  IN sendbuf      发送缓冲区起始地址(可选数据类型)
  IN sendcount    发送数据的个数(整型)
  IN sendtype     发送数据的数据类型(句柄)
  IN dest         目标进程标识(整型)
  IN sendtag      发送消息标识(整型)
  OUT recvbuf     接收缓冲区初始地址(可选数据类型)
  IN recvcount    最大接收数据个数(整型)
  IN recvtype     接收数据的数据类型(句柄)
  IN source       源进程标识(整型)
  IN recvtag      接收消息标识(整型)
  IN comm         通信域(句柄)
  OUT status      返回的状态
```

MPI 调用接口 13　MPI_SENDRECV

MPI_SENDRECV 中同时包含了一个发送操作和一个接收操作，接收和发送在同一个通信域进行，消息标识可以不同，发送缓冲区和接收缓冲区是分开的，发送的消息和接收的消息可以是不同的数据长度和不同的数据类型。程序运行时到底先发送还是先接收完全由 MPI 运行系统决定，哪种次序能实现程序的最大优化，系统就采用哪种次序。

MPI 还提供了另一个捆绑发送接收调用 MPI_SENDRECV_REPLACE，它同样实现捆绑发送接收消息的功能，但该调用只有一个缓冲区，这是与 MPI_SENDRECV 不同的地方。MPI_SENDRECV_REPLACE 的消息缓冲区同时作为发送缓冲区和接收缓冲区，由于发送与接收共用一个缓冲区，为确保发送数据的准确性，该调用一定是先发送后接收，即它先将发送前缓冲区中的数据传递给指定的目标进程，然后再从指定的源进程接收相应类型的数据并覆盖该缓冲区。同时，该调用要求发送数据个数、数据类型必须和接收数据个数、数据类型一致。

```
MPI_SENDRECV_REPLACE(buf, count, datatype, dest, sendtag, source, recvtag, comm,
status)
  INOUT  buf       发送和接收缓冲区初始地址(可选数据类型)
  IN     count     发送和接收缓冲区中的数据的个数(整型)
  IN     datatype  发送和接收缓冲区中数据的数据类型(句柄)
  IN     dest      目标进程标识(整型)
  IN     sendtag   发送消息标识(整型)
  IN     source    源进程标识(整型)
  IN     recvtag   接收消息标识(整型)
  IN     comm      发送进程和接收进程所在的通信域(句柄)
  OUT    status    状态目标(status)
```

MPI 调用接口 14　MPI_SENDRECV_REPLACE

对于 Jacobi 迭代，除边界进程外，每个进程中发送和接收操作都是成对出现的，因此适合使用捆绑发送接收调用。中间进程中，每个进程都要向两侧邻居发送数据，同时接收数据，可以方便地用 MPI_SENDRECV 调用来实现。如图 9.3 所示。

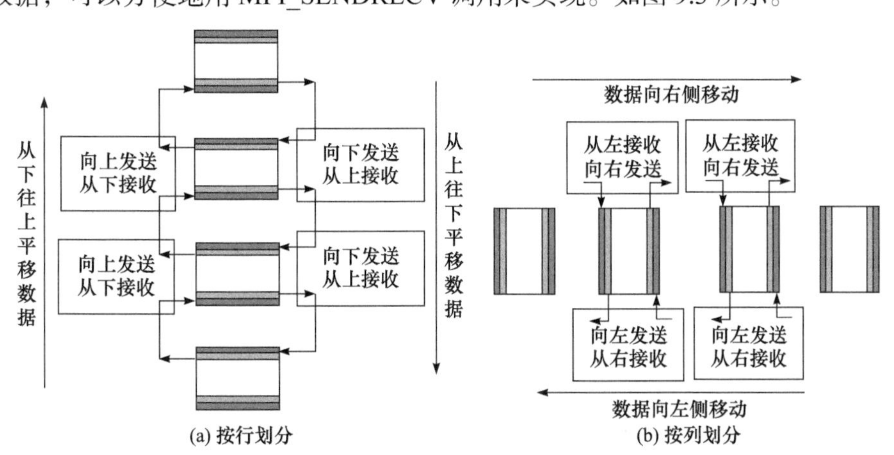

图 9.3　用 MPI_SENDRECV 实现 Jacobi 迭代示意图

以图 9.3(a) 为例，对于上、下两个边界进程，不容易将各自的发送和接收操作合并到一个调用之中。因此在程序中对边界进程仍单独编写发送和接收语句。程序 9.4 为 C+MPI 代码，程序 9.5 为 Fortran+MPI 代码。

程序 9.4　用 C+MPI 实现的 Jacobi 迭代

```
#include "mpi.h"
#include <stdio.h>
```

```
#define N 88
#define SIZE N/4
#define T 22
void print_myRows(int, float [ ][N]);
int main(int argc, char *argv[ ])
{  float myRows[SIZE+2][N], myRows2[SIZE+2][N];
   int myid, nproc, i, j, step, r_begin, r_end;
   MPI_Status status;
   MPI_Comm comm=MPI_COMM_WORLD;
   MPI_Init(&argc, &argv);
   MPI_Comm_rank(comm, &myid );
   MPI_Comm_size(comm, &nproc ); /*以下进行初始化*/
   for (i=0; i<SIZE+2; i++)
      for (j=0; j<N; j++) myRows[i][j] = myRows2[i][j] = 0;
   if (myid == 0){ for (j = 0; j<N; j++)myRows[1][j] = 6.0; }
   if (3 == myid){ for (j = 0; j<N; j++) myRows[SIZE][j] = 6.0; }
   for (i = 1;i<SIZE+1; i++) myRows[i][0] = myRows[i][N-1] = 6.0;
   for (step = 0; step < T; step++)/*Jacobi 迭代部分*/
   {   // 传递数据，先从上往下平移数据，再从下往上平移数据
     if(myid==0)/*向下发送数据*/
       MPI_Send(&myRows[SIZE][0], N, MPI_FLOAT, 1, 0, comm);
   if(myid==nproc-1)/*从上接收数据*/
      MPI_Recv(&myRows[0][0],N,MPI_FLOAT, myid-1, 0,comm, &status);
   if(myid>0 && myid<nproc-1)/*向下发送，从上接收*/
     MPI_Sendrecv(&myRows[SIZE][0], N, MPI_FLOAT, myid+1, 0,
&myRows[0][0], N, MPI_FLOAT, myid-1, 0, comm, &status);
   if(myid==0)/*从下接收数据*/
     MPI_Recv(&myRows[SIZE+1][0], N, MPI_FLOAT, 1, 0, comm,
&status);
   if(myid==nproc-1)/*向上发送数据*/
     MPI_Send(&myRows[1][0], N, MPI_FLOAT, myid-1, 0, comm);
   if(myid>0 && myid<nproc-1)/*向上发送，从下接收*/
     MPI_Sendrecv(&myRows[1][0], N, MPI_FLOAT, myid-1, 0, &myRows
[SIZE+1][0], N, MPI_FLOAT, myid+1, 0, comm, &status);
  // 计算并更新
   r_begin = (0 == myid)? 2:1;
   r_end=(3==myid)? SIZE-1:SIZE;
   for (i=r_begin; i<=r_end; i++)
     for (j=1; j<N-1; j++)
```

```
      myRows2[i][j]=0.25*(myRows[i][j-1]+myRows[i][j+1]+myRows
[i-1][j]+myRows[i+1][j]);
    for (i = r_begin; i<=r_end; i++)
      for (j=1; j<N-1; j++)myRows[i][j] = myRows2[i][j];
  }
    print_myRows(myid, myRows);
    MPI_Finalize();
  }
  void print_myRows(int myid, float myRows[][N])
  {   int  i, j;
      printf("Result in process %d:\n", myid);
      for (i=0; i<SIZE+2; i++)
      {   for (j=0; j<N; j++) printf("%1.3f\t", myRows[i][j]);
          printf("\n");   }
  }
```

程序 9.5　用 MPI_SENDRECV 实现的 Jacobi 迭代

```
    program main
    include 'mpif.h'
    integer totalsize, mysize, steps, n, myid, numprocs, i, j,
rc, begin_col, end_col, ierr
    parameter ( totalsize = 88 , mysize = totalsize/4, steps = 22)
    real a( totalsize, mysize + 2), b( totalsize, mysize + 2 )
    integer status(MPI_STATUS_SIZE), comm=MPI_COMM_WORLD
    call MPI_INIT( ierr )
    call MPI_COMM_RANK(comm, myid, ierr )
    call MPI_COMM_SIZE(comm, numprocs, ierr )
    do j = 1, mysize+2      数组初始化
      do i = 1, totalsize
        a(i, j)= 0.0
      end do
    end do
    if ( myid .eq. 0 )then
      do i = 1, totalsize
        a(i, 2)= 6.0
      end do
    end if
    if ( myid .eq. 3 )then
```

```
      do i = 1, totalsize
        a(i, mysize+1)= 6.0
      end do
    end if
    do i = 1, mysize + 2
      a(1, i)= 6.0
      a(totalsize, i)= 6.0
    end do
    do n = 1, steps     开始迭代
      if ( myid .eq. 0 )then   从左向右平移数据
       call MPI_SEND(a(1, mysize+1), totalsize, MPI_REAL, myid+1, 10,
comm, ierr)
    else if ( myid .eq. 3 )then
      call MPI_RECV(a(1, 1), totalsize, MPI_REAL, myid-1, 10, comm,
status, ierr)
    else
      call  MPI_SENDRECV(a(1,mysize+1  ),  totalsize,  MPI_REAL,
myid+1,  10,  a(1,  1),  totalsize,  MPI_REAL,  myid-1,  10,  comm,
status, ierr)
    end if
    if ( myid .eq. 0 )then   从右向左平移数据
      call MPI_RECV(a(1,mysize+2), totalsize, MPI_REAL, myid+1, 10,
comm, status, ierr)
    else if ( myid .eq. 3 )then
      call MPI_SEND(a(1, 2), totalsize, MPI_REAL, myid-1, 10, comm,
ierr )
    else
      call  MPI_SENDRECV(a(1,  2),  totalsize,  MPI_REAL,  myid-1,  10,
a(1, mysize+2), totalsize, MPI_REAL, myid+1, 10, comm, status, ierr )
    end if
    begin_col = 2
    end_col = mysize+1
    if ( myid .eq. 0 ) begin_col = 3
    if ( myid .eq. 3 ) end_col = mysize
    do j = begin_col, end_col
      do i = 2, totalsize - 1
        b(i, j)= (a(i, j+1)+a(i, j-1)+a(i+1, j)+a(i-1, j))* 0.25
      end do
    end do
```

```
    do j = begin_col, end_col
      do i = 2, totalsize-1
        a(i, j)= b(i, j)
      end do
    end do
  end do
  do i = 2, totalsize-1
      print *, myid, (a(i, j), j = begin_col, end_col)
    end do
    call MPI_Finalize(rc)
    end
```

9.1.4 引入虚拟进程后雅可比迭代的实现

MPI 提供了虚拟进程(MPI_PROC_NULL)的概念，虚拟进程是不存在的假想进程，在 MPI 中的主要作用是充当真实进程通信的目标或源，引入虚拟进程的目的是在某些情况下编写通信语句的方便。一个真实进程向虚拟进程发送消息时会立即成功返回，一个真实进程从虚拟进程接收消息时也会立即成功返回，且接收缓冲区没有任何改变。

下面用虚拟进程实现 Jacobi 迭代。在图 9.3 中的两个边界进程外面各增加一个虚拟进程后，各进程需要完成的通信如图 9.4 所示。显然，增加虚拟进程后各个进程需要完成的通信工作完全相同，这样代码编写就会简单很多。加入虚拟进程后的 C+MPI 和 Fortran+MPI 程序代码见程序 9.6 和程序 9.7。

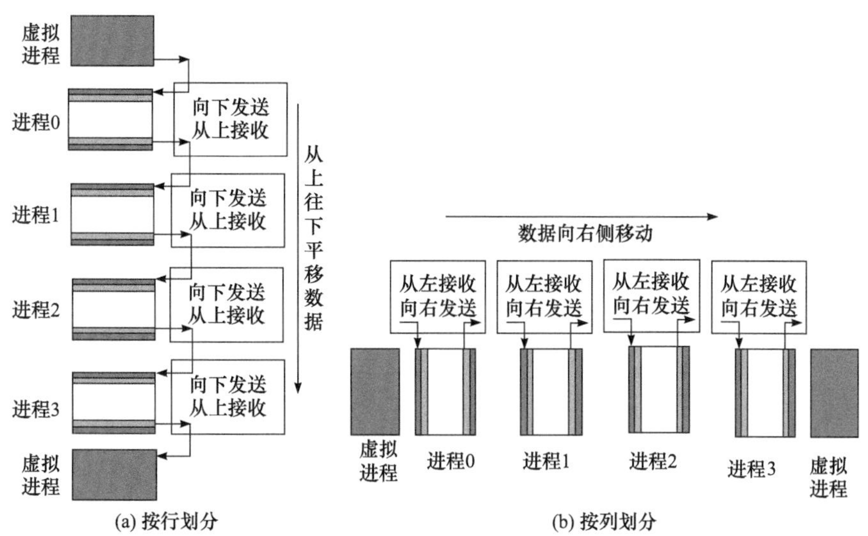

(a) 按行划分　　(b) 按列划分

图 9.4　加入虚拟进程后 Jacobi 迭代的通信示意图

程序 9.6　加入虚拟进程后的 C+MPI Jacobi 迭代程序

```
#include "mpi.h"
#include <stdio.h>
#define N 88
#define SIZE N/4
#define T 22
void print_myRows(int, float [ ][N]);
int main(int argc, char *argv[ ])
{   float myRows[SIZE+2][N], myRows2[SIZE+2][N];
    int myid, nproc, i, j, step, r_begin, r_end, upper, down;
    MPI_Status status;
    MPI_Init(&argc, &argv);
    MPI_Comm_rank(MPI_COMM_WORLD, &myid);
    MPI_Comm_size(MPI_COMM_WORLD, &nproc);  /*以下进行初始化*/
    for (i=0; i<SIZE+2; i++)
        for (j=0; j<N; j++) myRows[i][j] = myRows2[i][j] = 0;
    if (myid==0){ for (j=0; j<N; j++)myRows[1][j] = 6.0; }
    if (3==myid){ for (j=0; j<N; j++) myRows[SIZE][j] = 6.0; }
    for (i=1; i<SIZE+1; i++) myRows[i][0] = myRows[i][N-1] = 6.0;
    upper = myid-1; //计算当前进程的上进程
    down = myid+1; //计算当前进程的下进程
    if(myid==0)upper = MPI_PROC_NULL; //0 进程的上进程为虚拟进程
    if(myid==nproc-1)down = MPI_PROC_NULL;  //最有一个进程的下进
程为虚拟进程
    for (step=0; step<T; step++)/*Jacobi 迭代部分*/
    {   // 传递数据，先从上往下平移数据，再从下往上平移数据
        MPI_Sendrecv(&myRows[SIZE][0], N, MPI_FLOAT, down, 0,
&myRows[0][0], N, MPI_FLOAT, upper, 0, MPI_COMM_WORLD, &status);
/*向下发送，从上接收*/
        MPI_Sendrecv(&myRows[1][0], N, MPI_FLOAT, upper, 0,
&myRows[SIZE+1][0], N, MPI_FLOAT, down, 0, MPI_COMM_WORLD,
&status); /*向上发送，从下接收*/
    // 计算并更新
    r_begin = (0==myid )? 2:1;
    r_end = (3==myid )? SIZE-1:SIZE;
    for (i=r_begin; i<=r_end; i++)
      for (j=1; j<N-1; j++)
        myRows2[i][j] = 0.25*(myRows[i][j-1]+myRows[i][j+1]+
```

```
myRows[i-1][j]+myRows[i+1][j]);
       for (i=r_begin; i<=r_end; i++)
         for (j=1; j<N-1; j++)  myRows[i][j] = myRows2[i][j];
       }
       print_myRows(myid, myRows);
       MPI_Finalize( );
    }
    void print_myRows(int myid, float myRows[ ][N])
    {   int  i, j;
      printf("Result in process %d:\n", myid);
      for (i = 0; i<SIZE+2; i++)
      {   for (j = 0; j<N; j++) printf("%1.3f\t", myRows[i][j]);
          printf("\n");   }
    }
```

程序 9.7 加入虚拟进程后的 Fortran+MPI Jacobi 迭代程序

```
    program main
    include 'mpif.h'
    integer totalsize, mysize, steps, n, myid, begin_col, end_col,
    parameter (totalsize=16, mysize=totalsize/4, steps=10)
    real a(totalsize, mysize+2), b(totalsize, mysize+2)
    integer ierr, left, right, status(MPI_STATUS_SIZE), numprocs,
i, j, rc, comm=MPI_COMM_WORLD
    call MPI_INIT(ierr)
    call MPI_COMM_RANK(comm, myid, ierr)
    call MPI_COMM_SIZE(comm, numprocs, ierr)
    do j = 1, mysize+2        数组初始化
      do i = 1, totalsize
        a(i, j)= 0.0
      end do
    end do
    if (myid .eq. 0)then
      do i = 1, totalsize
        a(i, 2)= 6.0
      end do
    end if
    if (myid .eq. 3)then
      do i = 1, totalsize
```

```
        a(i, mysize+1)= 6.0
      end do
    end if
    do i = 1, mysize+2
      a(1, i)= 6.0
      a(totalsize, i)= 6.0
    end do
    if (myid .gt. 0) left = myid-1     设置当前进程左右两侧的进程标识
    if (myid .eq. 0)left = MPI_PROC_NULL
    if (myid .lt. 3)right = myid+1
    if (myid .eq. 3)right = MPI_PROC_NULL
    do n = 1, steps       Jacobi 迭代
        call  MPI_SENDRECV(a(1,  mysize+1),  totalsize,  MPI_REAL,
right, 3, a(1, 1), totalsize, MPI_REAL, left, 3, comm, status,
ierr) 从左向右平移数据
        call MPI_SENDRECV(a(1, 2), totalsize, MPI_REAL, left, 4,
a(1, mysize+2), totalsize, MPI_REAL, right, 4, comm, status, ierr)
从右向左平移数据
        begin_col = 2
          end_col = mysize+1
          if (myid .eq. 0) begin_col = 3
          if (myid .eq. 3) end_col = mysize
            do j = begin_col, end_col
              do i = 2, totalsize - 1
                b(i,   j)=   (a(i,   j+1)+a(i,   j-1)+a(i+1,   j)+a(i-1,
j))*0.25
              end do
            end do
          do j = begin_col, end_col
            do i = 2, totalsize-1
              a(i, j)= b(i, j)
            end do
          end do
        end do
        do i = 2, totalsize - 1
              print *, myid, (a(i, j ), j = begin_col, end_col)
        end do
        call MPI_Finalize( rc )
        end
```

9.2 主从模式 MPI 程序设计

所谓主从模式，就是 MPI 程序的各个进程所起的作用和地位不同，一个或者一些进程完成一类任务，其他进程完成另外的任务，这些功能或地位不同的进程所对应的代码也有较大差别。一种典型的主从模式是一个或多个主进程分配任务，其他进程从主进程接收任务并执行。下面通过几个例子来理解主从模式的 MPI 程序设计思路。

9.2.1 矩阵向量乘

下面的例子实现矩阵 A 与向量 B 的乘法运算（$C=A\times B$）。各进程的任务如下（图 9.5）。

（1）主进程：①将向量 B 广播给所有从进程；②将矩阵 A 的各行依次发送给各从进程；③从各个从进程接收计算结果；④判断矩阵 A 的各行是否发送完毕，如果没有，将下一行发送出去，否则每收到一个结果就发送一个结束标志给对应的从进程；⑤打印最终结果并退出执行。

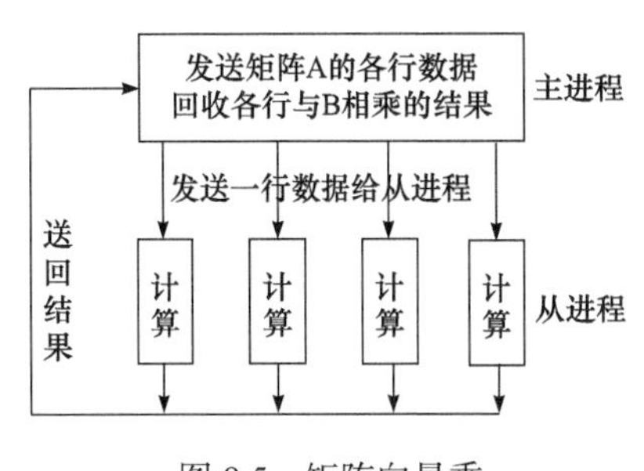

图 9.5　矩阵向量乘

（2）从进程：①接收向量 B；②接收矩阵 A 的一行值；③计算一行和 B 相乘的结果；④将结果发送给主进程；⑤从主进程接收消息并判断是否为结束标志，如果是，退出执行，否则重复③和④。为方便起见，假定矩阵 A 的行数大于从进程个数。对应的 C+MPI 见程序 9.8，Fortran+MPI 程序见程序 9.9。

程序 9.8　用 C+MPI 实现矩阵向量乘

```
#include "mpi.h"
#include <stdio.h>
#define ROWS 100
#define COLS 100
#define min(x, y)((x)>(y)?(y):(x))
int main(int argc, char *argv[])
{   int rows = 10, cols = 10, master = 0, myid, numprocs, i, j;
    float a[ROWS][COLS], b[COLS], c[COLS], row_result;
    MPI_Status status;
    MPI_Comm comm=MPI_COMM_WORLD;
    MPI_Init(&argc, &argv);
    MPI_Comm_rank(comm, &myid);
    MPI_Comm_size(comm, &numprocs);
```

```
    if (master == myid)/*根进程初始化矩阵 a 和向量 b*/
    {   for (j=0; j<cols; j++)b[j]=1;
        for (i=0; i<rows; i++)
        for (j=0; j<cols; j++)a[i][j] = i;
   MPI_Bcast(&b[0], cols, MPI_FLOAT, master, comm);/*广播向量b*/
   int numsent = 0;
   for ( i =1; i<min(numprocs, rows+1); i++)
    MPI_Send(&a[i-1][0], cols, MPI_FLOAT, i, ++numsent, comm);
   /*向各从进程发送矩阵 a 的各行， 每个从进程计算一行乘一列，用 MPI_TAG
指示对应结果向量 c 的下标+1，把 MPI_TAG=0 空出来作为结束从进程工作的标志*/
   for ( i=0; i<rows; i++)/*根进程接收各从进程的计算结果*/
   {     MPI_Recv(&row_result, 1, MPI_FLOAT, MPI_ANY_SOURCE,
MPI_ANY_TAG, comm, &status);
          c[status.MPI_TAG-1] = row_result;
          if (numsent < rows)
  { /*发送矩阵 a 中没发送完的行，通过 status.MPI_SOURCE 找到这个空出来
的进程*/
        MPI_Send(&a[numsent][0], cols, MPI_FLOAT, status.MPI_
SOURCE, numsent+1, comm);

        numsent = numsent + 1;  }
    else
        MPI_Send(1, 0, MPI_FLOAT, status.MPI_SOURCE, 0, comm);
       /*发送空消息，关闭 slave 进程*/
    }
    for (j = 0; j < cols; j++ ) printf("%1.3f\t", c[j]);   /*
打印乘法结果*/
    printf("\n");
    }
    else      /*从进程*/
   {  MPI_Bcast(&b[0], cols, MPI_FLOAT, master, comm);
   while(1)
    {   row_result = 0;
     MPI_Recv(&c[0], cols, MPI_FLOAT, master, MPI_ANY_TAG,
comm, &status);
     if ( 0 != status.MPI_TAG )
      {   for ( j = 0; j < cols; j++ )row_result = row_result
```

```
+ b[j]*c[j];
        MPI_Send(&row_result, 1, MPI_FLOAT, master, status.MPI_TAG,
comm);   }
        else {   break;   }
       }
    }
    MPI_Finalize();
  }
```

程序 9.9　用 Fortran+MPI 实现矩阵向量乘

```
   program main
   include "mpif.h"
   parameter (MAX_ROWS=1000, MAX_COLS=1000)
   integer  MAX_ROWS,  MAX_COLS,  rows,  cols,  myid,  master,
numprocs, ierr, i, j, anstype,
   real a(MAX_ROWS, MAX_COLS), b(MAX_COLS)
   real buffer(MAX_COLS), c(MAX_COLS), ans
   integer numsent, numrcvd, sender, row, status(MPI_STATUS_SIZE),
comm
   call MPI_INIT( ierr )
   comm=MPI_COMM_WORLD;
   call MPI_COMM_RANK(comm, myid, ierr)
   call MPI_COMM_SIZE(comm, numprocs, ierr)
   master = 0
   rows = 100
   cols = 100
   if ((numprocs-1).gt. rows) MPI_ABORT(comm, 99)
   if (myid .eq. master)then      主进程对矩阵 A 和 B 赋初值
     do i = 1, cols
       b(i)= 1
       do j = 1, rows
       a(i, j)= i
     end do
   end do
   numsent = numprocs -1
        将矩阵 B 发送给所有其他的从进程通过下面的广播语句实现
   call MPI_BCAST(b, cols, MPI_REAL, master, comm, ierr)
        依次将矩阵 A 的各行发送给其他的 numprocs-1 个从进程
```

```
    do i = 1, numprocs-
      do j = 1, cols
        buffer(j)= a(i, j)  将一行的数据取出来依次放到缓冲区中
      end do
          将准备好的一行数据发送出去
      call MPI_SEND(buffer, cols, MPI_REAL, i, i, comm, ierr)
    end do
    do i = 1, rows    依次接收从进程对一行数据的计算结果
      call MPI_RECV(ans,1,MPI_REAL,MPI_ANY_SOURCE,MPI_ANY_TAG, comm,
status,ierr)
      sender = status(MPI_SOURCE)
      anstype = status(MPI_TAG)
    c(anstype)= ans      将该行数据赋给结果数组 C 的相应单元
    if (numsent .lt. rows)then  如果还有其他的行没有被计算则继续发送
      do j = 1, cols  准备好新一行的数据并将该数据发送出去
        buffer(j)= a(numsent+1, j)
      end do
      call  MPI_SEND(buffer,  cols,  MPI_REAL,  sender,  numsent+1,
comm, ierr)
      numsent = numsent+1
      else    若所有行都已发送出去，则每接收一个消息则向相应的从进程发送一个
标识为 0 的空消息,终止该从进程的执行
      call MPI_SEND(1.0, 0, MPI_REAL, sender, 0, comm, ierr)
    end if
  end do
  else   下面为从进程的执行步骤首先是接收数组 B
    call MPI_BCAST(b, cols, MPI_REAL, master, comm, ierr)
    接收主进程发送过来的矩阵 A 一行的数据
90  call  MPI_RECV(buffer,  cols,  MPI_REAL,  master,  MPI_ANY_TAG,
comm, status, ierr)
    if (status(MPI_TAG).ne. 0)then    若接收到标识为 0 的消息则退出执行
    row = status(MPI_TAG)
    ans = 0.0
    do i = 1, cols    计算一行的结果并将结果发送给主进程
      ans = ans+buffer(i)* b(i)
    end do
    call MPI_SEND(ans, 1, MPI_REAL, master, row, MPI_COMM_WORLD,
ierr)
```

```
  goto 90
 end if
 end if
 call MPI_FINALIZE(ierr)
 end
```

9.2.2 主进程打印各从进程的消息

下面的例子实现如下功能(图 9.6)。

(1) 主进程(进程 0) 接收从进程(其他所有进程) 的消息并打印，根据消息标识的不同，分两种方式将消息打印：①按从进程号的大小依次打印；②以任意的顺序打印。

(2) 从进程向主进程发送消息，消息也分两种：①以任意顺序打印的消息；②按进程编号顺序打印的消息。

程序 9.10 为其 C+MPI 代码。

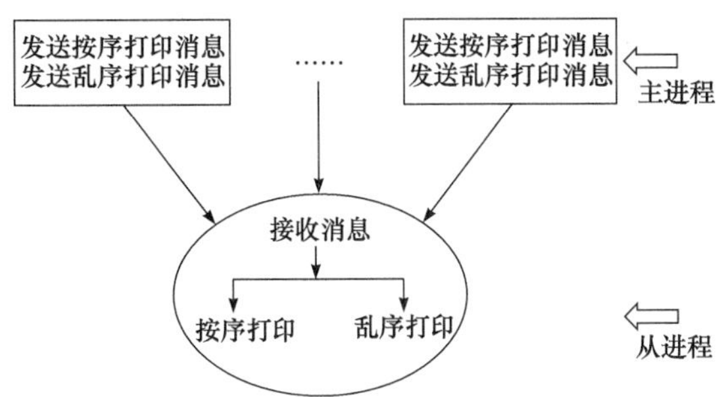

图 9.6 主进程打印各从进程的消息

程序 9.10 主进程打印各从进程的消息

```
#include  < stdio.h >
#include "mpi.h"
#define MSG_EXIT 1
#define MSG_PRINT_ORDERED 2 /*定义按续打印标识*/
#define MSG_PRINT_UNORDERED 3 /*定义乱续打印标识*/
int main(int argc , char ** argv)
{   int rank, size;
    MPI_Init(&argc, &argv);
    MPI_Comm_rank(MPI_COMM_WORLD, &rank);
    if (rank = = 0) master_io( );   /*进程 0 作为主进程*/
    else  slave_io( );    /*其他进程作为从进程*/
    MPI_Finalize( );
}
```

```
    int master_io(void) /*主进程执行的部分 */
    {   int i, j, size, nslave, firstmsg;
        char buf[256], buf2[256];
        MPI_Status status;
        MPI_Comm_size(MPI_COMM_WORLD, &size); /*得到总的进程数*/
        nslave = size-1; / *得到从进程的进程数*/
        while (nslave>0){  /* 只要还有从进程则执行下面的接收与打印*/
MPI_Recv(buf,  256,  MPI_CHAR,  MPI_ANY_SOURCE,  MPI_ANY_TAG,
MPI_COMM_WORLD, &status); /*从任意从进程接收任意标识的消息*/
        switch (status.MPI_TAG)
        {   case MSG_EXIT: /*若该从进程要求退出则将总的从进程个数减 1*/
        nslave--; break;
    case MSG_PRINT_UNORDERED: /*若该从进程要求乱续打印则直接将该消息打印*/
    fputs(buf, stdout); break;
case  MSG_PRINT_ORDERED:  /*从进程要求按续打印，首先要对收到的消息进行排
序，若有些消息还没有收到则需要调用接收语句接收相应的有序消息*/
    firstmsg = status.MPI_SOURCE;
    for (i=1; i<size; i++)/*标识号从小到大开始打印*/
    {   if (i==firstmsg)fputs(buf, stdout); /*若收到的消息恰巧是需要
打印的消息则直接打印*/
    else  /* 否则 先接收需要打印的消息然后再打印*/
{   MPI_Recv(buf2, 256, MPI_CHAR, i, MSG_PRINT_ORDERED, MPI_COMM_
WORLD, &status); /*注意这一接收语句指定了源进程和消息标识而不是像一开始的
那样用任意源和任意标识*/
    fputs(buf2, stdout);   }
}
    break;
}}}
int slave_io(void)/*从进程执行的部分*/
{   char buf[256];
    int rank;
    MPI_Comm_rank(MPI_COMM_WORLD, &rank);/*得到自己的标识*/
    printf("Hello from slave %d ordered print\n", rank);
MPI_Send(buf,  strlen(buf)+1,  MPI_CHAR,  0,  MSG_PRINT_ORDERED,
MPI_COMM_WORLD);
    /*先向主进程发送一个有序打印消息*/
    sprintf(buf, "Goodbye from slave %d, ordered print\n", rank);
MPI_Send(buf, strlen(buf)+1, MPI_CHAR, 0, MSG_PRINT_ORDERED,MPI_
```

```
COMM_WORLD);
    /*再向主进程发送一个有序打印消息*/
    sprintf(buf, "I'm exiting (%d),unordered print\n", rank);
MPI_Send(buf, strlen(buf)+1, MPI_CHAR, 0, MSG_PRINT_UNORDERED,
MPI_COMM_WORLD);/*最后向主进程发送一个乱续打印消息*/
    MPI_Send(buf, 0, MPI_CHAR, 0, MSG_EXIT, MPI_COMM_WORLD);
    /*向主进程发送退出执行的消息*/
}
```

图 9.7 为启动 6 个进程执行该程序的结果(1 个主进程，5 个从进程)。

```
Hello from slave 1, ordered print
Hello from slave 2, ordered print
Hello from slave 3, ordered print
Hello from slave 4, ordered print
Hello from slave 5, ordered print
Goodbye from slave 1, ordered print
Goodbye from slave 2, ordered print
Goodbye from slave 3, ordered print
Goodbye from slave 4, ordered print
Goodbye from slave 5, ordered print
I'm exiting (1), unordered print
I'm exiting (3), unordered print
I'm exiting (4), unordered print
I'm exiting (2), unordered print
I'm exiting (5), unordered print
```

图 9.7　按序与乱序打印的结果

第 10 章 MPI 的四种通信模式

MPI 的点对点消息发送共有四种通信模式（表 10.1）：标准通信模式（standard-mode）、缓存通信模式（buffered-mode）、同步通信模式（synchronous-mode）和就绪通信模式（ready-mode）。这几种通信模式对应不同的通信需求。

这几种通信模式主要是根据以下不同情况来区分的：①是否需要对发送的数据进行缓存；②是否只有当接收调用执行后才可以执行发送操作；③什么时候发送调用可以正确返回；④发送调用正确返回是否意味着发送已完成。

表 10.1 MPI 的四种点对点通信模式

通信模式	发送	接收
标准通信模式	MPI_SEND	MPI_RECV
缓存通信模式	MPI_BSEND	
同步通信模式	MPI_SSEND	
就绪通信模式	MPI_RSEND	

10.1 标准通信模式

MPI 的标准发送一般有依赖接收进程和不依赖接收进程两种方式（图 10.1）。

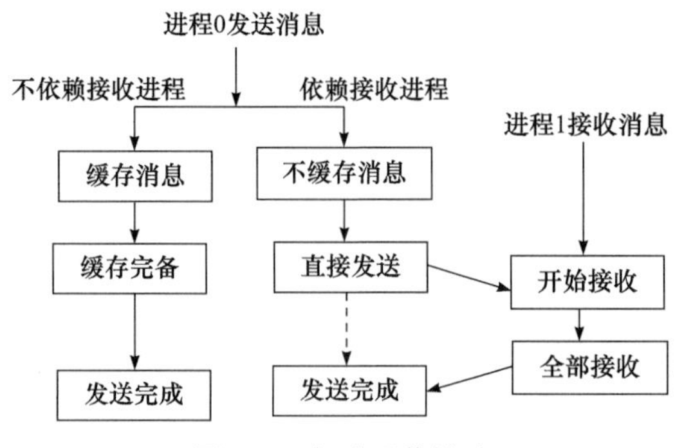

图 10.1 标准通信模式

所谓依赖接收进程，是指消息直接从发送端到达接收端，并且被接收端完全接收以后，发送操作才返回；所谓不依赖接收进程，是指发送端直接把消息数据和消息信封送入系统缓冲区就可以返回。程序运行过程中，MPI 具体采用哪种方式进行消息发送由 MPI 环境自身决定，程序员无权干涉。

基于性能和资源优化考虑，MPI 环境会提供一定数量的缓冲区，超过之后则需阻塞直到有相应的接收操作收取完毕数据后才可以返回。也就是说，阻塞标准发送操作中，发送端完成与否不仅取决于本地进程的状态，还要受远端接收进程的状态左右，如图 10.1 所示。

10.2 缓存通信模式

缓存通信模式允许用户直接对通信缓冲区进行控制（图 10.2）。在这种模式下，用户直接对通信缓冲区进行申请、使用和释放，因此，缓存模式下对通信缓冲区的使用由程序设计人员保证。

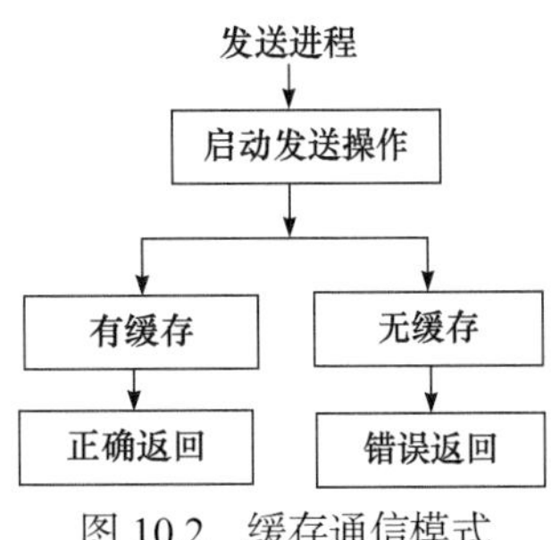

图 10.2 缓存通信模式

缓存模式主要用于解开阻塞通信发送和接收之间的耦合，但同时也带来了额外的内存到内存的复制开销，会导致一定程度的性能损失和资源占用。MPI 提供的阻塞缓存发送调用为 MPI_BSEND。

MPI_BSEND(buf, count, datatype, dest, tag, comm)	
IN buf	发送缓冲区的起始地址（可选数据类型）
IN count	发送数据的个数（整型）
IN datatype	发送数据的数据类型（句柄）
IN dest	目标进程标识号（整型）
IN tag	消息标志（整型）
IN comm	通信域（句柄）

MPI 调用接口 15　MPI_BSEND

MPI_BSEND 各个参数的含义和 MPI_SEND 的完全相同，不同之处表现在它使用用户自己提供的缓冲区。不管接收操作是否启动，缓存模式发送操作都可以返回，但在发送消息之前必须由用户保证有缓冲区可用。

采用缓存通信模式时，消息发送能否进行及能否正确返回不依赖于接收进程，完全依赖于是否有足够的通信缓冲区可用，当缓存发送返回后，并不意味着该缓冲区可以自由使用，只有当缓冲区中的消息发送出去后，才可以释放该缓冲区。

MPI 允许将用户申请的缓冲区递交给 MPI 作为发送缓存，用于支持缓存模式的消息发送。这样，当缓存通信方式发生时，MPI 就可以使用这些缓冲区对消息进行缓存。当不使用这些缓冲区时，可以将这些缓冲区释放。MPI_BUFFER_ATTACH 将大小为 size 的缓冲区递交给 MPI 作为缓存发送的缓存来使用。

MPI_BUFFER_ATTACH (buffer, size)	
IN buffer	初始缓存地址(可选数据类型)
IN size	按字节计数的缓存跨度(整型)

MPI 调用接口 16　MPI_BUFFER_ATTACH

MPI_BUFFER_DETACH 将提交的大小为 size 的缓冲区 buffer 收回。该调用是阻塞调用，它一直等到使用该缓存的消息发送完成后才返回。该调用返回后用户可以重新使用它或者将其释放。

MPI_BUFFER_DETACH (buffer, size)	
OUT buffer	缓冲区初始地址(可选数据类型)
OUT size	以字节为单位的缓冲区大小(整型)

MPI 调用接口 17　MPI_BUFFER_DETACH

程序 10.1 是一个利用缓存模式发送消息的例子，接收操作仍然使用标准的接收。

程序 10.1　使用缓存通信模式发送消息

```
#include "mpi.h"
#include <stdio.h>
#include <stdlib.h>
#include <string.h>
int main(int argc, char *argv[ ])
{   MPI_Comm comm=MPI_COMM_WORLD;
    int dest=1, src=0, tag=1, rank, bufsize, s1, s2, s3;
    char *buf, msg1[7], msg3[17], rmsg1[64], rmsg3[64];
    double msg2[2], rmsg2[64];
    MPI_Init(&argc, &argv);
    MPI_Comm_rank(comm, &rank);
  MPI_Pack_size(7, MPI_CHAR, comm, &s1); //求取 7 个字符所占的空间大小
  MPI_Pack_size(2, MPI_DOUBLE, comm, &s2); //求取 2 个双精度数所占的空间大小
  MPI_Pack_size(17, MPI_CHAR, comm, &s3); //求取 17 个字符所占的空间大小
  bufsize = 3*MPI_BSEND_OVERHEAD+s1+s2+s3; //3 次缓存发送所需的缓冲区大小
  buf=(char *)malloc(bufsize); //申请缓冲区
  MPI_Buffer_attach(buf, bufsize); //将所申请的缓冲区递交给 MPI 运行系统
  Strncpy_s(msg1, sizeof(msg1), "012345",7); //字符串赋值
```

```
    Strncpy_s(msg3, sizeof(msg3), "0123401234012341", 17); //字符串赋值
    msg2[0]=1.23; //双精度数组元素赋值
    msg2[1]=3.21; //双精度数组元素赋值
    if(rank==src)//进程 0 执行 3 次缓存模式发送
    {   MPI_Bsend(msg1, 7, MPI_CHAR, dest, tag, comm);
        MPI_Bsend(msg2, 2, MPI_DOUBLE, dest, tag, comm);
        MPI_Bsend(msg3, 17, MPI_CHAR, dest, tag, comm);
    }
    if(rank==dest)//进程 1 执行 3 次标准接收，其中第 7 个参数不设置执行状态
    {   MPI_Recv(rmsg1, 7, MPI_CHAR, src, tag, comm, MPI_STATUS_IGNORE);
        MPI_Recv(rmsg2, 10, MPI_DOUBLE, src, tag, comm, MPI_STATUS_IGNORE);
        MPI_Recv(rmsg3, 17, MPI_CHAR, src, tag, comm, MPI_STATUS_IGNORE);
        if(strcmp(rmsg1, msg1)!=0)//检查第 1 次接收的结果
            printf("message1(%s)should be %s \n", rmsg1, msg1);
        if(rmsg2[0]!=msg2[0] || rmsg2[1]!=msg2[1])//检查第 2 次接收的结果
          printf("message2 (%f,%f)should be (%f,%f)\n",rmsg2[0],rmsg2[1],msg2[0],msg2[1]);
        if(strcmp(rmsg3, msg3)!=0)//检查第 3 次接收的结果
            printf("message3 (%s)should be %s\n", rmsg3, msg3);
    }
    MPI_Buffer_detach(buf, &bufsize); //收回递交给 MPI 运行系统的缓冲区
    free(buf); //释放内存
    MPI_Finalize( );
  }
```

10.3 同步通信模式

MPI 的阻塞同步通信接口为 MPI_SSEND。

MPI_SSEND(buf, count, datatype, dest, tag, comm)	
IN buf	发送缓冲区的初始地址(可选数据类型)
IN count	发送数据的个数(整型)
IN datatype	发送数据的数据类型(句柄)

IN dest	目标进程号(整型)
IN tag	消息标识(整型)
IN comm	通信域(句柄)

MPI 调用接口 18　MPI_SSEND

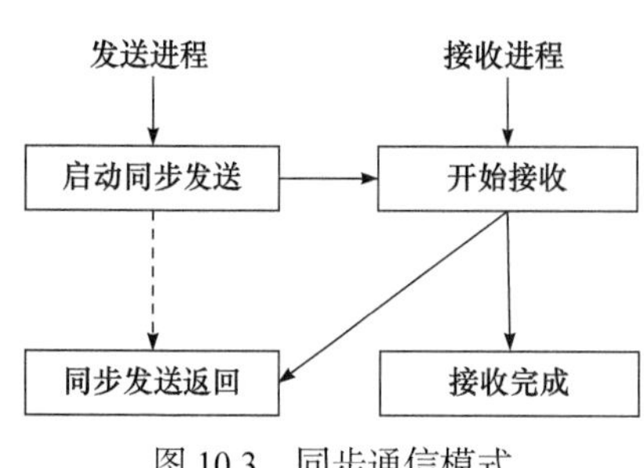

图 10.3　同步通信模式

同步通信模式(图 10.3)指发送进程在消息未开始接收之前不能返回。同步通信中，通信可以是异步开始的，但必将是同步结束的。 同步通信实际上完成传送数据和进程同步两个动作。同步发送的开始不依赖接收进程相应的接收操作是否已经启动，但却必须等到相应的接收进程开始接收后才可以返回。因此，同步发送返回意味着所发送的消息已经开始被接收。程序 10.2 为同步通信模式的消息发送例题(假定该程序只启动 2 个进程)，图 10.4 为其计算结果。

程序 10.2　使用同步通信模式发送消息

```
#include "mpi.h"
#include <stdio.h>
int main(int argc, char *argv[])
{   int rank, act_size = 0, np, buffer[10], count1, count2;
    MPI_Status status1, status2;
    MPI_Init(&argc, &argv);
    MPI_Comm_rank(MPI_COMM_WORLD, &rank);
    MPI_Comm_size(MPI_COMM_WORLD, &np);
    if (np!=2)MPI_Abort(MPI_COMM_WORLD, 1);
    act_size = 5; /*最大消息长度*/
    if (rank == 0)
    {   MPI_Ssend(buffer, act_size, MPI_INT, 1, 1, MPI_COMM_
WORLD);
        printf("MPI_Ssend %d data,tag=1\n", act_size);
        act_size = 4;
    MPI_Ssend(buffer,  act_size,  MPI_INT,  1,  2,  MPI_COMM_
WORLD);
    printf("MPI_Ssend %d data,tag=2\n", act_size);   }
else
{   MPI_Recv(buffer, act_size, MPI_INT, 0, 1, MPI_COMM_WORLD,
&status1);
    MPI_Recv(buffer, act_size, MPI_INT, 0, 2, MPI_COMM_WORLD,
```

```
&status2);
        MPI_Get_count(&status1, MPI_INT, &count1);
        printf("receive %d data,tag=%d\n",count1, status1.MPI_TAG);
        MPI_Get_count(&status2, MPI_INT, &count2);
        printf("receive  %d  data,tag=%d\n",count2,  status2.MPI_
TAG);   }
    MPI_Finalize();
}
```

```
MPI_Ssend 5 data, tag=1
MPI_Ssend 4 data, tag=2
receive 5 data, tag=1
receive 4 data, tag=2
```

图 10.4　程序 10.2 的运行结果

10.4　就绪通信模式

MPI 提供的第 4 种点对点通信模式为就绪通信模式。

MPI_RSEND(buf, count, datatype, dest, tag, comm)	
IN buf	发送缓冲区的初始地址(可选数据类型)
IN count	将发送数据的个数(整型)
IN datatype	发送数据的数据类型(句柄)
IN dest	目标进程标识(整型)
IN tag	消息标识(整型)
IN comm	通信域(句柄)

MPI 调用接口 19　MPI_RSEND

在就绪通信模式(图 10.5)中，只有当接收进程的接收操作已经启动时，才可以启动发送操作，否则发送操作出错。该模式设立的目的是在一些以同步方式工作的并行系统

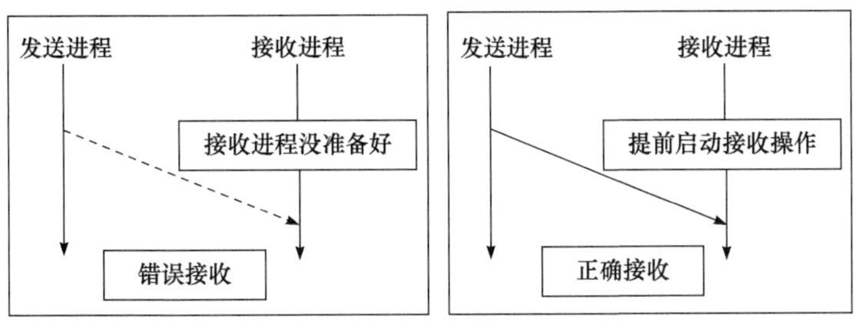

图 10.5　就绪通信模式

上由于发送时可以假设接收方已经准备好接收而减少一些握手开销。如果一个使用就绪模式的 MPI 程序是正确的，则将其中所有就绪模式的消息发送改为标准模式后也应该是正确的。一种可能的就绪通信模式实现方法如图 10.6 所示，该例子的特点是为了保证消息发送时消息接收操作已经启动所采取的措施。

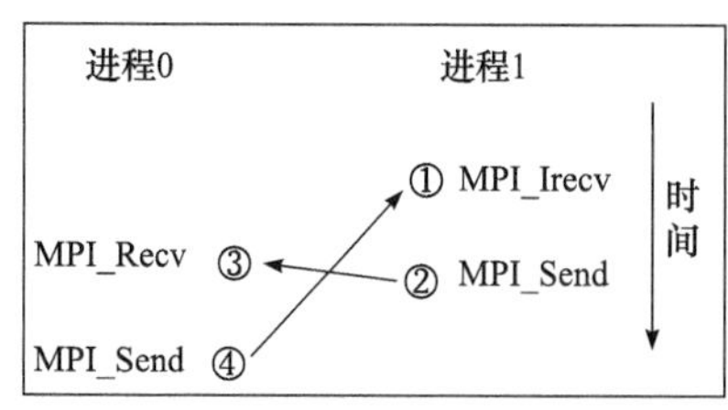

图 10.6　就绪发送例子各调用的时间关系图

图 10.6 中的目标是保证①先于④执行，为此在两个进程中插入②和③，由于①一定先于②执行，③必须等到②执行完之后才能执行，③成功后④才能执行，因此①一定先于④执行。实例代码见程序 10.3 所示（该例同样要求只能启动两个进程）。

程序 10.3　使用就绪通信模式发送消息

```
#include "mpi.h"
#include <stdio.h>
void test_rsend( );
int main(int argc, char *argv[ ])
{   MPI_Init(&argc, &argv);
    test_rsend();
    MPI_Finalize();
}
void test_rsend( )
{   int rank, size, count=500, x1;
    float send_buf[2000], recv_buf[2000];
    MPI_Status status;
    MPI_Request request;
    MPI_Comm_rank(MPI_COMM_WORLD, &rank);
    MPI_Comm_size(MPI_COMM_WORLD, &size);
    if (2!=size) MPI_Abort(MPI_COMM_WORLD, 1);
    if (0==rank)printf(" Rsend Test\n");
    if (0 == rank)
    {  MPI_Recv(&x1, 0, MPI_INT, 1, 12, MPI_COMM_WORLD, &status);
       printf(" Process %d post Ready send\n", rank);
       MPI_Rsend(send_buf, count, MPI_FLOAT, 1, 12, MPI_COMM_
WORLD);
    }
    else
    {   printf(" process %d post a receive call\n", rank);
```

```
        MPI_Irecv(recv_buf, count, MPI_FLOAT, 0, 12, MPI_COMM_
WORLD, &request);
        MPI_Send(&x1, 0, MPI_INT, 0, 12, MPI_COMM_WORLD);
        MPI_Wait(&request, &status);
        printf(" Process %d Receive Rsend message from %d\n",
rank, status.MPI_SOURCE);
      }
   }
```

第 11 章 MPI 的非阻塞通信

将通信和计算进行重叠可大大改善性能。特别是在那些具有独立通信控制硬件的系统上，将更能发挥其优势。采取非阻塞通信是实现这种重叠的重要方法。

11.1 非阻塞通信简介

11.1.1 阻塞通信

MPI 的消息传送机制有两种：阻塞方式和非阻塞方式。所谓阻塞方式，是指发送或接收的消息信封和数据被安全地 “保存”起来之前，发送或接收调用不会返回。对于阻塞发送来说，所谓安全“保存”，是指消息发送函数返回后用户对消息缓存区进行修改或释放，而不会影响已发送的消息数据；对于阻塞接收，接收函数返回后用户可以使用接收到的消息数据(图 11.1)。

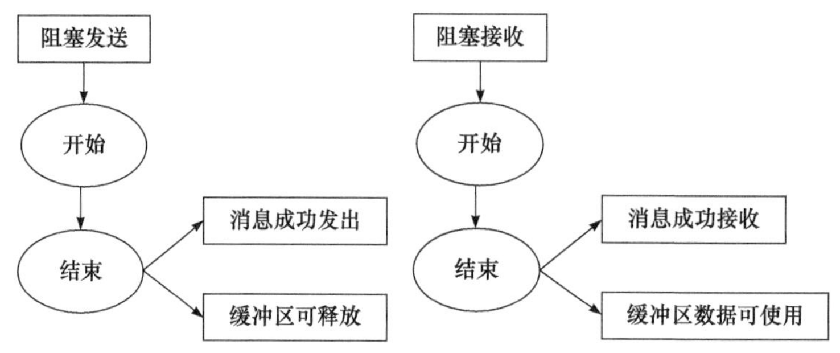

图 11.1 阻塞消息发送和接收

阻塞通信中，当一个进程向另一个进程发送多个消息时，一定遵循先发先收的原则(最先发送的消息一定最先到达)。程序 11.1 中，进程 0 先后发送两条消息给进程 1，进程 1 的第一个接收语句可以与任何一个发送语句的消息相匹配。但是根据有序接收的语义约束，由进程 0 发送的第一个消息必须被进程 1 的第一个接收语句接收。非阻塞通信也同样满足有序接收这一原则。

程序 11.1 消息接收次序示例

```
MPI_Comm_rank(MPI_COMM_WORLD, &rank)
if(rank == 0)
```

```
{   MPI_Bsend(buf1,count,MPI_FLOAT,1,11,MPI_COMM_WORLD,)
    MPI_Bsend(buf2,count,MPI_FLOAT,1,22,MPI_COMM_WORLD)  }
if(rank == 1)
{  MPI_Recv(buf1,count,MPI_FLOAT,0,MPI_ANY_TAG,MPI_COMM_WORLD,
   &status)
    MPI_Recv(buf2,count,MPI_FLOAT,0,MPI_ANY_TAG,MPI_COMM_WORLD,
    &status)  }
```

11.1.2 非阻塞通信

当一个通信过程的完成不需要等待任何通信事件的完成就可以返回时，属于非阻塞通信。非阻塞发送是指不须等到消息从本地送出就可以执行后续的语句，但非阻塞调用的返回并不保证资源的可再用性；非阻塞接收指不需等到接收操作接收到消息就可以执行后续的语句。发送和接收函数返回后，必须调用另一类函数来确保它们正确完成。

将通信和计算重叠可大大改善性能，这种方式对于具有独立通信控制硬件的系统更具优势。非阻塞通信不必等到通信操作完成便可返回，该通信操作可以交给特定的通信硬件去完成，在该通信硬件完成通信操作的同时，处理机进行计算操作，这样便实现了计算与通信的重叠，提高效率。

当非阻塞通信调用返回时一般该通信操作还没完成，因此对于非阻塞发送，必须等到发送完成后才能释放发送缓冲区，这样便需要引入新的手段(非阻塞通信完成对象)让程序员知道什么时候该消息已成功发送；同样对于非阻塞接收操作，该调用返回后并不意味着接收到的消息已全部到达，必须等到消息到达后才可以引用接收到的消息数据。

图 11.2 为阻塞通信与非阻塞通信的对比。可以看出，阻塞通信只需一个调用函数即可完成，但非阻塞通信需要至少两个调用，首先是非阻塞通信的“启动”，但启动并不意味着该通信的完成，因此为保证通信完成，还须调用与该通信相联系的通信“完成”调用接口将非阻塞通信完成。

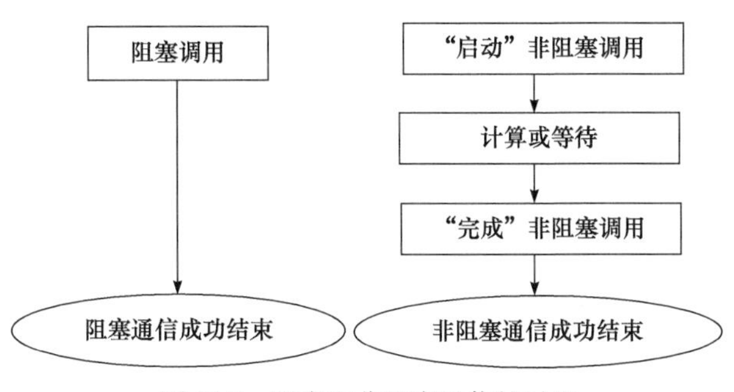

图 11.2　阻塞和非阻塞通信的对比

与阻塞通信对应，非阻塞通信也有标准、缓存、同步和就绪四种通信模式，其语义也与阻塞通信的各个模式一一对应。针对某些通信是在一个循环中反复执行的情况，为了进一步提供优化的可能并提高效率，MPI 又引入了重复非阻塞通信方式。重复非阻塞通信和四种通信模式结合又有四种不同形式(表 11.1)。

表 11.1　非阻塞 MPI 通信模式

<table>
<tr><th colspan="2">通信模式</th><th>发送</th><th>接收</th></tr>
<tr><td colspan="2">标准通信模式</td><td>MPI_ISEND</td><td rowspan="4">MPI_IRECV</td></tr>
<tr><td colspan="2">缓存通信模式</td><td>MPI_IBSEND</td></tr>
<tr><td colspan="2">同步通信模式</td><td>MPI_ISSEND</td></tr>
<tr><td colspan="2">就绪通信模式</td><td>MPI_IRSEND</td></tr>
<tr><td rowspan="4">重复
非阻塞通信</td><td>标准通信模式</td><td>MPI_SEND_INIT</td><td rowspan="4">MPI_RECV_INIT</td></tr>
<tr><td>缓存通信模式</td><td>MPI_BSEND_INIT</td></tr>
<tr><td>同步通信模式</td><td>MPI_SSEND_INIT</td></tr>
<tr><td>就绪通信模式</td><td>MPI_RSEND_INIT</td></tr>
</table>

由于非阻塞通信返回并不意味着通信的完成，MPI 还提供了各种非阻塞通信的完成调用接口和检测调用接口。MPI 可以一次完成一个非阻塞通信，也可以一次完成多个非阻塞通信；对于非阻塞通信是否完成的检测也有各种形式(表 11.2)。

表 11.2　非阻塞通信的完成与检测

非阻塞通信的数量	检测调用	完成调用
一个非阻塞通信	MPI_TEST	MPI_WAIT
任意一个非阻塞通信	MPI_TESTANY	MPI_WAITANY
一到多个非阻塞通信	MPI_TESTSOME	MPI_WAITSOME
所有非阻塞通信	MPI_TESTALL	MPI_WAITALL

发送和接收操作的类型虽然很多，但只要消息信封相吻合，并且符合有序接收的语义约束，任何形式的发送和任何形式的接收都可以匹配(图 11.3)。非阻塞发送可与阻塞接收相匹配，阻塞发送也可与非阻塞接收相匹配。

<table>
<tr><td rowspan="4">阻塞发送</td><td>标准通信模式</td><td rowspan="8">阻塞接收
非阻塞接收</td></tr>
<tr><td>缓存通信模式</td></tr>
<tr><td>同步通信模式</td></tr>
<tr><td>就绪通信模式</td></tr>
<tr><td rowspan="4">非阻塞发送</td><td>标准通信模式</td></tr>
<tr><td>缓存通信模式</td></tr>
<tr><td>同步通信模式</td></tr>
<tr><td>就绪通信模式</td></tr>
</table>

图 11.3　不同类型的发送与接收的匹配

11.2 非阻塞标准发送与接收

MPI 的非阻塞标准发送与接收接口分别为 MPI_ISEND 和 MPI_IRECV。

MPI_ISEND 是 MPI_SEND 的非阻塞方式，它启动一个标准非阻塞发送，调用后立即返回。该调用的返回只表示该消息可以被发送，并不意味着消息已经发送出去。和阻塞发送相比它多了一个 request 参数，该参数是一个用来描述非阻塞通信状况的对象，称为“非阻塞通信对象”。通过对这一对象的查询可以知道与之相应的非阻塞发送是否完成。

```
MPI_ISEND(buf, count, datatype, dest, tag, comm, request)
  IN buf          发送缓冲区的起始地址(可选数据类型)
  IN count        发送数据的个数(整型)
  IN datatype     发送数据的数据类型(句柄)
  IN dest         目的进程号(整型)
  IN tag          消息标志(整型)
  IN comm         通信域(句柄)
  OUT request     返回的非阻塞通信对象(句柄)
```

MPI 调用接口 20　MPI_ISEND

MPI_IRECV 是 MPI_RECV 的非阻塞方式，它启动一个标准非阻塞接收操作，调用后立即返回。它的返回并不意味着已经接收到了相应的消息，它只表示符合要求的消息可以被接收。和阻塞接收调用相比它多了一个 request 参数，这一参数的功能和非阻塞发送一样，只不过在这里是用来描述非阻塞接收的完成状况，通过对这一对象的查询，就可以知道与之相应的非阻塞接收是否完成。

```
MPI_IRECV (buf, count, datatype, source, tag, comm, request)
  OUT buf         接收缓冲区的起始地址(可选数据类型)
  IN count        接收数据的最大个数(整型)
  IN datatype     每个数据的数据类型(句柄)
  IN source       源进程标识(整型)
  IN tag          消息标志(整型)
  IN comm         通信域(句柄)
  OUT request     非阻塞通信对象(句柄)
```

MPI 调用接口 21　MPI_IRECV

图 11.4 给出了标准非阻塞发送与接收的一般过程。

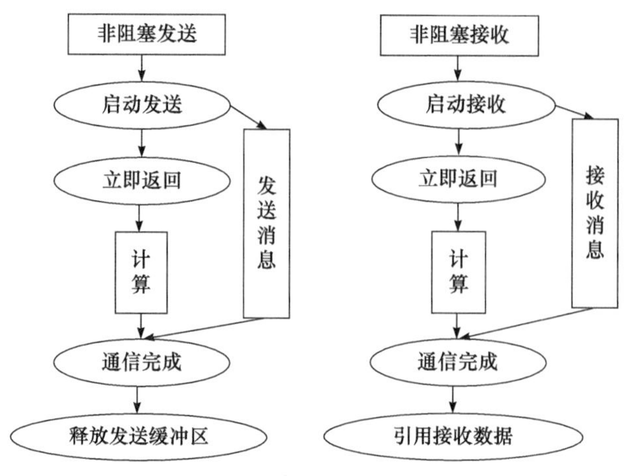

图 11.4　标准非阻塞消息发送和接收

11.3　非阻塞通信与其他三种通信模式的结合

与阻塞发送对应，非阻塞通信也有标准、缓存、同步和就绪四种通信模式，其语义也与阻塞通信的各个模式一一对应。除就绪模式外，其他三个模式不论与之匹配的接收是否启动都可以启动发送；非阻塞的就绪发送仅当与之匹配的接收事先启动之后才可启动。对于非阻塞通信的命名，MPI 使用与阻塞通信一样的命名约定，前缀 B，S，R 分别表示缓存通信模式、同步通信模式和就绪通信模式。前缀 I 表示这个调用是非阻塞的。与阻塞通信一样，非阻塞通信也遵循有序接收的语义约束。

MPI_ISSEND 开始一个同步模式的非阻塞发送，它的返回只是意味着相应的接收操作已经启动，并不表示消息发送的完成。

MPI_ISSEND(buf, count, datatype, dest, tag, comm, request)	
IN buf	发送缓冲区的起始地址(可选数据类型)
IN count	发送数据的个数(整型)
IN datatype	发送数据的数据类型(句柄)
IN dest	目的进程标识(整型)
IN tag	消息标志(整型)
IN comm	通信域(句柄)
OUT request	非阻塞通信完成对象(句柄)

MPI 调用接口 22　MPI_ISSEND

同样，MPI_IBSEND 开始一个缓存模式的非阻塞发送，它需要程序员为其提供发送缓冲区。MPI_IRSEND 开始一个就绪模式的非阻塞发送，其参数与 MPI_IBSEND 完全一样。

11.4 非阻塞通信的完成与检测

由于非阻塞通信在调用后不用等待通信完全结束就可以返回，所以非阻塞通信的返回并不意味着通信的完成。在返回后，用户还需要检测甚至等待通信的完成。MPI 提供了下面的函数来实现这些目的。

11.4.1 单个非阻塞通信的完成与检测

MPI 提供 MPI_WAIT 和 MPI_TEST 两个调用用于单个非阻塞通信的完成或检测。MPI_WAIT 为非阻塞通信的完成调用，它的返回表示由相应通信对象所代表的通信过程已经完成，同时释放该非阻塞通信对象并将其设置为 MPI_REQUEST_NULL，该调用会自动设置相应的返回状态参数 status，通过对 status 的查询可以得到该非阻塞通信的一些细节。MPI_TEST 为非阻塞通信的检测调用，若在调用 MPI_TEST 时该非阻塞通信已经结束，则返回 flag=true，否则返回 flag=false。程序 11.2 为非阻塞通信完成调用的应用实例。

```
MPI_WAIT(request, status)
  INOUT request              非阻塞通信对象(句柄)
  OUT status                 返回的状态(状态类型)
```

MPI 调用接口 23　MPI_WAIT

```
MPI_TEST(request,   flag,   status)
  INOUT request              非阻塞通信对象(句柄)
  OUT flag                   操作是否完成标志(逻辑型)
  OUT status                 返回的状态(状态类型)
```

MPI 调用接口 24　MPI_TEST

程序 11.2　非阻塞通信完成调用的使用方法

```
MPI_Comm_rank(comm, &rank);
if(rank== 0) /*非阻塞标准发送 */
{     MPI_Isend(a, 10, MPI_FLOAT, 1, tag, comm, &request);
      …
      MPI_Wait(&request, &status); }/*完成前面的非阻塞标准发送 */
if(rank ==1)/*非阻塞接收*/
{     MPI_Irecv(a, 15, MPI_FLOAT, 0, tag, comm, &request);
      …
      MPI_WAIT(&request, &status);   }/*完成前面的非阻塞接收*/
```

显然，从形式上看，非阻塞调用是把阻塞调用拆分成两部来实现(启动调用和完成调用)，用户可以在这两部调用之间插入计算工作或其他 MPI 调用，实现计算与通信的重叠。

11.4.2 多个非阻塞通信的完成与检测

除 MPI_WAIT 和 MPI_TEST 外，MPI 还提供其他几个非阻塞通信的完成与检测调用。表 11.2 中，MPI_WAITANY 用于等待一组非阻塞通信中是否有一个完成，一旦有一个非阻塞通信完成后，就返回该非阻塞通信所对应非阻塞通信对象在上述数组中的标签 index=I，并释放该非阻塞通信对象。同时，把该通信的相关信息存放在 status 中返回。其效果等价于调用了 MPI_WAIT(array_of_requests[I], status)。如果执行该调用时已有多个操作完成，则任意选择其中一个，并将其在 array_of_requests 中所处的索引位置保存在 index 中，状态信息保存在 status 中，同时将其释放，句柄值设置为 MPI_REQUEST_NULL。

MPI_WAITANY(count, array_of_requests, index, status)	
IN count	非阻塞通信对象的个数(整型)
INOUT array_of_requests	非阻塞通信完成对象数组(句柄数组)
OUT index	完成对象对应的句柄索引(整型)
OUT status	返回的状态(状态类型)

MPI 调用接口 25　MPI_WAITANY

MPI_WAITALL：非阻塞通信对象链表中的所有非阻塞通信完成时才返回，第 i 个非阻塞通信对象对应的通信完成信息存放在 array_of_statuses[i]中，并释放非阻塞完成对象数组。它在效果上等价于：

```
for( i = 0; i < count; i++ ) MPI_Wait( array_of_requests[i],
array_of_status[i] )
```

需要说明的是：上述代码的调用是有序的，而 MPI_WAITALL 可以以任意次序完成非阻塞调用。

MPI_WAITALL(count, array_of_requests, array_of_statuses)	
IN count	非阻塞通信对象的个数(整型)
INOUT array_of_requests	非阻塞通信完成对象数组(句柄数组)
OUT array_of_statuses	状态数组(状态数组类型)

MPI 调用接口 26　MPI_WAITALL

MPI_WAITSOME：用于等待一组操作中是否有某些完成。outcount 返回已完成的通信的个数，array_of_indices 返回已完成通信在 array_of_requests 中的索引，对应通信的相关信息存放在 array_of_statuses 中。

MPI_WAITSOME(incount, array_of_requests,outcount, array_of_indices, array_of_statuses)	
IN incount	非阻塞通信对象的个数(整型)
INOUT array_of_requests	非阻塞通信对象数组(句柄数组)
OUT outcount	已完成对象的数目(整型)
OUT array_of_indices	已完成对象的下标数组(整型数组)
OUT array_of_statuses	已完成对象的状态数组(状态数组)

MPI 调用接口 27　MPI_WAITSOME

MPI_TESTANY：测试非阻塞通信数组中是否有任何一个对象已完成，若是(若有多个，任取一个)，令 flag=true，并释放该对象；否则 flag=false，返回。

MPI_TESTALL：当且仅当非阻塞通信数组中的所有通信已完成时，flag=true 并返回；否则 flag=false 并立即返回。

MPI_TESTSOME：立即返回，有几个非阻塞通信已经完成，就令 outcount 等于几，且将完成对象的下标记录在下标数组中。若没有非阻塞通信完成，则返回 outcount=0。

MPI_TESTANY(count, array_of_requests, index, flag, status)	
IN count	非阻塞通信对象的个数(整型)
INOUT array_of_requests	非阻塞通信对象数组(句柄数组)
OUT index	非阻塞通信对象的索引或 MPI_UNDEFINED(整型)
OUT flag	是否有对象完成(逻辑型)
OUT status	状态(状态类型)

MPI 调用接口 28　MPI_TESTANY

MPI_TESTALL(count, array_of_requests, flag, array_of_statuses)	
IN count	非阻塞通信对象的个数(整型)
INOUT array_of_requests	非阻塞通信对象数组(句柄数组)
OUT flag	所有非阻塞通信对象是否都完成(逻辑型)
OUT array_of_statuses	状态数组(状态数组)

MPI 调用接口 29　MPI_TESTALL

MPI_TESTSOME(incount, array_of_requests, outcount, array_of_indices, array_of_statuses)	
IN incount	非阻塞通信对象的个数(整型)
INOUT array_of_requests	非阻塞通信对象数组(句柄数组)
OUT outcount	已完成对象的数目(整型)
OUT array_of_indices	已完成对象的下标数组(整型数组)
OUT array_of_statuses	已完成对象的状态数组(状态数组)

MPI 调用接口 30　MPI_TESTSOME

程序 11.3 用非阻塞通信实现进程间的循环消息传递。

程序 11.3　用非阻塞通信实现进程间的循环消息传递

```
#include <stdio.h>
#include <string.h>
#include "mpi.h"
int main(int argc, char *argv[])
{     char sendmsg[100] = "asdfasdf", recvmsg[100] = "";
      MPI_Comm comm=MPI_COMM_WORLD;
      int myid, numprocs, dest, source;
      MPI_Request request1, request2;
      MPI_Status status1, status2;
      MPI_Init(&argc, &argv);
      MPI_Comm_rank(comm, &myid);
      MPI_Comm_size(comm, &numprocs);
      dest = myid+1;
      source = myid-1;
      if(myid == 0)source = numprocs-1;
      if(myid == numprocs-1) dest = 0;
      MPI_Isend(sendmsg, strlen(sendmsg), MPI_CHAR, dest, 99,
      comm, &request1);
      MPI_Wait(&request1, &status1);
      MPI_Irecv(recvmsg, 100, MPI_CHAR, source, 99, comm,
      &request2);
      MPI_Wait(&request2, &status2);
      MPI_Finalize( );
}
```

11.5　非阻塞通信对象

非阻塞通信在调用返回后并不保证通信的完成，需要给程序员提供一些手段来查询通信状态或管理通信。MPI 为程序员提供了一个“非阻塞通信对象”，程序员可以通过对这一对象的查询得到非阻塞通信的相关信息。非阻塞发送或接收分别初始化一个发送或接收操作，然后立即返回一个“非阻塞通信对象”，使用该对象可以识别各种通信操作。

非阻塞通信对象是 MPI 内部对象，通过一个句柄存取。使用该对象可以识别非阻塞通信的各种特性，如发送模式、与它相关的通信缓冲区、通信上下文、发送或接收标识、目标或源进程等。

11.5.1 非阻塞通信的取消

MPI_CANCEL 取消一个已调用的非阻塞通信，它在 MPI 系统中设置一个取消该通信请求的标志，然后立即返回，实际取消操作由 MPI 系统在后台完成。取消调用并不意味着相应的通信一定会被取消。若取消操作调用时相应的非阻塞通信已经开始，它会正常完成，不受取消操作的影响；若取消操作调用时相应的非阻塞通信还没有开始，则取消该非阻塞通信，释放通信占用的资源。对于非阻塞通信，即使调用了取消操作，也必须调用非阻塞通信的完成或查询操作来释放该对象。

MPI_CANCEL(request)	
IN request	非阻塞通信对象(句柄)

MPI 调用接口 31　MPI_CANCEL

如果一个非阻塞通信已被执行取消操作，则 MPI_WAIT 或 MPI_TEST 将释放取消通信的非阻塞通信对象，并且在返回结果 status 中指明该通信已取消。

MPI_TEST_CANCELLED(status, flag)	
IN status	状态(状态类型)
OUT flag	是否取消标志(逻辑类型)

MPI 调用接口 32　MPI_TEST_CANCELLED

一个通信操作是否被取消可以通过调用 MPI_TEST_CANCELLED 来检查。如果 MPI_TEST_CANCELLED 返回结果 flag=true，则表明该通信已经被取消，否则说明该通信还没有被取消。

程序 11.4 给出了取消操作及测试取消操作的使用方法和注意事项。

程序 11.4　非阻塞通信的取消

```
MPI_Comm_rank(MPI_COMM_WORLD, &rank);
if (rank==0)MPI_Send(sbuf, 1, MPI_INT, 1, 99, MPI_COMM_WORLD);
/*执行标准发送*/
else if (rank == 1)
{    MPI_Irecv(rbuf,   1,   MPI_INT,   0,   99,MPI_COMM_WORLD,
&request);/*执行非阻塞接收*/
MPI_Cancel(request);   /*立即释放该接收操作*/
MPI_Wait(&request,  &status);   /* 即使该通信被取消也必须执行完成操
作*/
MPI_Test_cancelled(&status, &flag); /*测试取消操作是否成功*/
if  (flag)MPI_Irecv(rbuf,  1,  MPI_INT,  0,  99MPI_COMM_WORLD,
&request);   }
```

/* 若取消成功 则需要再执行一次接收操作*/

11.5.2 非阻塞通信对象的释放

MPI_REQUEST_FREE：该调用释放指定的通信请求及所占用的资源，如果与该通信请求相关联的通信尚未完成，则它会先等待通信的完成，因此非阻塞通信对象的释放并不影响该非阻塞通信的完成。该调用返回后原来的非阻塞通信对象 request 变为 MPI_REQUEST_NULL。一旦执行了释放操作，该非阻塞通信对象就无法再通过其他的任何调用访问。

```
MPI_REQUEST_FREE(request)
  INOUT request 非阻塞通信对象
```

MPI 调用接口 33　MPI_REQUEST_FREE

程序 11.5 给出了非阻塞通信对象的释放方法。

程序 11.5　使用 MPI_REQUEST_FREE 的一个例子

```
MPI_Comm_rank(MPI_COMM_WORLD, &rank);
if(rank == 0)
{

      for(i=1; i<=n; i++){
      MPI_Isend(outval, 1, MPI_FLOAT 1, 0, MPI_COMM_WORLD, &req);
      MPI_Request_free(&req);   /*释放掉 req 仍能保证 MPI_ISEND 正常
      完成*/
      MPI_Irecv(inval, 1, MPI_FLOAT, 1, 0, MPI_COMM_WORLD, &req);
      /*重新使用 req 作为另一个非阻塞通信的句柄*/
      MPI_Wait(&req, &status);  }  /*正常完成 MPI_IRECV */
}
if(rank == 1)
{
      MPI_Irecv(inva, 1, MPI_FLOAT, 0, 0, MPI_COMM_WORLD, &req)
      MPI_Wait(&req, &status)
/*为了通信的安全，先执行一个接收操作和进程 0 的发送操作相匹配*/
for(i=1; i<n; i++)
{     MPI_Isend(outval, 1, MPI_FLOAT, 0, 0, MPI_COMM_WORLD, &req)
      MPI_Request_free(&req)/*释放掉 req 仍可以保证 MPI_ISEND 正常完
      成 */
```

```
        MPI_Irecv(inval, 1, MPI_FLOAT, 0, 0, MPI_COMM_WORLD, &req)
         /*利用释放后的句柄 req 进行新的非阻塞通信*/
        MPI_WAIT(&req, &status) /*正常完成 MPI_IRECV */
    }
    MPI_Isend(outval, 1, MPI_FLOAT, 0, 0, MPI_COMM_WORLD, &req)
    MPI_Wait(&req, &status)
    }
```

11.5.3 消息到达的检查

MPI 提供了两个消息到达检查调用 MPI_PROBE 和 MPI_IPROBE，允许程序员在不实际执行接收操作的前提下检查满足特定条件的消息是否到达接收端。程序员可以根据检测结果确定接收方式，如确定源和消息标签等。

MPI_PROBE 是阻塞方式的检查调用，只有探测到匹配的消息后才返回，程序 11.6 为其应用实例。MPI_IPROBE 是非阻塞方式的检查调用，无论是否有合适的消息到达都立即返回。

MPI_PROBE (source, tag, cmm, status)	
IN source	源进程标识或任意进程标识 MPI_ANY_SOURCE(整型)
IN tag	特定 tag 值或任意 tag 值 MPI_ANY_TAG 整型
IN comm	通信域句柄
OUT status	返回的状态 状态类型

MPI 调用接口 34 MPI_PROBE

程序 11.6 使用阻塞检查确定消息接收参数

```
int x, send_x = 100;
float y, send_y = 3.14;
MPI_Comm comm = MPI_COMM_WORLD;
MPI_Comm_rank(comm, &rank);
if(rank ==0)MPI_Send(&send_x, 1, MPI_INT, 2, 9, comm); /*进程
0 向进程 2 发送一个整数*/
if(rank==1)MPI_Send(&send_y, 1, MPI_FLOAT, 2, 9, comm); /*进程
1 向进程 2 发送一个实数*/
if( rank ==2)/*进程 2 接收上述两个消息 */
{      for(int i=0; i<2; i++)
  {    MPI_Probe(MPI_ANY_SOURCE, 9, comm, &status); /*阻塞检查*/
     if(status. MPI_SOURCE == 0) MPI_Recv(&x, 1, MPI_INT, 0,
     9, comm, &status);
```

```
        else  MPI_Recv(&y, 1, MPI_FLOAT, 1, 9, comm, &status);
    }
}
```

当 MPI_IPROBE 被调用时，如果存在一个符合条件的消息到达，则 flag=true，并定义返回状态变量 status。若没有符合条件的消息到达，它同样立即返回，且 flag=false，也不定义 status。如果 MPI_IPROBE 返回结果 flag=true，则可以从 status 中获取 source、tag 并检查消息长度，然后使用相匹配的接收语句接收之。

MPI_IPROBE 的源参数可以是 MPI_ANY_SOURCE，消息标签参数也可以是 MPI_ANY_TAG，但必须指定一个通信域。一个消息被检查后不一定会被立即接收，一个消息在被接收以前可能会被检查多次。

MPI_IPROBE(source, tag, comm, flag, status)	
IN source	源进程标识或任意进程标识 MPI_ANY_SOURCE 整型
IN tag	特定 tag 值或任意 tag 值 MPI_ANY_TAG 整型
IN comm	通信域句柄
OUT flag	是否有消息到达标志 逻辑
OUT status	返回的状态 状态类型

MPI 调用接口 35　MPI_IPROBE

11.5.4　用非阻塞通信来实现雅可比迭代

这里从提高性能的角度，用非阻塞通信来实现 Jacobi 迭代中的通信与计算的重叠。为了实现计算与通信的最大重叠，一个通用的原则就是“尽早开始通信、尽晚完成通信”。在开始通信和完成通信之间进行计算，这样通信启动得越早、完成得越晚，就有可能有更多的计算任务可以和通信重叠，也使通信可以在计算任务执行期间完成，而不需要专门的等待时间。

为此修改 Jacobi 迭代过程如下：①计算迭代任务中下次需要通信的数据；②启动非阻塞通信传递这些数据转下一次迭代；③计算剩余的迭代部分；④完成非阻塞通信；⑤以上 4 步反复迭代，直至程序结束。C+MPI 代码见程序 11.7。

程序 11.7　非阻塞通信实现的雅可比迭代

```
#include "mpi.h"
#include <stdio.h>
#include <stdlib.h>
#define N 88
#define S N/4
#define T 12
```

```
void print_matrix(int myid, float myRows[ ][N]);
int main(int argc, char *argv[ ])
{     float m1[S+2][N], m2[S+2][N];
      int myid, num_proc, i, j, up_proc_id, down_proc_id, t,
      row, col, tag1=1, tag2=2;
      MPI_Comm comm;
      MPI_Status status[4];
      MPI_Request request[4];
      MPI_Init(&argc, &argv);
      MPI_Comm_rank(comm, &myid);
      MPI_Comm_size(comm, &num_proc);
      for(i=0; i<S+2; i++)  // 初始化
            for(j=0; j<N; j++)   m1[i][j] = m2[i][j] = 0.0;
      if(0 == myid)
            for(j=0; j<N; j++)  m1[1][j] = m2[1][j] = 6.0;
      if ((num_proc -1)== myid)
            for(j=0; j<N; j++)m1[S][j] = m2[S][j] = 6.0;
      for(i=1; i<S+1; i++)m1[i][0] = m1[i][N-1] = m2[i][0] =
      m2[i][N-1] = 6.0;
      up_proc_id = myid==0 ? MPI_PROC_NULL : myid-1; //计算每个
      进程的上进程
      down_proc_id = myid==(num_proc-1)? MPI_PROC_NULL:myid+1;
      //计算下进程
      for(t=0; t<T; t++) // 开始雅可比迭代
      {   // 第一步：先计算需要通信的边界数据
          if(0 == myid)// 最上面的矩阵块
          {   for (j=1; j<N-1; j++)
              m2[S][j] = (m1[S][j-1] + m1[S][j+1] + m1[S+1][j]
              + m1[S-1][j])* 0.25;
          }
          if ((num_proc-1)== myid) // 最下面的矩阵块
          {      for (j=1; j<N-1; j++)
                 m2[1][j] = (m1[1][j-1] + m1[1][j+1] + m1[2][j]
                 + m1[0][j])* 0.25;
          }
          if(myid>0 && myid<(num_proc-1))
          {     for(j=1; j<N-1; j++)// 中间的矩阵块
                {  m2[S][j] = (m1[S][j-1] + m1[S][j+1] + m1[S+1]
```

```
                [j] + m1[S-1][j])* 0.25;
                m2[1][j] = (m1[1][j-1] + m1[1][j+1] + m1[2][j]
                + m1[0][j])* 0.25;
            }
        }
        //  第二步：利用非阻塞函数传递边界数据 为下一次计算做准备
        if(t<T-1) //最后一次迭代不要进行通信
        {   MPI_Isend(&m2[1][0], N, MPI_FLOAT, up_proc_id, tag1,
        comm, &request[0]);
            MPI_Isend(&m2[S][0],  N,  MPI_FLOAT,  down_proc_id,
            tag2, comm, &request[1]);
            MPI_Irecv(&m1[S+1][0],  N,  MPI_FLOAT,  down_proc_id,
            tag1, comm, &request[2]);
            MPI_Irecv(&m1[0][0], N, MPI_FLOAT, up_proc_id, tag2,
            comm, &request[3]);
        }
        // 第三步：计算中间不需要通信的数据
        int begin_row = 0==myid ? 2 : 1;
        int end_row = 3==myid ? (S-1): S;
        for (i=begin_row; i<end_row; i++)
        {     for (i=1; i<N-1; i++)
               m2[i][i] = (m1[i][i-1] + m1[i][i+1] + m1[i+1][i]
               + m1[i-1][i])* 0.25;
        }
        //  第四步：更新矩阵 并等待各个进程间数据传递完毕
        for (i=begin_row; i<=end_row; i++)
        {      for (j=1; j<N-1; j++) m1[i][j] = m2[i][j];  }
        if(t<T-1) MPI_Waitall(4, request, status);
    }
    print_matrix(myid, m1);
    MPI_Finalize( );
}
void print_matrix(int myid, float myRows[ ][N])
{     int i, j;
      MPI_Status status;
      printf("Result in process %d:\n", myid);
      for (i = 0; i<S+2; i++)
      {     for ( j = 0; j<N; j++)printf("%1.3f\t", myRows [i][j]);
```

```
            printf("\n");    }
    }
```

11.6 重复非阻塞通信

程序 11.7 中的四个通信语句在每个 t 循环中都要执行一次，为了进一步降低其通信开销，MPI 提供了重复非阻塞通信这种方式优化该类通信。重复非阻塞通信将通信参数和 MPI 的内部对象建立固定联系，然后通过该对象完成重复通信的任务。

重复非阻塞通信需要如下流程：①通信的初始化(如 MPI_SEND_INIT 等)；②启动通信，如 MPI_START 等；③完成通信，如 MPI_WAIT 等；④用 MPI_REQUEST_FREE 调用释放非阻塞通信对象。其中②和③需要重复完成。

重复通信时，初始化操作并没有启动消息通信，消息真正开始通信是由 MPI_START 触发的；消息的完成操作并不释放相应的非阻塞通信对象，只是将其状态置为非活动状态，若后面进行重复通信，则再由 MPI_START 将其置为活动状态并启动通信。当不需要再进行通信时，必须通过 MPI_REQUEST_FREE 释放该非阻塞通信对象。重复非阻塞通信也有标准、同步、缓存和就绪四种通信模式。

MPI_SEND_INIT(buf, count, datatype, dest, tag, comm, request)	
IN buf	发送缓冲区起始地址(可选数据类型)
IN count	发送数据个数(整型)
IN datatype	发送数据的数据类型(句柄)
IN dest	目标进程标识(整型)
IN tag	消息标识(整型)
IN comm	通信域(句柄)
OUT request	非阻塞通信对象(句柄)

MPI 调用接口 36　MPI_SEND_INIT

MPI_SEND_INIT 创建一个标准模式重复非阻塞发送对象，该对象和相应的发送操作的所有参数捆绑到一起。

另三种通信模式消息发送对象的创建接口定义与 MPI_SEND_INIT 相同，接口名分别为 MPI_BSEND_INIT、MPI_SSEND_INIT 和 MPI_RSEND_INIT。其含义为创建重复非阻塞通信对象的含义加消息发送模式的含义。

MPI_RECV_INIT(buf, count, datatype, source, tag, comm, request)	
OUT buf	接收缓冲区初始地址(可选数据类型)
IN count	接收数据的最大个数(整型)
IN datatype	接收数据的数据类型(句柄)
IN source	发送进程的标识或任意进程 MPI_ANY_SOURCE(整型)

IN tag	消息标识或任意标识 MPI_ANY_TAG(整型)
IN comm	通信域(句柄)
OUT request	非阻塞通信对象(句柄)

MPI 调用接口 37　MPI_RECV_INIT

MPI_RECV_INIT 创建一个非阻塞重复接收对象,该对象和相应的接收操作的所有参数捆绑到一起。

一个重复非阻塞通信在创建后处于非活动状态，没有活动的通信附在该对象中。必须使用重复非阻塞通信激活调用(MPI_START)将其激活。

```
MPI_START( request )
  INOUT request           非阻塞通信对象(句柄)
```

MPI 调用接口 38　MPI_START

其中，request 是一个由初始化非阻塞重复调用返回的句柄。MPI_START 调用之前，该对象处于非激活状态。一旦使用该调用，它就会成为激活状态。通信缓冲区在该调用后应该被禁止访问，直到操作完成。

一个用 MPI_SEND_INIT 创建的非阻塞重复通信对象经 MPI_START 激活后产生的通信，与 MPI_ISEND 通信效果一样，即 MPI_SEND_INIT+MPI_START=MPI_ISEND；一个用 MPI_RECV_INIT 创建的非阻塞重复通信对象经 MPI_START 激活后的通信，与 MPI_IRECV 产生的通信效果相同。

```
MPI_STARTALL( count, array_of_requests )
  IN count                开始非阻塞通信对象的个数 (整型)
  IN array_of_requests    非阻塞通信对象数组(句柄队列)
```

MPI 调用接口 39　MPI_STARTALL

MPI 提供的另一个非阻塞通信对象激活调用是 MPI_STARTALL，其功能是激活多个重复非阻塞通信对象，等价于用 MPI_START 激活 array_of_request 链表中的所有重复非阻塞通信对象。由 MPI_START 或 MPI_STARTALL 激活的通信需要用 MPI_WAIT 等完成调用来完成。完成后的非阻塞通信对象再次处于非激活状态，但并未被释放，可以被 MPI_START 或 MPI_STARTALL 重新激活。重复非阻塞通信对象可以用 MPI_REQUEST_FREE 来释放，MPI_REQUEST_FREE 可以在重复非阻塞通信被创建以后的任何地方调用，但只有当该对象成为非活动状态时才可以被释放。

一个用 MPI_START 初始化的发送操作可以和任何接收操作匹配，同样，一个用 MPI_START 初始化的接收操作可以和任何发送操作匹配。程序 11.8 为采用重复非阻塞通信实现 Jacobi 迭代。

程序 11.8　用重复非阻塞通信实现 Jacobi 迭代

```
#include "mpi.h"
#include <stdio.h>
#include <stdlib.h>
#define N 88
#define S N/4
#define T 22
void print_matrix(int myid, float myRows[ ][N]);
int main(int argc, char *argv[ ])
{     float m1[S+2][N], m2[S+2][N];
      int myid, num_proc, i, j, up_proc, down_proc, tag1 = 1,
      tag2 = 2, t, row, col;
      MPI_Comm comm=MPI_COMM_WORLD;
      MPI_Status status[4];
      MPI_Request request[4];
      MPI_Init(&argc, &argv);
      MPI_Comm_rank(comm, &myid);
      MPI_Comm_size(comm, &num_proc);
      for(i=0; i<S+2; i++)          // 初始化二维数组
     {     for(j=0; j<N; j++) m1[i][j] = m2[i][j] = 0;    }
     if(0 == myid)// 按行划分 上面第一分块矩阵 上边界
     {     for(j=0; j<N; j++)m1[1][j] = m2[1][j] = 6.0;    }
     if ((num_proc-1)==myid)// 按行划分 最下面一分块矩阵 下边界
     {     for(j=0; j<N; j++)m1[S][j] = m2[S][j] = 6.0;    }
     for(i=1; i<S+1; i++)// 每个矩阵的两侧边界
     {   m1[i][0] = m1[i][N-1] = m2[i][0] = m2[i][N-1] = N;    }
     up_proc = myid==0 ? MPI_PROC_NULL : myid-1;  //计算每个进
     程上进程
     down_proc = myid==(num_proc-1)? MPI_PROC_NULL : myid+1;
     //计算每个进程下进程
     // 初始化重复非阻塞通信
     MPI_Send_init(&m2[1][0],  N,  MPI_FLOAT,  up_proc,  tag1,
     comm, &request[0]);
     MPI_Send_init(&m2[S][0], N,  MPI_FLOAT, down_proc, tag2,
     comm, &request[1]);
     MPI_Recv_init(&m1[S+1][0], N, MPI_FLOAT, down_proc, tag1,
     comm, &request[2]);
     MPI_Recv_init(&m1[0][0],  N,  MPI_FLOAT,  up_proc,  tag2,
```

```
comm, &request[3]);
// jacobi 迭代过程
for(t=0; t<T; t++)
{   // 第一步：计算需要通信的边界数据
  if(0==myid)// 最上的矩阵块
  {   for (j=1; j<N-1; j++)
      m2[S][j] = (m1[S][j-1] + m1[S][j+1] + m1[S+1][j] +
      m1[S-1][j])* 0.25;
  }
  if ((num_proc-1)== myid)// 最下面的矩阵块
  {   for (j=1; j<N-1; j++)
      m2[1][j] = (m1[1][j-1] + m1[1][j+1] + m1[2][j] + m1[0]
      [j])* 0.25;
  }
  if(myid>0 && myid<(num_proc-1))// 中间的矩阵块
  {     for(j=1; j<N-1; j++)
        {   m2[S][j] = (m1[S][j-1] + m1[S][j+1] + m1[S+1][j]
             + m1[S-1][j])* 0.25;
            m2[1][j] = (m1[1][j-1] + m1[1][j+1] + m1[2][j]
             + m1[0][j])* 0.25;
        }
   }
   MPI_Startall(4, &request[0]);  //第二步：启动重复非阻塞通信
   // 第三步：计算不需要通信的中间数据
   int begin_row = 0==myid ? 2 : 1;
   int end_row = (num_proc-1)==myid ? (S-1): S;
   for (i=begin_row; i<end_row; i++)
   {     for (j=1; j<N-1; j++)
         m2[i][j] = (m1[i][j-1] + m1[i][j+1] + m1[i+1][j] +
         m1[i-1][j])* 0.25;
   }
   // 第四步：更新矩阵，并等待各个进程间数据传递完毕
   for (i=begin_row; i<=end_row; i++)
   {      for (j=1; j<N-1; j++)  m1[i][j] = m2[i][j];   }
   MPI_Waitall(4, &request[0], &status[0]);
}
for(i = 0; i < 4; i++)MPI_Request_free(&request[i]); // 释
放非阻塞通信对象
```

```
    print_matrix(myid, m1);
    MPI_Finalize();
}
void print_matrix(int myid, float myRows[ ][N])
{     int i,j;
    MPI_Status status;
    printf("Result in process %d:\n", myid);
    for ( i = 0; i<S+2; i++)
    {     for( j = 0; j<N; j++) printf("%1.3f\t", myRows[i][j]);
          printf("\n");
    }
}
```

第 12 章 MPI 的组通信调用

MPI 提供了点到点通信和组通信两种通信方式。本书前面讲的都是点到点通信，点到点通信只涉及消息发送方和接收方两个进程，且发送方与接收方的调用形式不同(一方发送，另一方接收)。组通信要求组内的所有进程都参与通信，且在不同进程的调用形式完全相同，但对于同一个组通信调用，不同进程的行为方式可能不同。本章主要介绍 MPI 的各种组通信调用。

12.1 组通信概述

组通信是指一个进程组中的所有进程都参加的全局通信操作。组通信涉及的进程组和通信上下文是由组通信函数的通信域参数决定的。组通信可以和点对点通信共用一个通信域，MPI 保证由组通信产生的消息不会和点对点产生的消息混淆。组通信一般实现三个功能：通信、同步和计算。通信功能主要完成组内数据的传输，同步功能实现组内所有进程在特定地点取得执行进度上的一致，计算功能要对消息缓冲区中的数据完成一定的计算操作。

MPI 提供的组通信调用接口见表 12.1，本章后面对其中的部分函数进行介绍。

表 12.1 MPI 的组通信接口

类型	MPI 接口名	含义
通信	MPI_BCAST	一对多广播同样的消息
	MPI_GATHER	多对一收集各个进程的消息
	MPI_GATHERV	MPI_GATHER 的一般化
	MPI_ALLGATHER	全局收集
	MPI_ALLGATHERV	MPI_ALLGATHER 的一般化
	MPI_SCATTER	一对多散布不同的消息
	MPI_SCATTERV	MPI_SCATTER 的一般化
	MPI_ALLTOALL	多对多全局交换消息
	MPI_ALLTOALLV	MPI_ALLTOALL 的一般化
计算	MPI_REDUCE	多对一归约
	MPI_ALLREDUCE	MPI_REDUCE 的一般化

续表

类型	MPI 接口名	含义
计算	MPI_REDUCE_SCATTER	归约并散播
	MPI_SCAN	扫描
同步	MPI_BARRIER	路障同步

12.2 组通信的通信功能

组通信的通信功能主要包括一对多、多对一和多对多三种形式。

12.2.1 广播

广播调用是典型的一对多调用，一个进程（根进程）发送消息，组内的所有进程接收消息，MPI 的广播调用接口为 MPI_BCAST。

MPI_BCAST（buffer, count, datatype, root, comm）	
INOUT buffer	通信消息缓冲区的起始地址（可选数据类型）
IN count	将广播出去/或接收的数据个数（整型）
IN datatype	广播/接收数据的数据类型（句柄）
IN root	广播数据的根进程的标识号（整型）
IN comm	通信域（句柄）

MPI 调用接口 40　MPI_BCAST

广播调用将一条消息从一个标识为 root 的进程（根进程）发送到组内所有进程（包括自己）。执行该调用时，组内所有进程（包括 root 进程）使用同一个通信域和根标识 root，其执行结果是将根进程消息缓冲区中的消息拷贝到该通信域中的所有进程中去（图 12.1）。例如，教师在教室中讲课就是一个典型的广播调用，教师（根进程）将消息发送给教室内（通信域）的所有进程（教室内的教师和学生），教师和所有学生接收到的消息都是一样的。在微信群里发通知也是一个典型的广播调用。

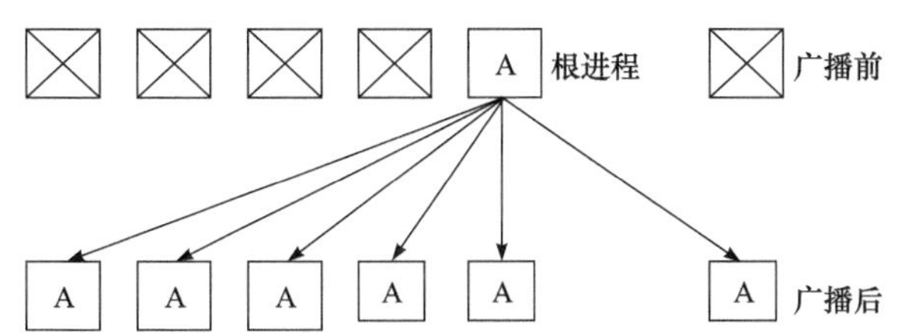

图 12.1　广播前后各进程缓冲区中数据的变化

广播调用中的数据类型 datatype 可以是预定义数据类型或派生数据类型，所有进程中指定的通信元素个数 count、数据类型 datatype 必须一致。对于广播调用，不管是广播消息的根进程，还是接收消息的从进程，在调用形式上完全一致(相同的根、相同的元素个数、相同的数据类型)。其他组通信调用也都有此限制。

程序 12.1 中，根进程将其 value 值广播至通信域中的所有进程，假设该程序共启动 5 个进程，则广播前各进程中的 value 值分别为 11、22、33、44、55，广播调用结束后各进程中的 value 值均变为 11。

程序 12.1　广播程序示例

```
#include "mpi.h"
#include <stdio.h>
int main(int argc, char *argv[ ])
{     int rank, value;
      MPI_Init(&argc, &argv);
      MPI_Comm_rank(MPI_COMM_WORLD, &rank);
      value =( rank +1)* 11;
      printf("Before broadcast, myid= %d my value= %d\n", rank,
      value);
      MPI_Bcast(&value, 1, MPI_INT, 0, MPI_COMM_WORLD);
      printf("After Broadcast, myid= %d my value= %d\n", rank,
      value);
      MPI_Finalize( );
}
```

12.2.2　收集

收集属于多对一通信(图 12.2)。在收集调用中，每个进程(包括根进程本身)将其发送缓冲区中的数据发送至根进程，根进程根据发送方的进程号将它们的消息依次存放到自己的接收缓冲区中。和广播调用不同的是，根进程广播给所有进程的数据是相同的，但对于收集调用，根进程从各个进程收集到的数据可以相同也可以不同，其结果就像一个进程组中的 N 个进程(包括根进程在内)都执行了一个发送调用，同时根进程执行了 N 次接收调用。现实生活中，班长收集全班同学作业的过程就是一个典型的收集调用：班长(根进程)将包括自己在内的全班同学(通信域中的全部进程)的作业(发送缓冲区)收集在一起，然后按照学号(进程号)顺序排列，放在作业堆放处(接收缓冲区)。

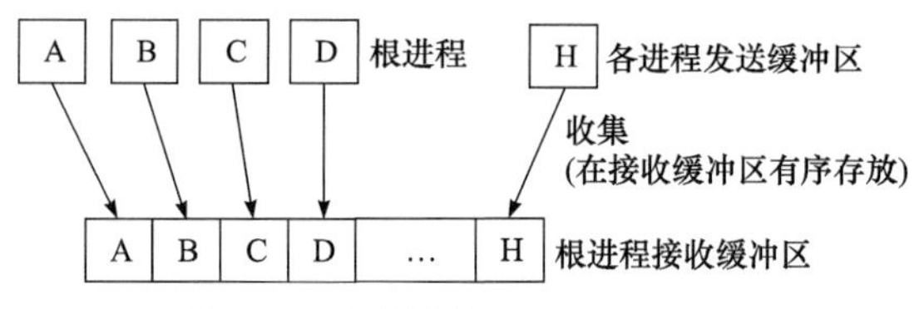

图 12.2　数据收集 MPI_GATHER

MPI 提供了两个收集调用接口，分别为 MPI_GATHER 和 MPI_GATHERV。

MPI_GATHER 调用要求，各进程发送给根进程的数据个数和数据类型都必须相同，并且都和根进程中接收数据个数和数据类型一致，注意根进程中指定的接收数据个数是指从每一个进程接收到的数据个数而不是总的接收个数。此调用中的所有参数对根进程都有意义，而对于其他进程，只有 sendbuf，sendcount，sendtype，root 和 comm 有意义，其他参数虽无意义但不能省略。root 和 comm 在所有进程中必须一致。

MPI_GATHER(sendbuf, sendcount, sendtype, recvbuf, recvcount, recvtype, root, comm)	
IN sendbuf	发送消息缓冲区的起始地址(可选数据类型)
IN sendcount	发送消息缓冲区中的数据个数(整型)
IN sendtype	发送消息缓冲区中的数据类型(句柄)
OUT recvbuf	接收消息缓冲区的起始地址(可选数据类型)
IN recvcount	从每一个进程接收的数据个数(整型，仅对于根进程有意义)
IN recvtype	接收元素的数据类型(句柄，仅对于根进程有意义)
IN root	根进程的进程号(整型)
IN comm	通信域(句柄)

MPI 调用接口 41 MPI_GATHER

MPI 还提供了另一个更为灵活的收集调用 MPI_GATHERV，它也完成数据收集功能。但它从不同进程接收的数据个数可以不同，因此该调用中接收数据元素的个数是一个数组，用于指明从不同进程接收的数据元素个数，但非根进程的发送数据个数和根进程的接收数据个数必须一致。此外，MPI_GATHERV 还为各消息在接收缓冲区中的存放位置提供了一个位置偏移数组 displs(以数据类型为单位)，用户可以将接收的数据存放到根进程消息缓冲区的任意位置。即 MPI_GATHERV 明确指出了从不同进程接收数据元素的个数及这些数据在 ROOT 的接收缓冲区存放的起始位置，这是它相对于 MPI_GATHER 灵活的地方。对于根进程来说，此调用的所有参数都有意义，但对于其他进程，只有 sendbuf、sendcount、sendtype、root 和 comm 有意义。参数 root 和 comm 在所有进程中必须一致。

MPI_GATHER 接收到的数据在接收缓冲区中是连续存放的，而 MPI_GATHERV 接收到的数据在接收缓冲区中可以连续存放，也可以不连续存放。

MPI_GATHERV(sendbuf, sendcount, sendtype, recvbuf, recvcounts, displs, recvtype, root, comm)	
IN sendbuf	送消息缓冲区的起始地址(可选数据类型)
IN sendcount	发送消息缓冲区中的数据个数(整型)
IN sendtype	发送消息缓冲区中的数据类型(句柄)
OUT recvbuf	接收消息缓冲区的起始地址(可选数据类型，仅对于根进程有意义)
IN recvcounts	整型数组(长度为组的大小)，其值为从每个进程接收的数据个数

IN displs	整数数组，每个入口表示相对于 recvbuf 的位移(以数据类型为单位)
IN recvtype	接收消息缓冲区中数据类型(句柄)
IN root	接收进程的标识号(句柄)
IN comm	通信域(句柄)

MPI 调用接口 42　MPI_GATHERV

程序 12.2 中，0 进程作为根进程从每个进程收集 10 个整数。

程序 12.2　MPI_GATHER 使用示例

```
#include <stdio.h>
#include <mpi.h>
#include <stdlib.h>
int main(int argc, char *argv[])
{     int myid, numprocs, sendArray[10], *recvArray;
      MPI_Init(&argc, &argv);
      MPI_Comm_rank(MPI_COMM_WORLD, &myid);
      MPI_Comm_size(MPI_COMM_WORLD, &numprocs);
      recvArray = (int *)malloc(numprocs * 10 * sizeof(int));
      for(int i = 0; i < 10; i++) sendArray[i] = myid * 10 + i;
      MPI_Gather(sendArray, 10, MPI_INT, recvArray, 10, MPI_INT,
      0, MPI_COMM_WORLD);
      if(myid == 0)
      {   for(int i = 0; i < 10*numprocs; i++)
          printf("myid=%d, i=%d, value=%d\n " , myid , i, recvArray
          [i] );
       }
       free(recvArray);
       MPI_Finalize( );
}
```

程序 12.3 实现每个进程向根进程(0 进程)发送不同个数的整数，根进程收集这些数据，并且每个进程的数据在根进程的接收缓冲区中都间隔两个整数。用 MPI_GATHERV 调用和 displs 参数来实现。

假设用 4 个进程运行该程序，则 4 个进程分别向根进程发送了 1，2，3，4 个整数，各进程发送缓冲区中的内容为：进程 0：sendarray={0}；进程 1：sendarray={10，11}；进程 2：sendarray={20，21，22}；进程 3：sendarray={30，31，32，33}。根进程首先对其接收缓冲区的各个元素均赋值–1，然后用 MPI_GATHERV 收集各进程发送的数据，并按照指定的偏移量放入其接收缓冲区(0 进程的偏移量为 0，其他进程的数据相对于前一进程偏移两个元素存放)。因此收集调用后，根进程接收缓冲区情况为：rbuf={0, −1, −1, 10, 11, −1, −1, 20, 21, 22, −1, −1, 30, 31, 32, 33}。

程序 12.3　MPI_GATHERV 使用示例

```
    #include "mpi.h"
    #include  <stdlib.h>
    #include  <stdio.h>
    int main(int argc, char* argv[ ])
{   int  i,  myid,  nproc,send_num,  *sendarray,  *rbuf,  *displs,
*rcounts, n;
    MPI_Comm comm = MPI_COMM_WORLD;
    MPI_Init(&argc, &argv); /*MPI 初始化*/
    MPI_Comm_size(comm, &nproc); /*获取指定通信域中的进程个数*/
    MPI_Comm_rank(comm, &myid); /*获取当前进程在指定通信域中的进程号*/
    send_num = myid + 1;  /*各进程发送给根进程的数据个数*/
    sendarray=(int *)malloc(send_num*sizeof(int)); /*各进程发送缓冲
    区的大小不一样*/
    for (i=0; i<send_num; i++)
         sendarray[i]=myid*10+i; /*各进程需要发送的数据均为其进程号*/
    if (myid == 0)/*根进程申请接收缓冲区*/
    {    rcounts = (int *)malloc(nproc * sizeof(int)); /*为接收数据
    个数申请内存空间*/
         displs = (int *)malloc(nproc * sizeof(int)); /*为偏移量申
         请内存空间*/
         displs[0] = 0; /*0 进程发送给根进程的数据在接收缓冲区中的偏移量
         为 0*/
         rcounts[0] = 1; /*0 进程发送给根进程的数据个数为 1*/
         for (i=1; i<nproc; i++)/*根进程定义除自身以外的各进程接收的数
         据个数和偏移量*/
    {          rcounts[i] = i+1;   /*各进程发送给根进程的数据个数为其进
    程号加 1*/
              displs[i] = rcounts[i-1] + displs[i-1]+2;  /*相对于
              起始位置的偏移量*/
    }
    n = displs[nproc - 1] + rcounts[nproc-1]; /*接收缓冲区的大小*/
    rbuf = (int *)malloc(n * sizeof(int));  /*根进程申请接收缓冲区*/
    for (i = 0; i < n; i++)rbuf[i] = -1; /*0 进程给接收缓冲区中的数据
```

```
    均赋初值-1*/
  }
  else /*对于从进程来说，接收缓冲区没意义，但仍必须为收集调用提供接收缓冲区*/
  {     rcounts = (int *)malloc(1 * sizeof(int));
        displs = (int *)malloc(1 * sizeof(int));
        rbuf = (int *)malloc(1 * sizeof(int)); /*从进程申请接收缓冲区*/
  }
  for (i=0; i<send_num; i++)
        printf("myid: %d, dada id: %d, data: %d\n", myid, i,
        sendarray[i]);
  MPI_Gatherv(sendarray, send_num, MPI_INT, rbuf, rcounts,
  displs, MPI_INT, 0, comm);
  MPI_Barrier(comm);
  if (myid == 0)
  {   for (i = 0; i < n; i++)printf("Process 0: i = %d, data = %d\n",
  i, rbuf[i]);   }
  free(sendarray); free(rcounts); free(displs); free(rbuf);
  MPI_Finalize( );
}
```

12.2.3 散发

散发也是一对多的组通信调用(图 12.3)。但和广播不同的是，散发调用中 ROOT 向各进程发送的数据可以不同。散发可看作收集的逆过程。MPI 提供了 MPI_SCATTER 和 MPI_SCATTERV 两个调用来实现不同的散发功能。

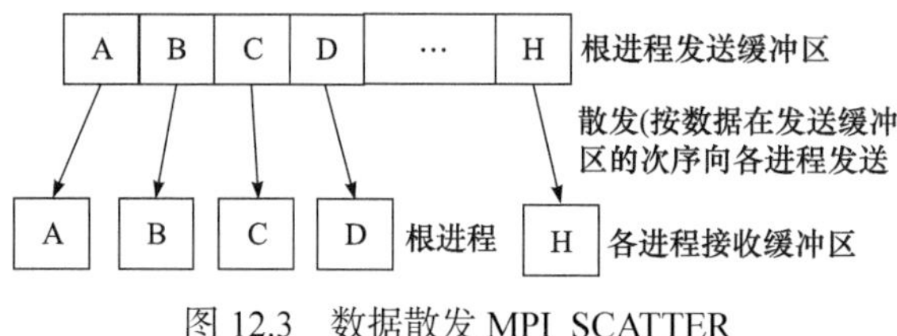

图 12.3 数据散发 MPI_SCATTER

MPI_SCATTER(sendbuf, sendcount, sendtype, recvbuf, recvcount, recvtype, root, comm)	
IN sendbuf	发送消息缓冲区的起始地址(可选数据类型)
IN sendcount	发送到各个进程的数据个数(整型)
IN sendtype	发送消息缓冲区中的数据类型(句柄)
OUT recvbuf	接收消息缓冲区的起始地址(可选数据类型)
IN recvcount	待接收的元素个数(整型)

IN recvtype	接收元素的数据类型(句柄)
IN root	发送进程的序列号(整型)
IN comm	通信域(句柄)

MPI 调用接口 43　MPI_SCATTER

散发调用由根进程向所有进程(包括根进程自身)发送消息，发送缓冲区对非根进程没有意义，但要求必须提供。根进程中的发送数据个数 sendcount、数据类型 sendtype 必须和所有进程的接收数据元素个数 recvcount、接收数据类型 recvtype 相同。根进程中的 sendcount 指发送给每一个进程的数据个数，而不是发送给所有进程的数据总个数。散发调用的所有参数对根进程都有意义，参数 root 和 comm 在所有进程中都须一致。

散发和广播调用都属于一对多通信，不同的是后者的根进程将相同的信息发送给所有进程，而前者则是将一段发送缓冲区中的不同部分发送给不同进程。

和收集调用类似，MPI_SCATTER 也有一个更灵活的形式 MPI_SCATTERV。MPI_SCATTERV 是 MPI_GATHERV 的逆操作。MPI_SCATTERV 允许根进程向各个进程发送个数不等的数据，因此 sendcounts 是一个数组，同时还提供一个新的参数 displs 用于指明根进程发往不同进程的数据在根的发送缓冲区中的偏移位置。根进程中 sendcount[i]和 sendtype 必须和进程 i 的 recvcount 和 recvtype 一致。

MPI_SCATTERV(sendbuf,sendcounts,displs, sendtype, recvbuf, recvcount, recvtype, root, comm)

IN sendbuf	发送消息缓冲区的起始地址(可选数据类型)
IN sendcounts	发送数据的个数整数数组(整型)
IN displs	整数数组，每个入口表示相对于 sendbuf 的位移(以数据类型为单位)
IN sendtype	发送消息缓冲区中元素类型(句柄)
OUT recvbuf	接收消息缓冲区的起始地址(可选数据类型)
IN recvcount	接收消息缓冲区中数据的个数(整型)
IN recvtype	接收消息缓冲区中元素的类型(句柄)
IN root	发送进程的标识号(句柄)
IN comm	通信域(句柄)

MPI 调用接口 44　MPI_SCATTERV

程序 12.4 中，0 进程先对整型数组 globalData 赋初值，然后将之散发给通信域中的所有进程，再通过收集调用将散发出去的数据收集回来，最后对收集倒数的数据求和并打印。

程序 12.4　MPI_SCATTER 使用示例

```
......
int main( int argc, char* argv[ ] )
```

```
{    int globalData[64], localData[8], globalSum, i, size,
rank;
     MPI_Comm comm=MPI_COMM_WORLD;
     MPI_Init(&argc, &argv);
     MPI_Comm_size(comm, &size);
     MPI_Comm_rank(comm, &rank);
     if (rank == 0)
          for (i = 0; i < 64; globalData[i] = i, i++);  //
          进程 0 为需要散发的数据赋初值 0-63
     for (i = 0; i < 8; localData[i++] = 0); //各进程将自身接收
     缓冲区中的数据赋值 0
     MPI_Scatter(globalData, 8, MPI_INT, localData, 8, MPI_INT,
     0, comm); // 散发
     MPI_Barrier(comm);   // 进程同步
     MPI_Gather(localData, 8, MPI_INT, globalData, 8, MPI_INT,
     0, comm);  // 收集
     if (rank == 0)
     {     for (i = globalSum = 0; i < 64; globalSum += globalData
           [i++]); //求和
           printf("\nSize = %d, Rank = %d, result = %d\n",
           size, rank, globalSum);//打印求和结果，结果应该为：
           Size = 8, Rank = 0, result = 2016，表示 0 + 1 + 2
           + …… + 63
     }
     MPI_Finalize( );
}
```

程序 12.5 中 0 进程向组内的每个进程(包括自身)发送不同个数的整数，这些整数在 0 进程的发送消息缓冲区中相隔不同的步长。

程序 12.5　MPI_SCATTERV 使用示例

```
MPI_Comm comm = MPI_COMM_WORLD;
int gsize, *sendbuf, root, rbuf[100], i, *displs, *scounts,
myid, num_recv;
......
MPI_Comm_size( comm, &gsize );
MPI_Comm_rank( comm, &myid );
sendbuf = ( int * )malloc( gsize * stride * sizeof( int ));
......
```

```
displs = (int *)malloc( gsize * sizeof( int ));
scounts = (int *)malloc( gsize * sizeof( int ));
displs[0] = 0;
scounts[0] = 1
for (i = 1; i < gsize; i ++)
{       displs[i] = i * 3;
        scounts[i] = i * 2;   }
num_recv = scounts[myid];
MPI_Scatterv(sendbuf, scounts, displs, MPI_INT, rbuf, num_
recv, MPI_INT, 0, comm);
```

12.2.4 组收集

除了收集调用 MPI_GATHER 之外，MPI 还提供了一个组收集调用 MPI_ALLGATHER。MPI_ALLGATHER 与 MPI_GATHER 的区别在于：MPIGATHER 只把消息收集到根进程的接收缓冲区，调用结束后只有根进程的接收缓冲区有意义；而 MPI_ALLGATHER 则把消息收集到所有进程的接收缓冲区，调用结束后所有进程的接收缓冲区都有意义，因此称为组收集。MPI_ALLGATHER 相当于通信域中的所有进程都作为根进程执行一次收集调用，或者相当于以任一进程为根进程调用一次普通收集，紧接着再以该进程为根进程对收集到的数据进行一次广播(图 12.4)。

MPI_ALLGATHER (sendbuf, sendcount, sendtype, recvbuf, recvcount, recvtype, comm)	
IN sendbuf	发送消息缓冲区的起始地址(可选数据类型)
IN sendcount	发送消息缓冲区中的数据个数(整型)
IN sendtype	发送消息缓冲区中的数据类型(句柄)
OUT recvbuf	接收消息缓冲区的起始地址(可选数据类型)
IN recvcount	从其他进程中接收的数据个数(整型)
IN recvtype	接收消息缓冲区的数据类型(句柄)
IN comm	通信域(句柄)

MPI 调用接口 45 MPI_ALLGATHER

MPI 还提供了一种更为灵活的组收集操作 MPI_ALLGATHERV。不同之处在于：MPI_ALLGATHERV 是不同长度数据块的全收集。MPI_ALLGATHERV 的参数与 MPI_GATHERV 类似。它等价于依次以指定通信域中的每个进程为根进程调用 MPI_GATHERV，或是以任一进程为根进程调用一次 MPI_GATHERV，再以该进程为根进程对收集到的数据进行一次广播。MPI_ALLGATHERV 中，进程 j 的 sendcount 和 sendtype 必须和其他所有进程的 recvcounts[j]和 recvtype 相同。

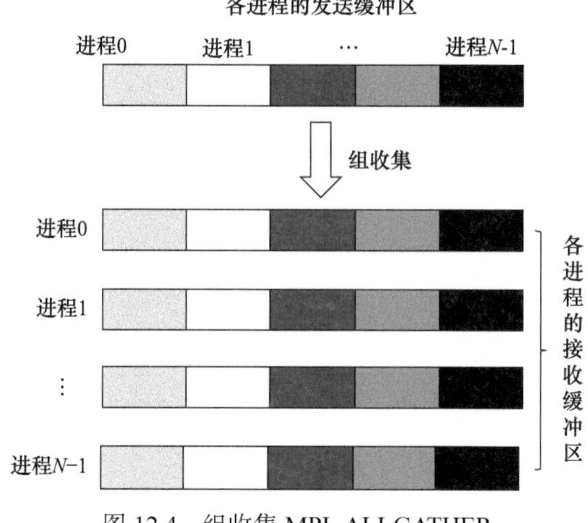

图 12.4 组收集 MPI_ALLGATHER

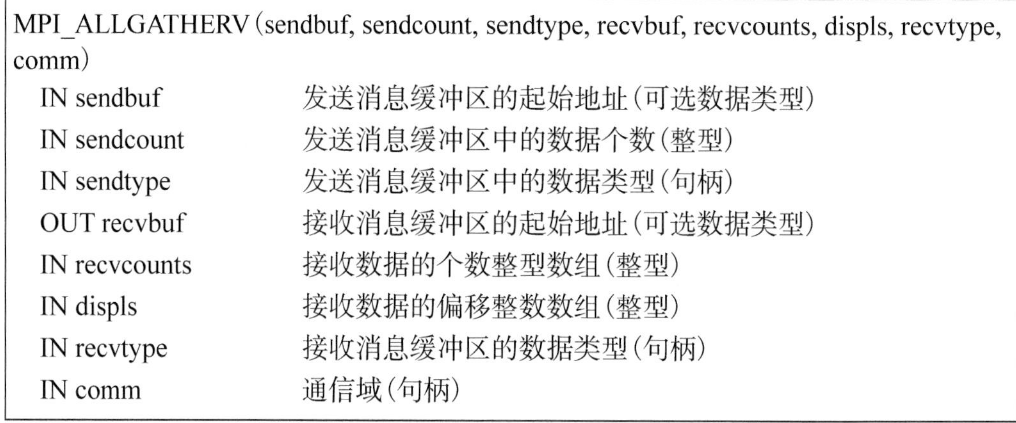

MPI_ALLGATHERV (sendbuf, sendcount, sendtype, recvbuf, recvcounts, displs, recvtype, comm)

IN sendbuf	发送消息缓冲区的起始地址(可选数据类型)
IN sendcount	发送消息缓冲区中的数据个数(整型)
IN sendtype	发送消息缓冲区中的数据类型(句柄)
OUT recvbuf	接收消息缓冲区的起始地址(可选数据类型)
IN recvcounts	接收数据的个数整型数组(整型)
IN displs	接收数据的偏移整数数组(整型)
IN recvtype	接收消息缓冲区的数据类型(句柄)
IN comm	通信域(句柄)

MPI 调用接口 46 MPI_ALLGATHERV

程序 12.5 中如果把 MPI_Gather 调用改为 MPI_Allgather 调用，则所有进程的接收缓冲区都有意义，且所有进程的接收缓冲区内容都是相同的。程序 12.6 是用 MPI_Allgatherv 调用的应用实例。

程序 12.6 MPI_Allgatherv 应用示例

```
......
void TestAllGatherrv(int argc,char**argv)
{     const int localSize=100, nProcess=8, globalSize=100;
      int comRank, comSize, i;
      int globalD[globalSize], localD[localSize], count [nProcess],
      disp[nProcess];
      MPI_Comm comm = MPI_COMM_WORLD;
      MPI_Init(&argc, &argv);
```

```
    MPI_Comm_rank(comm, &comRank);
    MPI_Comm_size(comm, &comSize);
    if(comRank == 0) for(i = 0; i<globalSize; globalD[i] = i,
    i++);
    else  for(i = 0; i<globalSize; globalD[i] = 0, i++);
    for(i = 0; i<localSize; localD[i++] = -1);
    for(i = 0; i<comSize; count[i] = i+1, i++);
    for (disp[0] = 0, i = 1; i < comSize; disp[i] = disp[i -
    1] + count[i - 1], i++);  // 以下散发数据
    MPI_Scatterv(globalD, count, disp, MPI_INT, localD, count
    [comRank], MPI_INT, 0, comm);
    printf("rank=%d , Received: ", comRank);
    for (int i = 0; i < count[comRank]; i++) printf("%d\t",
    localD[i]);
    printf("\n");
    for (i = 0; i < count[comRank]; i++)localD[i] += comRank;
    printf("rank=%d , Received ID: ", comRank);
    for (int i = 0; i < count[comRank]; i++) printf("%d\t",
    localD[i]);
    printf("\n");  // 以下组收集数据
    MPI_Allgatherv(localD, count[comRank], MPI_INT, globalD,
    count, disp, MPI_INT, comm);
    printf("globalD:\n");
    for (i = 0; i < globalSize; i++)printf("%d ", globalD[i]);
    printf("\n");
    MPI_Finalize();
}
int main(int argc, char *argv[ ])
{     TestAllGatherrv(argc,argv);   }
```

12.2.5 全互换

MPI_ALLTOALL 是相同长度数据块的全收集散发，是组内进程之间完全的信息交换，每个进程都向所有进程发送消息，同时每一个进程都从所有进程接收消息：进程 i 将其发送缓冲区中的第 j 块数据发送到进程 j 的接收缓冲区中的第 i 个位置，i, j =0,⋯, np-1(np 为 comm 中的进程数)。发送缓冲区和接收缓冲区均由 np 个连续的数据块构成，每个数据块的长度/类型分别为 sendcount/sendtype 和 recvcount/recvtype。该操作相当于将数据在进程间进行一次转置。例如，假设一个二维数组按行分块存储在各进程中，则调用

该函数可将它变成按列分块存储在各进程中。

MPI_ALLTOALL 和 MPI_ALLGATHER 的相同点表现在：二者都是所有进程发送，所有进程接收；不同点表现在：MPI_ALLGATHER 每个进程散发一个相同的消息给所有的进程，MPI_ALLTOALL 散发给不同进程的消息是不同的。

MPI_ALLTOALL (sendbuf, sendcount, sendtype, recvbuf, recvcount, recvtype, comm)	
IN sendbuf	发送消息缓冲区的起始地址(可选数据类型)
IN sendcount	发送到每个进程的数据个数(整型)
IN sendtype	发送消息缓冲区中的数据类型(句柄)
OUT recvbuf	接收消息缓冲区的起始地址(可选数据类型)
IN recvcount	从每个进程中接收的元素个数(整型)
IN recvtype	接收消息缓冲区的数据类型(句柄)
IN comm	通信域(句柄)

MPI 调用接口 47　MPI_ALLTOALL

图 12.5 为全互换 MPI_ALLTOALL 示意图。从图 12.5 中可以看出，在互换之前依次将各进程的发送缓冲区组织在一起，互换之后依次将各进程的接收缓冲区组织在一起，则接收缓冲区组成的矩阵是发送缓冲区组成的矩阵的转置(若每次向一个进程发送的数据是多个，则将这多个数据看作是一个数据单元)。

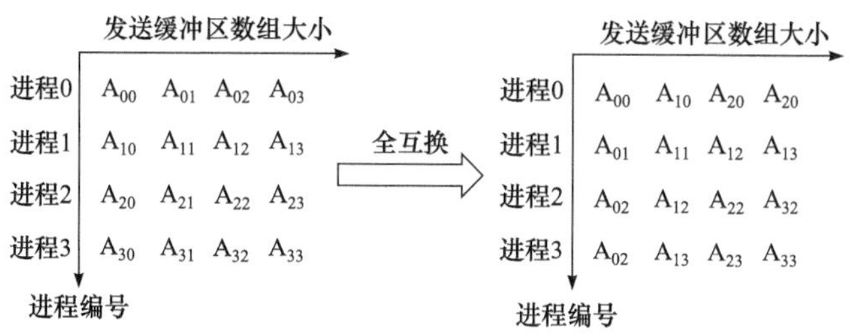

图 12.5　全互换 MPI_ALLTOALL

程序 12.7 使用 MPI_ALLTOALL 调用。在调用之前，每一个进程将所有发往不同进程的数据打印，调用结束后，再将所有接收的数据打印。从中可以看出发送和接收的对应关系。

程序 12.7　MPI_Alltoall 应用示例

```
#include "mpi.h"
#include <stdlib.h>
int main( int argc, char **argv )
{     int i, j, *sb, *rb, rank, size, chunk = 2 ;  // /*chunk
为发送到一个进程的数据块的大小*/
      MPI_Init( &argc, &argv );
```

```
        MPI_Comm_rank( MPI_COMM_WORLD, &rank );
        MPI_Comm_size( MPI_COMM_WORLD, &size );
        sb = ( int * )malloc( size * chunk * sizeof( int )); /*
        申请发送缓冲区*/
        if ( !sb )
        {       printf( "can't allocate send buffer\n" );
                MPI_Abort( MPI_COMM_WORLD, EXIT_FAILURE );   }
        rb = ( int * )malloc( size * chunk * sizeof( int )); /*
        申请接收缓冲区*/
        if ( !rb )
        {       printf( "can't allocate recv buffer\n" );free( sb );
                MPI_Abort( MPI_COMM_WORLD, EXIT_FAILURE );   }
                for ( i = 0 ; i < size ; i++ )
                {     for ( j = 0 ; j < chunk ; j++ )
                      {       sb[i * chunk + j] = rank + i * chunk
                      + j; /*设置发送缓冲区的数据*/
                              printf("myid=%d,send to id=%d, data
                              [%d]=%d\n", rank, i, j, sb[i * chunk
                              + j]);
                              rb[ i * chunk + j] = 0; /*将接收缓冲
                              区清 0*/
                      }
                }
                /* 执行 MPI_Alltoall 调用*/
                MPI_Alltoall( sb, chunk, MPI_INT, rb, chunk, MPI_
                INT, MPI_COMM_WORLD );
                for ( i=0 ; i < size ; i++ )
                {
                     for ( j=0 ; j < chunk ; j++ )/*打印接收缓冲区
                     从其他进程接收的数据*/
                     printf( "myid = %d, recv from id = %d,
                     data[%d]=%d\n", rank, i, j, rb[i * chunk +
                     j] );
    }
    free( sb ); free( rb );
    MPI_Finalize( );
}
```

正如 MPI_ALLGATHERV 和 MPI_ALLGATHER 的关系一样，MPI_ALLTOALLV 在

MPI_ALLTOALL 的基础上进一步增加了灵活性，它可以由 sdispls 指定待发送数据的位置，在接收方则由 rdispls 指定接收的数据存放在缓冲区的偏移量。所有参数对每个进程都是有意义的，并且所有进程中的 comm 必须一致。MPI_ALLTOALL 和 MPI_ ALLTOALLV 可以实现 *n* 次独立的点对点通信，但也有限制：①所有数据必须是同一类型；②所有的消息必须按顺序进行散发和收集。

```
MPI_ALLTOALLV(sendbuf,sendcounts,sdispls,sendtype,recvbuf,recvcounts, rdispls, recvtype, comm)
  IN sendbuf        发送消息缓冲区的起始地址(可选数据类型)
  IN sendcounts     向每个进程发送的数据个数(整型数组)
  IN sdispls        向每个进程发送数据的位移整型数组
  IN sendtype       发送数据的数据类型(句柄)
  OUT recvbuf       接收消息缓冲区的起始地址(可选数据类型)
  IN recvcounts     从每个进程中接收的数据个数(整型数组)
  IN rdispls        从每个进程接收的数据在接收缓冲区的位移整型数组
  IN recvtype       接收数据的数据类型(句柄)
  IN comm           通信域(句柄)
```

MPI 调用接口 48　MPI_ALLTOALLV

12.3　组通信的同步功能

粗粒度并行模式中，各进程独立执行相关运算，然后他们在同步屏障的地方互相等待，而后继续他们的程序执行，这种使各进程按照一定速度执行的过程称为过程同步。MPI 为用户提供了一个进程同步接口 MPI_BARRIER。

```
MPI_BARRIER(comm)
  IN comm           通信域(句柄)
```

MPI 调用接口 49　MPI_BARRIER

MPI_BARRIER 阻塞所有的调用者，直到所有的组成员都调用了它才返回(见程序 12.8)。也就是说，有些进程执行的快，有些进程执行的慢，要等待所有进程都执行到这里，才开始同时执行之后的命令。

程序 12.8　同步示例

```
#include "mpi.h"
#include <stdio.h>
int main( int argc, char ** argv )
{    int rank, size, i, *table, errors=0, lens;
```

```
        MPI_Init( &argc, &argv );
        MPI_Comm_rank( MPI_COMM_WORLD, &rank );
        MPI_Comm_size( MPI_COMM_WORLD, &size );
        table = (int *)malloc ( size, sizeof( int ));
        table[rank] = rank + 1;     /*准备要广播的数据*/
        MPI_Barrier ( MPI_COMM_WORLD );
        for ( i = 0; i < size; i++ ) /* 将数据广播出去，每个进程都作
        为根进程执行一次广播*/
            MPI_Bcast( &table[i], 1, MPI_INT, i, MPI_COMM_ WORLD );
        for ( i = 0; i < size; i++ )/* 检查接收到的数据的正确性 */
        if ( table[i] != i + 1 )errors++;
        MPI_Barrier ( MPI_COMM_WORLD ); /*检查完毕后执行一次同步*/
        ...   /*其他的计算*/
    MPI_Finalize();
}
```

12.4 组通信的计算功能

组通信的计算功能指 MPI 在通信的同时完成一定的计算。从效果上可以认为 MPI 组通信的计算功能分三步实现：①通信，消息根据要求发送到目标进程，目标进程也收到了各自的消息；②消息处理，即执行计算功能；③把处理结果放入指定的接收缓冲区。

12.4.1 归约

MPI_REDUCE 将组内每个进程输入缓冲区中的数据按给定的操作算子进行运算，并将结果返回到根进程的接收缓冲区中(图 12.6)。

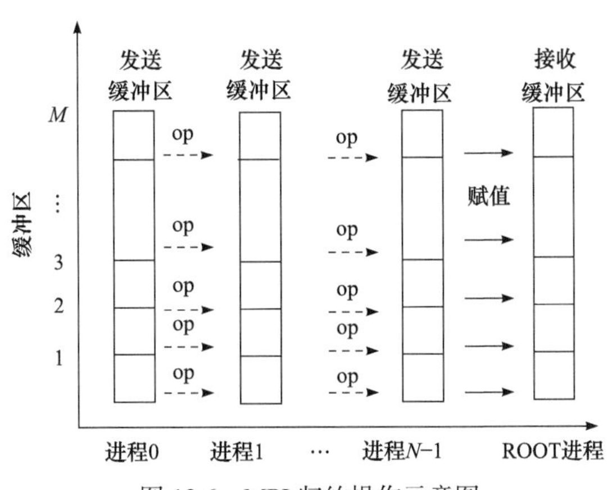

图 12.6　MPI 归约操作示意图

图中，发送缓冲区由参数 sendbuf、count 和 datatype 定义，接收缓冲区由 recvbuf、count 和 datatype 定义，两者的元素数目和类型相同。由于所有组成员都用同样的参数调用它，故所有进程都提供长度和数据类型相同的发送和接收缓冲区。归约操作依次对各进程发送缓冲区中的每个元素进行运算。所有 MPI 预定义的规约操作都是可交换的。用户自定义的规约算子是可结合的，但可以不是可交换的。

```
MPI_REDUCE(sendbuf, recvbuf, count, datatype, op, root, comm)
  IN sendbuf       发送消息缓冲区的起始地址(可选数据类型)
  OUT recvbuf      接收消息缓冲区中的地址(可选数据类型)
  IN count         发送消息缓冲区中的数据个数(整型)
  IN datatype      发送消息缓冲区的元素类型(句柄)
  IN op            归约操作符(句柄)
  IN root          根进程序列号(整型)
  IN comm          通信域(句柄)
```

MPI 调用接口 50　MPI_REDUCE

12.4.2　MPI 的内置归约算符

MPI 提供许多内置归约算符(表 12.2)，它们可以被 MPI 的归约函数直接调用。

表 12.2　MPI 的内置归约算符

名字	含义	名字	含义
MPI_MAX	最大值	MPI_LOR	逻辑或
MPI_MIN	最小值	MPI_BOR	按位或
MPI_SUM	求和	MPI_LXOR	逻辑异或
MPI_PROD	求积	MPI_BXOR	按位异或
MPI_LAND	逻辑与	MPI_MAXLOC	最大值且相应位置
MPI_BAND	按位与	MPI_MINLOC	最小值且相应位置

在 MPI_REDUCE 中 datatype 的类型必须和 op 兼容。表 12.3 列出 MPI 内置的归约算子的基本数据类型，表 12.4 列出了归约操作与相应类型的对应关系。

表 12.3　C 或 Fortran 类型与 MPI 类型的对应

C 或 Fortran 类型	相应的 MPI 定义类型
C 语言中的整数	MPI_INT，MPI_LONG，MPI_SHORT，MPI_UNSIGNED，MPI_UNSIGNED_SHORT，MPI_UNSIGNED_LONG
Fortran 语言中的整数	MPI_INTEGER

续表

C 或 Fortran 类型	相应的 MPI 定义类型
浮点数	MPI_FLOAT，MPI_DOUBLE，MPI_REAL，MPI_LONG_DOUBLE，MPI_DOUBLE_PRECISION
逻辑型	MPI_LOGICAL
复数型	MPI_COMPLEX
字节型	MPI_BYTE

表 12.4　归约操作与相应类型的对应关系

操作	允许的数据类型
MPI_MAX，MPI_MIN	C 整数，Fortran 整数，浮点数
MPI_SUM，MPI_PROD	C 整数，Fortran 整数，浮点数，复数
MPI_LAND，MPI_LOR，MPI_LXOR	C 整数，逻辑型
MPI_BAND，MPI_BOR，MPI_BXOR	C 整数，Fortran 整数，字节型

12.4.3　程序举例

12.4.3.1　通信域中所有进程的 data 变量相乘

程序 12.9 将通信域 MPI_COMM_WORLD 中所有进程的 data 变量相乘，并把相乘结果赋给进程 0 的 dataCollect 变量。

程序 12.9　归约调用的简单应用示例

```
……
{   int size, rank, data, dataCollect;
    MPI_Init(&argc, &argv);
    MPI_Comm_size(MPI_COMM_WORLD, &size);
    MPI_Comm_rank(MPI_COMM_WORLD, &rank);
    data = rank+1;
    MPI_Reduce(&data, &dataCollect, 1, MPI_INT, MPI_PROD, 0,
    MPI_COMM_WORLD);
    MPI_Finalize();
}
```

12.4.3.2　求π值

以求π值的例子说明归约的使用方法。根据下面的积分公式：

$$\int_0^1 \frac{1}{1+x^2}\mathrm{d}x = \arctan(x)\Big|_0^1 = \arctan(1) = \arctan(0) = \frac{\pi}{4}$$

令函数 $f(x)=\dfrac{4}{1+x^2}$，则有 $\int_0^1 f(x)\mathrm{d}x=\pi$，$f(x)$ 的图像如图 12.7 所示。

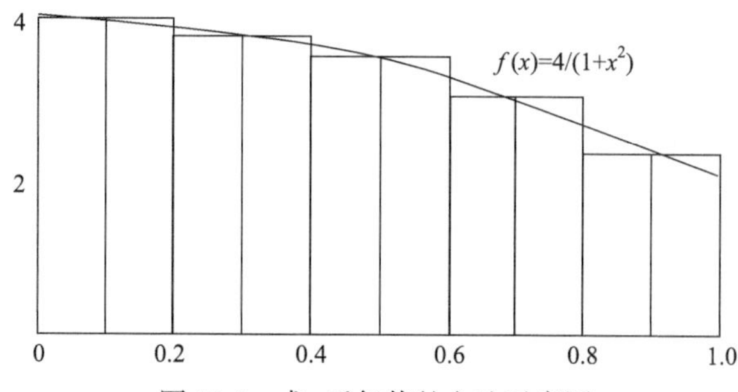

图 12.7　求π近似值的方法示意图

求取图 12.7 的面积即可得到π的近似值，本例用一系列小矩形的面积和来近似，各个矩形的高度取函数在矩形中间点的值。当矩形个数很大时，该近似值就接近于真实的π值。设将 0 到 1 的区间划分为 N 个矩形，则近似公式为

$$\pi \approx \sum_{i=1}^{N} f\left(\frac{2\times i-1}{2\times N}\right)\times\frac{1}{N} = \frac{1}{N}\times\sum_{i=1}^{N} f\left(\frac{i-0.5}{N}\right)$$

由上，可得求π值的程序，见程序 12.10。

程序 12.10　用归约函数求π值

```
    ......
double f( double );
double f( double x)/* 定义函数 f( x )*/
{    return (4.0 / (1.0 + x * x ));    }
int main( int argc, char *argv[ ] )
{     int done = 0, n, myid, numprocs, i, namelen;
      double PI25DT = 3.141592653589793238462643;   /* 先给出已
      知的较为准确的 p 值*/
      double mypi, pi, h, sum, x, startwtime = 0.0, endwtime;
      char processor_name[ MPI_MAX_PROCESSOR_NAME ];
      MPI_Init( &argc, &argv );
      MPI_Comm_size( MPI_COMM_WORLD, &numprocs );
      MPI_Comm_rank( MPI_COMM_WORLD, &myid );
      MPI_Get_processor_name( processor_name, &namelen );
      printf("Process %d of %d on %s\n", myid, numprocs,
      processor_name);
      if (myid == 0)
     {     printf( " Please give N=" );
```

```
            scanf_s( "%d" , &n );
            startwtime = MPI_Wtime( ); }
            MPI_Bcast( &n, 1, MPI_INT, 0, MPI_COMM_WORLD );  /*
            将 n 值广播出去*/
            h = 1.0 / (double)n;   /*得到矩形的宽度所有矩形的宽度都相
            同*/
            sum = 0.0;  /*给矩形面积赋初值*/
            for (i = myid + 1; i <= n; i += numprocs) /*每一个进
程计算一部分矩形的面积，若进程总数为 4，将 0～1 区间划分为 100 个矩形，则各个
进程分别计算矩形块。0 进程：1，5，9，13，···，97；1 进程：2，6，10，14，···，
98；2 进程：3，7，11，15，···，99；3 进程：4，8，12，16，···，100，*/
    {   x = h * ((double)i - 0.5);
        sum += f( x );  }
        mypi = h * sum;  /*各个进程并行计算得到的部分和*/
        MPI_Reduce(&mypi, &pi, 1, MPI_DOUBLE, MPI_SUM, 0, MPI_
        COMM_WORLD);
    /*将部分和累加得到所有矩形的面积，该面积和即为近似 p 值*/
    if (myid == 0)/*执行累加的 0 号进程将近似值打印出来*/
    {
         printf("pi is approximately %.16f, Error is %.16f\n", pi,
         fabs(pi - PI25DT));
         endwtime = MPI_Wtime( );
         printf("wall clock time = %f\n", endwtime - startwtime);
   }
  MPI_Finalize( );
}
```

12.4.4 组归约

组归约 MPI_ALLREDUCE 相当于组中每一个进程都作为 ROOT 分别进行了一次归约操作，即归约结果不只是某一个进程拥有，而是所有的进程都拥有，它和组收集与收集的关系相似。

MPI_ALLREDUCE(sendbuf, recvbuf, count, datatype, op, comm)	
IN sendbuf	发送消息缓冲区的起始地址(可选数据类型)
OUT recvbuf	接收消息缓冲区的起始地址(可选数据类型)
IN count	发送消息缓冲区中的数据个数(整型)
IN datatype	发送消息缓冲区中的数据类型(句柄)

IN op	操作(句柄)
IN comm	通信域(句柄)

MPI 调用接口 51　MPI_ALLREDUCE

MPI_ALLREDUCE 除了比 MPI_REDUCE 少一个 root 参数外，其余参数及含义完全一样。MPI_ALLREDUCE 相当于在 MPI_REDUCE 后再调用 MPI_BCAST 广播归约结果。程序 12.11 为组归约调用的使用实例，其运行结果如图 12.8。

程序 12.11　组归约函数应用实例

```
......
int main(int argc, char **argv)
{     const int locn=5;
      int rank, size, localarr[locn], localres[2], globalres[2];
      MPI_Init(&argc, &argv);
      MPI_Comm_rank(MPI_COMM_WORLD, &rank);
      MPI_Comm_size(MPI_COMM_WORLD, &size);
      srand(rank);
      for (int i=0; i<locn; i++)localarr[i] = rand( )% 100;
      for (int proc=0; proc<size; proc++)
    {        if (rank == proc)
        {        printf("Rank %2d has values: ",rank);
                 for (int i=0; i<locn; i++) printf(" %d ",
                 localarr[i]);
                 printf("\n");   }
        MPI_Barrier(MPI_COMM_WORLD);
    }
    localres[0] = localarr[0];
    for (int i=1; i<locn; i++)if (localarr[i] < localres[0])
    localres[0] = localarr[i];
    localres[1] = rank;
    MPI_Allreduce(localres, globalres, 1, MPI_2INT, MPI_MINLOC,
    MPI_COMM_WORLD);
    if (rank == 0)printf("Rank %d has lowest value of %d\n",
    globalres[1], globalres[0]);
    MPI_Finalize( );
}
```

```
Rank  0 has values:  83  86  77  15  93
Rank  1 has values:  83  86  77  15  93
Rank  2 has values:  90  19  88  75  61
Rank  3 has values:  46  85  68  40  25
Rank  4 has values:  1  83  74  26  63
Rank 4 has lowest value of 1
```

图 12.8　程序 12.11 的计算结果(启动 5 个进程)

12.4.5　归约并散发

MPI 提供了一个规约并散发函数 MPI_REDUCE_SCATTER。首先将数据进行归约计算，然后将归约结果分段分发到各进程中。

MPI_REDUCE_SCATTER(sendbuf, recvbuf, recvcounts, datatype, op, comm)	
IN sendbuf	发送消息缓冲区的起始地址(可选数据类型)
OUT recvbuf	接收消息缓冲区的起始地址(可选数据类型)
IN recvcounts	接收数据个数(整型数组)
IN datatype	发送缓冲区中的数据类型(句柄)
IN op	操作(句柄)
IN comm	通信域(句柄)

MPI 调用接口 52　MPI_REDUCE_SCATTER

MPI_REDUCE_SCATTER 操作可以认为是 MPI 对归约操作的变形,它将归约结果分散到组内的所有进程中去，而不是仅仅归约到 ROOT 进程(图 12.9)。

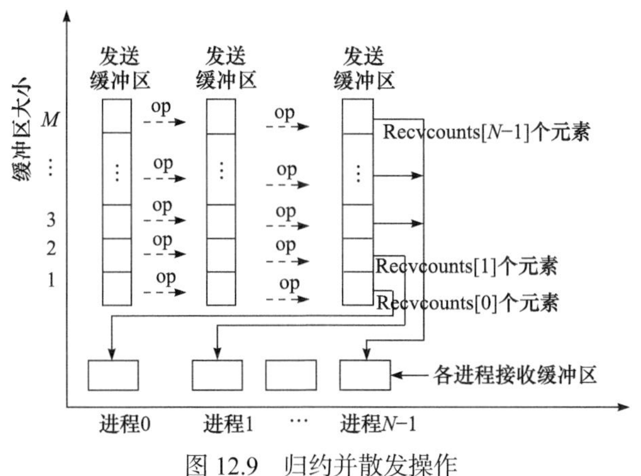

图 12.9　归约并散发操作

归约并散发的作用相当于首先进行一次归约操作，再对归约结果进行散发操作，它对由 sendbuf、count、datatype 定义的发送缓冲区数组的元素逐个进行归约操作，发送缓冲区数组长度 $count = \sum_i recvcounts[i]$。然后将结果数组的前 recvcounts[0]个元素送给进程

0 的接收缓冲区，再将接下来的 recvcounts[1]个元素送给进程 1 的接收缓冲区，依次类推，最后将最后的 recvcounts[N−1]个元素送给进程 N−1 的接收缓冲区(图 12.9)。其他参数的含义与 MPI_Reduce 一样。

12.4.6 扫描

扫描函数 MPI_SCAN 是一种特殊归约，即每一个进程都对排在它前面的进程进行归约操作。MPI_SCAN 调用的结果是：对于每一个进程 i，它对进程 0,⋯,i 的发送缓冲区的数据进行指定的归约操作，结果存入进程 i 的接收缓冲区。

也可以将扫描操作看作是每一个进程 i 发送缓冲区中的数据与它前面的进程 i-1 接收缓冲区中的数据进行指定的归约操作后，将结果存入进程 i 的接收缓冲区，而进程 i 接收缓冲区中的数据用来和进程 i+1 发送缓冲区中的数据进行归约。进程 0 接收缓冲区中的数据就是发送缓冲区的数据。

MPI_SCAN(sendbuf, recvbuf, count, datatype, op, comm)	
IN sendbuf	发送消息缓冲区的起始地址(可选数据类型)
OUT recvbuf	接收消息缓冲区的起始地址(可选数据类型)
IN count	输入缓冲区中元素的个数(整型)
IN datatype	输入缓冲区中元素的类型(句柄)
IN op	操作(句柄)
IN comm	通信域(句柄)

MPI 调用接口 53　MPI_SCAN

程序 12.12 为 MPI_SCAN 的应用实例。该程序中，进程 0 先散发 8 个整数给所有进程，然后再对散发后的数据进行扫描，该程序运行前后各进程的发送与接收缓冲区情况见表 12.5(8 个进程)。

程序 12.12　MPI_SCAN 应用实例

```
int main(int argc, char **argv)
{    const int nProcess = 8, localSize = 8, globalSize =
localSize * nProcess;
     int globalData[globalSize], localData[localSize], sumData
     [localSize], comRank, comSize, i;
     MPI_Comm comm = MPI_COMM_WORLD;
     MPI_Init(&argc, &argv);
     MPI_Comm_rank(comm, &comRank);
     MPI_Comm_size(comm, &comSize);
     if (comRank == 0)for (i = 0; i < globalSize; globalData
```

```
    [i] = i, i++);
    MPI_Scatter(globalData, localSize, MPI_INT, localData,
    localSize, MPI_INT, 0, comm);
    if(comRank ==0)printf("Origional data is:\n");
    for (i = 0; i < localSize; i++)printf(" %3d, ",
    localData[i]);
    printf("\n");
    MPI_Barrier(comm);
    if(comRank ==0)printf("Scaned data is:\n");
    MPI_Scan(localData, sumData, localSize, MPI_INT,
    MPI_SUM, comm);
    for (i = 0; i < localSize; i++)printf("%3d, ",
    sumData[i]);
    printf("\n");
    MPI_Finalize( );
}
```

表 12.5　程序 12.12 运行前后的缓冲区情况

进程号	归约前发送缓冲区	归约后接收缓冲区
0	0, 1, 2, 3, 4, 5, 6, 7,	0, 1, 2, 3, 4, 5, 6, 7,
1	8, 9, 10, 11, 12, 13, 14, 15,	8, 10, 12, 14, 16, 18, 20, 22,
2	16, 17, 18, 19, 20, 21, 22, 23,	24, 27, 30, 33, 36, 39, 42, 45,
3	24, 25, 26, 27, 28, 29, 30, 31,	48, 52, 56, 60, 64, 68, 72, 76,
4	32, 33, 34, 35, 36, 37, 38, 39,	80, 85, 90, 95, 100, 105, 110, 115,
5	40, 41, 42, 43, 44, 45, 46, 47,	120, 126, 132, 138, 144, 150, 156, 162,
6	48, 49, 50, 51, 52, 53, 54, 55,	168, 175, 182, 189, 196, 203, 210, 217,
7	56, 57, 58, 59, 60, 61, 62, 63,	224, 232, 240, 248, 256, 264, 272, 280

12.4.7　不同类型归约操作的对比

下面就不同类型归约前后各个进程发送缓冲区与接收缓冲区中数据的关系来说明归约操作的效果。归约操作 MPI_REDUCE 只有 ROOT 进程的接收缓冲区在归约后有意义，其他进程的接收缓冲区没有意义。如图 12.10 所示，ROOT 进程接收缓冲区中的数据需要所有进程发送缓冲区中的数据进行指定的运算后才能得到。ROOT 进程的接收缓冲区和各个进程的发送缓冲区大小一致。

组归约完成后所有进程中接收缓冲区的内容都有意义，都是对其他所有进程发送缓冲区中的数据进行指定的运算之后的结果。如图 12.11 所示，各个进程接收缓冲区中的内容是相同的。对于组归约，各进程发送缓冲区和接收缓冲区的大小相同。

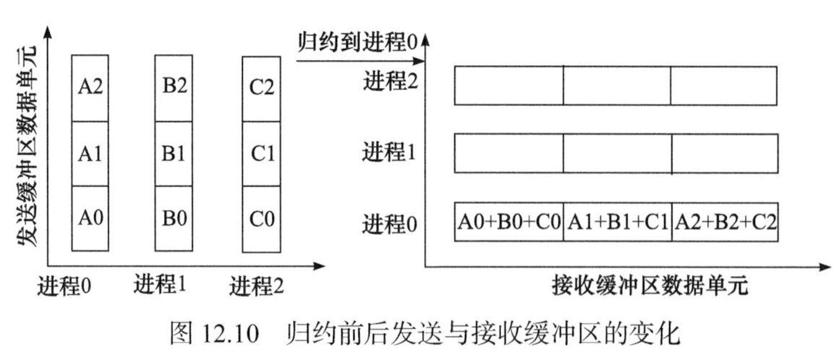

图 12.10　归约前后发送与接收缓冲区的变化

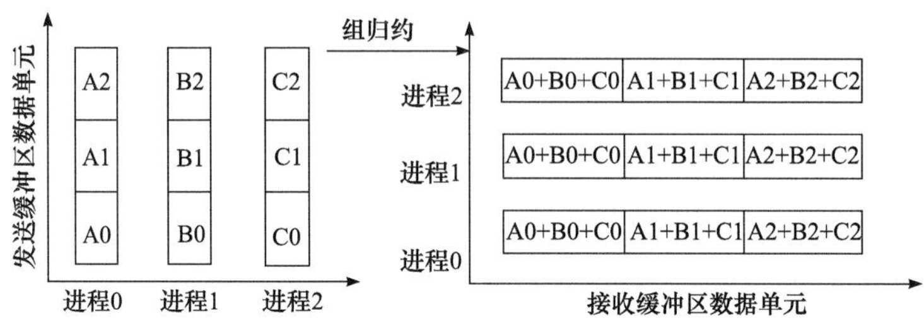

图 12.11　组归约前后发送与接收缓冲区的对比

归约并散发操作较前面两种操作复杂。它在执行归约操作的同时将归约的结果散发到不同进程的接收缓冲区中。如图 12.12 所示，在效果上，如同先以某一个进程作为 ROOT 进程执行归约操作，然后 ROOT 进程再将归约结果放到发送缓冲区中，执行散发操作。对于归约并散发操作，各进程的接收缓冲区的大小是发送缓冲区大小的 1/N(N 为总的进程个数)。

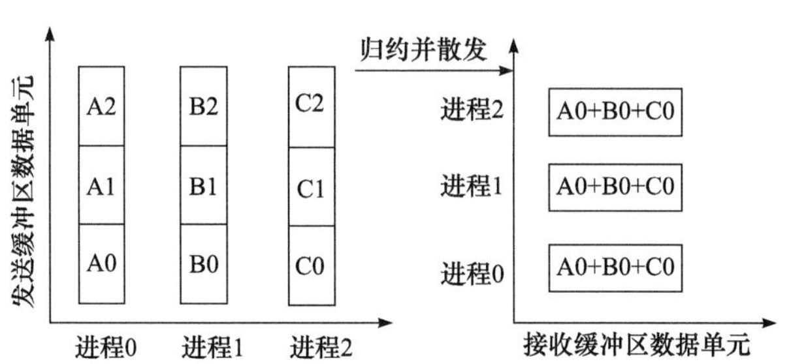

图 12.12　归约并散发前后发送与接收缓冲区的对比

扫描操作可以认为是每一个进程都对进程号不大于自己的进程执行了一次归约操作，扫描操作各个进程的发送缓冲区和接收缓冲区的大小相同(图 12.13)。

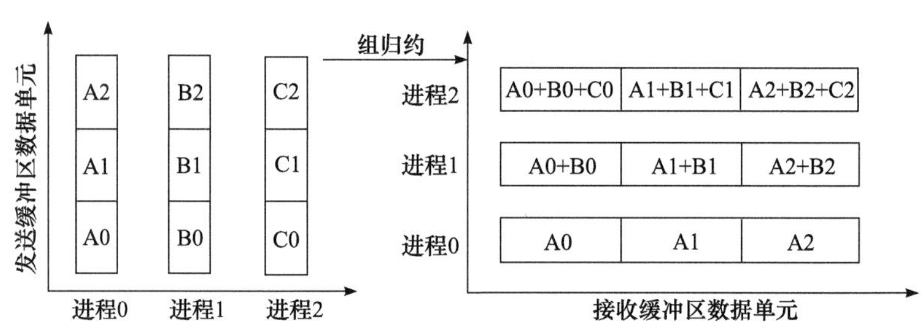

图 12.13　扫描操作前后发送与接收缓冲区的对比

12.4.8　MINLOC 和 MAXLOC

MPI_MINLOC(MPI_MAXLOC)算子用于计算全局最小(大)值和这个最小(大)值的索引号。两个操作都是可结合可交换的。例如，将 MPI_MAXLOC 应用于$(u_0, 0)$，$(u_1, 1)$，…，$(u_n-1, n-1)$这个序列上进行归约，其返回结果为(u, r)，其中 u 是全局最大值，r 是第一个全局最大值所在位置。同样 MPI_MINLOC 可以用于返回全局最小值和第一个全局最小值所在的位置。

使用 MPI_MINLOC 和 MPI_MAXLOC 等规约算子前必须先提供表示这个值对(值及其索引号)的参数类型。MPI 定义了 7 个这种类型，MPI_MAXLOC 和 MPI_MINLOC 可以采用表 12.6 或表 12.7 的数据类型。

表 12.6　MPI 定义的 Fortran 语言的值对类型

名字	描述
MPI_2REAL	实型值对
MPI_2DOUBLE_PRECISION	双精度变量值对
MPI_2INTEGER	整型值对

表 12.7　MPI 定义的 C 语言的值对类型

名字	描述
MPI_FLOAT_INT	浮点型和整型
MPI_DOUBLE_INT	双精度和整型
MPI_LONG_INT	长整型和整型
MPI_2INT	整型值对
MPI_SHORT_INT	短整型和整型
MPI_LONG_DOUBLE_INT	长双精度浮点型和整型

类型 MPI_2REAL 可以理解成按 MPI_TYPE_CONTIGUOUS(2, MPI_REAL, MPI_2REAL)方式定义的类型。类似地，也可以定义 MPI_2INTEGER、MPI_2DOUBLE_PRECISION 和 MPI_2INT 等类型。有关新数据类型的定义方式在下一章介绍。

程序 12.13 中每个进程都有一个由 3 个双精度数组成的数组，计算 3 个位置上的值并返回包含最大值的进程序列号。

程序 12.13　归约操作 MPI_MAXLOC 示例

```
double ain[3], aout[3];
int ind[3], i, myrank, root;
struct
{     double val;
```

```
        int rank;
    }
    in[3], out[3];  /* 分别定义归约操作的发送缓冲区和接收缓冲区*/
    MPI_Comm_rank( MPI_COMM_WORLD, &myrank );
    for (i = 0; i < 3; ++i)/*给发送缓冲区赋初值*/
    {      in[i].val = ain[i];  in[i].rank = myrank;  }
    MPI_Reduce( in, out, 3, MPI_DOUBLE_INT, MPI_MAXLOC, root,
    comm );
    /* 将结果归约到根进程 */
    if (myrank == root)
  {
    for (i = 0; i < 3; ++ i)
    {  aout[i] = out[i].val;  ind[i] = out[i].rank;   }
  }
```

假设初始值如下，共有 4 个进程，结果可用表 12.8 表示。

表 12.8　归约操作 MPI_MAXLOC 的结果

进程 0	(30.5, 0)	(41.7, 0)	(35.9, 0)
进程 1	(12.1, 1)	(11.3, 1)	(113.5, 1)
进程 2	(100.7, 2)	(23.2, 2)	(98.4, 2)
进程 3	(78.6，3)	(86.5，3)	(77.5，3)
MPI_MAXLOC 规约结果	(100.7, 2)	(86.5, 3)	(113.5, 1)

12.4.9　用户自定义的归约操作

MPI 的归约调用可以使用 MPI 预定义的归约算子，也可以使用用户自定义的归约算子。MPI_OP_CREATE 将用户自定义的函数 function 和操作算子联系起来，这样操作算子可以像 MPI 预定义的归约操作一样用于各种 MPI 的归约函数中。

MPI_OP_CREATE(function, commute, op)	
IN function	用户自定义的函数(函数)
IN commute	可交换则为 true，否则为 false
OUT op	操作(句柄)

MPI 调用接口 54　MPI_OP_CREATE

用户自定义的归约操作必须是可以结合的，参数 commute 用以指明所定义的运算是否满足交换律(commute 为非 0 表示满足交换律)。一个归约算子创建后便和 MPI 预定义的算子一样可以在所有归约函数中使用。

用户自定义的函数 func 应该具有如下形式的接口：

void func(void *invec, void *inoutvec, int *len, MPI_Datatype *datatype);

函数 func 必须负责完成如下操作：

for ($i = 0$; $i < *$len; i++) { inoutvec[i] = invec[i] op inoutvec[i] }

用户定义的归约函数按如下方式工作：invec 和 inoutvec 分别为被归约数据的缓冲区首地址，len 为将要归约的元素个数，datatype 为归约对象的数据类型。在用户自定义归约函数中，用数组 u[0],⋯, u[len-1]和参数 invec、len、datatype 描述的归约元素相对应，用数组 v[0],⋯, v[len-1]和参数 inoutvec、len、datatype 描述的归约元素相对应，w[0],⋯, w[len-1]记录归约结果，也由参数 inoutvec、len、datatype 描述。这样，归约函数的任务就是使得 w[i]=u[i] · v[i]，i 从 0 到 len-1，其中·是该函数将实现的归约操作。从非正式的角度来看，可以认为 invec 和 inoutvec 是函数中长度为 len 的数组，归约的结果重写了 inoutvec 的值。每次调用此函数都导致了对这 len 个元素逐个进行相应的操作。在用户自定义的函数中不能调用 MPI 中的通信函数。

MPI_OP_FREE(op)	
IN op	操作(句柄)

MPI 调用接口 55　MPI_OP_FREE

MPI_OP_FREE 撤销用户自定义的归约操作，将 op 设成 MPI_OP_NULL。

程序 12.14 是一个用户自定义归约操作的例子，它计算一个复数数组的积。程序 12.15 中用户自定义了一个实数累加算子，其功能类似于 MPI_SUM。

程序 12.14　用户自定义归约操作例题程序 1

```
#include "mpi.h"
#include <stdio.h>
#include <stdlib.h>
typedef struct
{   double real;   double imag;   } Complex;
void multiplyOP(Complex *, Complex *, int *, MPI_Datatype *);
int main(int argc, char *argv[])
{     MPI_Init(&argc, &argv);
      int root = 0, rank;
      Complex input[2], output[2];
      MPI_Op myOp;  // 在 MPI 中构造自定义归约操作
      MPI_Datatype ctype;
      MPI_Comm_rank(MPI_COMM_WORLD, &rank);
      if (0==rank)
      {     input[0].real = 1; input[0].imag = 1;
```

```
        input[1].real = 1; input[1].imag = 2;   }
    if (1==rank)
    {   input[0].real = 1; input[0].imag = -1;
        input[1].real = 1; input[1].imag = 2;   }
    MPI_Type_contiguous(2, MPI_DOUBLE, &ctype); // 在MPI中构
    造复数结构体
    MPI_Type_commit(&ctype); // 在MPI中注册刚构造的复数结构体
    MPI_Op_create((MPI_User_function*)multiplyOP, 1, &myOp);
    // 生成用户定义的乘积操作
    MPI_Reduce(input,   output,   2,   ctype,   myOp,   root,
    MPI_COMM_WORLD); //复数乘
    if (root==rank)   // 在root中打印结果
    {   printf("reduce result of 0 is : %1.0f+(%1.0f)i\n",
    output[0].real, output[0].imag);
        printf("reduce result of 1 is : %1.0f+(%1.0f)i\n",
        output[1].real, output[1].imag);
    }
    MPI_Finalize( );
}
void multiplyOP(Complex *in, Complex *inout, int *len, MPI_
Datatype *datatype)
{   Complex c;
    for(int i=0; i<*len; i++)
    {   c.real = inout->real*in->real - inout->imag*in->
    imag;
        c.imag = inout->real*in->imag + inout->imag*in->
        real;
        *inout = c; // 把计算结果存回到inout的位置
        in++; inout++;
    }
}
```

程序 12.15　用户自定义归约操作例题程序 2

```
#include "mpi.h"
#include <stdio.h>
void addem(float *invec, float *inoutvec, int *len, MPI_
Datatype *dtype)
{    for (int i = 0; i < *len; i++)inoutvec[i] += invec [i];  }
```

```
int main(int argc, char **argv)
{    int rank, size;
     float data[100], result[100];
     MPI_Op op;
     MPI_Init(&argc, &argv);
     MPI_Comm_rank(MPI_COMM_WORLD, &rank);
     MPI_Comm_size(MPI_COMM_WORLD, &size);
     for (int i = 0; i < 100; i++)
     {    data[i] = float(rank*1000.0 + i); result[i] = -
     8000.0;   }
     MPI_Op_create((MPI_User_function *)addem, 1, &op);
     MPI_Reduce(data, result, 4, MPI_FLOAT, op, 0, MPI_COMM_
     WORLD);
     MPI_Bcast(result, 4, MPI_FLOAT, 0, MPI_COMM_WORLD);
     MPI_Op_free(&op);
     if (rank == 0)
     printf("the result: %f %f %f %f\n", result[0], result[1],
     result[2], result[3]);
     MPI_Finalize( );
}
```

第 13 章 MPI 的派生数据类型

MPI 的消息传递通常只能处理连续存放的同一类型的数据，如果需要发送或接收具有复杂结构的数据时，可以使用自定义类型或打包数据类型。使用这两种数据类型进行通信可以有效减少消息传递次数，增大通信粒度，同时可以避免或减小消息传递时数据在内存中的拷贝。

13.1 类型图

类型图(图 13.1)是一种通用的数据类型描述方法，可以比较精确地描述各种类型。类型图是一系列二元组的集合，两个数据类型是否相同取决于它们的类型图是否相同。类型图的二元组为如下形式：

<基类型，偏移>

类型图={<基类型 0, 偏移 0>, <基类型 1, 偏移 1>,⋯, <基类型 n−1, 偏移 n−1>}

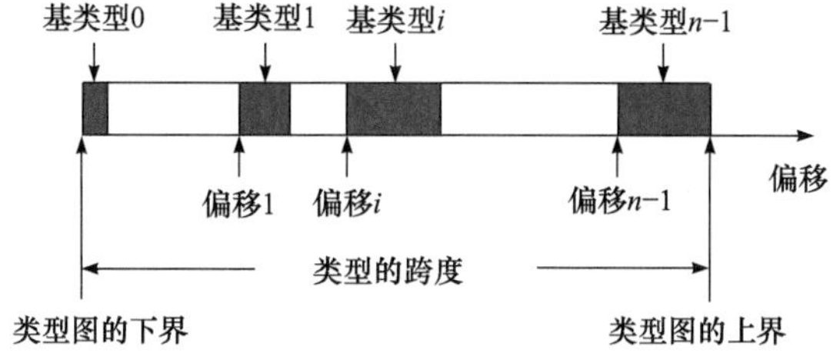

图 13.1 类型图的图示

基类型指出了该类型图中包括哪些基本数据类型，它可以是 MPI 的预定义类型，也可以是派生类型；偏移指该数据离首地址的距离(以字节为单位)，它可正可负，也没有递增或递减的顺序要求。

一个类型图中包括的所有基类型的集合称为该类型的类型表，表示为

类型表 ={基类型 0,⋯, 基类型 n−1}。

预定义数据类型是通用数据类型的特例，比如 MPI_INT 是一个预先定义好的数据类型句柄，其类型图为{(int, 0)}，有一个基类型入口项 int 和偏移 0。其他的基本数据类型与此相似。数据类型的跨度被定义为该数据类型的类型图中第一个基类型到最后一个基类型所跨越的距离。如果某一个类型的类型图为

$$typemap = \{(type_0, disp_0), \cdots, (type_{n-1}, disp_{n-1})\}$$

则该类型图的下界 lb 定义为

$$\mathrm{lb}(\mathrm{typemap}) = \min\{\mathrm{disp}_j\},\quad 0 \leqslant j \leqslant n-1$$

该类型图的上界 ub 定义为

$$\mathrm{ub}(\mathrm{typemap}) = \max(\mathrm{disp}_j + \mathrm{sizeof}(\mathrm{type}_j)) + \varepsilon,\quad 0 \leqslant j \leqslant n-1$$

该类型图的跨度定义为

$$\mathrm{extent}(\mathrm{typemap}) = \mathrm{ub}(\mathrm{typemap}) - \mathrm{lb}(\mathrm{typemap})$$

由于不同类型有不同对齐位置的要求，ε 就是能够使类型图的跨度满足该类型的类型表中所有的类型都能达到下一个对齐要求所需要的最小非负整数值。

假设 type={(double, 0), (char, 8)}(一个 double 型的值在偏移 0，后面在偏移 8 处跟一个字符值)。进一步假设 double 型的值必须严格分配到地址为 8 的倍数的存储空间，则该数据类型的 extent 是 16(从 9 循环到下一个 8 的倍数)。一个由一个字符后面紧跟一个双精度值的数据类型，其 extent 也是 16。

13.2 新数据类型的定义

13.2.1 MPI 提供的数据类型生成器

MPI 提供的可生成新数据类型的函数主要包括连续复制类型生成器、向量数据类型生成器、索引数据类型生成器和结构数据类型生成器等，这些调用都可以生成新的数据类型。MPI 自定义的数据类型只能用于消息传递，不能用于定义基于该类型的变量。

1) 连续复制数据类型

MPI_TYPE_CONTIGUOUS 得到的新类型是将一个已有的数据类型按顺序依次连续进行复制后的结果，如图 13.2 所示。

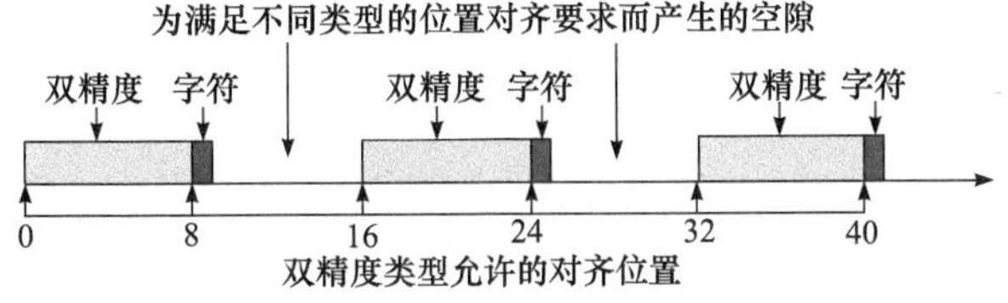

图 13.2　用 MPI_TYPE_CONTIGUOUS 产生的新类型

MPI_TYPE_CONTIGUOUS(count, oldtype, newtype)	
IN count	复制个数(非负整数)
IN oldtype	旧数据类型(句柄)
OUT newtype	新数据类型(句柄)

MPI 调用接口 56　MPI_TYPE_CONTIGUOUS

用 MPI_TYPE_CONTIGUOUS 构造新的数据类型。设原来的数据类型 oldtype 的类型图为{(doubel, 0), (char, 8)}，该类型的跨度为 extent=16，对旧类型重复的次数 count=3，则返回的新类型 newtype 的类型图为{(double, 0)，(char, 8)，(double, 16)，(char, 24)，(double, 32)，(char, 40)}。更通用的表达如下。设旧类型 oldtype 的类型图为{($type_0$, $disp_0$)，…，($type_{n-1}$, $disp_{n-1}$)}，其类型跨度 extent = ex。新类型将旧类型连续复制 count 次，则新类型 newtype 的类型图为

$$
\begin{gathered}
\{(type_0, disp_0),\cdots,(type_{n-1}, disp_{n-1}) \\
(type_0, disp_0+ex),\cdots,(type_{n-1}, disp_{n-1}+ex) \\
\cdots \\
(type_0, disp_0+ex\times(count-1)),\cdots,(type_{n-1}, disp_{n-1}+ex\times(count-1))\}
\end{gathered}
$$

MPI 自定义的数据类型只能用于进程间通信时指定消息内容的数据类型，而不能用于定义基于该类型的变量。比如程序中定义一个 MPI 数据类型 MPI_Type type1，后面就不能再申明一个 type1 类型的变量 type a(这样会报错)，只能在消息传递语句中使用这一类型。而对于利用宿主语言定义的新数据类型(如 struct 类型等)，用户可以定义基于这种类型的变量并用于各种操作。

程序 13.1 生成一个新类型 type2，然后利用该类型进行消息发送与接收。在程序 13.1 中，MPI 的派生数据类型可以和任何类型匹配，因此发送与接收调用均可采用 type2 类型进行。此外，对于 MPI 自定义的数据类型，发送的时候可以是 type2 的类型数据，但接收的时候可以是其他类型甚至 MPI_BYTE 类型。比如，程序 13.1 中，进程 0 可以采用 3 种方式发送数据，进程 1 也可以采用 3 种方式接收数据，任何一种发送方式都可以和任何一种接收方式匹配(表 13.1)。

程序 13.1　用户自定义的归约操作

```
#include "mpi.h"
#include <stdio.h>
int main(int argc, char *argv[ ])
{    int rank, size, i, buffer[24];
     MPI_Datatype type2;
     MPI_Status status; MPI_Comm comm = MPI_COMM_WORLD;
     MPI_Init(&argc, &argv);  //MPI 初始化
     MPI_Comm_size(comm, &size); //获取进程个数
     if (size != 2)  //本程序只能启动两个进程
     {     printf("Please run with 2 processes.\n");
           MPI_Abort(MPI_COMM_WORLD, 99);   }
     MPI_Comm_rank(comm, &rank); //获取进程号
     MPI_Type_contiguous(3, MPI_INT, &type2); //生成新数据类型
     MPI_Type_commit(&type2); //将该类型递交给 MPI 运行系统
     if (rank == 0)
   {       for (i=0; i<24; i++) buffer[i] = i;
```

```
        MPI_Send(buffer, 8, type2, 1, 123, comm);   } //
        利用新类型发送
    if (rank == 1)

    {      for (i=0; i<24; i++) buffer[i] = -1;
           MPI_Recv(buffer, 8, type2, 0, 123, comm, &status);
           //利用新类型接收
           for (i=0; i<24; i++) printf("buffer[%d] = %d\n",
           i, buffer[i]);   }
    MPI_Type_free(&type2);    MPI_Finalize( );
}
```

表 13.1　MPI 派生数据类型的匹配

进程 0 的发送方式	进程 1 的接收方式
MPI_Send(buffer, 8, type2, …) MPI_Send(buffer, 96, MPI_BYTE, …) MPI_Send(buffer, 24, MPI_INT, …)	MPI_Recv(buffer, 8, type2, …) MPI_Recv(buffer, 24, MPI_INT, …) MPI_Recv(buffer, 96, MPI_BYTE, …)

2) 向量数据类型

MPI_TYPE_VECTOR 是一个更通用的生成器，它首先通过连续复制若干个旧数据类型形成一个数据块，然后通过等间隔地复制该块形成新的数据类型。块与块之间的空间是旧数据类型跨度的倍数。向量数据类型的构造函数有 MPI_TYPE_VECTOR 和 MPI_TYPE_HVECTOR 两种。

MPI_TYPE_VECTOR(count, blocklength, stride, oldtype, newtype)	
IN count	块的数量(非负整数)
IN blocklength	每个块中所含元素个数(非负整数)
IN stride	各块第一个元素之间相隔的元素个数(整数)
IN oldtype	旧数据类型(句柄)
OUT newtype	新数据类型(句柄)

MPI 调用接口 57　MPI_TYPE_VECTOR

假设数据类型 oldtype 的类型图为：{(double, 0), (char, 8)}，其跨度 extent=16。则 MPI_TYPE_VECTOR(2, 3, 4, oldtype, newtype) 调用生成的数据类型的类型图为：{(double, 0), (char, 8), (double,16), (char,24), (double,32), (char,40), (double,64), (char,72), (double,80), (char,88), (double,96), (char,104)}。即两个块，每个旧类型有三个拷贝，相邻块之间的步长 stride 为 4 个 oldtype 元素的跨度。

MPI 还提供了另一个向量数据类型生成接口 MPI_TYPE_HVECTOR(图 13.3)，其功能和 MPI_TYPE_VECTOR 接口完全相同，二者的参数个数与意义也一样，区别在于 MPI_TYPE_HVECTOR 第三个参数 stride 不是元素个数，而是字节数。

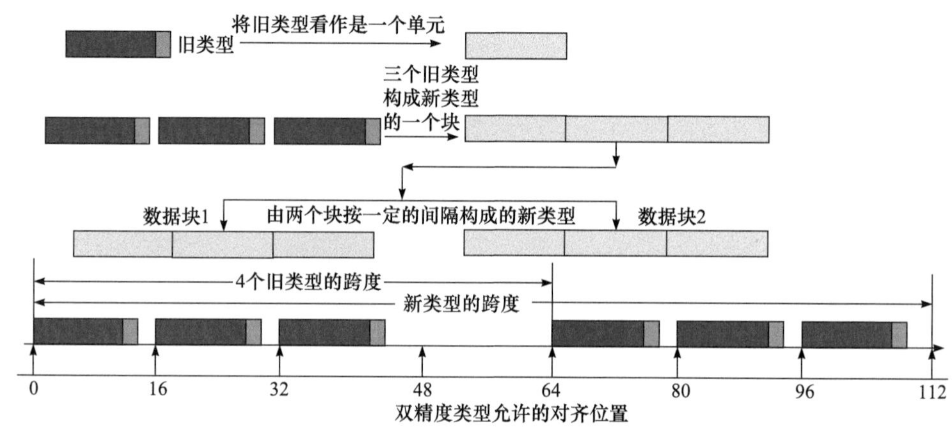

图 13.3　用 MPI_TYPE_VECTOR 产生的新数据类型

3) 索引数据类型

MPI 提供的创建索引数据类型的函数共有 3 种：MPI_TYPE_INDEXED，MPI_TYPE_INDEXED 和 MPI_TYPE_CREATE_INDEXED_BLOCK。

MPI_TYPE_INDEXED 允许复制一个旧数据类型到一个块序列中，每个块具有不同的旧类型数据拷贝数目和不同的偏移量。但所有的块偏移都是旧数据类型跨度的倍数（图 13.4）。

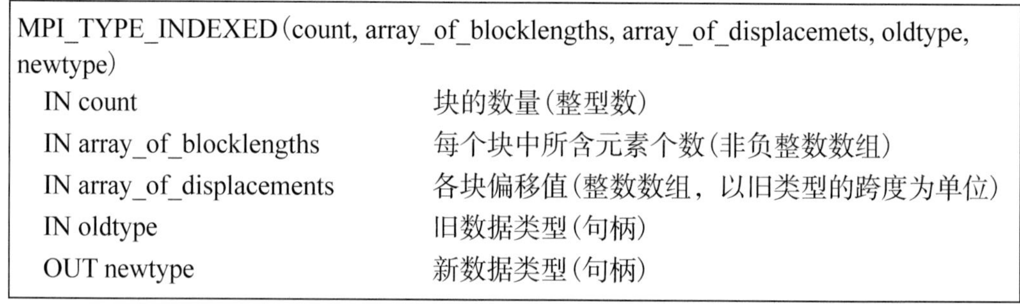

MPI_TYPE_INDEXED（count, array_of_blocklengths, array_of_displacemets, oldtype, newtype）

IN count	块的数量（整型数）
IN array_of_blocklengths	每个块中所含元素个数（非负整数数组）
IN array_of_displacements	各块偏移值（整数数组，以旧类型的跨度为单位）
IN oldtype	旧数据类型（句柄）
OUT newtype	新数据类型（句柄）

MPI 调用接口 58　MPI_TYPE_INDEXED

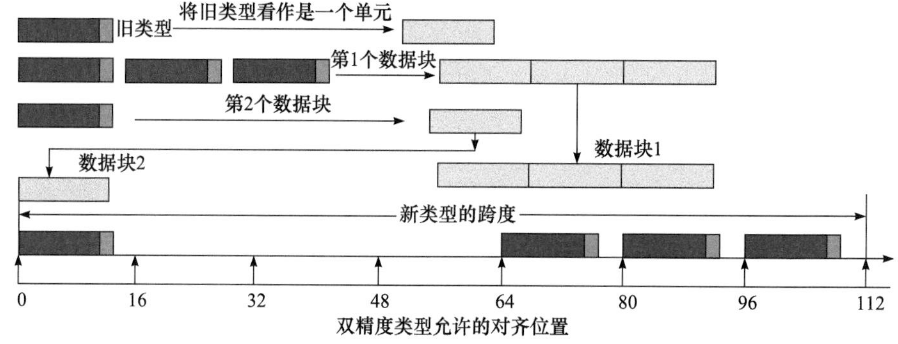

图 13.4　用 MPI_TYPE_INDEXED 产生的新数据类型

设 oldtype 的类型图为{(double, 0), (char, 8)}，其跨度为 16。令 B=(3, 1)，D=(4, 0)，

则 MPI_TYPE_INDEXED(2, B, D, oldtype, newtype)调用生成的数据类型的类型图为：{(double, 0), (char, 8), (double, 64), (char, 72), (double, 80), (char, 88), (double, 96), (char, 104)}。即旧类型的一个拷贝从 0 偏移开始，三个拷贝在偏移 64 处开始(图 13.4)。

函数 MPI_TYPE_HINDEXED 和 MPI_TYPE_INDEXED 基本相同，只是 array_of_displacements 中的块偏移不再是旧数据类型 extent 的倍数，而是字节数，但其数值大小仍然应该是 extent 的倍数，它在 C 语言中的数据类型为 MPI_Aint。

MPI_TYPE_HINDEXED(count, array_of_blocklengths, array_of_displacemets, oldtype, newtype)	
IN count	块的数量(整数)
IN array_of_blocklengths	每个块中所含元素个数(非负整数数组)
IN array_of_displacements	各块偏移量(以字节为单位的整型数组)
IN oldtype	旧数据类型(句柄)
OUT newtype	新数据类型(句柄)

MPI 调用接口 59　MPI_TYPE_HINDEXED

MPI_TYPE_CREATE_INDEXED_BLOCK 是另一个索引数据类型生成器，它同样有 5 个参数，和 MPI_TYPE_HINDEXED 不同，其第二个参数不是一个整型数组，而是一个整数，这说明该调用生成的新类型中各块种所含的元素个数是相同的。该调用其他参数的含义与 MPI_TYPE_HINDEXED 相同。

4)结构数据类型

MPI_TYPE_STRUCT 是最通用的类型生成器，它能够在上面介绍的基础上进一步允许每个块包含不同数据类型的拷贝。如图 13.5 所示。

MPI_TYPE_STRUCT(count, array_of_blocklengths,array_of_displacemets, array_of_types, newtype)	
IN count	块的数量(整数)
IN array_of_blocklengths	每个块中所含元素个数(整数数组)
IN array_of_displacements	各块偏移字节数(整数数组)
IN array_of_types	每个块中元素的类型(句柄数组)
OUT newtype	新数据类型(句柄)

MPI 调用接口 60　MPI_TYPE_STRUCT

设 type1 的类型图为：{(double, 0), (char, 8)}，令 B=(2, 1, 3)，D=(0, 16, 26)，T=(MPI_FLOAT, type1, MPI_CHAR)。则 MPI_TYPE_STRUCT(3, B, D, T, newtype)返回：{(float, 0), (float, 4), (double, 16), (char, 24), (char, 26), (char, 27), (char, 28)}。即两个起始于 0 的 MPI_FLOAT 拷贝后面跟一个起始于 16 的 type1，再跟三个起始于 26 的 MPI_CHAR 拷贝(假设一个浮点数占 4 个字节)。

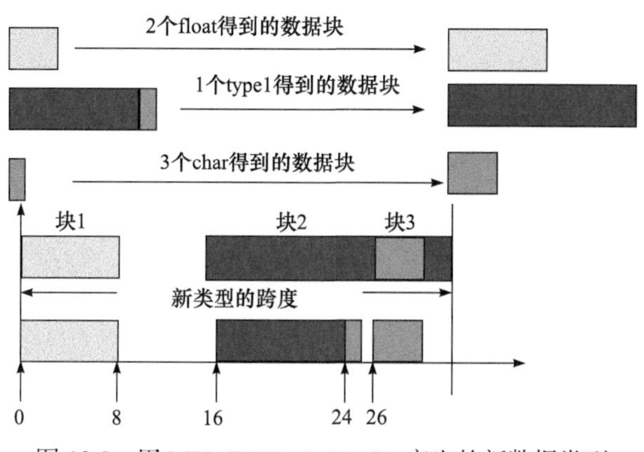

图 13.5 用 MPI_TYPE_STRUCT 产生的新数据类型

13.2.2 新类型递交和释放

新定义的数据类型在使用之前必须先递交给 MPI 系统。一个递交后的数据类型可以作为一个基本类型并用之产生新的数据类型。预定义数据类型不需要递交，可以直接使用。

MPI_TYPE_COMMIT (datatype)	
INOUT datatype	递交的数据类型(句柄)

MPI 调用接口 61 MPI_TYPE_COMMIT

MPI_TYPE_FREE 调用取消已注册(递交)的数据类型，并将该数据类型指针或句柄置为空(MPI_DATATYPE_NULL)。由该派生类型定义的新派生类型不受当前派生类型释放的影响，也就是说释放一个数据类型并不影响另一个根据这个被释放的数据类型定义的其他数据类型。

MPI_TYPE_FREE (datatype)	
INOUT datatype	释放的数据类型(句柄)

MPI 调用接口 62 MPI_TYPE_FREE

程序 13.2 给出了新类型的递交与释放的简单应用。

程序 13.2 新类型的递交与释放

```
MPI_Type type2, type3;
MPI_Type_contiguous(3, MPI_INT, &type2); //生成新数据类型 type2
MPI_Type_commit(&type2); //将 type2 类型递交给 MPI 运行系统
MPI_Type_vector(2, 1, 1, type2, &type3); //由 type2 类型生成
type3 类型
MPI_Type_commit(&type3); //将 type3 类型递交给 MPI 运行系统
```

```
MPI_Type_free(&type2); //释放 type2 类型，但不会影响 type3 类型
if (rank == 0)
{      for (i = 0; i < 24; i++) buffer[i] = i;
       MPI_Send(buffer, 4, type3, 1, 123, comm);   } //利用 type3
       类型发送
if (rank == 1)
{      for (i = 0; i < 24; i++) buffer[i] = -1;
       MPI_Recv(buffer, 96, MPI_BYTE, 0, 123, comm, &status);
       //利用字节类型接收
       for (i = 0; i < 24; i++) printf("buffer[%d] = %d\n", i,
       buffer[i]);   }
 MPI_Type_free(&type3); //释放 type3 类型
```

13.2.3 地址函数

构造 MPI 派生类型时，需要指定每个基类型相对于派生类型起始地址(MPI_BOTTOM)的偏移量，该偏移量一般通过人工指定，也可通过地址函数来计算其值。MPI 提供的地址调用函数为 MPI_Address，它可以返回某一基类型在内存中相对于派生类型起始地址 MPI_BOTTOM 的偏移量。

MPI_ADDRESS (location, address)	
IN location	内存地址(可选数据类型)
OUT address	相对于位置 MPI_BOTTOM 的偏移(整型)

MPI 调用接口 63　简单的 MPI_ADDRESS 调用示例

程序 13.3 根据地址函数得到数组 a 中的两个元素 $a[i][j]$和 $a[m][n]$在内存中的距离。

程序 13.3　MPI_ADDRESS 调用

```
float a[100][100];
int i, j, m, n, i1, i2, diff;
MPI_Address(&a[i][j], &i1);
MPI_Address(&a[m][n], &i2);
diff = i2 - i1;
```

其中，DIFF 的值是$[(m-i)\times100+(n-j)]\times$ sizeof(float)；$i1$ 和 $i2$ 的值依赖于具体执行。

程序 13.4 定义了一个新的 MPI 数据类型，该类型包括一个整型和一个双精度型，使用了类型生成函数 MPI_Type_struct，但是提供给该函数的相对地址偏移是通过对一个包含整型和双精度类型结构的两个成员分别进行 MPI_ADDRESS 调用实现的。

程序 13.4 包含多种不同类型的新 MPI 数据类型的定义

```
#include <stdio.h>
#include "mpi.h"
int main(int argc, char ** argv)
{   int rank, blocklens[2];
    struct { int a; double b; } value;  /*定义一个包含整型和双精度型的结构*/
    MPI_Datatype mystruct, old_types[2];
    MPI_Aint indices[2];
    MPI_Init(&argc, &argv);
    MPI_Comm_rank(MPI_COMM_WORLD, &rank);
    blocklens[0] = 1;  blocklens[1] = 1; /*新数据类型中包含一个整型和一个双精度型*/
    old_types[0] = MPI_INT;     /*新类型的第一个组成部分是整型*/
    old_types[1] = MPI_DOUBLE;    /* 新类型的第二个组成部分是双精度型*/
    MPI_Address(&value.a, &indices[0]);  /* 得到整型的相对位置*/
    MPI_Address(&value.b, &indices[1]);  /*得到双精度型的相对位置*/
    /* 设置在新类型中的相对偏移*/
    indices[1] = indices[1] - indices[0];  indices[0] = 0;
    MPI_Type_struct(2,   blocklens,   indices,   old_types, &mystruct);//生成新的 MPI 数据类型
    MPI_Type_commit(&mystruct);  /*注册*/
    if (rank == 0){ value.a=10, value.b=121.53; } /*进程 0 读需要广播的数据*/
    MPI_Bcast(&value, 1, mystruct, 0, MPI_COMM_WORLD); /*广播*/
    printf("Process %d got %d and %lf\n", rank, value.a, value.b);
    MPI_Type_free(&mystruct); /*新类型释放*/
    MPI_Finalize();
}
```

13.2.4 与数据类型有关的调用

MPI_TYPE_EXTENT 以字节为单位返回一个数据类型的跨度 extent。

MPI_TYPE_EXTENT(datatype, extent)

IN datatype	数据类型(句柄)
OUT extent	数据类型 extent(整型)

MPI 调用接口 64　MPI_TYPE_EXTENT

MPI_TYPE_SIZE 以字节为单位，返回给定数据类型有用部分所占空间的大小，即跨度减去类型中的空隙后的空间大小。和 MPI_TYPE_EXTENT 相比，MPI_TYPE_SIZE 不包括由对齐等原因导致数据类型中的空隙所占的空间。

MPI_TYPE_SIZE(datatype, size)

IN datatype	数据类型(句柄)
OUT size	数据类型大小(整型)

MPI 调用接口 65　MPI_TYPE_SIZE

假设 MPI_RECV(buf, count, datatype, dest, tag, comm, status) 被执行，其中 datatype 的数据类型图为：{($type_0$, $disp_0$),⋯, ($type_{n-1}$, $disp_{n-1}$)}，则以接收操作完成后返回的状态 status 为参数，可以通过调用 MPI_GET_ELEMENTS、MPI_GET_COUNT 得到不同的信息。

MPI_GET_ELEMENTS(status, datatype, count)

IN status	接收操作返回的状态(状态类型)
IN datatype	接收操作使用的数据类型(句柄)
OUT count	接收到的基本元素个数(整型)

MPI 调用接口 66　MPI_GET_ELEMENTS

MPI_CET_COUNT 返回接收操作接收到的数据个数，它是以指定的数据类型 datatype 为单位来计算的；MPI_GET_ELEMENTS 同样也是返回接收操作接收到的数据个数，但它是以基本类型为单位的数据的个数。

MPI_GET_COUNT(status, datatype, count)

IN status	接收操作返回的状态(状态类型)
IN datatype	接收操作使用的数据类型(句柄)
OUT count	接收到的以指定的数据类型为单位的数据个数(整型)

MPI 调用接口 67　MPI_GET_COUNT

程序 13.5 展示了 MPI_GET_COUNT 和 MPI_GET_ELEMENT 的使用。

程序 13.5　接收数据个数的获取

```
#include <stdio.h>
#include "mpi.h"
```

```
int main(int argc, char ** argv)
{     int rank,size,n1,n2,n3,n4,n5,n6,m1,m2,m3,m4,m5,m6,m7,m8;
      MPI_Status status1,status2,status3;
      MPI_Datatype type2;
      MPI_Comm comm = MPI_COMM_WORLD;
      float a[20];
      MPI_Init(&argc, &argv);
      MPI_Type_contiguous(3, MPI_FLOAT, &type2); //定义新类型
      type2
      MPI_Type_commit(&type2); //新类型注册
      MPI_Comm_rank(comm, &rank); //获取进程号
      MPI_Comm_size(MPI_COMM_WORLD, &size);//获取通信域中的进程
      个数
      if (size != 2)  //本程序只能启动两个进程
      {      printf("Please run with 2 processes.\n"); MPI_
             Abort(MPI_COMM_WORLD, 99);   }
      if (rank == 0)
      {      for (int i = 0; i < 200; i++)a[i] =float(i * 11.0);
             MPI_Send(a, 11, MPI_FLOAT, 1, 0, comm);  //向进程1
             发送11个实型数据
             MPI_Send(a, 16, MPI_FLOAT, 1, 0, comm);  //向进程1
             发送16个实型数据
             MPI_Send(a, 7, type2, 1, 0, comm);  //向进程1发送7
             个type2类型的数据
      }
      if (rank == 1)
      {     MPI_Recv(a, 4, type2, 0, 0, comm, &status1);  //从
      进程0接收Type2类型的数据
      MPI_Recv(a, 6, type2, 0, 0, comm, &status2);  //再从进程0
      接收数据
      MPI_Recv(a, 21, MPI_FLOAT, 0, 0, comm, &status3); //再从
      进程0接收数据
      MPI_Get_count(&status1, type2, &n1);     //调用结果：n1=
      MPI_UNDEFINED
      MPI_Get_elements(&status1, type2, &n2); //调用结果：n2=11
      MPI_Get_count(&status2, type2, &n3);  //调用结果：n3=MPI_
      UNDEFINED
      MPI_Get_elements(&status2, type2, &n4); //调用结果：n4=16
```

```
        MPI_Get_count(&status3, type2, &n5); //调用结果: n5=7
        MPI_Get_elements(&status3, type2, &n6); //调用结果: n6=21
        MPI_Get_count(&status1, MPI_FLOAT, &m1); //调用结果: m1=11
        MPI_Get_elements(&status1, MPI_FLOAT, &m2); //调用结果:
        m2=11
        MPI_Get_count(&status2, MPI_FLOAT, &m3); //调用结果: m3=16
        MPI_Get_elements(&status2, MPI_FLOAT, &m4); //调用结果:
        m4=16
        MPI_Get_count(&status3, MPI_FLOAT, &m5); //调用结果: m5=21
        MPI_Get_elements(&status3, MPI_FLOAT, &m6); //调用结果:
        m6=21
        MPI_Get_count(&status3, MPI_BYTE, &m7); //调用结果: m7=84
        MPI_Get_elements(&status3, MPI_BYTE, &m8); //调用结果:
        m8=84
    }
    MPI_Type_free(&type2);
    MPI_Finalize();
}
```

13.2.5 下界类型和上界类型

MPI 提供两个特殊的数据类型(称为伪数据类型):上界类型 MPI_UB 和下界类型 MPI_LB。这两个数据类型不占空间,即 extent(MPI_LB)=extent(MPI_UB)=0。他们主要通过人工指定新数据类型的上下界来影响数据类型的跨度,从而对派生数据类型产生影响。

数据类型的下界指类型图种的最小位移。例如,如果 typemap = {(type$_0$, disp$_0$),⋯, (type$_{n-1}$, disp$_{n-1}$)},则 typemap 的下界定义为

$$\text{lb(typemap)} = \begin{cases} \min(\text{disp}_j) & :\text{不含lb类型} \\ \min\left\{\min(\text{disp}_j), \text{lb}\right\}: & \text{含lb类型} \end{cases}$$

类似地,typemap 的上界定义为

$$\text{ub(typemap)} = \begin{cases} \max(\text{disp}_j + \text{sizeof}(\text{type}_j) + \varepsilon): \text{不含ub类型} \\ \max\left\{\max(\text{disp}_j + \text{sizeof}(\text{type}_j) + \varepsilon),\ \text{ub}\right\}: \text{含ub类型} \end{cases}$$

其中,ε 为地址对齐修正量,其值由编译系统决定。则数据类型 typemap 的跨度为:extent(typemap) = ub(typemap) − lb(typemap)。

MPI_TYPE_LB(datatype, displacement)

IN datatype	数据类型(句柄)
OUT displacement	下界的偏移(整数)

MPI 调用接口 68　MPI_TYPE_LB

MPI_TYPE_UB(datatype, displacement)

IN datatype	数据类型(句柄)
OUT displacement	上界的偏移(整数)

MPI 调用接口 69　MPI_TYPE_UB

MPI_TYPE_LB 和 MPI_TYPE_UB 分别返回数据类型 datatype 的下界和上界(整型数)。例如，假设 D=(–3, 0, 6)，T=(MPI_LB, MPI_INT, MPI_UB)，B=(1, 1, 1)。则 MPI_TYPE_STRUCT(3, B, D, T, type1)产生一个 extent 为 9 的新数据类型，其类型图为：{(lb, –3)，(int, 0)，(ub, 6)}，该类型的下界为–3，上界为 6，跨度为 9。如果该数据类型被 MPI_TYPE_CONTIGUOUS(2, type1, type2)调用复制两次，则 type2 的类型图为：{(lb, –3)，(int, 0)，(int, 9)，(ub, 15)}(如果 lb 或 ub 出现在数据类型两端以外的位置则它们可以被忽略掉)，type2 的下界为–3，上界为 15，跨度为 18。同理，如果该数据类型被 MPI_TYPE_CONTIGUOUS(3, type1, type3)调用复制三次，则 type3 的类型图为：{(lb, –3)，(int, 0)，(int, 9)，(int, 18)，(ub, 24)}，type3 的下界为–3，上界为 24，跨度为 27。

13.3　例题

程序 13.6 为四种派生数据类型生成器的应用示例。读者可以将其输入计算机，并根据计算结果进一步掌握派生数据类型生成器的使用方法。

程序 13.6　MPI 数据类型生成器的应用示例

```
#include <iostream>
#include "mpi.h"
#include <Windows.h>
using namespace std;
struct rectangle{ float x, y;  int width, height; };
void contiguous_test( )  /*连续复制数据类型示例 */
{     int numtasks, rank, source = 0, tag = 1, i;
      float a[4][4]={1., 2., 3., 4., 5., 6., 7., 8., 9., 10.,
      11., 12., 13., 14., 15., 16.};
      float b[4];
      MPI_Status stat;   MPI_Datatype rowtype;
      MPI_Comm comm = MPI_COMM_WORLD;
```

```
    MPI_Comm_rank(comm, &rank); MPI_Comm_size(comm, &numtasks);
    MPI_Type_contiguous(4, MPI_FLOAT, &rowtype); //创建由 4 个
    实数构成的新类型
    MPI_Type_commit(&rowtype); //递交数据类型 rowtype
    MPI_Aint extent = 0, lb = 0;
    MPI_Type_extent(rowtype, &extent); //extent=16
    cout << "myid " << rank << ", extent " << extent << endl;
    if (numtasks == 4)
    {    if (rank == 0)//将矩阵 a 的第 2, 3, 4 行分别发送给进程 1, 2, 3
           for (i=1; i<numtasks; i++)MPI_Send(&a[i][0], 1,
           rowtype, i, tag, comm);
      else
      {    MPI_Recv(b, 4, MPI_FLOAT, source, tag, comm, &stat);
           printf("myid= %d b= %3.1f %3.1f %3.1f %3.1f\n",
           rank, b[0], b[1], b[2], b[3]);   }
    }
    else printf("Must specify 4 processors. Terminating.\n");
}
void vector_test( ) /* 向量数据类型示例 */
{    int numtasks, rank, source = 0, tag = 1, i;
     float a[4][4] = {1., 2., 3., 4., 5., 6., 7., 8., 9., 10.,
     11., 12., 13., 14., 15., 16.};
     float b[4];
     MPI_Status stat; MPI_Comm comm = MPI_COMM_WORLD;
     MPI_Datatype coltype1, coltype2, coltype3;
     MPI_Aint extent = 0, lb = 0;
     MPI_Comm_rank(comm, &rank);  MPI_Comm_size(comm, &numtasks);
     MPI_Type_vector(1, 4, 0, MPI_FLOAT, &coltype1); //块数 1; 块长
     度 4; 每块距离 0 */
     MPI_Type_vector(4, 1, 1, MPI_FLOAT, &coltype2);//块数 4; 块长
     度 1; 每块距离 1 个实数
     MPI_Type_hvector(4,   1,   sizeof(MPI_FLOAT),   MPI_FLOAT,
     &coltype3);
     // 块数 4; 块长度 1; 每块距离 sizeof(MPI_FLOAT)个字节
     MPI_Type_commit(&coltype1);MPI_Type_commit(&coltype2);MPI_T
     ype_commit(&coltype3);
     MPI_Type_get_extent(coltype1, &lb, &extent); //lb=0;extent= 16
     cout <<"coltype1:"<< "lb " << lb << ",extent " << extent <<
```

```
    endl;
    MPI_Type_get_extent(coltype2, &lb, &extent); //lb=0;extent= 16;
    cout <<"coltype2:" << "lb " << lb << ",extent " << extent
    << endl;
    MPI_Type_get_extent(coltype3, &lb, &extent); //lb=0;extent= 16;
    cout <<"coltype3:" << "lb " << lb << ",extent " << extent
    << endl;
    if (numtasks == 4)
{   if (rank == 0)
    for (i = 1; i < numtasks; i++) MPI_Send(&a[0][i], 1,
    columntype3, i, tag, comm);
    //发送给进程1、2、3的数据分别为：(2, 3, 4, 5), (3, 4, 5, 6), (4, 5,
    6, 7)
    else
  {     MPI_Recv(b, 4, MPI_FLOAT, source, tag, comm, &stat);
        printf("rank=%d b=%3.1f %3.1f %3.1f %3.1f\n", rank,
        b[0], b[1], b[2], b[3]); }
  }
  else printf("Must specify 4 processors. Terminating.\n");
}
void indexed_test( )// 索引数据类型示例
{
int numtasks, rank,source = 0, tag = 1, i, count = 2;
int blocklengths[2] = { 4,2 }, displacements[2] = { 5,12 };
float a[16] = {1., 2., 3., 4., 5., 6., 7., 8., 9., 10., 11.,
12., 13., 14., 15., 16.}, b[6];
MPI_Status stat; MPI_Datatype indextype;
MPI_Comm comm = MPI_COMM_WORLD;
MPI_Aint extent = 0, lb = 0;
MPI_Comm_size(comm, &numtasks); MPI_Comm_rank(comm, &rank);
MPI_Type_indexed(count, blocklengths, displacements, MPI _
FLOAT, &indextype);
//块数2，第一块4个实数，第二块2个实数，第一块偏移5个实数，第二块偏移12
个实数
MPI_Type_commit(&indextype);//递交数据类型
MPI_Type_get_extent(indextype, &lb, &extent); //lb=20,extent=36
cout << "lb " << lb << ",extent " << extent << endl;
if (rank == 0)//向各个进程都发送同样的数据 6., 7., 8., 9., 13., 14.
```

```
    for (i = 1; i < numtasks; i++)MPI_Send(a, 1, indextype, i,
    tag, comm);
else
{   MPI_Recv(b, 6, MPI_FLOAT, source, tag, comm, &stat);
    printf("rank=%d b=%f %f %f %f %f\n", rank, b[0], b[1],
    b[2], b[3], b[4], b[5]); }
    //接收到的消息放在连续缓冲区 b 中，其值分别为 6., 7., 8., 9., 13., 14.
}
void struct_test( )// 结构体数据类型示例
{  int numtasks, rank, source = 0, tag = 1, i;
   rectangle a[4], b;
     for (i = 0; i < 4; i++){a[i].x =float(i); a[i].y = float(i);
     a[i].height = i;  a[i].width = i;}
     MPI_Status stat;  MPI_Comm comm = MPI_COMM_WORLD;
     MPI_Datatype rowtype;
     MPI_Comm_size(comm, &numtasks); MPI_Comm_rank(comm, &rank);
     // 内存块结构 :  FLOAT_FLOAT_INT_INT 共 16 字节
     int array_of_blocklengths[2] = { 2, 2 };// 数据类型个数
     MPI_Aint array_of_displacements[2] = { 0, 8 }; // 数据间隔
     array_of_displacements[1] = 2 * sizeof(MPI_FLOAT);
     // 距离 index=0 的位置，第二块据 0 的位置为 2 * sizeof(MPI_FLOAT)
     MPI_Datatype array_of_types[2] = { MPI_FLOAT, MPI_INT };//
     基础数据类型
     MPI_Type_struct(2,array_of_blocklengths,array_of_displacements,
     array_of_types, &rowtype);
     //块数 2，第一块 2 个实数，第二块 2 个整数，第一块偏移 0 字节，第二块偏
     移 8 字节
     MPI_Type_commit(&rowtype);
     MPI_Aint extent = 0, lb = 0;
     MPI_Type_get_extent(rowtype, &lb, &extent);//lb=0;extent= 16
     cout << "lb " << lb << ",extent " << extent << endl;
     if (numtasks == 4)
     {    if (rank==0)for (i=1;i<numtasks;i++)MPI_Send(&a[i], 1,
          rowtype, i, tag, comm);
 //向进程 1, 2, 3 分别发送(1.0, 1.0, 1, 1), (2.0, 2.0, 2, 2), (3.0, 3.0,
3, 3)
else
   {  MPI_Recv(&b, 1, rowtype, source, tag, comm, &stat);
```

```
        printf("rank= %d b= %3.1f %3.1f %d %d\n", rank, b.x, b.y,
        b.width, b.height);    }
    }
  else  printf("Must specify %d processors. Terminating.\n", 4);
}
int main(int argc, char *argv[])
{    MPI_Init(&argc, &argv);
     contiguous_test();  struct_test(); vector_test(); indexed_
     test();
     MPI_Finalize();
}
```

13.4 打包与解包

MPI 的打包和解包操作是为了发送不连续的数据，在发送前显式地把数据包装到一个连续的缓冲区，在接收之后从连续缓冲区中解包。

MPI_PACK(inbuf, incount, datatype, outbuf, outcount, position, comm)	
IN inbuf	输入缓冲区起始地址(可选数据类型)
IN incount	输入数据项个数(整型)
IN datatype	每个输入数据项的类型(句柄)
OUT outbuf	输出缓冲区开始地址(可选数据类型)
IN outcount	输出缓冲区大小(整型，以字节为单位)
INOUT position	缓冲区当前位置(整型)
IN comm	通信域(句柄)

MPI 调用接口 70　MPI_PACK

MPI_PACK 从位置 inbuf 开始，拿出 incount 个 datatype 类型的数据进行打包，打包后的数据放在缓冲区 outbuf 中，outcount 给出 outbuf 的总长度(以字节为单位)。position 是打包缓冲区中的位移，每次打包第一次调用 MPI_PACK 时用户应将其置为 0，随后 MPI_PACK 自动修改它，使得它总是指向打包缓冲区中尚未使用部分的起始位置。每次调用 MPI_PACK 后的 position 实际上就是已打包数据的总长度。通过连续几次对不同位置的数据进行打包，就可以将不连续的数据放到一个连续的空间中。comm 参数是将在后面用于发送打包的消息时的通信域。

MPI_UNPACK(inbuf, insize, position, outbuf, outcount, datatype, comm)	
IN inbuf	输入缓冲区起始(选择)
IN insize	输入数据项数目(整型)

INOUT position	缓冲区当前位置，字节(整型)
OUT outbuf	输出缓冲区开始(选择)
IN outcount	输出缓冲区大小，字节(整型)
IN datatype	每个输入数据项的类型(句柄)
IN comm	打包的消息的通信域(句柄)

MPI 调用接口 71　MPI_UNPACK

MPI_UNPACK 是 MPI_PACK 的逆操作，它从 inbuf(inbuf 是一个连续存储空间) 中拆包 outcount 个 datatype 类型的数据到 outbuf 中。该接口的参数和 MPI_PACK 的参数类似，只不过这里的 inbuf 和 insize 对应于 MPI_PACK 中的 outbuf 和 outcount，而 outbuf 和 outcount 则对应于 MPI_PACK 中的 inbuf 和 incount。参数 position 的初始值是 inbuf 中被打包消息占用的起始地址，解包后它的值根据打包消息的大小来增加，因此出口参数 position 的值是 inbuf 中被解包的消息占用的空间后面的第一个地址。通过连续几次对已打包的消息调用与打包时相应的解包操作，就可以将连续的消息解开放到一个不连续的空间。

MPI_RECV 和 MPI_UNPACK 的区别: 在 MPI_RECV 中，count 参数指明的是可以接收的最大项数。实际接收的项数是由接收的消息的长度来决定的。在 MPI_UNPACK 中，outcount 参数指明实际拆包的项数，相应消息的大小是参数 position 的增加值。

一个打包单元可以用 MPI_PACKED 作为类型发送，发送类型可以是任何点到点通信，也可以是组通信调用。用 MPI_PACKED 作为数据类型发送的数据可以用任意数据类型接收，只要它和实际接收到消息的数据类型相匹配即可。以任何类型发送的消息(包括 MPI_PACKED 类型)都可以用 MPI_PACKED 类型接收。这样的消息可以通过调用 MPI_UNPACK 来解包。

通过几个连续的 MPI_UNPACK 调用就可以将接收到的打包消息解包成几个不连续的数据，第一个调用提供 position=0，对于后续的调用，需要以前一个调用输出的 position 值作为输入，后续 MPI_PACK 调用的 inbuf，insize 和 comm 值与第一个调用的对应参数相同。

MPI_PACK_SIZE(incount, datatype, comm, size)

IN incount	指定数据类型的个数(整型)
IN datatype	数据类型(句柄)
IN comm	通信域(句柄)
OUT size	以字节为单位 incount 个 datatype 数据类型需要的空间(整型)

MPI 调用接口 72　MPI_PACK_SIZE

MPI_PACK_SIZE 调用的返回值是 size，表示 incount 个 datatype 数据类型需要的空间的大小。该调用返回的是上界，而不是一个精确界，这是因为包装一个消息所需要的精确空间可能依赖于上下文(如第一个打包单元中包装的消息可能占用相对更多的空间)。

程序 13.7 给出了一个完整的打包与解包的例子，ROOT 进程将读入的一个整数和一个双精度数打包然后广播给所有的进程，各进程再将数据解包后打印。

程序 13.7　一个完整的打包解包例子

```
#include <stdio.h>
#include "mpi.h"
int main(int argc, char **argv)
{     int rank, psize, position, a, c[2] = {8,4}; double b;
      char packbuf[100];  MPI_Comm comm = MPI_COMM_WORLD;
      MPI_Init(&argc, &argv);
      MPI_Comm_rank(comm, &rank);
      if (rank == 0)
      {     a = 10; b = double(13.454);
      psize = 0;   /*打包开始位置*/
      MPI_Pack(&a, 1, MPI_INT, packbuf, 100, &psize, comm); //
      将整数 a 打包
      MPI_Pack(&b, 1, MPI_DOUBLE, packbuf, 100, &psize, comm);
      //将双精度数 b 打包
      MPI_Pack(c, 2, MPI_INT, packbuf, 100, &psize, comm);//将
      数组 c 打包
      }
      MPI_Bcast(&psize, 1, MPI_INT, 0, comm); //广播打包数据的大小
      MPI_Bcast(packbuf, psize, MPI_PACKED, 0, comm);  //将打包
      数据广播出去
      position = 0;
      MPI_Unpack(packbuf,  psize,  &position,  &a,  1,  MPI_INT,
      comm); //各进程将 a 解包
      MPI_Unpack(packbuf, psize, &position, &b, 1, MPI_DOUBLE,
      comm);//解包 b
      MPI_Unpack(packbuf,  psize,  &position,  c,  2,  MPI_INT,
      comm);//解包 c
      printf("Process %d got %d and %f, %d, %d\n", rank, a,
      b,c[0],c[1]);
      MPI_Finalize();
   }
```

第 14 章　MPI 的进程组和通信域

14.1　简介

通信域定义了封装 MPI 通信的基本模型，它包括通信上下文、进程组、虚拟进程拓扑、属性等内容，用于描述通信进程间的通信关系。通信域分组内通信域和组间通信域两类，组内通信域描述同一组内进程间的通信，组间通信域把两个进程组绑在一起共享通信上下文，描述并管理属于不同进程组的进程间通信。

进程组是通信域的重要组成部分，是一组进程的有序集合，它限定了参加通信的进程范围，组内的每个进程都有一个唯一的进程号，进程号是从 0 开始的连续整数。同一个进程可以属于多个进程组，进程在不同进程组中有相同或不同的进程号，同一进程也可以属于不同的通信域。MPI_GROUP_EMPTY 是一个特殊的预定义进程组，它虽然没有成员，但却是一个空组的有效句柄，可以在组操作中作为参数使用。常数 MPI_GROUP_NULL 是无效句柄，一般在组释放时被返回。

MPI 的通信上下文不作为一个对象独立存在，上下文实质上是作为通信域的一个属性来实现的，通信域通过上下文来划分通信空间。每个通信上下文描述一个通信范围，一个通信上下文中发送的消息不能被另一个上下文中的进程接收，一个通信域可能有两个通信上下文，分别用于点对点通信和组通信，即一个通信域中的点到点通信与组通信互不干扰。不同通信域具有不通的通信上下文。

MPI 环境启动后自动创建两个组内通信域 MPI_COMM_WORLD 和 MPI_COMM_SELF，前者包括所有进程，后者仅包括进程自身。预定义的常数 MPI_COMM_NULL 是为无效通信域使用的值。

所有的 MPI 实现都要求提供 MPI_COMM_WORLD 通信域，在进程的生命期中不允许释放。与该通信域对应的组不是以预定义常数的形式出现的，但是可以使用 MPI_COMM_GROUP 访问它。

14.2　进程组和通信域的管理

本节介绍 MPI 对进程组和通信域的维护，这些操作的执行不要求进程间通信。

14.2.1 MPI 的进程组管理接口

本节简要介绍 MPI 中对进程组的管理接口，这些操作的执行不要求进程间通信。

MPI_GROUP_SIZE(group, size)	
IN group	进程组(句柄)
OUT size	组内进程数(整数)

MPI 调用接口 73　MPI_GROUP_SIZE

MPI_GROUP_SIZE 返回指定进程组中所包含的进程的个数。它和 MPI_COMM_SIZE 具有类似的功能，但后者获取指定通信域中的进程数。如果进程组是 MPI_GROUP_EMPTY，则返回值 size 为 0。

MPI_GROUP_RANK(group, rank)	
IN group	进程组(句柄)
OUT rank	调用进程的序列号/MPI_UNDEFINED(整数)

MPI 调用接口 74　MPI_GROUP_RANK

MPI_GROUP_RANK 类似于 MPI_COMM_RANK，它返回调用进程在给定进程组中的编号 rank。如果调用进程不是给定进程组的成员，则返回值 rank 为 MPI_UNDEFINED。

MPI_GROUP_TRANSLATE_RANKS(group1, n, ranks1, group2, ranks2)	
IN group1	进程组 1(句柄)
IN n	ranks1 和 ranks2 中数组元素的个数(整数)
IN ranks1	进程组 1 中有效编号组成的数组(整型数组)
IN group2	进程组 2(句柄)
OUT ranks2	ranks1 中的元素在进程组 2 中的对应编号(整型数组)

MPI 调用接口 75　MPI_GROUP_TRANSLATE_RANKS

MPI_GROUP_TRANSLATE_RANKS 返回进程组 group1 中的 n 个进程(由数组 ranks1 指定)在进程组 group2 中对应的编号(相应的编号放在 ranks2 中)。若进程组 group2 中不包含进程组 group1 中指定的进程，则返回值为 MPI_UNDEFINED。此函数可以检测两个不同进程组中相同进程的相对编号。

MPI_GROUP_COMPARE(group1, group2, result)	
IN group1	进程组句柄
IN group2	进程组句柄
OUT result	比较结果(整数)

MPI 调用接口 76　MPI_GROUP_COMPARE

MPI_GROUP_COMPARE 对两个进程组 group1 和 group2 进行比较，如果两个进程组 group1 和 group2 所包含的进程及对应的编号都完全相同，则返回 MPI_IDENT；如果两个进程组 group1 和 group2 所包含的进程完全相同但对应的编号不同，则返回 MPI_SIMILAR；否则返回 MPI_UNEQUAL。

从已存在的进程组可以构造该组的子集或超集。不同进程可定义不同的组，一个进程也可以定义不包括其自身的组。

MPI_COMM_GROUP (comm, group)	
IN comm	通信域句柄
OUT group	和 comm 对应的进程组句柄

MPI 调用接口 77　MPI_COMM_GROUP

MPI_COMM_GROUP 返回通信域 comm 所包含的进程组。

MPI_GROUP_UNION (group1, group2, newgroup)	
IN group1	进程组句柄
IN group2	进程组句柄
OUT newgroup	求并后得到的进程组句柄

MPI 调用接口 78　MPI_GROUP_UNION

MPI_GROUP_UNION：求取两个进程组的并集，它返回的新进程组 newgroup 是第一个进程组 group1 中的所有进程加上进程组 group2 中不在进程组 group1 中出现的进程。该并集中的元素次序是第一组中的元素次序后跟第二组中出现的元素。

MPI_GROUP_INTERSECTION (group1, group2, newgroup)	
IN group1	进程组句柄
IN group2	进程组句柄
OUT newgroup	求交后得到的进程组句柄

MPI 调用接口 79　MPI_GROUP_INTERSECTION

MPI_GROUP_INTERSECTION：求取两个进程组的交集，它返回的新进程组 newgroup 是同时在进程组 group1 和 group2 中出现的进程，其元素次序同第一组。

MPI_GROUP_DIFFERENCE (group1, group2, newgroup)	
IN group1	进程组句柄
IN group2	进程组句柄
OUT newgroup	求差后得到的进程组句柄

MPI 调用接口 80　MPI_GROUP_DIFFERENCE

MPI_GROUP_DIFFERENCE：两个进程组求差，它返回在进程组 group1 中出现但又不在进程组 group2 中出现的进程组成的新进程组 newgroup，该差集中的进程号的顺序同第一组。

以上所有的新组可以是空的，可以是 MPI_GROUP_EMPTY。

MPI_GROUP_INCL (group, n, ranks, newgroup)	
IN group	进程组句柄
IN n	数组的大小(整型)(数组 nranks 中的元素个数)
IN ranks	进程标识数组(整数数组)
OUT newgroup	新的进程组句柄

MPI 调用接口 81　MPI_GROUP_INCL

MPI_GROUP_INCL 从已有进程组 group 中拿出 n 个进程 ranks[0],⋯, ranks[n−1]形成一个新的进程组 newgroup，进程在 newgroup 中的进程号顺序依据其在数组 ranks 中的先后顺序确定。如果 n=0，则 newgroup 是 MPI_GROUP_EMPTY。该调用中 ranks 中的每一个元素必须是 group 中的有效序列号且互不相同。

MPI_GROUP_EXCL (group, n, ranks, newgroup)	
IN group	进程组(句柄)
IN n	数组 ranks 的大小(整型)(数组 nranks 中的元素个数)
IN ranks	不出现在 newgroup 中的进程标识数组整型数组
OUT newgroup	新进程组句柄

MPI 调用接口 82　MPI_GROUP_EXCL

MPI_GROUP_EXCL 将已有进程组 group 中的 n 个进程 ranks[0],⋯, ranks[n−1]删除后形成新的进程组 newgroup，ranks 中的每一个元素必须是 group 中的有效序列号且所有的元素都必须是不同的。如果 n=0, newgroup 与 group 相同。

MPI_GROUP_RANGE_INCL (group, n, ranges, newgroup)	
IN group	进程组(句柄)
IN n	二维数组 ranges 的行数(整型)
IN ranges	二维数组(n 行，3 列)(整数数组)
OUT newgroup	新的进程组(句柄)

MPI 调用接口 83　MPI_GROUP_RANGE_INCL

MPI_GROUP_RANGE_INCL 是比 MPI_GROUP_INCL 更为灵活的形式，它将已有进程组 group 中的 n 组由 ranges 指定的进程形成一个新的进程组 newgroup。例如，假设二维数组 ranges 为：{{$first_1$, $last_1$, $stride_1$}, {⋯}, {$first_n$, $last_n$, $stride_n$}}，则 newgroup 中包含 group 中具有序列号：$first_1$, $first_1 + stride_1$,⋯, $first_1 + (last_1 - first_1)/stride_1 * stride_1$,⋯, $first_n$, $first_n + stride_n$,⋯, $first_n + (last_n - first_n)/stride_n * stride_n$ 的一系列进程。

每一个被计算的序列号必须是 group 中的有效序列号，而且所有被计算的序列号都互不相同，$first_i$ 不一定小于 $last_i$，因为 $stride_i$ 可正可负，但不能为 0。例如，假设 n=4，ranks={{1, 9, 2},{15, 20, 3},{21, 30, 2},{65, 55, −3}}，则调用该接口得到的进程组将包含如下进程(这些进程的进程号也据此顺序排列)：

{1, 3, 5, 7, 9, 15, 18, 21, 23, 25, 27, 29, 65, 62, 59, 56}

MPI_GROUP_RANGE_EXCL(group, *n*, ranges, newgroup)	
IN group	进程组(句柄)
IN *n*	二维数组 ranges 的行数(整型)
IN ranges	二维数组(*n* 行，3 列)(整数数组)
OUT newgroup	新的进程组句柄

MPI 调用接口 84　MPI_GROUP_RANGE_EXCL

MPI_GROUP_RANGE_EXCL 从已有进程组 group 中除去 *n* 个三元组 rangs 所指定的进程后形成新的进程组 newgroup，剩余进程在新进程组中进程号的先后顺序同 group。

假设 int *a*[ ][3]={{0, 8, 2}, {15, 3, 24}, {30, 38, 1}, {43, 48, 2}}，*n*=4，进程组 group 中共有 49 个进程(进程号分别为 0, 1, 2,⋯, 48)，则调用 MPI_GROUP_RANGE_EXCL(group, 4, *a*, newgroup)相当于将进程组 group 中进程号为 0，2，4，6，8，15，18，21，24，30，31，32，33，34，35，36，37，38，43，45，47 的进程剔除，生成新的进程组 newgroup，newgroup 中共有 28 个进程，其进程号同样从 0 开始，两个进程组中的进程的对应关系如图 14.1 所示。

group	1	3	5	7	9	10	11	12	13	14	16	17	19	20	22	23	25	26	27	28	29	39	40	41	42	44	46	48
	↑	↑	↑	↑	↑	↑	↑	↑	↑	↑	↑	↑	↑	↑	↑	↑	↑	↑	↑	↑	↑	↑	↑	↑	↑	↑	↑	↑
newgroup	0	1	2	3	4	5	6	7	8	9	10	11	12	13	14	15	16	17	18	19	20	21	22	23	24	25	26	27

图 14.1　两个进程组中的进程对应关系

MPI_GROUP_FREE(group)	
IN/OUT group	进程组(句柄)

MPI 调用接口 85　MPI_GROUP_FREE

MPI_GROUP_FREE 释放一个已有的进程组，将 group 置为 MPI_GROUP_NULL，该调用并不影响组内的已有操作，任何使用此进程组的操作都会正常完成，仅当该进程组内没有活动引用时它才会被实际释放。MPI_GROUP_FREE 完成之后，任何关于此进程组的操作都视为无效。

程序 14.1 是以上进程组管理接口的一个应用示例，该程序省略了头文件包含和中间的其他计算部分，读者运行该程序时可根据需要自行添加。

程序 14.1　进程组操作函数的应用实例

```
void  printf_ranknumber_in_world(MPI_Group  group,  MPI_Group
```

```
world_group)
{      int size, *rank1, *rank2;
       MPI_Group_size(group, &size);
       rank1 = (int *)malloc(size * sizeof(int));
       rank2 = (int *)malloc(size * sizeof(int));
       for(int i=0; i<size; i++)rank1[i] = i;
       MPI_Group_translate_ranks(group,  size,  rank1,world_
       group, rank2);
       for(int j=0;j<size;j++) printf("%d,", rank2[j]);
       printf("\n");
}
int main(int argc,char** argv)
{      int myrank, proc_nums, resort_size;
      MPI_Group WORLD_group, MY_group_12345, MY_group_67, MY_
      group_54321;
      MPI_Group MY_ group_12345_, MY_ group_1234567, MY_ group_
      13567;
      MPI_Comm WORLD_comm = MPI_COMM_WORLD, MY_comm;
      int rank_operation[ ]={0,6,7}, *rank_resort, ranges[2][3];
      MPI_Init(&argc, &argv);
      MPI_Comm_group(WORLD_comm, &WORLD_group);/*MPI_COMM_ WORLD
      对应的进程组包含全体进程，该进程组不是以预定义常数出现的，但可以用
      MPI_Comm_group 得到。*/
      MPI_Comm_rank(WORLD_comm,  &myrank);/*得到每个进程在 COMM_
      WORLD 中的进程号，作为基准*/
      MPI_Group_excl(WORLD_group, 3, rank_operation, &MY_group_
      12345); /*从 COMM_WORLD 进程组中删去 rank 号为 0, 6, 7 的进程，剩
      下的组成新进程组 MY_group_12345 */
      rank_operation[0] = 6;
      rank_operation[1] = 7;
      MPI_Group_incl(WORLD_group, 2, rank_operation, &MY_ group67);
      /*挑出 6, 7 构成进程组 MY_group_67*/
      MPI_Group_size(MY_group_12345, &resort_size); /*得到 MY_
      group_12345 的进程数*/
      rank_resort = (int *)malloc(sizeof(int)* resort_size); /*
      申请内存*/
      for(int i=0; i<resort_size; i++) rank_resort[i] = resort_
      size-i-1; /*逆序进程号*/
```

```
    MPI_Group_incl(MY_group_12345, resort_size, rank_resort,
    &MY_group_54321);
    /*  把 MY_group_12345 中的进程逆序得到 MY_group_54321 */
    //按照三元组指定的进程构建新的进程组 MY_GROUP135
    ranges[2][3] = {{0, 5, 2}, { }};
    MPI_Group_range_excl(WORLD_group, 1, ranges, &MY_group_
    13567); /* 排除 WORLD——group 中的 0，2，4 三个进程，得到进程组
    MY_group_13567*/
    MPI_Group_intersection(MY_group_12345, WORLD_group, &MY_
    group_12345_); /*求两个进程组的交集 MY_group_12345_*/
    MPI_Group_union(MY_group_12345_, MY_group_67, &MY_group_
    1234567); /*求两个进程组的并集 MY_group_1234567*/
    if(myrank==0)
    {    printf("MY_group_67 has process:");
         printf_ranknumber_in_world(MY_group_67,WORLD_group);
         ...
    }
         ...
    MPI_Group_free(&WORLD_group);
    MPI_Finalize( );
}
```

14.2.2 通信域的管理

对通信域的访问不要求进程间通信，创建通信域的操作有时要求进程间通信。前面介绍的 MPI_COMM_RANK 和 MPI_COMM_SIZE 就属于 MPI 通信域管理函数，下面再介绍 MPI 的其他通信域管理函数。MPI 的预定义通信域 MPI_COMM_WORLD 是在 MPI 的外部被定义的。

MPI_COMM_COMPARE(comm1, comm2, result)	
IN comm1	第一个通信域(句柄)
IN comm2	第二个通信域(句柄)
OUT result	比较结果(整数)

MPI 调用接口 86　MPI_COMM_COMPARE

MPI_COMM_COMPARE 比较给定的两个通信域，当 comm1 和 comm2 是同一对象的句柄时(具有相同的进程组和通信上下文)，result=MPI_IDENT。如果仅仅是各进程组的成员和序列编号相同，则 result=MPI_CONGRUENT；如果两个通信域的组成员相同但

序列号不同，则 result=MPI_SIMILAR；否则为 MPI_UNEQUAL。

MPI_COMM_DUP (comm, newcomm)	
IN comm	通信域(句柄)
OUT newcomm	comm 的拷贝(句柄)

MPI 调用接口 87　MPI_COMM_DUP

MPI_COMM_DUP 通过复制已有的通信域 comm 得到一个新的通信域 newcomm。除通信上下文外，newcomm 与 comm 的其他内容完全相同(包括属性信息)。

MPI_COMM_CREATE (comm, group, newcomm)	
IN comm	通信域(句柄)
IN group	进程组(句柄)
OUT newcomm	返回的新通信域(句柄)

MPI 调用接口 88　MPI_COMM_CREATE

MPI_COMM_CREATE 在已有通信域 comm 环境下，利用 group 创建新的通信域 newcomm，但不会复制 comm 中添加的属性信息。comm 中的所有进程都要执行这个调用，对于不在 group 中的进程，返回的 newcomm 值为 MPI_COMM_NULL，group 必须是 comm 对应进程组的一个子集。如果 comm 为组间通信域，则得到的 newcomm 也是组间通信域。

MPI_COMM_SPLIT (comm, color, key, newcomm)	
IN comm	通信域(句柄)
IN color	标识所在的子集(整数)
IN key	对进程标识号的控制(整数)
OUT newcomm	新的通信域(句柄)

MPI 调用接口 89　MPI_COMM_SPLIT

MPI_COMM_SPLIT 将与 comm 关联的进程组分解为不相交的子组，每个子组中的进程具有不同的 color 值。新通信域中各个进程的顺序编号依据 key 的大小确定，key 越小，该进程在新通信域中的进程号也越小，若两个进程的 key 相同，则根据这两个进程在原来通信域中的进程号决定新的编号。最后依据这些子组创建新的通信域 newcomm。某些进程可以将 color 值置为 MPI_UNDEFINED，此时 newcomm 返回 MPI_COMM_NULL。如果将相同 color 内的所有进程中的 key 值置为同一个值，其结果是在新通信域中进程的相对先后次序和原来的相同。

MPI_COMM_FREE (comm)	
IN/OUT comm	将被释放的通信域(句柄)

MPI 调用接口 90　MPI_COMM_FREE

MPI_COMM_FREE 释放给定的通信域，调用结束后该句柄被置为 MPI_COMM_NULL。任何使用此通信域的挂起操作都会正常完成，仅当没有此对象的活动引用时它才会被实际撤消。

程序 14.2 给出了新的进程组和通信域的定义和使用方法。它给出了如何创建一个组，该组包含了除第 0 个进程之外的所有进程，同时阐述了如何为该新组(commslave)形成一个通信域，此新通信域在一个集合调用中被使用，而且所有进程在上下文 MPI_COMM_WORLD 中都执行一个集合调用。本例还说明了 MPI_COMM_WORLD 中的通信与 commslave 中的通信互不干扰。

程序 14.2　创建进程组和通信域的简单示例

```
main( int argc, char **argv )
{   int me, count, count2;
    float *send_buf, *recv_buf, *send_buf2, *recv_buf2;
    MPI_Group MPI_GROUP_WORLD, grprem;
    MPI_Comm commslave;
    static int rank[ ] = { 0 };
    ...
    MPI_Init (&argc, &argv);
    MPI_Comm_group(MPI_COMM_WORLD, &MPI_GROUP_WORLD);
    /*得到 MPI_COMM_WORLD 对应的进程组*/
    MPI_Comm_rank( MPI_COMM_WORLD, &me );
    MPI_Group_excl(MPI_GROUP_WORLD, 1, rank, &grprem);
    /*创建一个不包括进程 0 的新的进程组*/
    MPI_Comm_create(MPI_COMM_WORLD, grprem, &commslave);
    /*根据新创建的进程组创建一个不包括进程 0 的新的通信域*/
    if(( me ! = 0 )/* me 指的是在 MPI_COMM_WORLD 中的进程号*/
    {     /*进程 0 之外的进程执行如下操作*/
    ...  /* 以下使用新的通信域进行通信不包括原来的进程 0*/
         MPI_Reduce(send_buf, recv_buf, count, MPI_INT, MPI_
         SUM, 1, commslave);
         ...
    }/*以下使用 MPI_COMM_WORLD 使得所有的进程都参加通信 */
    MPI_Reduce(send_buf2,recv_buff2,count2,MPI_INT,MPI_SUM,0,
    MPI_COMM_WORLD);
    MPI_Comm_free( &commslave );
    MPI_Group_free( &MPI_GROUP_WORLD );
    MPI_Group_free( &grprem ); /*释放进程组和通信域*/
    MPI_Finalize( );
}
```

程序 14.3 实现如下功能：①共有 6 个进程，在 MPI_COMM_WORLD 中的编号分别是{0，1，2，3，4，5}；②将{1，3，5}进程形成一个新的通信域 comm2；将编号为{0，2，4}的进程生成一个新的通信域 comm1；③在 comm1 中执行 MAX 归约操作，在 comm2 中执行 MIN 归约操作，在 MPI_COMM_WORLD 中执行 SUM 归约操作；④显示各个通信域中的归约结果。该程序的运行结果见图 14.2。

程序 14.3　创建进程组和通信域及其应用示例

```
#include "mpi.h"
#include <stdio.h>
#include<string.h>
#include<stdlib.h>
#define LEN 5
int main(int argc, char  *argv[])
{     int world_rank, world_size, n = 3, ranks[3] = { 0,2,4 },
      root1[1], root2[1];
      int ori2[1] = { 1 }, ori1[1] = { 0 }, i;
      MPI_Comm world_comm = MPI_COMM_WORLD, comm1, comm2;
      MPI_Group world_group, group1, group2;
      float *sbuf, *rbuf1, *rbuf2, *rbuf3;
      MPI_Init(&argc, &argv);
      MPI_Comm_rank(MPI_COMM_WORLD, &world_rank);
      MPI_Comm_size(MPI_COMM_WORLD, &world_size);
      MPI_Comm_group(MPI_COMM_WORLD, &world_group);
      // 从 world_group 进程组中构造出来两个进程组
      MPI_Group_incl(world_group, n, ranks, &group1);
      MPI_Group_excl(world_group, n, ranks, &group2);
      // 根据 group1 group2 分别构造两个通信域
      MPI_Comm_create(MPI_COMM_WORLD, group1, &comm1);
      MPI_Comm_create(MPI_COMM_WORLD, group2, &comm2);
      sbuf = (float *)malloc(LEN * sizeof(float));
      rbuf1 = (float *)malloc(LEN * sizeof(float));
      rbuf2 = (float *)malloc(LEN * sizeof(float));
      rbuf3 = (float *)malloc(LEN * sizeof(float));
      for (i = 0; i < LEN; i++)sbuf[i] = float(i + world_rank
      * 10.0);
      printf("rank %d:\t sendBuf is:", world_rank);
      for (i = 0; i < LEN; i++)printf("%f\t", sbuf[i]);
      printf("\n");
```

```
MPI_Barrier(MPI_COMM_WORLD);
//将一个组中的进程标识号转换成另一个组的进程标识号
MPI_Group_translate_ranks(world_group, 1, ori1, group1,
root1);
MPI_Group_translate_ranks(world_group, 1, ori2, group2,
root2);
// MPI_COMM_WORLD comm1 comm2 分别执行不同的归约操作
if (MPI_COMM_NULL != comm1)// comm1
{    MPI_Reduce(sbuf, rbuf1, LEN, MPI_FLOAT,MPI_MAX, root1
     [0], comm1);
     int rank_1;
     MPI_Comm_rank(comm1, &rank_1);
     if (root1[0] == rank_1)
     {    printf("root1:%d,MAX:\t\n", root1[0]);
          for (i = 0; i < LEN; i++)printf("%f\t", rbuf1 [i]);
          printf("\n");
     }
}
else if (MPI_COMM_NULL != comm2)// comm2
{    MPI_Reduce(sbuf, rbuf2, LEN, MPI_FLOAT, MPI_MIN,
root2[0], comm2);
     int rank_2;
     MPI_Comm_rank(comm2, &rank_2);
     if (root2[0] == rank_2)
     {
          printf("root2:%d,MIN:\t\n", root2[0]);
          for (i = 0; i < LEN; i++)printf("%f\t", rbuf2 [i]);
          printf("\n");
     }
  }
  // MPI_COMM_WORLD
  MPI_Reduce(sbuf, rbuf3, LEN, MPI_FLOAT, MPI_SUM, 0,
  world_comm);
  if (0 == world_rank)
  {    printf("SUM:\t\n");
       for (i = 0; i < LEN; i++)printf("%f\t", rbuf3[i]);
       printf("\n");
  }
```

```
    // 清理进程组和通信域
    if (MPI_GROUP_NULL != group1)MPI_Group_free(&group1);
    if (MPI_GROUP_NULL != group2)MPI_Group_free(&group2);
    if (MPI_COMM_NULL != comm1)MPI_Comm_free(&comm1);
    if (MPI_COMM_NULL != comm2)MPI_Comm_free(&comm2);
    MPI_Finalize();
}
```

```
rank 0: sendBuf is: 0.000000   1.000000   2.000000   3.000000   4.000000
rank 1: sendBuf is: 10.00000   11.00000   12.00000   13.00000   14.00000
rank 2: sendBuf is: 20.00000   21.00000   22.00000   23.00000   24.00000
rank 3: sendBuf is: 30.00000   31.00000   32.00000   33.00000   34.00000
rank 4: sendBuf is: 40.00000   41.00000   42.00000   43.00000   44.00000
rank 5: sendBuf is: 50.00000   51.00000   52.00000   53.00000   54.00000
root1: 0, MAX:
40.00000   41.00000   42.00000   43.00000   44.00000
root2: 0, MIN:
10.00000   11.00000   12.00000   13.00000   14.00000
 SUM:
150.0000   156.0000   162.0000   168.0000   174.0000
```

图 14.2　程序 14.3 的运行结果

14.3　组间通信域

组间通信域与组内通信域是两个相对概念，参与组内通信的进程都属于相同的进程组，并且在相同的组内通信域和通信上下文中执行。组间通信域则包括两个进程组，实现这两个不同进程组内进程之间的通信。组间通信域用于解决采取模块化结构设计的、在多个空间中运行的复杂应用中的通信问题。在这类应用中，不同组的进程分别执行不同的模块，各组进程之间以管道、复杂网状连接关系进行通信。一个组内进程要与另一个组的进程进行通信需要指定目标组和目标组的进程号两个信息。一般把调用进程所在的进程组叫作本地组，而把另一个组叫作远程组。

MPI_COMM_TEST_INTER (comm, flag)	
IN comm	通信域(句柄)
OUT flag	测试结果(逻辑值)

MPI 调用接口 91　MPI_COMM_TEST_INTER

MPI_COMM_TEST_INTER 判断通信域 comm 是组内通信域还是组间通信域。如果是组间通信域则 flag=true，否则 flag=false。

MPI_COMM_REMOTE_SIZE(comm, size)	
IN comm	组间通信域(句柄)
OUT size	comm 的远程组中进程的个数(整数)

MPI 调用接口 92　MPI_COMM_REMOTE_SIZE

MPI_COMM_REMOTE_SIZE 返回组间通信域内远程组中的进程个数。

MPI_COMM_REMOTE_GROUP(comm, group)	
IN comm	组间通信域(句柄)
OUT group	comm 的远程组(句柄)

MPI 调用接口 93　MPI_COMM_REMOTE_GROUP

MPI_COMM_REMOTE_GROUP 返回组间通信域中的远程进程组(句柄)。

MPI_INTERCOMM_CREATE(local_comm, local_leader, peer_comm, remote_leader, tag, newintercomm)	
IN local_comm	本地组内通信域(句柄)
IN local_leader	本地组内特定进程的标识号(整型)
IN peer_comm	对等通信域，仅在 local_leader 中有意义(句柄)
IN remote_leader	远程组特定进程在 peer_comm 中对应的标识号(整型)
IN tag	安全标志(整型)
OUT newintercomm	返回的新组间通信域(句柄)

MPI 调用接口 94　MPI_INTERCOMM_CREATE

MPI_INTERCOMM_CREATE 将两个组内通信域合并为组间通信域(其中一个为本地组，另一个为远程组)。要求本地组和远程组的交集为空，还要求各组内选中的两个 leader 进程能够实现通信，即两个 leader 至少要通过一个第三方 peer 通信域能够知道彼此——知道彼此在 peer 通信域中的 rank 值(leader 可以是物理上的同一个进程)，通常用 MPI_COMM_WORLD 作为这个第三方的 peer 通信域。最后还要求本组内其他进程都能够知道本组 leader 信息。实际执行这个操作时，在本地组和远程组执行集合操作，再加上两个组 leader 之间的点到点通信，因此两个组内的进程必须分别提供完全相同的 local_comm 和 local_leader，而对 remote_leader，local_leader 和 tag 都不能使用通配符。

MPI_INTERCOMM_MERGE(intercomm, high, newintracomm)	
IN intercomm	组间通信域(句柄)
IN high	标识(逻辑值)
OUT newintracomm	新的组内通信域(句柄)

MPI 调用接口 95　MPI_INTERCOMM_MERGE

MPI_INTERCOMM_MERGE 将一个组间通信域包含的两个通信域合并，形成一个组内通信域。high 值用于决定新形成的组内通信域中进程的编号，若对于一个组中的进程都提供 high=true，另一个组中的进程都提供 high=false，则提供 true 值的组的进程编号在前，另一个组的编号在后。如两个组的进程都提供相同的 high 值，则新通信域中进程的编号是任意的。

下面是创建组间通信域，并使用它广播数据的一个例子(程序 14.4)。假设运行时系统生成 10 个进程，0～2 进程属于同一个进程组 0，3～9 进程属于另一个进程组 1。并据此将标准通信域 MPI_COMM_WORLD 分裂成两个通信域给进程组 0 和进程组 1。进程组 1 的 root 进程负责广播数据给进程组 0 的所有进程。

程序 14.4　通信域的分裂与组间通信域的生成

```
#include <mpi.h>
#include <stdio.h>
int main(int argc, char **argv)
{     int commnum = 0, tag = 1;
      MPI_Comm comm=MPI_COMM_WORLD, mycomm;  /* mycomm 为组内通
      信域 */
      MPI_Comm   intercomm;    /* 组间通信域*/
      int cw_rank, cw_size;     /*在 MPI_COMM_WORLD 中的进程号和进
      程个数 */
      int rank, size;          /* 在组内通信域 mycomm 中的进程号和进
      程个数*/
      MPI_Init(&argc, &argv);  /*MPI 初始化*/
      MPI_Comm_rank(comm, &cw_rank); /*获取 WORLD 中的进程号*/
      MPI_Comm_size(comm, &cw_size); /*获取 WORLD 中的进程数*/
      if (cw_rank < 3)commnum = 0; /*WORLD 中前 3 个进程的 commnum
      值为 1*/
      else commnum = 1; /*comm 中其他进程的 commnum 值为 3*/
      /*下面依据 commnum 的值对通信域 comm 进行分裂，分裂为两个通信域，
      这两个通信域的名字都是 mycomm*/
      MPI_Comm_split(comm, commnum, cw_rank, &mycomm);
      MPI_Comm_rank(mycomm, &rank); /*获取进程在 mycomm 中的进程号*/
      MPI_Comm_size(mycomm, &size); /*获取 mycomm 中的进程数*/
    printf("{%d, %d, %d, %d},", cw_rank, rank, cw_size, size);
    /*假设用 10 个进程执行该程序,则打印结果为:{0,0,10,3},{1,1,10,3},
    {2,2,10,3},{3,0,10,7},{4,1,10,7},{5,2,10,7},{6,3,10,7},{
    7,4,10,7,},{8,5,10,7},{9,6,10,7},*/
    if (commnum == 0)
```

```
{   int  local_leader = 0; /*指在 local_comm 中的进程号*/
    int  remote_leader = 3;  /*指在 peer_comm 中的进程号*/
    MPI_Intercomm_create(mycomm,local_leader,comm,remote_
    leader,tag,&intercomm);
/*利用两个组内通信域创建一个组间通信域，两个组内通信域都叫 mycomm，
但其中一个包含 3 个进程(假设启动 10 个进程)(本地组)，另一个包含 7 个进
程(远程组)。这个调用可以这样理解：两个组内的两个 leader 之间可以进行
通信，它们可以通过一个第三方通信域 comm 知道彼此在 comm 中的进程号，
对于该调用来说，本组内其他进程都知道本组 leader 信息 */
}
else /*由于本地组和远程组是相对的，因此不同进程的本地组是不一样的*/
{     int  local_leader = 0; /*指在 local_comm 中的进程号*/
      int  remote_leader = 0; /*指在 peer_comm 中的进程号*/
      MPI_Intercomm_create(mycomm, local_leader, comm, remote_
      leader, tag, &intercomm);
/*利用本进程所在的组内通信域 mycomm 与 comm 中进程号为 remote_
leader 所在的组内通信域 mycomm 创建一个组间通信域 intercomm*/
}
/* 下面的代码实现本地组到远程组的广播操作*/
if (commnum == 1)
{   int  bcast_data = 0, local_leader = 0, root_proc;
    if (rank == 0)bcast_data = 6666; /*注意 rank 是 mycomm 中
    的进程号*/
    if (rank == 0)root_proc = MPI_ROOT;
    else root_proc = MPI_PROC_NULL;
    MPI_Bcast(&bcast_data, 1, MPI_INT, root_proc, intercomm);
    /* 组间广播 */
    printf("{%d, %d, %d},",cw_rank, rank, bcast_data);
/*假设启动 10 个进程,则该打印语句的执行结果是:{3,0,6666},{4,1,0},
{5,2,0},{6,3,0},{7,4,0},{8,5,0},{9,6,0},说明组间通信域的广播
是本地组向远程组的进程传递消息，本地组的其他进程不参与该组通信，但其他
进程仍然必须执行此调用*/
}
if (commnum == 0)
{   int  bcast_data = 8888, remote_leader = 0; /* remote_
leader 为远程组的根进程号*/
   MPI_Bcast(&bcast_data,   1,   MPI_INT,   remote_leader,
   intercomm);
```

```
    printf("{%d, %d, %d},",cw_rank, rank, bcast_data);
  /*假设启动10个进程，则该打印语句的执行结果是：{2, 2, 6666},{1, 1,
  6666},{0,  0,  6666},,说明组间通信域的广播是本地组接的是远程组的根
  进程发送的消息*/
  }
  MPI_Comm_free(&intercomm);
  MPI_Finalize();
}
```

第 15 章　MPI 扩展

MPI-1 主要存在以下不足：①不支持进程个数的动态改变；②不支持单边通信模式；③不支持并行文件操作。MPI 论坛于 1997 年推出了 MPI 的新版本 MPI-2，同时原来的 MPI 更名为 MPI-1。相对于 MPI-1，MPI-2 加入了许多新特性，主要包括动态进程、远程存储访问和并行 I/O 等。本章简要介绍 MPI-2 的新特性。

15.1　MPI 的动态进程管理

在 MPI 环境中实现动态进程管理是可行而且必要的，MPI-2 实现了动态进程管理，允许在应用程序启动之后创建或取消进程，定义或取消进程之间的协作关系。并提供了一种在已有进程和新增进程之间建立联系的机制，甚至可以在两个彼此无关的 MPI 应用程序之间建立联系。

15.1.1　组间通信域

MPI-1 假定所有进程都是静态的，运行时不能增加或减少进程个数，即 MPI-1 不定义如何创建进程和如何建立通信。在 MPI-2 中引入了动态进程的概念，带来了以下好处：①由于 MPI-1 不定义如何创建进程和如何建立通信，因此它需要支撑平台提供这种能力，MPI-2 中的动态进程机制以可移植的方式(平台独立)提供了这种能力，降低了对支撑平台的要求；②动态进程有利于将 PVM 程序移植到 MPI 上，并且还可能支持一些重要的应用类型(如 Client/Server 和 Process farm 等)；③动态进程允许更有效地使用资源和负载平衡，如所用节点数可以按需减少和增加；④支持容错，当一个节点失效时，运行在其上的进程能在另一个节点上创建一个新进程完成其工作。

MPI-2 对点到点通信和组通信都给出了使用组间通信域时的确切含义。不管是使用组内还是组间通信域，二者在语法上没有区别，但语义不同。对于构成组间通信域的两个进程组，调用进程把自己所在的组看作是本地组，把另一个组称为远程组。使用组间通信域的一个特点是本地组进程发送的数据被远程组进程接收，而本地组接收的数据必然来自远程组。

在组间通信域的点对点通信中，发送/接收语句指定的目标/源进程是远地组中的进程编号(图 15.1)，如语句 MPI_SEND(buf, count, datatype, dest, tag, intercom)中的 dest 指的是远地组而非本地组中的进程编号，其通信域也是组间通信域。

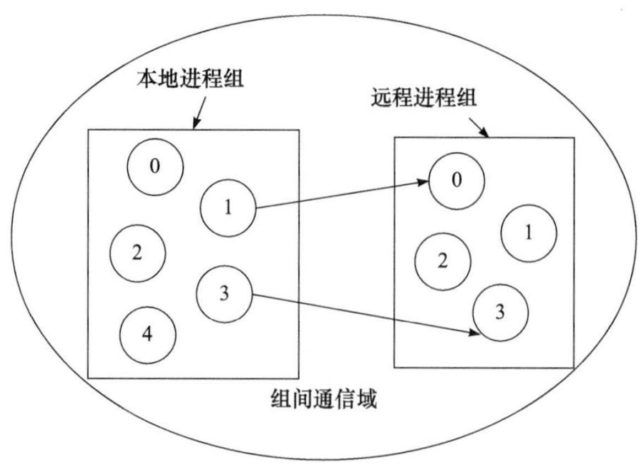

图 15.1　组间通信域上的点对点通信

对于多对多组通信，本地进程组的所有进程向远地进程组的所有进程发送数据，同时本地进程组的所有进程从远地进程组的所有进程接收数据(图 15.2)；对于一对多组通信，本地组的 ROOT 进程发送消息，远地组的所有进程接收；对于多对一组通信，本地组的 ROOT 进程接收消息而远地组的所有进程向本地组的 ROOT 进程发送消息(图 15.3)。

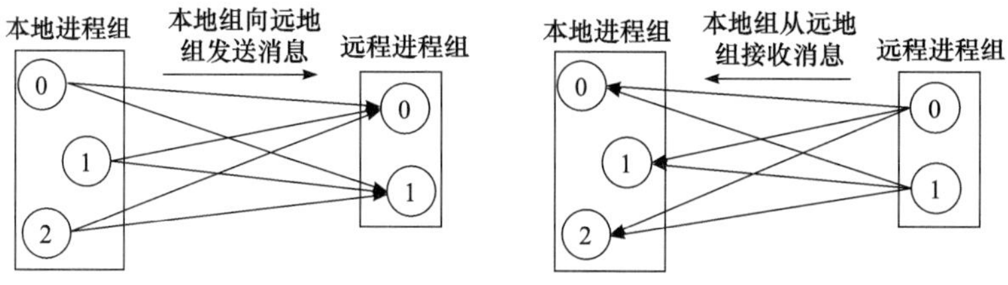

图 15.2　组间通信域上的多对多组通信

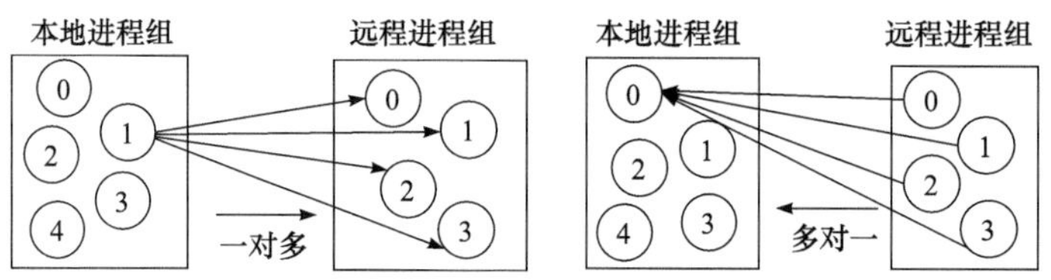

图 15.3　组间通信域上的一对多和多对一通信

语句 MPI_ALLTOALL(sbuf, scount, stype, rbuf, rcount, rtype, intercomm)的功能如图 15.4 所示，这和组内通信域中的全互换是不同的。

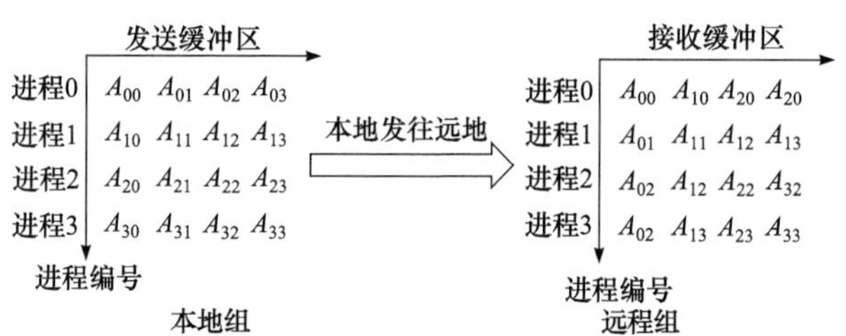

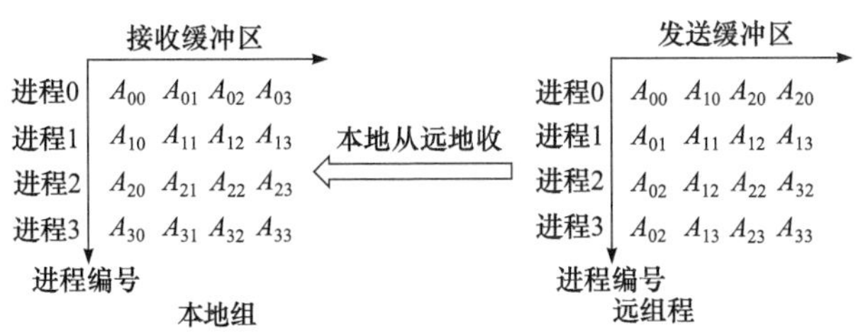

图 15.4　组间通信域上的 MPI_ALLTOALL

和组内通信域的组通信不同，组间通信域进行一对多或多对一通信时，本地组的非根进程不执行通信操作，但必须执行该调用。本地组根进程和非根进程由通信函数中的根进程号进行区别(本地组的根进程在根进程参数位置上写 MPI_ROOT，本地组非根进程在根进程参数位置上写 MPI_PROC_NULL)。对于远地组的进程，则写上本地组根进程的标识号。

利用组间通信域进行通信主要有三种方式：①通过动态创建新进程，在父进程和子进程形成的组间通信域上通信；②两个没有父子关系的进程间建立组间通信域进行通信；③将 socket 通信转换为组间通信域上的通信。下面分别介绍。

15.1.2　动态进程的创建

MPI-2 的动态进程创建是指从已经存在的一个组间通信域中的进程派生出若干个进程形成一个新的进程组，原来的进程组相对于新派生的进程组称为父进程组，新派生的进程组相对于原来的进程组称为子进程组。父子进程组属于不同的通信域，它们之间的通信通过父子进程组形成的组间通信域来进行。

```
MPI_COMM_SPAWN(command, argv, maxprocs, info, root, comm,intercomm,
array_of_errcodes)
  IN command             将派生进程对应的可执行程序名
  IN argv                传递给 command 的参数
  IN maxprocs            最多要派生的进程数
  IN info                传递给运行时的信息
  IN root                根进程编号(负责解释上述参数的进程)
  IN comm                根进程的通信域(组内通信域)
  OUT intercomm          返回的组间通信域(包括原来的进程和新创建的进程)
  OUT array_of_errcodes  返回的错误代码数组
```

MPI 调用接口 96　MPI_COMM_SPAWN

MPI_COMM_SPAWN 的功能是创建新进程，调用它需要给出下面 4 个参数：①将要派生的进程对应的可执行文件名 command；②传递给可执行文件 command 的参数 argv(如果没有参数，则使用 MPI_ARGV_NULL)；③将要派生的最大进程个数 maxprocs；④运行时信息 info，它是若干个<key, value>对，告诉系统创建进程的位置和方式。MPI_COMM_ SPAWN 是一个组操作，通信域 comm 中的所有成员都必须调用它来派生进程。但只有 root 进程(root 的编号是指在通信域 comm 中的编号)需要对 command，argv，maxprocs 和 info 进行解释，并传递给其他进程。该调用的错误代码信息通过参数 array_of_errcodes 返回。

所有派生出来的子进程形成一个自己的组内通信域，这个通信域和父进程所在的组内通信域 comm 形成一个组间通信域 intercomm。父进程可以通过该组间通信域和子进程进行通信，子进程则通过调用 MPI_GET_PARENT 函数获得该组间通信域，实现和父进程之间的通信。

此调用存在 3 个同步：①父进程同步，必须等所有父进程都执行了此调用之后才能向下执行；②子进程之间的同步，所有派生出来的子进程都执行了各自的初始化调用 MPI_INIT 之后，子进程才可以执行下面的操作；③父子进程之间的同步，必须当所有的父进程都执行了 MPI_COMM_SPAWN 调用，所有派生出来的子进程都执行了 MPI_INIT 调用之后，父子进程才可以执行后面的操作。

MPI_COMM_GET_PARENT(parent)	
OUT parent	包括子进程和父进程的组间通信域

MPI 调用接口 97　MPI_COMM_GET_PARENT

MPI_COMM_GET_PARENT 得到包括子进程和父进程的组间通信域。它只需在子进程中执行此调用。当父子进程都拥有包括所有父子进程的组间通信域后，它们就可以通过使用该组间通信域进行通信。

MPI_COMM_SPAWN_MULTIPLE(count, array_of_commands, array_of_argv, array_of_maxprocs,array_of_info, root, comm, intercomm，array_of_errcodes)	
IN count	进程组的个数
IN array_of_commands	不同的进程组对应的可执行程序
IN array_of_maxprocs	新创建的各进程组的最大进程数
IN array_of_info	每个组传递给运行时的信息
IN root	根进程编号(解释上述参数的进程的标识号)
IN comm	根进程的通信域(组内通信域)
OUT intercomm	由不同子进程组和父进程组形成的组间通信域
OUT array_of_errcodes	不同进程组返回的错误代码

MPI 调用接口 98　MPI_COMM_SPAWN_MULTIPLE

MPI_COMM_SPAWN 只能创建相同进程的多个版本，无法同时创建不同进程或使用相同命令不同参数创建多个进程。MPI_COMM_SPAWN 的更通用形式是 MPI_COMM_SPAWN_MULTIPLE，它可以同时创建多组不同的子进程，而不是一组。所有新创建的进程共享一个新的 MPI_COMM_WORLD。多次调用 MPI_COMM_SPAWN 也能创建多个进程组，但其 MPI_COMM_WORLD 彼此不同。

程序 15.1 是一个创建动态进程的例子。运行时首先分别编译这两个文件，形成可执行文件，然后运行父进程的可执行文件来执行。

程序 15.1　MPI_Comm_spawn 的使用方法示例

父进程代码

```
#include "mpi.h"
#include <stdlib.h>
#include <stdio.h>
#include <iostream>
using namespace std;
int main(int argc, char *argv[])
{     int world_size, universe_size , parent_id; // parent_id
代表父进程组中的进程号;
      MPI_Comm  everyone,intracomm;  //  everyone 为组间通信域，
      intracomm 为组内通信域
      MPI_Comm comm = MPI_COMM_WORLD;
      char worker_program[100];
      MPI_Init(&argc, &argv);
      MPI_Comm_rank(MPI_COMM_WORLD, &parent_id);
      MPI_Comm_size(MPI_COMM_WORLD, &world_size);
      if (world_size != 1)cerr << "Top heavy with management";
      universe_size = 5;     //子进程数
      char child[100] = "./Child";
      MPI_Comm_spawn(child, MPI_ARGV_NULL, universe_size, MPI_
      INFO_NULL,  0,  MPI_COMM_SELF,  &everyone,  MPI_ERRCODES_
      IGNORE);    // 创建组间通信域 everyone
      MPI_Intercomm_merge(everyone, 0, &intracomm);  // 将组间
      通信域包含的两个通信域合并形成一个组内通信域 intracomm
      int data[10] = { 0,1,2,3,4,5,6,7,8,9 };
      MPI_Bcast(&data, 10, MPI_INT, 0, intracomm);
      int receive[10];
      MPI_Status status;
      for (int j = 0; j < universe_size; ++j)
      {     MPI_Recv(&receive,  10,  MPI_INT,  j,  j,  everyone,
      &status);
            printf("Receive data from %d\n", j);
            for (int i = 0; i < 10; ++i) printf("%d", receive [i]);
```

```
            printf("\n");
        }
        MPI_Finalize();
}
```

子进程代码

```
#include <stdlib.h>
#include "mpi.h"
#include <stdio.h>
#include <iostream>
using namespace std;
int main(int argc, char *argv[])
{     int size, process_id;
      MPI_Comm parent, intracomm;
      MPI_Init(&argc, &argv);
      MPI_Comm_get_parent(&parent);
      if (parent == MPI_COMM_NULL) cerr << "No parent!";
      MPI_Comm_remote_size(parent, &size);
      if (size != 1)cerr << "Something's wrong with the
      parent";
      MPI_Comm_rank(MPI_COMM_WORLD, &process_id);
      MPI_Intercomm_merge(parent, 1, &intracomm);
      int buffer[10];
      MPI_Bcast(&buffer, 10, MPI_INT, 0, intracomm); //在组内
      通信域中广播消息
      for (int i = 0; i < 10; ++i) buffer[i] *= 10;
      MPI_Send(buffer, 10, MPI_INT, 0, process_id, parent);
      //在组间通信域中向父进程发送消息
      MPI_Finalize( );
}
```

15.1.3 独立进程间的通信

除了派生新的进程之外，MPI 还允许没有父子关系的独立进程之间进行通信。它们之间的通信采用客户/服务的方式，这两组对立的进程分别叫做服务端进程组和客户端进程组。独立进程间的通信适用于以下情况：①应用程序分两个部分，各自独立运行，但在运行时需要建立通信联系；②某些可视化工具需要连接到正在运行的进程上；③并行的服务程序可能需要与多个并行的客户建立链接。

在不共享通信域的两个进程组之间建立联系的操作是一种非对称的集合操作，需要

强制一组进程进入监听状态来接收另一组进程的连接请求。MPI 称监听请求的进程为并行服务进程，尝试连接服务组的进程称作客户端。

独立进程间通信的关键是客户端如何找到服务端并与之连接。MPI 设置了名字服务接口，通过一个可发布的端口号供服务端和客户端建立连接。端口号可以是 TCP/IP 端口，也可以是系统通过其他协议定义的底层通信端口。MPI 通过名字发布机制把端口号与服务绑定在一起，以<端口号，服务>格式发布。

服务端通过两个应用程序接口启动，首先调用 MPI_OPEN_PORT 打开一个端口，然后调用 MPI_COMM_ACCEPT 等待客户端连接。

MPI_OPEN_PORT(info, port_name)	
IN info	传递给运行时的信息
OUT port_name	返回的端口名

MPI 调用接口 99　MPI_OPEN_PORT

MPI_COMM_ACCEPT(port_name, info, root, comm, newcomm)	
IN port_name	前面打开的端口名
IN info	传递给运行时的信息
IN root	服务端进程组的根进程标识号(comm 中的根进程)
IN comm	服务端进程通信域
OUT newcomm	返回的包括客户端进程和服务端进程的组间通信域

MPI 调用接口 100　MPI_COMM_ACCEPT

MPI_OPEN_PORT 打开一个端口，端口信息放在 port_name 中。MPI_COMM_ACCEPT 的入口参数 port_name 和 info 对根节点有用，返回的组间通信域 newcomm 包括服务端进程和客户端进程。通过该组间通信域服务端进程就可以和客户端进程通信。通信结束后服务端进程要关闭打开的端口。MPI_CLOSE_PORT 将打开的端口 port_name 关闭。

MPI_CLOSE_PORT(port_name)	
IN port_name	端口号

MPI 调用接口 101　MPI_CLOSE_PORT

在客户端要执行如下操作。

首先是建立和服务端的连接。

MPI_COMM_CONNECT(port_name, info, root, comm, newcomm)	
IN port_name	将连接的端口号
IN info	传递给运行时的信息
IN root	执行连接操作的根进程标识号(comm 中的根进程)

IN comm	客户端进程的组内通信域
OUT newcomm	返回的包括客户端和服务端进程的组间通信域

MPI 调用接口 102　MPI_COMM_CONNECT

通过 MPI_COMM_CONNECT 调用，客户端的进程就可以和打开的端口为 port_name 的服务端进程建立连接。显然端口名 port_name 和传递给运行时的信息 info 只对根进程 root 有意义，通过返回的组间通信域 newcomm，客户端进程就可以和服务端进程进行通信。对于客户端和服务端，当通信结束后，都需要通过调用 MPI_COMM_DISCONNECT 断开连接。MPI_COMM_DISCONNECT 将建立在通信域 comm 上的通信连接断开。

```
MPI_COMM_DISCONNECT(comm)
  INOUT comm  通信域
```

MPI 调用接口 103　MPI_COMM_DISCONNECT

前面对客户/服务方式连接的建立，端口标识的使用很不方便，它需要客户端进程每次运行时根据服务端得到的端口标识的不同来进行连接。一种改进方法是使用公开名字机制。其主要含义是，在服务端，程序每次启动后，它打开一个端口得到的端口标识有可能是不同的，但是，可以把一个公开的名字和这一新打开的端口标识建立联系，并且公之于众，这样，当客户端的程序每次启动时，先根据公之于众的名字查找与该名字对应的端口标识，然后再和该端口连接。这样做的好处是对于一组客户/服务程序，给定一个公之于众的名字就可以了，而不必每次都使用具体的端口名字。

```
MPI_PUBLISH_NAME(service_name, info, port_name)
  IN service_name          与端口对应的服务的名字
  IN info                  传递给运行时的信息
  IN port_name             端口名
```

MPI 调用接口 104　MPI_PUBLISH_NAME

MPI_PUBLISH_NAME 将一个服务名和端口名建立联系，并将该服务名公之于众，以便客户进程的查找。这是服务进程的调用。

```
MPI_LOOKUP_NAME(service_name, info, port_name)
  IN service_name              公之于众的服务名
  IN info                      传递给运行时的信息
  OUT port_name                与服务相联系的端口名
```

MPI 调用接口 105　MPI_LOOKUP_NAME

客户端的进程可以通过公之于众的服务名得到对应的端口名，从而可以通过该端口与相应的服务建立连接。

MPI_UNPUBLISH_NAME(service_name, info, port_name)	
IN service_name	公之于众的服务器名
IN info	传递给运行时的信息
IN port_name	与服务器相联系的端口名

MPI 调用接口 106　MPI_UNPUBLISH_NAME

当通信完成后，服务端进程可以取消服务名字和某一端口标识的联系。

15.1.4　基于 socket 的通信

MPI 还提供了将 socket 通信转化为组间通信域通信的调用。

MPI_COMM_JOIN(fd, intercomm)	
IN fd	已建立连接的 socket 文件句柄
OUT intercomm	根据该 socket 返回的组间通信域

MPI 调用接口 107　MPI_COMM_JOIN

通过 MPI_COMM_JOIN 调用，将原来通过 socket 连接的进程，包含在一个组间通信域之内，这样原来 socket 方式的通信就可以用基于 MPI 的方式来进行。

15.2　MPI 的远程存储访问

远程存储访问就是一个进程可以控制和访问远端进程的内存空间，远端进程可不必关心自己内存被访问的情况。与点到点通信相比，远端内存访问由一个进程单方面指定所有通信参数，不需要发送/接收配对。MPI-2 增加了远程存储访问的能力，主要是为了使 MPI 在编写特定算法和通信模型的并行程序时更加自然和简洁，因为在许多情况下都需要一个进程对另外一个进程的存储区域进行直接访问。MPI-2 的远程存储访问仅适用于组内通信域。

MPI-2 对远程存储的访问主要通过窗口来进行，为了进行远程存储访问，参与通信的所有进程需首先创建一个用于通信的窗口，该窗口开在各个进程的一段本地存储空间，其他进程能通过这一窗口来访问本地数据。窗口创建操作返回一个 MPI_Win 类型的句柄作为窗口对象的引用，所有远程存储访问操作都借助该窗口对象实施。窗口创建之后，就可以通过窗口来访问远程存储区域的数据(图 15.5)。

远程存储访问操作中，发起内存访问动作的进程称作源进程，内存被访问的进程称作目标进程。MPI-2 提供了三种远程存储访问方式：①通过 MPI_PUT 函数向远端进程写入数据，它修改远端窗口的内容；②通过 MPI_GET 函数从远端进程读取数据，它不对远端数据进行任何修改；③利用 MPI 预定义的归约操作，通过 MPI_ACCUMULATE 函数对远端进程中的数据进行更新，它将远端窗口的数据和本地的数据进行某种指定方式的运算，再将运算结果写入远端窗口。MPI-2 对这三种单边通信函数进行了完善，增加了非阻塞式单边通信方式，为用户提供更加灵活的 MPI 实现方式。

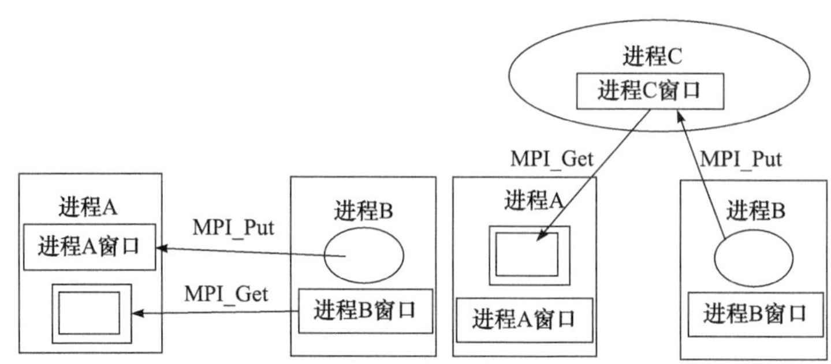

图 15.5 远程存储访问模式

除了基本的窗口操作之外，MPI-2 还提供了窗口管理功能，用来实现对窗口操作的同步管理。MPI-2 对窗口的同步管理有 3 种方式：①栅栏方式，在这种方式下，对窗口的操作必须放在一对栅栏语句之间，这样可以保证当栅栏语句结束之后，其内部的窗口操作可以正确完成。②握手方式，在这种方式下，调用窗口操作的进程需要将具体的窗口调用操作放在以 MPI_WIN_START 开始、以 MPI_WIN_COMPLETE 结束的调用之间，相应地，被访问的远端进程需要以一对调用 MPI_WIN_POST 和 MPI_WIN_WAIT 与之相适应。MPI_WIN_POST 允许其他进程对自己的窗口进行访问，而 MPI_WIN_WAIT 调用结束之后可以保证对本窗口的调用操作全部完成。MPI_WIN_START 申请对远端进程窗口的访问。只有当远端窗口执行了 MPI_WIN_POST 操作之后，才可以访问远端窗口。MPI_WIN_COMPLETE 完成对远端窗口访问操作。③锁方式，在这种方式下，不同的进程通过对特定的窗口加锁来实现互斥访问，当然用户根据需要可以使用共享的锁，这时就可以允许使用共享锁的进程对同一窗口同时访问。

15.2.1 窗口创建与窗口操作

MPI_WIN_CREATE(base, size, disp_unit, info, comm ,win)	
IN base	窗口空间的初始地址
IN size	以字节为单位的窗口空间大小
IN disp_unit	一个偏移单位对应的字节数
IN info	传递给运行时的信息
IN comm	通信域
OUT win	返回的窗口对象

MPI 调用接口 108 MPI_WIN_CREATE

MPI_WIN_CREATE 在本地一片特定的存储空间之上开辟一个“窗口”，其他进程可以通过这一窗口来直接访问该窗口限定的存储空间(图 15.6)。该空间的基地址是 base，空间大小是 size(以字节为单位)，在该窗口上以字节为单位的数据类型偏移为 disp_unit，传递给运行时的信息为 info。如果给定窗口大小 size=0，则表示该窗口没有存储区域可以被其他进程访问。

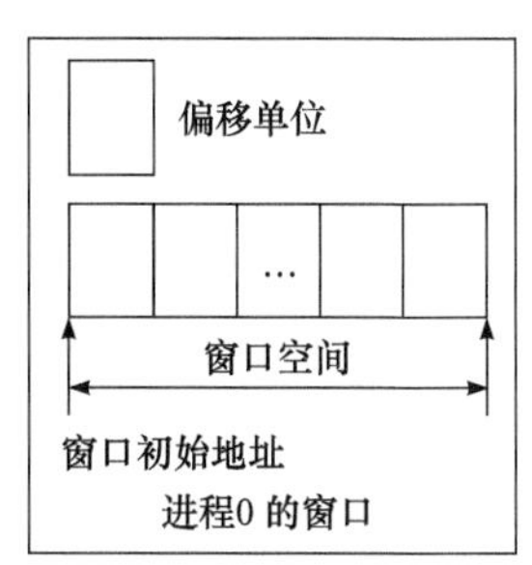

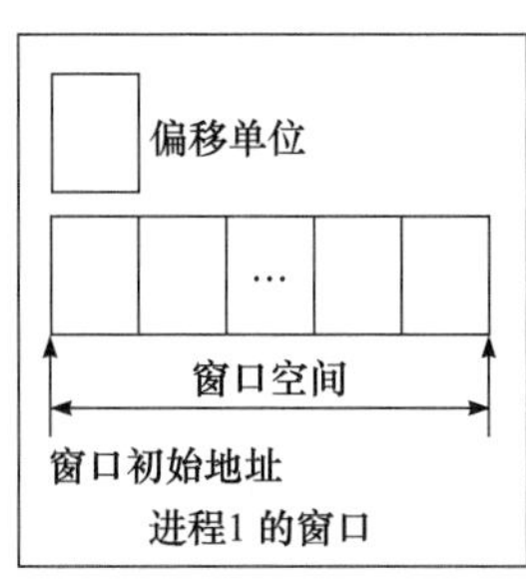

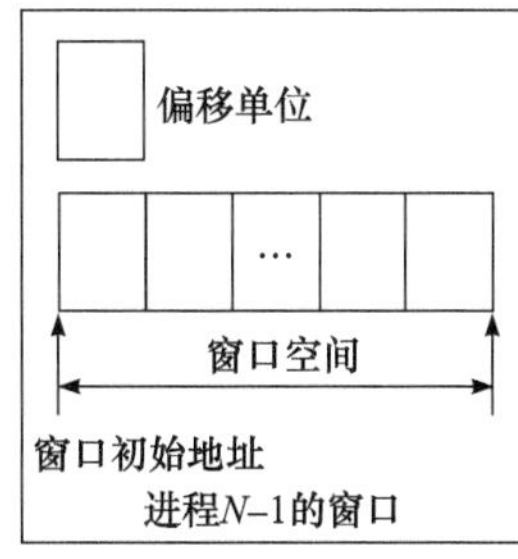

图 15.6　各进程创建的可供其他进程直接访问的窗口

该调用是一个组调用，所有 comm 通信域内的进程都要执行，它返回一个窗口对象。窗口创建后得到的窗口对象并不是指本进程的窗口，而是建立在整个组上的窗口，使用该窗口对象可以访问组内任何一个进程提供给窗口的存储区域。

MPI_WIN_FREE(win)	
INOUT win	窗口对象，输入为要释放的窗口，返回为空

MPI 调用接口 109　MPI_WIN_FREE

与 MPI_WIN_CREAT 操作相对应，MPI_WIN_FREE 释放前面创建的窗口对象，它也是一个组调用，组内的所有进程都需要执行它，它返回后将原来的窗口对象置为 MPI_WIN_NULL。所有进程都必须在远程存储访问完成后才可调用此操作。

MPI_PUT(origin_addr, origin_count, origin_datatype, target_rank, target_disp, target_count, target_datatype, win)	
IN origin_addr	本地发送缓冲区起始地址
IN origin_count	本地发送缓冲区中将要写到窗口内的数据个数
IN origin_datatype	本地发送缓冲区中的数据类型
IN target_rank	目标进程标识
IN target_disp	相对于写窗口起始地址的偏移单位 从该位置开始写
IN target_count	以指定的数据类型为单位 写入窗口的数据的个数
IN target_datatype	写数据的数据类型
IN win	窗口对象

MPI 调用接口 110　MPI_PUT

MPI_PUT 将本进程中从地址 origin_addr 开始的类型为 origin_datatype 的 origin_count 个连续数据元素写入进程号为 target_rank 的窗口空间，具体位置是从相对于该窗口起始位置的第 target_disp 个偏移位置(以数据类型为单位)开始，target_address=base+target_disp*disp_unit(图 15.7)，写入 target_count 个 target_datatype 类型的数据。其中，base 和 disp_unit 是在创建窗口时指定的。

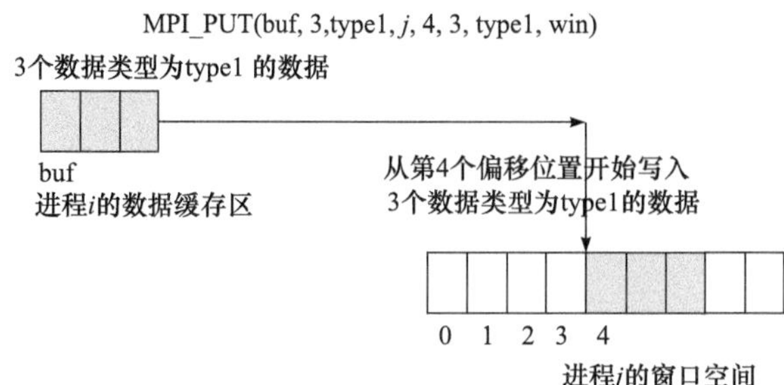

图 15.7　MPI_PUT 操作图示

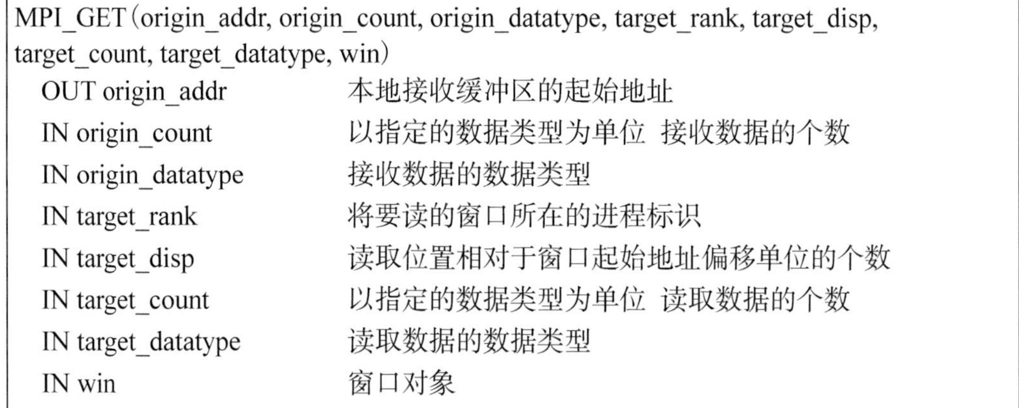

MPI_GET(origin_addr, origin_count, origin_datatype, target_rank, target_disp, target_count, target_datatype, win)

OUT origin_addr	本地接收缓冲区的起始地址
IN origin_count	以指定的数据类型为单位 接收数据的个数
IN origin_datatype	接收数据的数据类型
IN target_rank	将要读的窗口所在的进程标识
IN target_disp	读取位置相对于窗口起始地址偏移单位的个数
IN target_count	以指定的数据类型为单位 读取数据的个数
IN target_datatype	读取数据的数据类型
IN win	窗口对象

MPI 调用接口 111　MPI_GET

MPI_GET 与 MPI_PUT 类似，只是数据传送方向正好相反，它从其他进程的窗口读数据到自己的缓冲区中。具体地，它从 target_rank 进程的第 target_disp 个偏移位置开始，读取 target_count 个类型为 target_datatype 的数据，放到本地以 origin_add 开始的缓冲区中，接收数据的个数为 origin_count 个，数据类型为 origin_datatype。如图 15.8 所示。

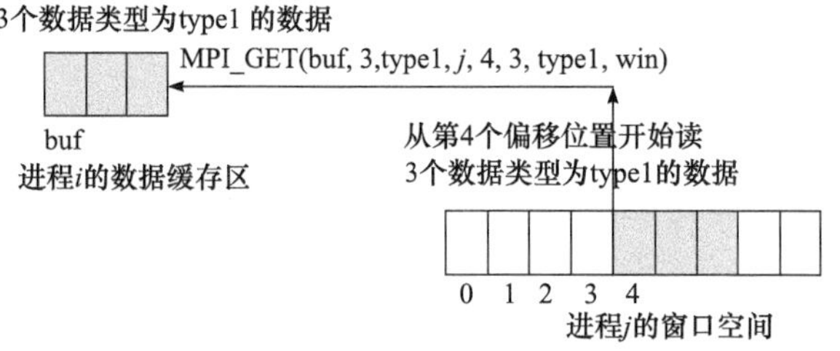

图 15.8　MPI_GET 操作图示

MPI_ACCUMULATE 更复杂一些，其含义如图 15.9 所示。其中窗口待修改数据的个数和类型必须和本地缓冲区中的数据个数和类型一致，具体的运算操作可以是预定义的各种归约操作。

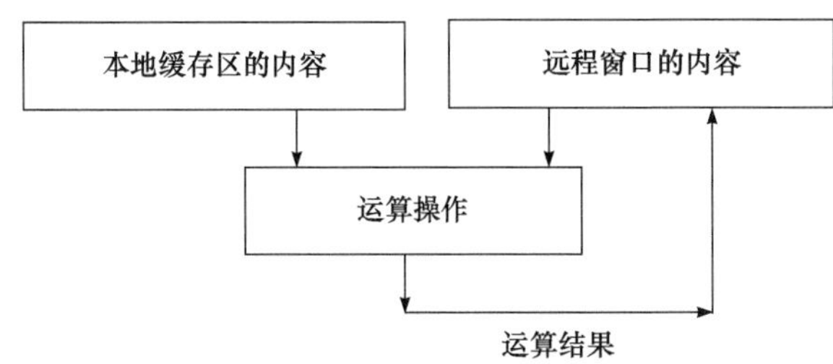

图 15.9　对窗口数据的运算操作图示

窗口数据运算的具体含义是：将本地缓冲区中从 origin_addr 开始的 origin_count 个数据类型为 origin_datatype 的数据，和目标进程 target_rank 的窗口内，从 target_disp 个偏移开始的个数为 target_count 数据类型为 target_datatype 的数据，进行 op 运算，然后将运算结果存入窗口数据原来的位置(图 15.10)。

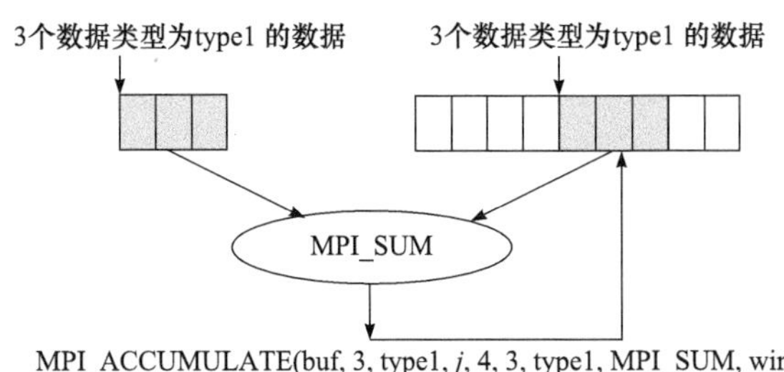

图 15.10　MPI_ACCUMULATE 操作图示

MPI_ACCUMULATE(origin_addr, origin_count, origin_datatype, target_rank, target_disp, target_count, target_datatype, op, win)	
IN origin_addr	本地缓冲区起始地址
IN origin_count	指定数据个数
IN origin_datatype	数据类型
IN target_rank	累计窗口所在的进程标识
IN target_disp	累计数据起始位置相对于窗口开始位置的偏移
IN target_count	窗口中累计数据个数
IN target_datatype	累计数据的数据类型
IN op	具体的累计操作
IN win	窗口对象

MPI 调用接口 112　MPI_ ACCUMULATE

15.2.2　窗口同步管理

MPI-2 中，MPI_PUT、MPI_GET 和 MPI_ACCUMULATE 均为非阻塞操作，仅当操

作发起者对相同的窗口对象调用同步函数后才能确保实际数据传输完毕。从启动远程存储访问操作到通过同步函数确认操作完成之间，不能更新本地进程为实现该次通信所使用的缓冲区，即使是 GET 操作也不行。对窗口的同步管理有 3 种相互独立的方式：栅栏方式、握手方式和锁方式。下面分别对它们进行介绍。

15.2.2.1 栅栏方式

栅栏方式通过调用 MPI_WIN_FENCE 函数实现窗口的同步管理，MPI_WIN_FENCE 函数属于组调用方式，在一对 MPI_WIN_FENCE 调用函数之间完成进程间数据通信。当 MPI_WIN_FENCE 函数完成调用后，所有的单边通信操作均已完成，例如数据缓冲区中的数据已被更改，本地进程中内存数据已完成定义的数据操作，可被本地进程自由访问或更改。

可以把第一个 MPI_WIN_FENCE 调用看作从此处开始允许后续程序进行窗口操作，第二个 MPI_WIN_FENCE 调用看作到此处后所有关于窗口的操作都已经完成，即窗口数据已经修改完成，或者从窗口读取的数据已经达到本地缓冲区。

MPI_WIN_FENCE 是用作窗口的同步管理，是组调用，但它不要求所有的组内进程都执行窗口操作，图 15.11 中进程 1 就可以没有任何的窗口操作。

MPI_WIN_FENCE (assert, win)	
IN assert	程序的声明
IN win	窗口对象

MPI 调用接口 113　MPI_WIN_FENCE

进程0	进程1	进程N−1
MPI_WIN_FENCE	MPI_WIN_FENCE	MPI_WIN_FENCE
MPI_GET		MPI_PUT
MPI_WIN_FENCE	MPI_WIN_FENCE	MPI_WIN_FENCE

图 15.11　MPI_WIN_FENCE 的同步方式

程序 15.2 实现如下功能：进程 0 和进程 1 中均有一个 10×10 的二维数组 A，进程 0 中数组 A 的各元素 $A_{i,j}=10\times i+j$，进程 1 中数组 A 的各元素 $A_{i,j}=20\times i+j$；这两个进程均在本地存储空间之上开辟一个窗口 win，进程 0 利用自定义的向量数据类型将矩阵 A 转置并累加到进程 1 的矩阵 A 上。该程序中，进程 1 没有进行任何运算与通信，但其内存矩阵 A 的值被修改了。

程序 15.2　矩阵转置相加的操作示例

```
#include "mpi.h"
#include <stdio.h>
#include <stdlib.h>
int main(int argc, char *argv[])
{     int rank, nprocs, A[10][10], i, j;
```

```
MPI_Win win;
MPI_Comm comm = MPI_COMM_WORLD;
MPI_Datatype column, xpose;
MPI_Init(&argc, &argv); //MPI 初始化
MPI_Comm_size(comm, &nprocs); //获取进程个数
MPI_Comm_rank(comm, &rank); //获取进程 id
if (nprocs != 2)//本程序只能启动两个进程
{  printf("Run this program with 2 processes\n"); MPI_
Abort(comm, 1);   }
if (rank == 0)
{     for (i = 0; i < 10; i++)
           for (j = 0; j < 10; j++) A[i][j] = i * 10 +
           j; //为矩阵 A 赋值
               printf("\n The 2D array in process 0 is:
               \n");
           for (i = 0; i <10; i++)
           {      printf("{");
                  for (j = 0; j < 10; j++)
                  {  if(j<9)printf("%d,", A[i][j]); else
                  printf("%d", A[i][j]);   }
                  if(i<9)printf("},"); else printf("}");
           }
       //打印结果为：{0,1,2,…,9},{10,11,…,19},…,{90,
       91,…,99}
       MPI_Type_vector(10,1,10,MPI_INT,&column);//以列
       为单位定义新类型
       MPI_Type_commit(&column); //新类型递交
       MPI_Type_hvector(10,1,sizeof(int),column,&xpose);
       //在 column 的基础上定义按列优先存储的矩阵，得到原矩阵 A
       的转置
       MPI_Type_commit(&xpose);//数据类型递交
       MPI_Win_create(NULL, 0, 1, MPI_INFO_NULL, comm,
       &win);
       //进程 0 开辟窗口，但不提供实际内存空间
       MPI_Win_fence(0, win); //进程 0 累加之前用栅栏保护窗口
       MPI_Accumulate(A, 10*10, MPI_INT, 1, 0, 1,
       xpose, MPI_SUM, win);
       MPI_Win_fence(0, win); //进程 0 累加之后用栅栏保护窗口
```

```
            MPI_Type_free(&column);
            MPI_Type_free(&xpose);
    }
    else
    {   printf("\n origional 2D array in process 1 is: \n");
        for (i = 0; i < 10; i++)
        {   printf("{");
            for (j = 0; j < 10; j++)
            {    A[i][j] = i * 20 + j;
                 if (j < 9)printf("%d, ", A[i][j]); else printf
                 ("%d", A[i][j]);
            }
            if (i < 9)printf("},"); else printf("}");
        }
        //上述循环的打印结果同样是:{0,1,2,…,9},{20,21,…,29},…,
        {180,181,…,189}
        MPI_Win_create(A, 10*10 * sizeof(int), sizeof(int),
        MPI_INFO_NULL, comm, &win);
        MPI_Win_fence(0, win);//与进程 0 累加之前的栅栏相匹配
        MPI_Win_fence(0, win); //与进程 0 累加之后的栅栏相匹配
        printf("\n After Accumulate the 2D array is processor
        1 is:\n");
        for (i = 0; i < 10; i++)
        {       printf("{");
                for (j = 0; j < 10; j++)
                {      if  (j < 9)printf("%d, ", A[i][j]); else
            printf ("%d", A[i][j]);   }
                  if (i < 9)printf("},");  else printf("}");
        }//打印出 0 进程中矩阵 A 的转置与进程 1 中矩阵 A 的各元素相加的结果
    }
    MPI_Win_free(&win);//所有进程释放窗口对象
    MPI_Finalize();
    }
```

15.2.2.2　握手方式

握手方式也称为可扩展规模的同步方式，它相对于栅栏方式更加通用。在这种方式下，源进程需要将窗口调用操作放在以 MPI_WIN_START 开始、以 MPI_WIN_COMPLETE 结束的调用之间，目标进程以 MPI_WIN_POST 和 MPI_WIN_WAIT 与之对应(图 15.12)。

MPI_WIN_POST 允许其他进程对自己的窗口进行访问，而 MPI_WIN_WAIT 调用结束之后可以保证对本窗口的调用操作全部完成。MPI_WIN_START 申请对远端进程窗口的访问。只有当远端窗口执行了 MPI_WIN_POST 操作之后，才可以访问远端窗口。MPI_WIN_COMPLETE 完成对远端窗口访问操作。

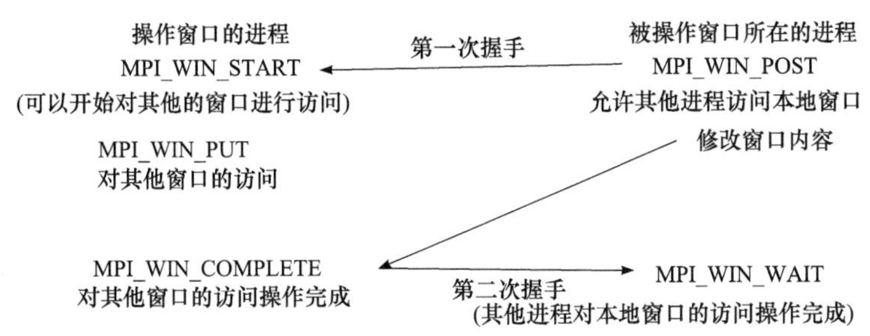

图 15.12　窗口握手同步方式图示

MPI_WIN_START(group, assert, win)	
IN group	进程组
IN assert	程序的声明
IN win	窗口对象

MPI 调用接口 114　MPI_WIN_START

在握手方式下，源进程只有当调用了 MPI_WIN_START 后，才可以对进程组 group 内其他进程的窗口进行不同的窗口操作。

MPI_WIN_COMPLETE(win)
IN win 窗口对象

MPI 调用接口 115　MPI_WIN_ COMPLETE

在握手方式下，对于每一个 MPI_WIN_START 调用，源进程都必须有一个相应的 MPI_WIN_COMPLETE 调用与之匹配，在这两个调用之间，是对窗口的具体操作语句。当这一调用结束后，意味着前面对窗口的各种操作都已经完成。

MPI_WIN_POST(group, assert, win)
IN group
IN assert
IN win

MPI 调用接口 116　MPI_WIN_POST

当某进程执行了 MPI_WIN_POST 调用之后，意味着从该调用之后本地窗口向其他进程开启，其他进程可以对本进程的窗口进行远程访问。MPI_WIN_POST 调用和试图访问本地窗口的 MPI_WIN_START 相握手，握手成功则意味着双方达成一致，一方允许远程访问，另一方可以进行远程访问。

MPI_WIN_WAIT(win)
  IN win 窗口对象

MPI 调用接口 117　MPI_WIN_WAIT

MPI_WIN_WAIT 完成从前面一个 MPI_WIN_POST 开始的对本地窗口的所有远程访问操作，该调用的结束意味着前面所有对本进程远程窗口访问的完成。它和远程访问本进程的进程中的 MPI_WIN_COMPLETE 调用相握手，一旦握手成功，则意味着双方的远程窗口访问操作都已经成功完成。

15.2.2.3　锁方式

锁方式用于多个进程对同一个窗口进行远程存储访问，是为了协调多个进程之间的关系而采取的一种方法。它类似于操作系统中临界区的概念。可以把待访问的窗口看作是临界资源，在同一个时刻只允许一个进程对它进行访问。在访问前，该进程必须为该窗口加上一把锁，这样，在它访问该窗口期间，其他的进程就不能访问该窗口。当这一进程对该窗口的访问结束后，再把锁打开，允许其他的进程再对该窗口进行加锁和访问(图 15.13)。锁方式可以避免多个进程同时对同一窗口访问造成数据的不一致。

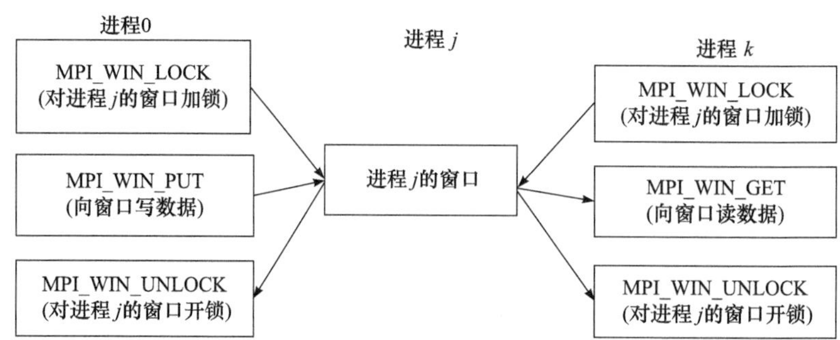

图 15.13　通过加锁与开锁实现对同一窗口的互斥访问

MPI_WIN_LOCK(lock_type, rank, assert, win)	
IN lock_type	锁类型
IN rank	加锁窗口所在的进程标识号
IN assert	程序的声明
IN win	窗口对象

MPI 调用接口 118　MPI_WIN_LOCK

MPI_WIN_LOCK 对指定进程的窗口加锁，一旦加锁成功，该进程就可以对另一个进程的远程窗口进行访问。加锁的类型有两种：一种是互斥型，另一种是共享型。对于互斥型的锁，一旦加上就不允许其他进程对该远程窗口进行任何访问操作，这样可以确保当本进程在访问该窗口时，不会因为其他进程的介入而造成数据的不一致。如果是共享型的锁，则其他的进程也只能加共享的锁，由程序员来保证多个进程对该窗口共享访问的一致性(比如可以有多个进程同时对一个窗口进行读取，不允许其他的进程对该窗口进行写操作)。

MPI_WIN_UNLOCK(rank, win)	
IN rank	被开锁窗口的进程标识号
IN win	窗口对象

MPI 调用接口 119　MPI_WIN_UNLOCK

MPI_WIN_UNLOCK 打开由本进程对 rank 进程窗口的加锁，从而允许其他的进程对该窗口进行加锁和访问操作。它和 MPI_WIN_LOCK 是严格匹配的，有一个加锁操作就必然有一个相应的开锁操作。

程序 15.3 是锁方式远程存储访问的一个例子。

程序 15.3　锁方式远程存储访问的例子程序

```
#include "mpi.h"
#include "stdio.h"
#include "stdlib.h"
#define SIZE1 7
#define SIZE2 9
int main(int argc, char *argv[])
{     int rank, nprocs, A[SIZE2], B[SIZE2], i;
      MPI_Win win;
      MPI_Comm comm = MPI_COMM_WORLD;
      MPI_Init(&argc, &argv);
      MPI_Comm_size(comm, &nprocs);
      MPI_Comm_rank(comm, &rank);
      if (nprocs != 2)
      {  printf("Run this program with 2 processes\n"); MPI_
      Abort(comm, 1);   }
      if (rank == 0)
      {     printf("The data of A and B in rank 0 is :  ");
            printf("{");
            for (i = 0; i < SIZE2; i++)
              {   A[i] = B[i] = i * 5;
                  if (i < SIZE2 - 1) printf("%d,", A[i]); else
                  printf("%d", A[i]);
              }
              printf("}\n");
```

第15章 MPI扩展

```
        //上述打印结果为：The data of A and B in rank 0 is:
        {0,5,10,15,20,25,30,35,40}
        MPI_Win_create(NULL, 0, 1, MPI_INFO_NULL, comm,
        &win);
        //进程 0 开辟窗口，但不提供实际内存空间
        for (i = 0; i < SIZE1; i++)
        {       MPI_Win_lock(MPI_LOCK_SHARED, 1, 0, win);
                MPI_Put(A + i, 1, MPI_INT, 1, i, 1, MPI_
                INT, win);
                MPI_Win_unlock(1, win);
        }
        for (i = 0; i < SIZE1; i++)
        {       MPI_Win_lock(MPI_LOCK_SHARED, 1, 0, win);
                MPI_Get(B + i, 1, MPI_INT, 1, i, 1, MPI_
                INT, win);
                MPI_Win_unlock(1, win);
        }
        MPI_Win_free(&win);
        printf("The data of B in rank 0 read form rank
        1's fuffer is:  ");
        printf("{");
        for (i = 0; i < SIZE1; i++)
        {       if (i < SIZE1 - 1)printf("%d,",B[i]); else
        printf("%d", B[i]);    }
        printf("}\n");
        //打印结果：The data of B in rank 0 read form rank
        1's fuffer is: {0,5,10,15,20,25,30}
    }
    else
    {       printf("The origional data of B in rank 1 is {");
            for (i = 0; i < SIZE2; i++)
            {   B[i] = (-10)* i;
                if (i < SIZE2 - 1)printf("%d, ", B[i]); else
                printf ("%d",B[i]);
            }
            printf("}\n");
            //打印结果：The origional data of B in rank 1 is:
            {0, -10, -20, -30, -40, -50, -60, -70, -80}
```

```
        MPI_Win_create(B, SIZE2 * sizeof(int), sizeof(int),
        MPI_INFO_NULL, comm, &win);
        MPI_Win_free(&win);
        printf("The data of B in rank 1 after MPI_PUT is: {");
        for (i = 0; i < SIZE2; i++)
        {      if (i < SIZE2 - 1)printf("%d, ", B[i]); else
        printf("%d", B[i]);    }
        printf("}\n");
        //打印结果: The data of B in rank 1 after MPI_PUT
        is: {0, 5, 10, 15, 20, 25, 30, -70, -80}
    }
    MPI_Finalize();
}
```

15.3 并行 I/O

MPI-1 对文件的操作是使用绑定语言的函数调用来进行的，通常采用的是串行读写方式，一般用一个进程打开文件和读取数据，然后分发给其他进程，这种串行 I/O 数据的通信量很大、效率较低。MPI-2 实现了并行 I/O，允许多个进程同时对文件进行操作，避免了文件数据在不同进程间的传送。

依据读写定位方式的不同，MPI-2 的并行文件 I/O 可分为 3 种：①显式指定偏移量的并行 I/O。这种方式不使用文件指针，而由数据访问函数直接指定文件的读写位置来进行数据访问。②使用独立文件指针的并行 I/O。这种方式下，每个进程都有一个独立的文件指针，每个进程都独立地移动自己的文件指针，并且从自己的文件指针所指的位置读写数据，读写完成后文件指针自动移到下一个有效数据的位置。需要指出的是，独立文件指针的 I/O 操作不是线程安全的，因为独立文件指针为每个进程所拥有，如果在进程中使用多线程，则每个线程对独立文件指针的操作会相互冲突。③使用共享文件指针。这种方式下，各进程使用一个共享文件指针进行文件读写，每一个进程对文件的操作都是从当前共享文件指针的位置开始，操作结束后共享文件指针自动转移到下一个位置，共享指针位置的变化对所有进程都可见，任何一个进程对文件的读写操作都会引起其他所有进程文件指针的改变。实际编程时，上述 3 种方式可以在一个程序中混用，互不影响。

根据同步机制的不同，对文件的操作又可以分为阻塞和非阻塞两类。阻塞调用直到 I/O 请求完成后才返回，返回意味着读入数据缓冲区中的数据可以使用或者文件已经被更新。非阻塞调用只是启动一个读写请求，它无需等待 I/O 完成即可返回，它允许在数据读写的同时进行其他计算，故需要相应的完成语句来保证其完成。非阻塞调用又分为单步法和两步法两种：单步法指 MPI 只提供非阻塞文件读写的开始操作，不提供完成操作；两步法明确提供非阻塞文件读写的开始和完成语句。单步法其实也需要完成调用，只不过它使用的是和非阻塞通信一样的 MPI_WAIT 之类的完成方式，而不是特别的对文件操作的完成方式。

根据对参加读写操作的进程的限制，可以分为独立读写和组读写。所谓独立读写就是单个进程可以实现的读写操作，不需要其他进程参与；而组读写则要求所有的进程都必须执行相同的读写调用，但是提供给该调用的读写参数可以不同。

以上任意一种读写定位方式，任意一种同步机制，都有独立读写和组读写的调用。在 MPI-2 中，对于非阻塞的组读写只有两步法，不存在单步法调用。

注意在文件的各种组调用中，并没有给出进程组或通信域，该调用所适用的进程组是由调用使用的文件句柄决定的。因为文件打开时，需要给出通信域参数，所以与文件句柄相联系的通信域就是组读写所使用的通信域。

表 15.1 对 MPI 文件读写调用进行了简单地分类汇总和对比。

表 15.1　各种并行文件 I/O 调用

读写定位方法	同步机制		各进程间的关系	
			独立读写	组读写
指定显式偏移	阻塞		READ_AT WRITE_AT	READ_AT_ALL WRITE_AT_ALL
	非阻塞	单步法	IREAD_AT IWRITE_AT	
		两步法		READ_AT_ALL_BEGIN READ_AT_ALL_END WRITE_AT_ALL_BEGIN WRITE_AT_ALL_END
独立的文件指针	阻塞		READ WTITE	
	非阻塞	单步法	IREAD IWRITE	READ_ALL WRITE_ALL
		两步法		READ_ALL_BEGIN READ_ALL_END WRITE_ALL_BEGIN WRITE_ALL_END
共享文件指针	阻塞		READ_SHARED WRITE_SHARED	READ_ORDERED WRITE_ORDERED
	非阻塞	单步法	IREAD_SHARED IWRITE_SHARED	
		两步法		READ_ORDERED_BEGIN READ_ORDERED_END WRITE_ORDERED_BEGIN WRITE_ORDERED_END

15.3.1　并行文件管理的基本操作

MPI_FILE_OPEN(comm, filename, amode, info, fh)
IN comm　　　　　　组内通信域
IN filename　　　　将打开的文件名
IN amode　　　　　 打开方式

IN info	传递给运行时的信息
OUT fh	返回的文件句柄

MPI 调用接口 120 MPI_FILE_OPEN

MPI_FILE_OPEN 并行打开文件，返回打开文件的句柄 fh(以后各进程对文件的操作都通过文件句柄 fh 来实现)，它是一个组调用。comm 必须是一个组内通信域，该通信域中的所有进程以模式 amode 同时打开名为 filename 的文件,所有进程打开的文件 filename 都在物理上指向同一个文件(文件路径可能不同,但一定要是磁盘上同一个物理位置的文件)，所有进程打开文件使用的 amode 也必须相同，参数 info 向 MPI 环境传递一些信息，这些信息常包括文件访问及文件系统相关的一些特殊信息，每个进程可以分别使用自己的 info 对象。如果某个进程需要独自打开一个文件访问，则可设置其参数 comm 为 MPI_COMM_SELF。访问模式 amode 有 9 种(表 15.2)。

表 15.2　文件打开方式

打开方式	含义
MPI_MODE_RDONLY	只读
MPI_MODE_RDWR	读写
MPI_MODE_WRONLY	只写
MPI_MODE_CREATE	若文件不存在则创建
MPI_MODE_EXCL	创建不存在的新文件，若存在则出错
MPI_MODE_DELETE_ON_CLOSE	关闭时删除文件
MPI_MODE_UNIQUE_OPEN	不允许同时打开文件
MPI_MODE_SEQUENTIAL	文件只能顺序存取
MPI_MODE_APPWND	追加打开方式，初始文件指针指向文件尾

MPI_FILE_CLOSE(fh)	
INOUT fh	前面打开的文件句柄

MPI 调用接口 121 MPI_FILE_CLOSE

MPI_FILE_CLOSE 关闭前面已经打开的与句柄 fh 相联系的文件，也是一个组调用。所有打开该文件的进程必须都执行关闭操作。如果打开文件时使用的 amode 为 MPI_MODE_DELETE_ON_CLOSE，则关闭后还会自动调用 MPI_File_Delete。最后该函数把文件句柄设置成 MPI_FILE_NULL。与串行程序一样，应用程序应设法保证关闭文件时的数据安全。

MPI_FILE_DELETE(filename, info)	
IN filename	将删除的文件名

IN info	传递给运行时的信息

MPI 调用接口 122　MPI_FILE_DELETE

MPI_FILE_DELETE 删除指定的文件 filename。

```
MPI_FILE_GET_SIZE(fh, size)
  IN fh          想知道大小的文件句柄
  OUT size       返回的文件大小
```

MPI 调用接口 123　MPI_FILE_GET_SIZE

MPI_FILE_GET_SIZE 获取当前并行文件的大小，以字节为单位计算。

```
MPI_FILE_GET_GROUP(fh, group)
  IN fh          文件句柄
  OUT group      返回的与该句柄联系的进程组
```

MPI 调用接口 124　MPI_FILE_GET_GROUP

MPI_FILE_GET_GROUP 返回与文件句柄 fh 相联系的进程组 group，该进程组就是打开该文件时通信域 comm 对应的进程组。

```
MPI_FILE_SET_SIZE(fh, size)
  INOUT fh       文件句柄
  IN size        指定新的文件大小(以字节为单位)
```

MPI 调用接口 125　MPI_FILE_SET_SIZE

MPI_FILE_SET_SIZE 强制指定句柄 fh 对应文件的大小为 size，这是一个组调用，组内所有的进程都执行该操作，且各进程必须使用相同的文件大小 size。

```
MPI_FILE_PREALLOCATE(fh, size)
  INOUT fh       将要分配空间的文件句柄
  IN size        预分配空间的大小(以字节为单位)
```

MPI 调用接口 126　MPI_FILE_PREALLOCATE

MPI_FILE_PREALLOCATE 确保与句柄 fh 相联系的文件分配到大小为 size 字节的空间。它是一个组调用，所有组内的进程都执行它并给定相同的大小 size。若原来文件的大小已经大于 size，则该调用对原来的文件没有影响，若原来文件的小于 size，则扩展文件的大小为 size，扩展的部分看作是写入了未定义的数据。

```
MPI_FILE_GET_AMODE(fh, amode)
  IN fh          文件句柄
```

OUT amode	返回的该文件的打开方式

MPI 调用接口 127　MPI_FILE_GET_AMODE

MPI_FILE_GET_AMODE 返回文件句柄 fh 打开时所使用的打开模式 amode。

```
MPI_FILE_SET_INFO(fh, info)
  INOUT  fh     文件句柄
  IN info       将设置的运行时信息
```

MPI 调用接口 128　MPI_FILE_SET_INFO

MPI_FILE_SET_INFO 将优化和提示信息传递给对象 fh，在对文件进行操作时 fh 可以根据运行时信息进行特定的优化。

```
MPI_FILE_GET_INFO(fh, info)
  INOUT  fh          文件句柄
  IN info            将设置的运行时信息
```

MPI 调用接口 129　MPI_FILE_GET_INFO

MPI_FILE_GET_INFO 返回与文件句柄 fh 相联系的运行时信息。

15.3.2　显式指定偏移量的并行文件读写

当每一个进程都清楚地知道它将要处理的数据在文件中的准确位置时，可以采用显式指定偏移量的并行文件读写方式，不同进程可以同时对文件的不同部分进行读写，实现文件的并行操作。

显式偏移方式不使用独立文件指针，也不需要文件指针的更新，而是直接将文件中的偏移地址作为参数传递给文件读/写函数，直接从指定的位置开始读写。显式偏移地址的并行 I/O 方法是线程安全的。

15.3.2.1　阻塞方式

MPI_FILE_READ_AT 从文件 fh 中读取数据，所读数据为从指定的偏移位置 offset 开始的 count 个 datatype 类型的数据，存放到缓冲区 buf 中，status 是该读写操作完成后返回的状态参数(图 15.14)，如果打开方式是 MPI_MODE_SEQUENTIAL，则不能使用该函数。

```
MPI_FILE_READ_AT(fh, offset, buf, count, datatype, status)
  IN fh             文件句柄
  IN offset         读取位置相对于文件头的偏移
  OUT buf           读取数据存放的缓冲区
```

IN count	读取数据个数
IN datatype	读取数据的数据类型
OUT status	返回的状态参数

MPI 调用接口 130　MPI_FILE_READ_AT

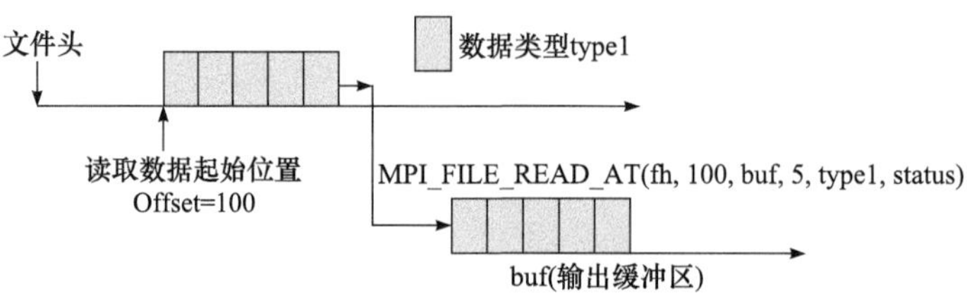

图 15.14　MPI_FILE_READ_AT 图示

MPI_FILE_WRITE_AT (fh, offset, buf, count, datatype, status)

INOUT fh	文件句柄
IN offset	写入文件数据的起始偏移地址
IN buf	将写入数据存放缓冲区的起始地址
IN count	写入数据的个数
IN datatype	写入数据的数据类型
OUT status	写入操作完成后返回的状态信息

MPI 调用接口 131　MPI_FILE_WRITE_AT

MPI_FILE_WRITE_AT 向文件句柄 fh 对应的文件中写数据，它从指定的位置 offset 开始，将数据缓冲区 buf 中 count 个类型为 datatype 的数据写入到该文件中，其中 status 是返回的状态参数(图 15.15)。

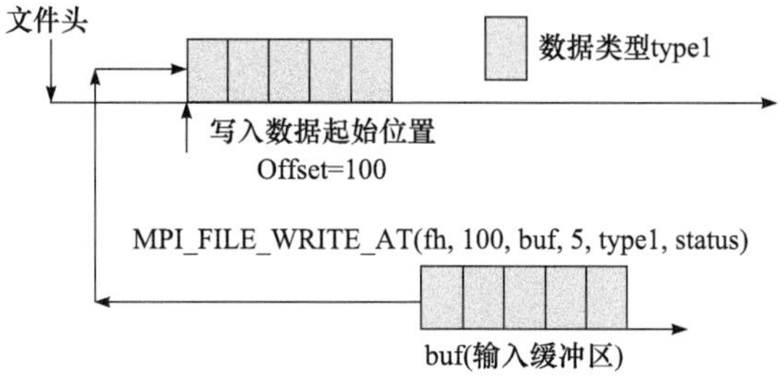

图 15.15　MPI_FILE_WRITE_AT 图示

MPI 还提供了 MPI_FILE_READ_AT_ALL 和 MPI_FILE_WRITE_AT_ALL 两个文件读写接口，其功能和 MPI_FILE_READ_AT、MPI_FILE_WRITE_AT 类似，区别在于 MPI_FILE_READ_AT_ALL 和 MPI_FILE_WRITE_AT_ALL 要求与文件句柄 fh 相联系的进程组中的所有进程都要执行此读取调用，就如同每个进程都执行了一个相应的 MPI_FILE_READ_AT 和 MPI_FILE_WRITE_AT_ALL 操作。

15.3.2.2 非阻塞方式

和非阻塞通信类似，非阻塞文件 I/O 调用是把阻塞文件调用拆分成文件并行 I/O 的启动和完成两个动作。文件 I/O 启动调用的返回只表示可以对该文件进行读写操作了，而不意味着对文件的读写操作已经完成。只有调用的对应的完成调用之后，才可以使用从文件读取的数据或释放写入文件的输出缓冲区。

MPI_FILE_IREAD_AT 是 MPI_FILE_READ_AT 的非阻塞形式，它启动一个文件的并行 I/O 操作，并返回一个非阻塞读取对象 request。该调用执行后不管数据读写是否完成都会立即返回，后面可以通过对 request 对象调用 MPI_WAIT 来完成文件读写，也可以用 MPI_TEST 调用来查看该非阻塞读取是否完成。

```
MPI_FILE_IREAD_AT(fh, offset,buf, count, datatype, request)
  IN fh              读取文件的句柄
  IN offset          读取数据的偏移位置
  OUT buf            存放读取数据的缓冲区
  IN count           读取数据个数
  IN datatype        读取数据类型
  OUT request        返回的非阻塞读取完成对象
```

MPI 调用接口 132　MPI_FILE_IREAD_AT

同样，MPI_FILE_WRITE_AT 的非阻塞形式为 MPI_FILE_IWRITE_AT，其功能为非阻塞功能加 MPI_FILE_WRITE_AT 功能。

15.3.2.3 两步法非阻塞调用

对于非阻塞的组读写调用，MPI-2 提供了两步非阻塞组调用形式。其含义是在非阻塞组读写调用的开始，执行“开始”读写组调用语句，在非阻塞组读写调用的结束，执行“完成”读写组调用语句。在功能上，“完成”读写组调用语句和相应的 MPI_WAIT 语句非常接近(图 15.16)。

进程0	进程1	进程N-1
MPI_FILE_…_BEGIN (开始非阻塞组读写调用)	MPI_FILE_…_BEGIN (开始非阻塞组读写调用)	MPI_FILE_…_BEGIN (开始非阻塞组读写调用)
…	…	…
MPI_FILE_…_END (完成非阻塞组读写调用)	MPI_FILE_…_END (完成非阻塞组读写调用)	MPI_FILE_…_END (完成非阻塞组读写调用)

图 15.16　两步非阻塞组调用图示

所谓两步非阻塞组调用，就是将原来一个完整的组调用分成两步：第一步是启动该非阻塞组调用，第二步是完成该非阻塞组调用。由于有了第二步的调用，在两步非阻塞调用中，就不需要再像其他的非阻塞调用那样执行 MPI_WAIT 之类的操作来完成非阻塞调用。两步非阻塞组调用是一种形式严格的非阻塞组调用方法，使用这种方法有助于对这一调用的优化实现。

```
MPI_FILE_READ_AT_ALL_BEGIN(fh, offset, buf, count, datatype)
  IN fh             读取文件的文件句柄
  IN offset         读取数据的偏移位置
  OUT buf           读取数据将要存放的缓冲区
  IN count          读取数据个数
  IN datatype       读取数据的数据类型
```

MPI 调用接口 133　MPI_FILE_READ_AT_ALL_BEGIN

MPI_FILE_READ_AT_ALL_BEGIN “开始”一个非阻塞的读取调用，与文件句柄 fh 对应的进程组内的进程都从各自进程指定的偏移位置 offset 开始读取 count 个 datatype 类型的数据，并将结果放在 buf 中。该语句的完成要通过进程组内各进程都执行 MPI_FILE_READ_AT_ALL_END 来实现，即只有当执行了 MPI_FILE_READ_AT_ALL_END 调用，各进程才可以访问 buf 缓冲区中的数据。

```
MPI_FILE_READ_AT_ALL_END(fh, buf, status)
  IN fh          读取数据的文件句柄
  OUT buf        读取数据存放的缓冲区
  OUT status     该调用完成后返回的状态信息
```

MPI 调用接口 134　MPI_FILE_READ_AT_ALL_END

MPI_FILE_READ_AT_ALL_END 调用完成由 MPI_FILE_READ_AT_ALL_BEGIN 开始的非阻塞组调用，其中 fh 和 buf 与 MPI_FILE_READ_AT_ALL_BEGIN 中应一致。本调用结束后，从文件中读取的数据已全部存放在 buf 中了。

和读操作对应，MPI-2 也提供了 MPI_FILE_WRITE_AT_ALL_BEGIN 和 MPI_FILE_WRITE_AT_ALL_END 接口，其参数、功能和用法与读操作类似，只不过一个写、一个读。

下面给出一个指定显式偏移的文件操作实例(程序 15.4)。该实例读写一个二进制文件数组“data”(该文件包含行数、列数和二维数组元素)，每个进程都要首先读入文件的行数和列数(整型)，然后读取该文件的一行数据(实型)，但各个进程读取的数据文件的内容是不一样的，进程 0 读入该文件的第一行，进程 1 读入该文件的第二行，进程 2 读入该文件的第三行，以此类推。读取完后由进程 0 输出其读取的数据以验证读取是否正确，最后所有进程将其读取的数据写入一个叫“data2”的二进制文件。

程序 15.4　指定显式偏移的文件并行读写示例

```
#include <stdio.h>
#include <stdlib.h>
#include <string.h>
#include "mpi.h"
```

```
int main(int argc, char *argv[])
{     int size, rank, i, n, m, displace;
      MPI_File fh; MPI_Status status; MPI_Comm comm=MPI_COMM_
      WORLD;
      float *array; char filename[5] = "data";
      MPI_Init(&argc, &argv);
      MPI_Comm_rank(comm, &rank); MPI_Comm_size(comm, &size);
      MPI_File_open(comm,  filename,  MPI_MODE_RDONLY,  MPI_
      INFO_NULL, &fh);
      MPI_File_read_at_all(fh, 0, &n, 1, MPI_INT, &status);
      //从偏移量 0 处读取行数
      MPI_File_read_at_all(fh,  sizeof(int),  &m,  1,  MPI_INT,
      &status); //偏移 1 个 int 读取列数
      array = (float *)malloc(m * sizeof(float));
      displace = 2*sizeof(int)+m*rank*sizeof(float);
      MPI_File_read_at_all(fh, displace, array, m, MPI_FLOAT,
      &status);//各进程分别读入一行数
      MPI_File_close(&fh);
      if (rank == 0)
      {   printf("rank=%d: n=%d, m=%d\n", rank, n, m);
          for (i = 0; i < m; i++) printf("% .0f", array[i]);
          printf("\n");
      }
      MPI_File_open(comm,  filename,  MPI_MODE_CREATE  |  MPI_
      MODE_WRONLY, MPI_INFO_NULL, &fh);
      MPI_File_write_at_all(fh, 0, &n, 1, MPI_INT, &status);
      MPI_File_write_at_all(fh,  sizeof(int),  &m,  1,  MPI_INT,
      &status);
      MPI_File_write_at_all(fh, displace, array, m, MPI_FLOAT,
      &status);
      MPI_File_close(&fh);
      MPI_Finalize();
}
```

15.3.3 多视口的并行文件并行读写

前面介绍的文件读写方法不涉及文件指针，文件读写位置都是作为参数明确给出的，这一部分介绍的文件读取都是从一个特定的文件视口中，从文件指针的当前位置对文件进行读写操作。

MPI 环境下，每个进程都可以独立地维护某个文件指针，不同进程对应的文件指针可以互不相同，它们可以分别指向同一文件的不同位置。视口是相对于某一进程来说的，它是特定进程所能看到的文件，某一进程的文件视口可以是整个文件，也可以是整个文件的一个或几个部分。文件视口在整个文件中对应的部分可以是不连续的，但各个进程从其视口中看到的数据却是连续的。文件与视口的关系如图 15.17 所示。

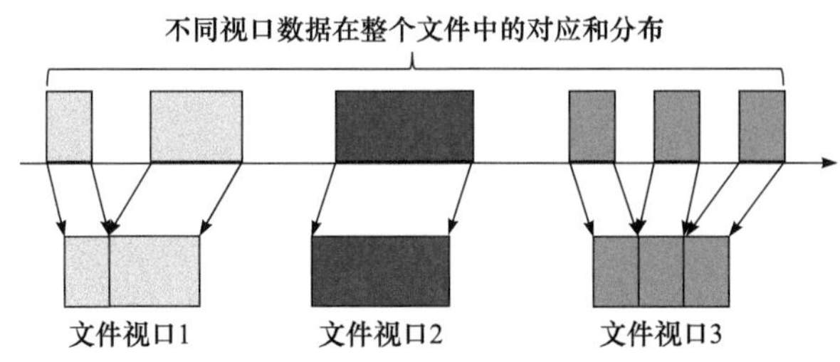

图 15.17 文件与视口的关系图示

15.3.3.1 文件视口与指针

每个进程对打开的文件都有自己的视口，视口定义了打开的数据文件中特定类型的可访问数据集合。文件视口可以用一个三元组来定义：<偏移位置，元素基本类型，文件类型>。其中偏移位置是指该视口在文件中的起始位置(以字节为单位)(在 C 调用中，它是 MPI_Offset 类型)；基本类型是视口数据存取的基本单位，它可以是 MPI 的预定义数据类型或派生数据类型；文件类型限定了文件中哪些数据可以被视口访问，哪些数据对视口不可见。它可以是基本类型，也可以是从基本类型派生出来的其他类型。文件视口就是文件中从特定的偏移开始，连续多个直至文件结束的特定文件类型组成的(图 15.18)。

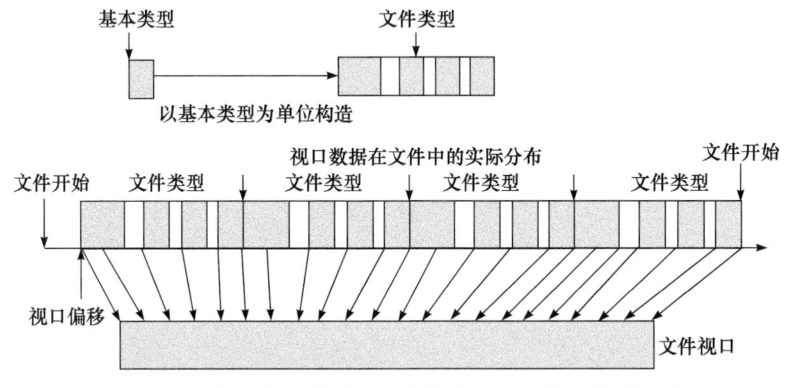

图 15.18 视口与基本类型、文件类型和文件的关系图示

MPI_FILE_SET_VIEW 是一个组 I/O 调用，所有与 fh 相联系的进程组中的进程都执行此调用，其功能是在 fh 对应的文件中设置本进程的文件视口，该视口相对于文件头的偏移是 disp(视口首先从文件中跳过 disp 个字节)，视口的基本数据类型为 etype(所有对该视口的访问必须以 etype 为单位来进行)，etype 可以是任意 MPI 内置的数据类型，也

可以是派生数据类型（派生数据类型在使用之前必须通过 MPI_TYPE_COMMIT 提交注册）；文件数据类型设置为 filetype（filetype 可以由一个单独的 etype 构成，也可以是在相同 etype 的多个实例基础上，利用 MPI 类型构造函数创建的任何派生类型）。

可见，文件视口其实是一种特殊的数据类型，它指定的位置不像前面定义派生数据类型那样是在内存中，而是在文件中。它必须以基本数据单位 etype 为基础来定义，而不能以其他数据类型来定义；视口包含的数据个数是指 filetype 类型的数据个数，filetype 是内容不连续的数据类型，该类型中不连续的部分是视口不需要访问的部分（空穴）；info 参数用于提供与文件系统和文件访问模式相关的信息，MPI 可以利用这些信息对操作进行优化；datarep 参数用于指定数据在文件中的表示方式。

MPI_FILE_SET_VIEW（fh, disp, etype, filetype, datarep, info）	
INOUT fh	视口对应文件的文件句柄
IN disp	视口在文件中的偏移位置（以字节为单位）
IN etype	视口基本数据类型
IN filetype	视口文件类型
IN datarep	视口数据的表示方法
IN info	传递给运行时的信息

MPI 调用接口 135　MPI_FILE_SET_VIEW

MPI_FILE_SET_VIEW 调用完成后，原来的文件句柄 fh 不再代表该文件，而是代表本调用产生的文件视口，以后使用 fh 对文件的所有操作都是对其视口的操作。当进程对它们各自的文件视口进行访问时，可以认为该文件中只包含视口对应的数据，且数据间无空隙。不同进程通过在相同的文件上定义互不交叉的文件视口实现对文件的并行访问。

视口数据的表示方法 datarep 有三种：native，internal 和 external32。定义数据表示是为了解决 MPI 的一致性问题，因为不同类型计算机的数据表示方法不同。

Native 数据表示是指数据在文件中的存储方式和在内存中的完全一样，这种表示方法的好处是不需要进行类型转换，可以避免数据精度损失并减少转换所耗的时间。缺点是只能在同构环境中使用，无法实现异构环境下的跨平台，因此使用 native 数据表示虽然效率高但存在移植性差的问题。

Internal 是一种由 MPI-IO 实现定义的数据表示，它提供了少许的文件可移植性。比如相同的 MPI 可以在不同类型的机器上实现数据转换。

External32 是 MPI_IO 定义的一种特殊的可移植数据表示。MPI 文件读写函数和通信函数都首先把所操作的数据统一转换成 external32 方式后再进行后续操作。运行时环境中的 MPI 进程调用的读写文件操作自动完成 native 和 external32 之间的相互转换。这种表示方式的优点是：首先，异构环境的进程在外部一致地看到 external32，但在进程内部则分别使用自己所处平台的本地数据表示；其次，可以在不同 MPI 环境之间进行文件导入导出。缺点是：数据格式转换可能会导致精度丢失并增加操作时间开销，每次文件读写都需进行一次数据格式的转换，降低了效率。

Native 和 internal 两种表示方式取决于具体的 MPI 版本，external32 则在所有的 MPI 环境中提供完全一致的解析协议，在一台机器上以 external32 格式编写的文件，可以保证它在任意一台提供了 MPI 实现的机器上可读。使用时，可通过文件视图构造函数 MPI_FILE_SET_VIEW 的 datarep 参数指定具体的表示方式。

```
MPI_FILE_GET_VIEW(fh, disp,etype,filetype,datarep)
  IN fh              视口文件句柄
  OUT disp           返回的视口在文件中的起始偏移
  OUT etype          视口数据单元类型
  OUT filetype       视口文件类型
  OUT datarep        视口的数据表示
```

MPI 调用接口 136　MPI_FILE_GET_VIEW

MPI_FILE_GET_VIEW 是一个查询调用，它返回文件视口的各种参数，fh 是给定的文件视口句柄，disp 是该视口在文件中的起始偏移位置，etype 是文件视口的基本数据单位类型，filetype 是文件视口的文件类型，datarep 是文件视口的数据表示方法。以上各个参数对应于 MPI_FILE_SET_VIEW 调用时所给出的各种参数。

```
MPI_FILE_SEEK(fh, offset, whence)
  INOUT fh           文件句柄
  IN offset          相对偏移位置
  IN whence          指出 offset 的参照位置
```

MPI 调用接口 137　MPI_FILE_SEEK

MPI_FILE_SEEK 将文件的指针移动到给定的位置。其中，fh 是文件句柄；offset 是相对于 whence 的偏移位置，可正可负，其中 whence 的取值可以为 MPI_SEEK_SET、MPI_SEEK_CUR 和 MPI_SEEK_END。不同参数取值的含义见表 15.3。

表 15.3　不同文件位置参照点的含义

参照位置取值	调用后文件指针的位置
MPI_SEEK_SET	Offset
MPI_SEEK_CUR	当前指针位置 + offset
MPI_SEEK_END	文件结束位置 + offset

```
MPI_FILE_GET_POSITION(fh, offset)
  IN fh              文件句柄
  OUT offset         偏移位置
```

MPI 调用接口 138　MPI_FILE_GET_POSITION

MPI_FILE_GET_POSITION 返回当前文件视口指针相对视口起始位置的偏移，该偏移是以视口的基本数据类型 etype 为单位来度量的。注意这里是相对于视口的偏移，因此不考虑它们对应的数据在实际文件中的空隙所占用的空间(图 15.19)。

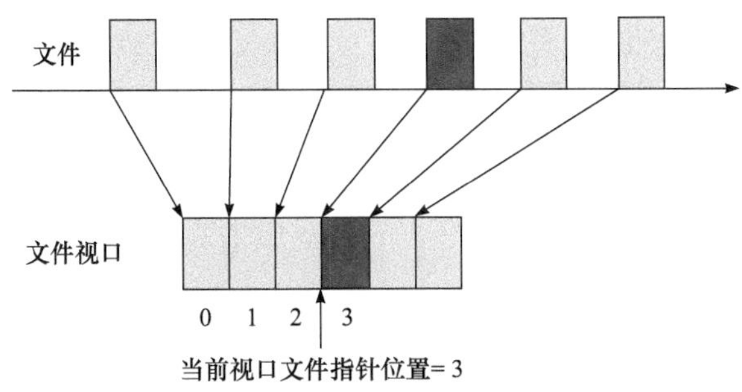

图 15.19　当前文件视口位置图示

MPI_FILE_GET_BYTE_OFFSET(fh, offset, disp)	
IN fh	视口文件句柄
IN offset	在视口中的相对偏移
OUT disp	以字节为单位 在文件中的绝对偏移位置

MPI 调用接口 139　MPI_FILE_GET_BYTE_OFFSET

MPI_FILE_GET_BYTE_OFFSET 返回相对于文件视口的偏移位置 offset 在文件中对应的绝对位置，该绝对位置的度量是以字节为单位的(图 15.20)。

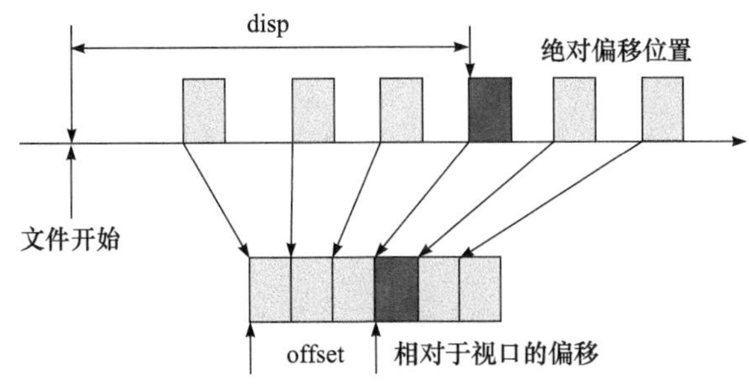

图 15.20　当前文件视口位置图示

15.3.3.2　阻塞方式的视口读写

MPI_FILE_READ(fh, buf, count, datatype, status)	
INOUT fh	文件视口句柄
OUT buf	读出数据存放的缓冲区
IN count	读出数据个数
IN datatype	读出数据的数据类型
OUT status	操作完成后返回的状态

MPI 调用接口 140　MPI_FILE_READ

MPI_FILE_READ 从视口文件 fh 中读取数据，datatype 是将要读取的数据类型，count 是将要读取的数据个数，读取到的数据放在缓冲区 buf 中，status 为该操作完成后的返回状态参数。这里当前视口文件句柄指针的位置就是读取的位置。读取操作完成后，文件指针自动指向视口内的下一个基本数据类型的位置。

```
MPI_FILE_READ_ALL(fh, buf, count, datatype, status)
  INOUT fh              视口文件句柄
  OUT buf               读出数据存放的缓冲区
  IN count              读出数据的个数
  IN datatype           读出数据的数据类型
  OUT status            该调用返回的状态信息
```

MPI 调用接口 141　MPI_FILE_READ_ALL

MPI_FILE_READ_ALL 是一个组调用，与句柄 fh 相联系的进程组中的所有进程都要执行此调用，相当于进程组内的所有进程都执行了一个 MPI_FILE_READ 调用。它从视口文件中读取 count 个类型为 datatype 的数据放到缓冲区 buf 中，status 是返回的状态参数。

注意这里不同进程所使用的视口文件指针是不同的，调用结束后各个视口文件的指针都自动指向本视口下一个基本数据单元的位置。

和读操作相对应，MPI 提供了两个写操作调用接口 MPI_FILE_WRITE 和 MPI_FILE_WRITE_ALL，其参数个数和类型与对应的读操作相同(第二个参数为将要写入文件的数据存放的缓冲区)，其功能为完成相应的写操作。

15.3.3.3　非阻塞方式的视口读写

视口文件的读写还有非阻塞的方式。即首先执行视口读写的请求操作，然后立即返回，返回后并不意味着读写操作的完成，读写的真正完成需要对非阻塞读写对象执行 MPI_WAIT 调用，这和非阻塞通信操作类似。

```
MPI_FILE_IREAD(fh, buf, count, datatype, request)
  INOUT fh              视口文件句柄
  OUT buf               读取数据存放的缓冲区
  IN count              读取数据个数
  IN datatype           读取数据的类型
  OUT request           返回的非阻塞读取完成对象
```

MPI 调用接口 142　MPI_FILE_IREAD

MPI_FILE_IREAD 是一个非阻塞读取调用，从句柄 fh 对应的视口文件中读取 count 个 datatype 类型的数据放到 buf 中。该调用不必等到读取操作完成便可以立即返回，同时返回一个非阻塞读取对象 request。读取操作的完成可以通过对 request 执行 MPI_WAIT 调用，该调用结束后可以保证读取操作已经完成。

MPI_FILE_IREAD (fh, buf, count, datatype, request)	
INOUT fh	视口文件句柄
OUT buf	读取数据存放的缓冲区
IN count	读取数据个数
IN datatype	读取数据的类型
OUT request	返回的非阻塞读取完成对象

MPI 调用接口 143　MPI_FILE_IREAD

MPI_FILE_IWRITE (fh, buf, count, datatype, request)	
INOUT fh	视口文件句柄
OUT buf	读取数据存放的缓冲区
IN count	读取数据个数
IN datatype	读取数据的类型
OUT request	返回的非阻塞读取完成对象

MPI 调用接口 144　MPI_FILE_IWRITE

MPI_FILE_IWRITE 向句柄 fh 对应的视口文件写入数据，数据存放在 buf 中，共有 count 个，数据类型为 datatype。它是一个非阻塞调用，不必等到写入操作完成便可立即返回，同时返回一个非阻塞写入对象 request，写入操作的完成可以通过对 request 执行 MPI_WAIT 调用，该调用结束后可以保证写入操作已经完成。

15.3.3.4　两步非阻塞视口组调用方式

与非阻塞读写操作类似，MPI-2 对组调用的非阻塞视口文件读写采取了特殊的形式，将非阻塞视口文件的读写拆分成两个动作：启动组调用和结束组调用。启动函数 MPI_FILE_READ_ALL_BEGIN/MPI_FILE_WRITE_ALL_BEGIN 相当于调用 MPI_FILE_IREAD/MPI_FILE_IWRITE，结束函数 MPI_FILE_READ_ALL_END/MPI_FILE_WRITE_ALL_END 相当于后期执行的完成操作 MPI_WAIT。

MPI_FILE_READ_ALL_BEGIN (fh, buf, count, datatype)	
INOUT fh	视口文件句柄
OUT buf	读取数据存放的缓冲区
IN count	读取数据的个数
IN datatype	读取数据的数据类型

MPI 调用接口 145　MPI_FILE_READ_ALL_BEGIN

MPI_FILE_READ_ALL_BEGIN 开始一个视口文件的非阻塞组调用，与文件句柄 fh 对应的进程组内的所有进程都需要执行此调用，但各进程分别拥有自己独立的视口文件指针，各进程分别从自己的视口文件指针所在的当前位置开始读取，读取数据的个数是 count，读取数据的数据类型是 datatype。该调用不必等到读取操作完成便可立即返回。MPI_FILE_READ_ALL_END 完成读写操作，该调用结束后数据从视口文件中读出并且放到 buf 中。

MPI_FILE_READ_ALL_END(fh, buf, status)	
INOUT fh	视口文件句柄
OUT buf	读取数据存放的缓冲区
OUT status	返回的状态信息

MPI 调用接口 146　MPI_FILE_READ_ALL_END

MPI_FILE_READ_ALL_END 也是一个组调用，它和 MPI_FILE_READ_ALL_BEGIN 结合起来实现非阻塞视口文件的组读取。当 MPI_FILE_READ_ALL_END 调用完成后，前面启动的非阻塞组文件读取操作才真正完成，数据缓冲区中的数据才可以被各个进程访问。

类似地，MPI-2 也提供了 MPI_FILE_WRITE_ALL_BEGIN 和 MPI_FILE_WRITE_ALL_END 两个调用，其参数及各参数的意义同对应的读调用，功能分别为启动一个非阻塞的组写入操作和完成一个非阻塞的组写入操作。

程序 15.5 采用独立文件指针方式实现了程序 15.4 的功能(头文件包含部分从略)。

程序 15.5　独立文件指针的文件并行读写示例

```
int main(int argc, char *argv[])
{     int size, rank, i, n, m, displace;  float *array;
      MPI_File  fh; MPI_Status  status; MPI_Comm  comm  =  MPI_
      COMM_WORLD;
      MPI_Init(&argc, &argv);
      MPI_Comm_rank(comm, &rank);  MPI_Comm_size(comm, &size);
      MPI_File_open(comm,(char *)"data", MPI_MODE_RDONLY, MPI_
      INFO_NULL, &fh);
      MPI_File_set_view(fh,  0,  MPI_INT,  MPI_INT,  (char  *)"
      internal", MPI_INFO_NULL);
      MPI_File_read_all(fh, &n, 1, MPI_INT, &status); //读取后
      偏移量自动加 1
      MPI_File_read_all(fh, &m, 1, MPI_INT, &status);
      array = (float *)malloc(m * sizeof(float));
      displace = 2 * sizeof(int)+ m * rank * sizeof(float);
      MPI_File_set_view(fh,  displace,  MPI_FLOAT,  MPI_FLOAT,
      (char *)"internal", MPI_INFO_NULL); //重置偏移量
```

```
    MPI_File_read_all(fh, array, m, MPI_FLOAT, &status);
    MPI_File_close(&fh);
    if (rank == 0)
    {     printf("rank=%d: n=%d ,m=%d\n", rank, n, m);
          for (i = 0; i < m; i++) printf("% .0f", array[i]);
          printf("\n");
    }
    MPI_File_open(comm, (char *)"data", MPI_MODE_CREATE |
    MPI_MODE_WRONLY, MPI_INFO_NULL, &fh);
    MPI_File_set_view(fh, 0, MPI_INT, MPI_INT, (char *)"
    internal", MPI_INFO_NULL);
    MPI_File_write_all(fh, &n, 1, MPI_INT, &status);
    MPI_File_write_all(fh, &m, 1, MPI_INT, &status);
    MPI_File_set_view(fh, displace, MPI_FLOAT, MPI_FLOAT,
    (char *)"internal", MPI_INFO_NULL);
    MPI_File_write_all(fh, array, m, MPI_FLOAT, &status);
    MPI_File_close(&fh);
    MPI_Finalize( );
}
```

15.3.4　共享文件指针读写

对于独立视口文件的读写，每一个进程都拥有一个独立的视口文件指针，各个进程对自己视口文件的读写操作只会改变本视口文件指针的位置，对其他视口的文件指针没有任何影响，就如同是在对两个互不相干的文件进行操作。但对于共享文件指针的读写，由于所有进程都共享同一个文件指针，任何一个进程对该指针的修改都会对其他进程产生影响。

MPI_FILE_SEEK_SHARED (fh, offset, whence)	
INOUT fh	共享文件句柄
IN offset	偏移的相对位置
IN whence	偏移相对的绝对位置

MPI 调用接口 147　MPI_FILE_SEEK_SHARED

MPI_FILE_SEEK_SHARED 的含义同 MPI_FILE_SEEK 类似，只不过前者移动的是共享文件指针，该调用执行完后所有的进程都会看到指针位置的变化，而 MPI_FILE_SEEK 只移动当前进程的指针。

MPI_FILE_GET_POSITION_SHARED 同 MPI_FILE_GET_POSITION 类似，它返回

共享文件指针相对起始位置的偏移。

15.3.4.1 阻塞共享文件的读写

MPI_FILE_READ_SHARED(fh, buf, count, datatype, status)	
INOUT fh	共享文件句柄
OUT buf	读取数据存放的缓冲区
IN count	读取数据的个数
IN datatype	读取数据的数据类型
OUT status	返回的状态信息

MPI 调用接口 148 MPI_FILE_READ_SHARED

MPI_FILE_READ_SHARED 从句柄 fh 对应的共享文件中读取 count 个数据类型为 datatype 的数据放到 buf 中，返回的状态是 status。这一调用使用的文件指针是共享指针，即该读取操作完成后共享指针自动移到下一个数据单元的位置。其他进程再对该共享文件进行操作时，文件指针的位置是本调用完成后指针移动过的位置。

MPI_FILE_WRITE_SHARED 向句柄 fh 对应的共享文件中写入数据，数据存放在 buf 中，共 count 个数据，类型为 datatype。返回的状态信息是 status，MPI_FILE_WRITE_SHARED 调用和 MPI_FILE_READ_SHARED 一样，写入位置是共享文件指针对应的位置，该写入操作完成后，共享文件指针自动指向下一个数据单元的位置，指针的移动在所有的进程中都会体现出来。本写入操作完成后其他进程对共享文件的操作是在本操作完成后指针所在位置开始的。

MPI_FILE_WRITE_SHARED(fh, buf, count, datatype, status)	
INOUT fh	共享文件句柄
IN buf	写入数据存放的缓冲区
IN count	写入数据的个数
IN datatype	写入数据的数据类型
OUT status	返回的状态信息

MPI 调用接口 149 MPI_FILE_WRITE_SHARED

MPI_FILE_READ_ORDERED(fh, buf, count, datatype, status)	
INOUT fh	共享文件的句柄
OUT buf	读取数据存放的缓冲区
IN count	读取数据的个数
IN datatype	读取数据的数据类型
OUT status	该调用返回的状态信息

MPI 调用接口 150 MPI_FILE_READ_ORDERED

MPI_FILE_WRITE_ORDERED(fh, buf, count, datatype, status)	
INOUT fh	视口文件句柄
IN buf	写入数据存放的缓冲区
IN count	写入数据个数
IN datatype	写入数据的数据类型
OUT status	返回的状态信息

MPI 调用接口 151 MPI_FILE_WRITE_ORDERED

MPI_FILE_READ_ORDERED 是组调用，如同进程组内的每个进程都执行了一个 MPI_FILE_READ_SHARED 调用。各个进程对共享文件的读取是按序进行的，根据各个进程的 rank 标识从小到大依次对文件进行读取。上一个进程读取完成后，文件指针自动指向下一个数据单元的位置，每个进程都是从共同的文件视口中读取 count 个 datatype 数据类型的数据存放到各自的 buf 中。其中，status 是返回的状态信息。

MPI_FILE_WRITE_ORDERED 是组调用，如同进程组内的每个进程都执行了一个 MPI_FILE_WRITE_SHARED 调用。各个进程对共享文件的写入是按序进行的，根据各个进程的 rank 标识从小到大依次对文件进行写入。上一个进程写入完成后，文件指针自动指向下一个数据单元的位置，每个进程都是向共同的文件视口中写入存放在各自 buf 中的 count 个 datatype 数据类型的数据，status 是返回的状态信息。

15.3.4.2 非阻塞共享文件的读写

MPI_FILE_IREAD_SHARED 与 MPI_FILE_READ_SHARED 一样，也是从句柄 fh 对应的共享文件中读取 count 个数据类型为 datatype 的数据，存放到 buf 中。但是这一调用和 MPI_FILE_READ_SHARED 不同之处就在于它是非阻塞调用，不必等到文件读取完成就可以立即返回，而文件读取的最终完成是通过使用本调用返回的非阻塞读取完成对象 request 执行 MPI_WAIT 实现的。

MPI_FILE_IREAD_SHARED(fh, buf,count,datatype,request)	
INOUT fh	共享文件句柄
OUT buf	读取数据存放的缓冲区
IN count	读取数据的个数
IN datatype	读取数据的数据类型
OUT request	非阻塞读取完成对象

MPI 调用接口 152 MPI_FILE_IREAD_SHARED

MPI_FILE_IWRITE_SHARED 向句柄 fh 对应的共享文件中写入存放在 buf 中的数据，写入数据的个数是 count，写入数据的数据类型是 datatype。该调用立即返回，不必等到写入操作完成，返回的非阻塞写入完成对象是 request，写入操作的最终完成是通过对 request 调用 MPI_WAIT 实现的。

MPI_FILE_IWRITE_SHARED(fh, buf,count,datatype,request)	
INOUT fh	共享文件句柄
IN buf	写入数据存放的缓冲区
IN count	写入数据个数
IN datatype	写入数据类型
OUT request	非阻塞写入完成对象

MPI 调用接口 153　MPI_FILE_IWRITE_SHARED

15.3.4.3　两步法非阻塞共享文件组读写

共享文件的非阻塞组读写也是分成两步来进行的：第一步是启动非阻塞的组读写，然后立即返回；第二步是完成非阻塞的组读写。

MPI_FILE_READ_ORDERED_BEGIN 开始一个非阻塞的共享文件组读写，它的作用是让与 fh 相联系的进程组内的每一个进程按照其进程编号 rank 的从小到大，依次从共享文件中读取 count 个数据类型为 datatype 的数据，存放在各自的缓冲区 buf 中。该调用不必读取操作完成就可以立即返回，而该读取操作的完成是通过调用 MPI_FILE_READ_ORDERED_END 实现的。

MPI_FILE_READ_ORDERED_BEGIN(fh, buf, count, datatype)	
INOUT fh	文件句柄
OUT buf	读取数据存放的缓冲区
IN count	读取数据的个数
IN datatype	读取数据的数据类型

MPI 调用接口 154　MPI_FILE_READ_ORDERED_BEGIN

MPI_FILE_READ_ORDERED_END 完成前面启动的非阻塞共享文件组读取调用。其中 fh 是文件句柄，buf 是读取数据存放的缓冲区，status 是返回的状态信息。当这一调用结束后各进程才可以使用从文件中读取的缓冲区 buf 中的数据。

MPI_FILE_READ_ORDERED_END(fh, buf, status)	
INOUT fh	文件句柄
OUT buf	读取数据存放的缓冲区
OUT status	返回的状态信息

MPI 调用接口 155　MPI_FILE_READ_ORDERED_END

与读操作类似，MPI-2 也提供了对应的两步非阻塞共享文件写入调用，接口名分别为 MPI_FILE_WRITE_ORDERED_BEGIN 和 MPI_FILE_WRITE_ORDERED_END。其中

MPI_FILE_WRITE_ORDERED_BEGIN 的参数与 MPI_FILE_READ_ORDERED_BEGIN 相同，所不同的是前者的第二个参数是输出型参数，而后者为输入型参数。功能上，前者是写入文件,后者是读取文件。MPI_FILE_WRITE_ORDERED_END 与 MPI_FILE_READ_ORDERED_END 之间存在类似的关系。

程序 15.6 采用共享文件指针方式实现了程序 15.4 的功能(头文件包含部分从略)。

程序 15.6　共享文件指针的文件并行读写示例

```
int main(int argc, char *argv[])
{     int size, rank, i, n, m;  float *array;
      MPI_File fh; MPI_Status status; MPI_Comm comm = MPI_
      COMM_WORLD;
      MPI_Init(&argc, &argv);
      MPI_Comm_rank(comm, &rank);
      MPI_Comm_size(comm, &size);
      MPI_File_open(comm, (char *)"data", MPI_MODE_RDONLY,
      MPI_INFO_NULL, &fh);
      MPI_File_read_at_all(fh, 0, &n, 1, MPI_INT, &status);
      //指定显式偏移的读取
      MPI_File_read_at_all(fh, sizeof(int), &m, 1, MPI_INT,
      &status);
      array = (float *)malloc(m * sizeof(float));
      MPI_File_seek_shared(fh, 2 * sizeof(int), MPI_SEEK_SET);
      //共享文件指针，偏移量是 2 个 int
      MPI_File_read_ordered(fh, array, m, MPI_FLOAT, &status);
      //按序读取
      MPI_File_close(&fh);
      if (rank == 0)
      {
            printf("rank=%d: n=%d ,m=%d\n", rank, n, m);
            for (i = 0; i < m; i++) printf("% .0f", array[i]);
            printf("\n");
      }
      MPI_File_open(comm, (char *)"data2", MPI_MODE_CREATE |
      MPI_MODE_WRONLY, MPI_INFO_NULL, &fh);
      MPI_File_write_at_all(fh, 0, &n, 1, MPI_INT, &status);
      //指定显式偏移的写入
      MPI_File_write_at_all(fh, sizeof(int), &m, 1, MPI_INT,
```

```
    &status);
    MPI_File_seek_shared(fh, 2 * sizeof(int), MPI_SEEK_SET);
    //共享文件指针，偏移量是2个int
    MPI_File_write_ordered(fh, array, m, MPI_FLOAT, &status);
    //按序写入
    MPI_File_close(&fh);
    MPI_Finalize();
}
```

第 16 章　MPI 函数调用原型与简单解释

本章按字母顺序列出所有的 MPI 函数调用，并给出简单/扼要的介绍，以便读者查找和使用。

16.1　MPI-1 与 C 语言的接口

MPI-1 的 C 语言接口及其主要功能如下。

[1] Int MPI_Abort(MPI_Comm comm, int errorcode)：终止 MPI 环境及 MPI 程序的执行。

[2] Int MPI_Address(void * location, MPI_Aint * address)：得到给定位置在内存中的地址。将被废弃的函数建议用 MPI_Get_address 取代。

[3] Int MPI_Allgather(void * sendbuff, int sendcount, MPI_Datatype sendtype, void * recvbuf, int * recvcounts, int * displs, MPI_Datatype recvtype, MPI_Comm comm)：每一进程都从所有其他进程收集数据，相当于所有进程都执行了一个 MPI_Gather 调用。

[4] Int MPI_Allgatherv(void * sendbuff, int sendcount, MPI_Datatype sendtype, void * recvbuf, int recvcounts, int * displs, MPI_Datatype recvtype, MPI_Comm comm)：所有进程都收集数据到指定的位置，就如同每一个进程都执行了一个 MPI_Gatherv 调用。

[5] Int MPI_Allreduce(void * sendbuf, void * recvbuf, int count, MPI_Datatype datatype, MPI_Op op, PI_Comm comm)：归约所有进程的计算结果，并将最终结果传递给所有进程，相当于每一个进程都执行了一次 MPI_Reduce 调用。

[6] Int MPI_Alltoall(void * sendbuf, void * recvbuf, int count, MPI_Datatype datatype, void * recvbuf, int * recvcounts, int * rdispls, MPI_Datatype recvtype, MPI_Comm comm)：所有进程相互交换数据。

[7] Int MPI_Alltoallv(void * sendbuf, int * sendcount, int * sdispls, MPI_Datatype sendtype, void * recvbuf, int * recvcounts, int * rdispls, MPI_Datatype recvtype, MPI_Comm comm)：所有进程相互交换数据，但数据有一个偏移量。

[8] Int MPI_Attr_delete(MPI_Comm comm, int keyval)：删除与指定关键词联系的属性值，即将废弃的特性，建议用 MPI_Comm_delete_attr 替代。

[9] Int MPI_Attr_get(MPI_Comm comm, int keyval, void * attribute_val, int * flag)：按关键词查找属性值，即将废弃的特性，建议用 MPI_Comm_get_attr 替代。

[10] Int MPI_Attr_put(MPI_Comm comm, int keyval, void * attribute_val)：按关键词

设置属性值，即将废弃的特性，建议用 MPI_Comm_set_attr 替代。

[11] Int MPI_Barrier(MPI_Comm comm)：同步调用，直到所有进程都执行到这一例程，才继续执行下一条语句。

[12] Int MPI_Bcast(void * buffer, int count, MPI_Datatype datatype, int root, MPI_Comm comm)：广播调用，组通信调用，将 root 进程的消息广播到所有进程，根进程发送给通信域中所有进程的消息的长度和数据类型以及数据内容完全相同。

[13] Int MPI_Bsend(void * buf, int count, MPI_Datatype datatype, int dest, int tag, MPI_Comm comm)：阻塞缓存模式消息发送，使用用户声明的缓冲区进行发送。

[14] Int MPI_Bsend_init(void * buf, int count, MPI_Datatype datatype, int dest, int tag, MPI_Comm comm, MPI_Request * request)：初始化非阻塞重复缓存发送模式，建立发送缓冲句柄。

[15] Int MPI_Buffer_attach(void * buffer, int size)将一个用户指定的缓冲区递交给 MPI 系统，用于缓存消息发送。

[16] Int MPI_Buffer_detach(void * buffer, int * size)：移走一个指定的发送缓冲区，收回用户递交给 MPI 系统的缓冲区。

[17] Int MPI_Cancel(MPI_Request * request)：取消一个非阻塞通信。

[18] Int MPI_Cart_coords(MPI_Comm comm, int rank, int maxdims, int * coords)：给出一个进程所在组的标识号，得到其卡氏坐标值。

[19] Int MPI_Cart_create(MPI_Comm comm_old, int ndims, int * dims, int * periods, int reorder, MPI_Comm * comm_cart)：按给定的拓扑创建一个新的通信域。

[20] Int MPI_Cart_get(MPI_Comm comm, int maxdims, int * dims，int *periods, int * coords)：得到给定通信域的卡氏拓扑信息。

[21] Int MPI_Cart_map(MPI_Comm comm, int * ndims, int * periods, int * newrank)：将进程标识号映射为卡氏拓扑坐标。

[22] Int MPI_Cart_rank(MPI_Comm comm, int * coords, int * rank)：由进程标识号得到卡氏坐标。

[23] Int MPI_Cart_shift(MPI_Comm comm, int direction, int disp, int * rank_source, int * rank_dest)：给定进程标识号、平移方向与大小，得到相对于当前进程的源和目的进程的标识号。

[24] Int MPI_Cart_sub(MPI_Comm comm, int * remain_dims, MPI_Comm * newcomm)：将一个通信域保留给定的维，得到子通信域。

[25] Int MPI_Cartdim_get(MPI_Comm comm, int* ndims)：得到给定通信域的卡氏拓扑。

[26] Int MPI_Comm_compare(MPI_comm comm1, MPI_Comm comm2, int * result)：两个通信域的比较。

[27] Int MPI_Comm_create(MPI_Comm comm, MPI_Group group, MPI_Comm * newcomm)：根据进程组创建新的通信域。

[28] Int MPI_Comm_dup(MPI_Comm comm, MPI_Comm *new_comm)：通信域复制。

[29] Int MPI_Comm_free(MPI_Comm* comm)：释放一个通信域对象。

[30] Int MPI_Comm_group(MPI_Comm comm, MPI_Group * group)：由给定的通信域得到进程组信息。

[31] Int MPI_Comm_rank(MPI_Comm comm, int * rank)：得到调用进程在给定通信域中的进程标识号。

[32] Int MPI_Comm_remote_group(MPI_Comm comm, MPI_Group * group)：得到组间通信域的远程组。

[33] Int MPI_Comm_remote_size(MPI_Comm comm, int * size)：得到远程组的进程数。

[34] Int MPI_Comm_set_attr(MPI_Comm comm, int keyval, void * attribute_val)：根据关键词保存属性值。

[35] Int MPI_Comm_size(MPI_Comm comm, int * size)：得到通信域内的进程个数。

[36] Int MPI_Comm_split(MPI_Comm comm, int color, int key, MPI_Comm * newcomm)：按照给定的颜色和关键词创建新的通信域。

[37] Int MPI_Comm_test_inter(MPI_Comm comm, int * flag)：测试给定通信域是否是组间通信域。

[38] Int MPI_Dims_create(int nnodes, int ndims, int * dims)：在卡氏网格中建立进程维的划分。

[39] Int MPI_Errhandler_create(MPI_handler_function * function, MPI_Errhandler * errhandler)：创建 MPI 错误句柄，过时特性，建议用 MPI_Comm_create_errhandler 替代。

[40] Int MPI_Errhandler_free(MPI_Errhandler * errhandler)：释放 MPI 错误句柄。

[41] Int MPI_Errhandler_get(MPI_Comm comm, MPI_Errhandler * errhandler)：得到给定通信域的错误句柄，即将废弃的特性，建议用 MPI_Comm_get_errhandler 代替。

[42] Int MPI_Errhandler_set(MPI_Comm comm, MPI_Errhandler errhandler)：设置 MPI 错误句柄，即将废弃的特性，建议用 MPI_Comm_set_errhandler 代替。

[43] Int MPI_Error_class(int errorcode, int * errorclass)：将错误代码转换为错误类。

[44] Int MPI_Error_string(int errorcode, char * string, int * resultlen)：由给定的错误代码返回它所对应的字符串。

[45] Int MPI_Finalize(void)：MPI 结束，结束 MPI 运行环境。

[46] Int MPI_Gather(void * sendbuf, int sendcount, MPI_Datatype sendtype, void * recvbuf, int recvcount, MPI_Datatype recvtype, int root, MPI_Comm comm)：收集，组通信调用，从通信域中的所有进程接收消息，各个进程发送给根进程的消息的数据类型和个数完全相同，但内容可以不同，根进程接收缓冲区按照进程号对接收到的数据连续存放。

[47] Int MPI_Gatherv(void * sendbuf, int sendcount, MPI_Datatype sendtype, void * recvbuf, int * recvcounts, int * displs, MPI_Datatype recvtype, int root, MPI_Comm comm)：收集，组通信调用，从通信域中的所有进程接收消息，各个进程发送给根进程的消息的数据类型完全相同，但个数可以不同，内容也可以不同，根进程接收缓冲区按照进程号对接收到的数据间隔存放。

[48] Int MPI_Get_count(MPI_Status * status, MPI_Datatype datatype, int * count)：得到以给定数据类型为单位的数据的个数。

[49] Int MPI_Get_elements(MPI_Statue * status, MPI_Datatype datatype, int * elements)：返回给定数据类型中基本元素的个数。

[50] Int MPI_Get_processor_name(char * name, int * resultlen)：得到运行当前进程的处理器名称。

[51] Int MPI_Get_version(int * version, int * subversion)：返回 MPI 的主版本号和次版本号。

[52] Int MPI_Graph_create(MPI_Comm comm_old, int nnodes, int * index, int * edges, int reorder,MPI_Comm * comm_graph)：按照给定的拓扑创建新的通信域。

[53] Int MPI_Graph_get(MPI_Comm comm, int maxindex, int maxedges, int * index, int * edges)：得到给定通信域的处理器拓扑结构。

[54] Int MPI_Graph_map(MPI_Comm comm, int nnodes, int * index, int * edges, int * newrank)：将进程映射到给定的拓扑。

[55] Int MPI_Graph_neighbors_count(MPI_Comm comm, int rank, int * nneighbors)：给定拓扑返回给定节点的相邻节点数。

[56] Int MPI_Graph_neighbors(MPI_Comm comm, int rank, int * maxneighbors, int * neighbors)：给定拓扑返回给定节点的相邻节点。

[57] Int MPI_Graphdims_Get(MPI_Comm comm, int * nnodes, int * nedges)：得到给定通信域的图拓扑。

[58] Int MPI_Group_compare(MPI_Group group1, MPI_Group group2, int * result)：比较两个进程组。

[59] Int MPI_Group_diffenence(MPI_Group group1, MPI_Group group2, MPI_Group * newgroup)：根据两个组的差异创建一个新组。

[60] Int MPI_Group_excl(MPI_Group group, int *n*, int * ranks, MPI_Group * newgroup)：通过重新对一个已经存在的组进行排序，根据未列出的成员创建一个新组。

[61] Int MPI_Group_free(MPI_Group * group)：释放一个进程组。

[62] Int MPI_Group_incl(MPI_Group group, int *n*, int * ranks, MPI_Group * newgroup)：将已有进程组中的 *n* 个进程 rank[0] ... rank[*n*-1]形成一个新的进程组 newgroup，如果 *n*=0，则 newgroup 是 MPI_GROUP_EMPTY，此函数可用于对一个组中的元素进行重排序。

[63] Int MPI_Group_intersection(MPI_Group group1, MPI_Group group2, MPI_Group * newgroup)：根据两个已存在进程组的交集创建一个新的进程组，该交集中的元素次序同第一组。

[64] Int MPI_Group_range_excl(MPI_Group group, int *n*, int ranges[][3], MPI_group * newgroup)：将已有进程组 group 中的 *n* 组由 ranges 指定的进程删除后形成新的进程组 newgroup。

[65] Int MPI_Group_range_incl(MPI_Group group, int *n*, int ranges[][3], MPI_Group * newgroup)：将已有进程组 group 中的 *n* 组由 ranges 指定的进程形成一个新的进程组 newgroup。

[66] Int MPI_Group_rank(MPI_Group group, int * rank)：返回调用进程在给定进程组

中的进程标识号。

[67] Int MPI_Group_size(MPI_Group group, int * size)：返回给定进程组中所包含的进程个数。

[68] Int MPI_Group_translate_ranks(MPI_Group group1, int *n*, int * ranks1, MPI_Group group2, int *ranks2)：返回进程组 group1 中的 *n* 个进程(由 rank1 指定)在进程组 group2 中对应的编号，相应的编号放在 rank2 中，若进程组 group2 中不包含进程组 group1 中指定的进程，则相应的返回值为 MPI_UNDEFINED，此函数可以检测两个不同进程组中相同进程的相对编号。

[69] Int MPI_Group_union(MPI_Group group1, MPI_Group group2, MPI_Group * newgroup)：将两个组合并为一个新组。创建的新进程组 newgroup 是第一个进程组 group1 中的所有进程加上进程组 group2 中不在进程组 group1 中出现的进程，该并集中的元素次序是第一组中的元素次序后跟第二组中出现的元素。

[70] Int MPI_Ibsend(void * buf, int count, MPI_Datatype datatype, int dest, int tga, MPI_Comm comm, MPI_Request * request)：非阻塞缓冲区发送，它的返回只是意味着相应的接收操作已经启动，并不表示消息发送的完成。

[71] Int MPI_Init(int * argc, char *** argv)：MPI 执行环境初始化。

[72] Int MPI_Initialized(int * flag)：查询 MPI_Init 是否已经调用。

[73] Int MPI_Intercomm_create(MPI_Comm local_comm, int local_leader, MPI_Comm peer_comm, int remote_leader, int tag, MPI_Comm * newintercomm)：创建一个包括两个通信域的组间通信域。

[74] Int MPI_Intercomm_merge(MPI_Comm intercomm, int high, MPI_Comm * newintracomm)：将一个组间通信域包含的两个通信域合并形成一个组内通信域，high 值用于决定新形成的组内通信域中进程编号，若对于一个组中的进程都提供 high=true，另一个组中的进程都提供 high=false，则提供 true 值的组的进程的编号在前另一个组的编号在后。如两个组的进程都提供相同的 high 值，则新通信域中进程的编号是任意的。

[75] Int MPI_Iprobe(int source, int tag, MPI_Comm comm, int * flag, MPI_Status * status)：消息到达与否的测试，非阻塞调用，如果有一个满足条件的消息到达，则 flag=true，定义 status，否则 flag=false。

[76] Int MPI_Irecv(void * buf, int count, MPI_Datatype datatype, int source, int tag, MPI_Comm comm, MPI_Request * request)：非阻塞接收，它的返回只是意味着相应的接收操作已经启动，并不表示消息发送的完成。

[77] Int MPI_Irsend(viud * buf, int count, MPI_Datatype datatype, int dest, int tag, MPI_Comm comm, MPI_Request * request)：非阻塞就绪发送，它的返回只是意味着相应的接收操作已经启动，并不表示消息发送的完成。

[78] Int MPI_Isend(void * buf, int count, MPI_Datatype datatype, int dest, int tag, MPI_Comm comm, MPI_Request * request)：非阻塞标准发送，它的返回只是意味着相应的接收操作已经启动，并不表示消息发送的完成。

[79] Int MPI_Issend(void * buf, int count, MPI_Datatype datatype, int dest, int tag, MPI_

Comm comm, MPI_Request * request)：非阻塞同步发送，它的返回只是意味着相应的接收操作已经启动，并不表示消息发送的完成。

[80] Int MPI_Keyval_create(MPI_Copy_function * copy_fn, MPI_Delete_function * delete_fn, int * keyval, void * extra_state)：创建一个新的属性关键词，即将废弃的特性，建议用 MPI_Comm_create_keyval 代替。

[81] Int MPI_Keyval_free(int * keyval)：释放一个属性关键词。

[82] Int MPI_Op_create(MPI_Uop function, int commute, MPI_Op * op)：创建一个用户定义的通信函数(归约算子)句柄。

[83] Int MPI_Op_free(MPI_Op * op)：释放一个用户定义的通信函数(归约算子)句柄。

[84] Int MPI_Pack(void * inbuf, int incount, MPI_Datatype datetype, void * outbuf, int outcount, int * position, MPI_Comm comm)：将数据打包，放到一个连续的缓冲区中。它把发送缓冲区 inbuf 中 incount 个 datatype 类型的数据打包，放到起始地址为 outbuf 的连续空间中，该空间共有 outcount 个字节。

[85] Int MPI_Pack_size(int incount, MPI_Datatype datatype, MPI_Comm comm, int * size)：返回需要打包的数据的大小，即：incount 个 datatype 数据类型需要的空间的大小，该调用返回的是上界而不是精确界，这是因为包装一个消息所需要的精确空间可能依赖于上下文(例如第一个打包单元中包装的消息可能占用相对更多的空间)。

[86] Int MPI_Pcontrol(const int level)：该调用为分析控制提供一个公共接口，MPI 库本身不使用这个例程，它们只是立即返回到用户代码，但对该例程的调用允许用户显式调用分析包。

[87] Int MPI_Probe(int source, int tag, MPI_Comm comm, MPI_Status * status)：测试满足条件的消息是否到达，定义 status，阻塞方式。

[88] Int MPI_Recv(void * buf, int count, MPI_Datatype datatype, int source, int tag, MPI_Comm comm,MPI_Status * status)：标准接收调用，从进程 source 接收 count 个 datatype 类型的数据放在接收缓冲区 buf 中，消息标签为 tag。

[89] Int MPI_Recv_init(void * buf, int count, MPI_Datatype datatype, int source, int tag, MPI_Comm comm, MPI_Request * request)：创建一个重复非阻塞接收对象，该对象被创建后处于非激活状态，必须用 MPI_Start 等调用将其激活后才出具活动状态。

[90] Int MPI_Reduce(void * sendbuf, void * recvbuf, int count, MPI_Datatype datatype, MPI_Op op, int root, MPI_Comm comm)：将所进程的值归约到 root 进程，得到一个结果，放在跟进程的接收缓冲区中。

[91] Int MPI_Reduce_scatter(void * sendbuf, void * recvbuf, int * recvcounts, MPI_Datatype datatype, MPI_Op op, MPI_Comm comm)：归约并散发，将结果归约后再发送出去。

[92] Int MPI_Request_free(MPI_Request * request)：释放非阻塞通信对象。

[93] Int MPI_Rsend(void * buf, int count, MPI_Datatype datatype, int dest, int tag, MPI_Comm comm)：阻塞就绪发送，只有当接收方已经启动时才可以启动发送操作。

[94] Int MPI_Rsend_init(void * buf, int count, MPI_Datatype datatype, int dest, int tag,

MPI_Comm comm, MPI_Request * request)：创建一个就绪模式重复非阻塞发送对象，该对象被创建后处于非激活状态，必须用 MPI_Start 等调用将其激活后才出具活动状态。

[95] Int MPI_Scan(void * sendbuf, void * recvbuf, int count, MPI_Datatype datatype, MPI_Op op, MPI_Comm comm)：组通信操作，扫描，可以看成是一种特殊的归约，即每一个进程都对排在它前面的进程进行归约操作。其调用结果是：对于每一个进程 i，它对进程 0，…，i 的反射缓冲区的数据进行指定的归约操作，结果放在进程 i 的接收缓冲区中。

[96] Int MPI_Scatter(void * sendbuf, int sendcount, MPI_Datatype sendtype, void * recvbuf, int recvcount, MPI_Datatype recvtype, int root, MPI_Comm comm)：散发，组通信操作，将数据从一个进程发送到组中所有进程，发送给各个进行的数据个数和数据类型必须完全相同，但具体内容可以不同。

[97] Int MPI_Scatterv(void * sendbuf, int * sendcounts, int * displs, MPI_Datatype sendtype, void * recvbuf, int recvcount, MPI_Datatype recvtype, int root, MPI_Comm comm)：散发，组通信操作，将缓冲区中指定部分的数据从一个进程发送到组中所有进程，发送给不同进程的数据个数可以不用，但类型必须相同。

[98] Int MPI_Send(void * buf, int count, MPI_Datatype datatype, int dest, int tag, MPI_Comm comm)：标准的数据发送操作，将 buf 缓冲区中的 count 个 datatype 类型的数据发送给 dest 进程，消息标识为 tag。

[99] Int MPI_Send_init(void * buf, int count, MPI_Datatype datatype, int dest, int tag, MPI_Comm comm, MPI_Request * request)：创建一个标准模式重复非阻塞发送对象，该对象被创建后处于非激活状态，必须用 MPI_Start 等调用将其激活后才出具活动状态。

[100] Int MPI_Sendrecv(void * sendbuf, int sendcount, MPI_Datatype sendtype, int dest, int sendtag,void * recvbuf, int recvcount, MPI_Datatype recvtype, int source, int recvtag, MPI_Comm comm, MPI_Status * status)：捆绑发送接收操作，同时完成发送和接收，由系统优化发送与接受的次序，尽可能避免消息死锁。

[101] Int MPI_Sendrecv_replace(void * buf, int count, MPI_Datatype datatype, int dest, int sendtag, int source, int recvtag, MPI_Comm comm, MPI_Status * status)：捆绑发送接收操作，用同一个发送和接收缓冲区进行发送和接收操作，先发送，后接收。

[102] Int MPI_Ssend(void * buf, int count, MPI_Datatype datatype, int dest, int tag, MPI_Comm comm)：阻塞同步发送，相应的接收进程开始接收后才返回。

[103] Int MPI_Ssend_init(void * buf, int count, MPI_Datatype datatype, int dest, int tag, MPI_Comm comm, MPI_Request * request)：创建一个标准同步重复非阻塞发送对象，该对象和相应的发送操作的所有参数捆绑在一起，该对象被创建后处于非激活状态，使用前必须激活它。

[104] Int MPI_Start(MPI_Request * request)：激活一个重复非阻塞通信对象，该调用使得相应的重复非阻塞通信对象处于非激活状态，MPI_Send_init + MPI_Start = MPI_Isend。

[105] Int MPI_Startall(int count, MPI_Request * array_of_requests)：激活指定非阻塞通信链表中的所有重复通信对象，相当于每个对象都执行了一次 MPI_Start。

[106] Int MPI_Test(MPI_Request * request, int * flag, MPI_Status * status)：测试非阻塞通信 request 是否完成，如果完成，则 flag=true，定义 status，否则 flag=false。

[107] Int MPI_Testall(int count, MPI_Request * array_of_requests, int * flag, MPI_Status * array_of_statuses)：测试非阻塞通信对象链表中的通信是否完成，只有当所有的非阻塞通信对象都完成时，才使得 flag=true 返回，并且释放所有的查询对象，只要有一个阻塞对象没有完成，则令 flag=false，立即返回。

[108] Int MPI_Testany(int count, MPI_Request * array_of_requests, int * index, int * flag, MPI_Status *status)：测试非阻塞通信对象链表中的任何一个通信是否完成，若有对象完成(若有多个非阻塞通信对象完成则从中任取一个)，则令 flag=true，释放该对象后返回；若没有任何一个非阻塞通信对象完成，则令 flag=false，返回。

[109] Int MPI_Testsome(int incount, MPI_Request * array_of_requests, int * outcount, int * array_of_indices, MPI_Status * array_of_statuses)：测试非阻塞通信对象链表中是否有一些通信已经完成，该调用立刻返回，如果有一个或多个非阻塞通信完成，则令 array_of_ indices 中的对应值为 true，定义对应的返回状态，给出已近完成了非阻塞通信的个数 outcount；若没有任何一个非阻塞通信对象完成，则令所有对象的 flag = false，返回。

[110] Int MPI_Test_cancelled(MPI_Status * status, int * flag)：测试一个请求对象是否已经取消，如果其返回值为 true，则表明该对象已经被取消，否则说明该对象没有被取消。

[111] Int MPI_Topo_test(MPI_Comm comm, int * top_type)：测试指定通信域的拓扑类型，用于查寻与某一通信子相关联的拓扑。

[112] Int MPI_Type_commit(MPI_Datatype * datatype)：将用户定义的数据类型 datatype 递交给 MPI 运行系统，递交后的数据类型可以作为基本类型来使用(用户新定义的数据类型必须递交，预定义数据类型不需要递交)。

[113] Int MPI_Type_contiguous(int count, MPI_Datatype oldtype, MPI_Datatype * newtype)：创建一个连续复制数据类型，它复制 count 个 oldtype 类型的数据组成一个新的数据类型，类型名为 newtype。

[114] Int MPI_Type_extent(MPI_Datatype datatype, MPI_Aint * extent)：以字节为单位返回一个数据类型的跨度，即将废弃的特性，建议使用 MPI_type_get_extent 来代替。

[115] Int MPI_Type_free(MPI_Datatype * datatype)：释放一个数据类型，将以前已递交的数据类型释放并设该数据类型指针或句柄为空 MPI_DATATYPE_NULL，由该派生类型定义的新派生类型不受当前派生类型释放的影响，释放一个数据类型并不影响另一个根据这个被释放的数据类型定义的其他数据类型。

[116] Int MPI_Type_hindexed(int count, int * array_of_blocklengths, MPI_Aint * array_of_displacements, MPI_Datatype oldtype, MPI_Datatype * newtype)：按照字节偏移，创建一个索引数据类型，即将废弃的特性，建议使用 MPI_type_create_hindexed 来代替。

[117] Int MPI_Type_hvector(int count, int blocklength, MPI_Aint stride, MPI_Datatype oldtype, MPI_Datatype * newtype)：根据以字节为单位的偏移量，创建一个向量数据类型。即将废弃的特性，建议使用 MPI_type_create_hvector 来代替。

[118] Int MPI_Type_indexed(int cont, int * array_of_blocklengths, int * array_of_ displacements, MPI_Datatype oldtype, MPI_Datatype * newtype)：创建一个索引数据类型。

[119] Int MPI_Type_lb(MPI_Datatype datatype, MPI_Aint * displacement)：返回指定数据类型的下边界，即将废弃的特性，建议使用 MPI_type_get_extent 来代替。

[120] Int MPI_Type_size(MPI_Datatype datatype, int * size)：以字节为单位，返回给定数据类型的大小。

[121] Int MPI_Type_struct(int count, int * array_of_blocklengths, MPI_Aint * array_of_displacements, MPI_Datatype * array_of_types, MPI_Datatype * newtype)：创建一个结构数据类型。即将废弃的特性，建议使用 MPI_type_create_struct 来代替。

[122] Int MPI_Type_ub(MPI_Datatype datatype, MPI_Aint * displacement)：返回指定数据类型的上边界，即将废弃的特性，建议使用 MPI_type_get_extent 来代替。

[123] Int MPI_Type_vector(int count, int blocklength, int stride, MPI_Datatype oldtype, MPI_Datatype * newtype)创建一个向量数据类型。

[124] Int MPI_Unpack(void * inbuf, int insize, int * position, void * outbuf, int outcount, MPI_Datatype datatype, MPI_Comm comm)：数据解压，从连续的缓冲区中将数据解开。

[125] Int MPI_Wait(MPI_Request * request, MPI_Status * status)：等待 MPI 的发送或接收语句结束。

[126] Int MPI_Waitall(int count, MPI_Request * array_of_requests, MPI_Status * array_of_status)：必须等到非阻塞通信对象表中所有的非阻塞通信对象相应的非阻塞操作完成后才返回，效果上等价于对该链表中的所有非阻塞通信对象都做一次 MPI_Wait。

[127] Int MPI_Waitany(int count, MPI_Request *array_of_requests, int *index, MPI_Status *status)：等待非阻塞通信对象表中任何一个非阻塞通信对象完成，返回后 index 等于已经完成的非阻塞通信对象中进程号最小的那个进程，释放已完成的非阻塞通信对象，然后返回。

[128] Int MPI_Waitsome(int incount, MPI_Request * array_pf_requests, int * outcount, int * array_of_indices, MPI_Status * array_of_statuses)：介于 MPI_Waitany 和 MPI_Waitall 之间，只要有一个或多个非阻塞通信完成，则该调用就返回，记录已经完成的非阻塞通信对象的进程号，定义对应的返回状态变量。

[129] Double MPI_Wtick(void)：返回 MPI_Wtime 的分辨率。

[130] Double MPI_Wtime(void)：返回调用进程的流逝时间。

16.2 MPI-1 与 Fortran 语言的接口

本节给出按字母顺序列出所有的 MPI-1 与 Fortran 语言的接口，其功能的简要介绍与对应的 C 语言接口完全相同，本节不重复。

[1] MPI_ABORT(comm, errorcode, ierror)

INTEGER comm, errorcode, ierror

[2] MPI_ADDRESS(location, address, eerror)

<type>location

INTEGER address, ierror

[3] MPI_ALLGATHER(sendbuf, sendcount, sendtype, recvbuf, recvcount, recvtype, comm, ierror)

<type> sendbuf(*), recvbuf(*)

INTEGER sendcount, sendtype, recvcount, recvtype, comm, ierror

[4] MPI_ALLGATHERV(sendbuf, sendcount, sendtype, recvbuf, recbcounts, displs, recvtype, comm, ierror)

<type>sendbuf(*), recvbuf(*)

INTEGER sendcount, sendtype, recvcounts(*), displs(*), recvtype, comm, ierror

[5] MPI_ALLREDUCE(sendbuf, recvbuf, count, datatype, op, comm, ierror)

<type> sendbuf(*), recvbuf(*)

INTEGER count, datatype, op, comm, ierror

[6] MPI_ALLTOALL(sendbuf, sendcount, sendtyupe, recvbuf, recvcount, recvtype, comm, ierror)

<type> sendbuf(*), recvbuf(*)

INTEGER sendcount, sendtype, recvcount, recvtype, comm, ierror

[7] MPI_ALLTOALLV(sendbuf, sendcounts, sdispls, sendtype, recvbuf, recvcounts, rdispls, recvtype,comm, ierror)

<type> sendbuf(*), recvbuf(*)

INTEGER sendcounts(*), sdispls(*), sendtype, recvcounts(*), rdispls(*), recvtype, comm, ierror

[8] MPI_Attr_delete(comm, keyval, ierror)

integer comm, keyval, ierror

[9] MPI_Attr_get(comm, keyval, attribute_val, flag, ierror)

integer comm, keyval, attribute_val, ierror

Logical flag

[10] MPI_Attr_put(comm, keyval, attribute_val, ierror)

integer comm, keyval, attribute_val, ierror

[11] MPI_Barrier(comm, ierror)

integer comm, ierror

[12] MPI_Bcast(buffer, count, datatype, root, comm, ierror)

<type> buffer(*)

integer count, datatype, root, comm, ierror

[13] MPI_Bsend(buf, count, datatype, dest, tag, comm, ierror)

<type> buf(*)

integer cont, datatype, dest, tag, comm, ierror

[14] MPI_Bsend_init(buf, cont, datatype, dest, tag, comm, request, ierror)

<type> buf(*)

integer count, datatype, dest, tag, comm, request, ierror

[15] MPI_Biffer_attch(buffer, size, ierror)

<type> buffer(*)

integer size, ierror

[16] MPI_Biffer_detach(buffer, size, ierror)

<type> buffer(*)

integer size, ierror

[17] MPI_Cancel(request, ierror)

integer request, ierror

[18] MPI_CART_COORDS(comm, rank, maxdims, coords, ierror)

INTEGER comm, rank , maxdims, coords(*), ierror

[19] MPI_Cart_creat(comm_old, ndims, dims, periods, reorder, comm_cart, ierror)

INTEGER comm_old, ndims, dims(*), comm_cart, ierror

LOGICAL periods(*), reorder

[20] MPI_Cart_get(comm, maxdims, dims, periods, coords, ierror)

integer comm, maxdims, dims(*), coords(*), ierror

Logical periods(*)

[21] MPI_Cart_map(comm, ndims, dims, periods, newrank, ierror)

integer comm, ndims, dims(*), newrank, ierror

Logical periods(*)

[22] MPI_Cart_rank(comm, coords, rank, ierror)

integer comm, coords(*), rank, ierror

[23] MPI_Cart_shift(comm, direction, disp, rank_source, rank_dest, ierror)

integer comm, direction, disp, rank_source, rank_dest, ierror

[24] MPI_Cart_sub(comm, remain_dims, newcomm, ierror)

integer comm, newcomm, ierror

Logical remain_dims(*)

[25] MPI_Cartdim_get(comm, ndism, ierror)

integer comm, ndims, ierror

[26] MPI_Comm_compare(comm1, comm2, result, ierror)

integer comm, group, newcomm, ierror

[27] MPI_Comm_creat(comm, group, newcomm, ierror)

integer comm, group, newcomm, ierror

[28] MPI_Comm_dup(comm, newcomm, ierror)

integer comm, newcomm, ierror

[29] MPI_Comm_free(comm, ierror)

integer comm, ierror

[30] MPI_Comm_group(comm, group, ierror)
integer comm, group, ierror
[31] MPI_Comm_rank(comm, rank, ierror)
integer comm, rank, ierror
[32] MPI_comm_remote_group(comm, group, ierror)
integer comm, group, ierror
[33] MPI_comm_remote_size(comm, size, ierror)
integer comm, size, ierror
[34] MPI_COMM_SET_ATTR(comm, keyval, attribute_val, ierror)
INTEGER comm, keyval, ierror
INTEGER (KIND = MPI_ADDRESS_KIND) attribute_val
[35] MPI_Comm_size(comm, size, ierror)
integer comm, size, ierror
[36] MPI_Comm_split(comm, color, key, newcomm, ierror)
integer comm, color, key, newcomm, ierror
[37] MPI_COMM_TEST_INTER(comm, flag, ierror)
INTEGER comm, ierror
Logical flag
[38] MPI_DIMS_CREATE(nnodes, ndims, dims, ierror)
INTEGER nnodes, ndims, dims(*), ierror
[39] MPI_Errhandler_create(function, errhandler, ierror)
External function
integer errhandler, ierror
[40] MPI_Errhandler_free(comm, errhandler, ierror)
integer comm, errhandler, ierror
[41] MPI_Errhandler_get(comm, errhandler, ierror)
integer errhandler, ierror
[42] MPI_Errhandler_set(comm, errhandler, ierror)
integer comm, errhandler, ierror
[43] MPI_Error_class(errorcode, errorclass, ierror)
integer errorcode, errorclass, ierror
[44] MPI_Error_string(errorcode, string, resultlen, ierror)
integer errorcode, resultlem, ierror
character * (MPI_MAX_ERROR_STRING) string
[45] MPI_Finalize(ierror)
integer ierror
[46] MPI_Gather(sendbuf, sendcount, sendtype, recvbuf, recvcounts, displs, recvtype, root, comm, ierror)

<type> sendbuf(*), recvbuf(*)

integer sendcount, sendtype, recvcount, recvtype, root, comm, ierror

[47] MPI_Gatherv(sendbuf, sendcount, sendtype, recvbuf, recvcounts, displs, recvtype, root, comm, ierror)

<type> sendbuf(*), recvbuf(*)

integer sendcount, sendtype, recvcounts(*), displs(*), recvtype, root, comm, ierror

[48] MPI_Get_count(status, datatype, count, ierror)

integer status(*), datatype, count, ierror

[49] MPI_Get_elements(status, datatype, elements, ierror)

integer status(*), datatype, elements, ierror

[50] MPI_Get_processor_name(name, resultlen, ierror)

character * (MPI_MAX_PROCESSOR_NAME) name

integer resultlen, ierror

[51] MPI_Get_version(version, subversion, ierror)

integer version, subversion, ierror

[52] MPI_Graph_create(comm_old, nnodes, index, edges, reorder, comm_graph, ierror)

integer comm_old, nnodes, index(*), edges(*), comm_graph, ierror

Logical reorder

[53] MPI_Graph_get(comm, maxindex, maxedges, index, edges, ierror)

integer comm, maxindex, maxedges, index(*), edges(*), error

[54] MPI_Graph_map(comm, nnodes, index, edges, newrank, error)

integer comm, nnodes, index(*), edges(*), newrank, error

[55] MPI_Graph_neighbors_count(comm, rank, nneighbors, ierror)

integer comm, rank, nneighbors, ierror

[56] MPI_Graph_neighbors(comm, rank, maxneighbors, neighbors, ierror)

integer comm, rank, maxneighbors, neighbors(*), ierror

[57] MPI_Graphdims_Get(comm, nnodes, nedges, ierror)

integer comm, nnodes, nedges, ierror

[58] MPI_Group_compare(group1, group2, result, ierror)

integer group1, group2, result, ierror

[59] MPI_Group_difference(group1, group2, newgroup, ierror)

integer group1, group2, newgroup, ierror

[60] MPI_Gropu_excl(gropu, n, ranks, newgroup, ierror)

integer group, n, ranks(*), newgroup, ierror

[61] MPI_Group_free(group, ierror)

integer group, ierror

[62] MPI_Group_incl(group, n, ranks, newgroup, ierror)

integer group, n, ranks(*), newgroup, ierror

[63] MPI_Group_intersection(group1, group2, newgroup, ierror)

integer group1, group2, newgroup, ierror

[64] MPI_Group_range_excl(group, n, ranges, newgroup, ierror)

integer group, n, ranges(3, *), newgroup, ierror

[65] MPI_Group_range_incl(group, n, ranges, newgroup, ierror)

integer group, n, ranges(3, *), newgroup, ierror

[66] MPI_Group_rank(group, rank, ierror)

integer group, rank, ierror

[67] MPI_Group_size(group, size, ierror)

integer group, size, ierror

[68] MPI_Group_translate_ranks(group1, n, ranks1, group2, ranks2, ierror)

integer group1, n, ranks1(*), group2, ranks2(*), ierror

[69] MPI_Group_union(group1, group2, newgroup, ierror)

integer group1, group2, newgroup, ierror

[70] MPI_Ibsend(buf, count, datatype, dest, tag, comm, request, ierror)

<type> buf(*)

integer count, datatype, dest, tag, comm, request, ierror

[71] MPI_Init(ierror)

integer ierror

[72] MPI_Initialized(flag, ierror)

logical flag

integer ierror

[73] MPI_Intercomm_create(local_comm, local_leader, peer_comm,remote_leader, tag, newintercomm, ierror)

integer local_comm, local_leader, peer_comm, remote_leader, tag,newintercomm, ierror

[74] MPI_Intercomm_merge(intercomm, high, intracomm, ierror)

integer intercomm, intracomm, ierror

logical high

[75] MPI_IPROBE(source, tag, comm, flag, status, ierror)

INTEGER source, tag, comm, status(*), ierror

[76] MPI_Irecv(buf, count, datatype, source, tag, comm, request, ierror)

<type> buf(*)

integer count, datatype, source, tag, comm, request, ierror

[77] MPI_Irsend(buf, count, datatype, dest, tag, comm, request, ierror)

<type> buf(*)

integer count, datatype, dest, tag, comm, request, ierror

[78] MPI_Isend(buf, count, datatype, dest, tag, comm, request, ierror)

<type> buf(*)

integer count, datatype, dest, tag, comm, request, ierror

[79] MPI_Issend(buf, count, datatype, dest, tag, comm, request, ierror)

<type> buf(*)

integer count, datatype, dest, tag, comm, request, ierror

[80] MPI_Keyval_create(copy_fn, delete_fn, keyval, extra_state, ierror)

EXTERNAL copy_fn, delete_fn

INTEGER keyval, extra_state, ierror

[81] MPI_Keyval_free(keyval, ierror)

integer keyval, ierror

[82] MPI_Op_create(function, commute, op, ierror)

exterval function

logical commute

integer op, ierror

[83] MPI_Op_free(op, ierror)

integer op, ierror

[84] MPI_Pack(inbuf, incount, datatype, outbuf, outcount, position, comm, ierror)

<type>inbuf(*), outbuf(*)

integer incount, datatype, outcount, position, comm, ierror

[85] MPI_Pack_size(incount, datatype, size, ierror)

integer incount, datatype, size, ierror

[86] MPI_Pcontrol(level)

integer level

[87] MPI_Probe(cource, tag, comm, status, ierror)

integer source, tag, comm, status(*), ierror

[88] MPI_Recv(buf, count, datatype, source, tag, comm, status, ierror)

<type> buf(*)

integer count, datatype, source, tag, comm, status(*), ierror

[89] MPI_Recv_init(buf, count, datatype, source, tag, comm, request, ierror)

<type> buf(*)

integer count, datatype, source, tag, comm, request, ierror

[90] MPI_Reduce(sendbuf, recvbuf, count, datatype, op, root, comm, ierror)

<type> sendbuf(*), recvbuf(*)

integer count, datatype, op, root, comm, ierror

[91] MPI_Reduce_scatter(sendbuf, recvbuf, recvcounts, datatype, op, comm, ierror)

<type> sendbuf(*), recvbuf(*)

integer recvcounts(*), datatype, op, comm, ierror

[92] MPI_Request_free(request, ierror)

integer request, ierror

[93] MPI_Rsend(buf, count, datatype, dest, tag, comm, ierror)
<type> buf(*)
integer count, datatype, dest, tag, comm, ierror

[94] MPI_Rsend_init(buf, count, datatype, dest, tag, comm, request, ierror)
<type> buf(*)
integer count, datatype, dest, tag, comm, request, ierror

[95] MPI_Scan(sendbuf, recvbuf, count, datatype, op, comm, ierror)
<type> sendbuf(*), recvbuf(*)
integer count, datatype, ip, comm, ierror

[96] MPI_Scatter(sendbuf, sendcount, sendtype, recvbuf, recvcount, recvtype, root, comm, ierror)
<type> sendbuf(*), recvbuf(*)
integer sendcount, sendtype, recvcount, recvtype, root, comm, ierror

[97] MPI_Scatterv(sendbuf, sendcounts, displs, sendtype, recvbuf, recvcount, recvtype, root, comm,ierror)
<type> sendbuf(*), recvbuf(*)
integer sendcounts(*), displs(*), sendtype, recvcount, recvtype, root, comm, ierror

[98] MPI_Send(buf, count, datatype, dest, tag, comm, ierror)
<type> buf(*)
integer count, datatype, dest, tag, comm, ierror

[99] MPI_Send_init(buf, count, datatype, dest, tag, comm, request, ierror)
<type> buf(*)
integer count, datatype, dest, tag, comm, request, ierror

[100] MPI_Sendrecv(sendbuf, sendcount, sendtype, dest, sendtag, recvbuf, recvcount, recvtyep, source,recvtag, comm, status, ierror)
<type> sendbuf(*), recvbuf(*)
integer sendcount, sendtype, dest, sendtag, recvcount, recvtype, source, recvtag, comm, status(*), ierror

[101] MPI_Sendrecv_replace(buf, count, datatype, dest, sendtag, source, recvtag, comm, status, ierror)
<type> buf(*)
integer count, datatype, dest, sendtag, source, recvtag, comm, status(*), ierror

[102] MPI_Ssend(buf, count, datatype, dest, tag, comm, ierror)
<type> buf(*)
integer count, datatype, dest, tag, comm, ierror

[103] MPI_Ssend_init(buf, count, datatype, dest, tag, comm, request, ierror)
<type> buf(*)
integer count, datatype, dest, tag, comm, request, ierror

[104] MPI_Start(request, ierror)

integer request, ierror

[105] MPI_Startall(count, array_of_requests, ierror)

integer count, array_of_requests(*), ierror

[106] MPI_Test(request, flag, status, ierror)

integer request, status(*), ierror

logical flag

[107] MPI_Testall(count, array_of_requests, flag, array_of_statuses, ierror)

integer count, array_of_request(*), array_of_statuses(MPI_STATUS_SIZE, *), ierror

logical flag

[108] MPI_Testany(count, array_of_request, index, flag, status, ierror)

integer count, array_of_requests(*), index, status(*), ierror

logical flag

[109] MPI_Testsome(incount, array_of_requests, outcount, array_of_indices, array_of_statuses, ierror)

integer incount, array_of_requests(*), outcount, array_of_indices(*), array_of_statuses(MPI_STATUS_SIZE, *), ierror

[110] MPI_Test_cancelled(status, flag, ierror)

integer status(*), ierror

[111] MPI_Topo_test(comm, top_type, ierror)

integer comm, top_type, ierror

[112] MPI_Type_commit(datatype, ierror)

integer datatype, ierror

[113] MPI_Type_contiguous(count, oldtype, newtype, ierror)

integer count, oldtype, newtype, ierror

[114] MPI_Type_extent(datatype, extent, ierror)

integer datatype, extent, ierror

[115] MPI_Type_free(datatype, ierror)

integer datatype, ierror

[116] MPI_Type_hindexed(count, array_of_blocklenghths, array_of_displacements, oldtype, newtype,ierror)

integer count, array_of_blocklengths(*), array_of_displacements(*),oldtype, newtype, ierror

[117] MPI_Type_hvector(count, blocklength, stride, oldtype, newtype, ierror)

integer count, blocklength, stride, oldtype, newtype, ierror

[118] MPI_Type_indexed(count, array_of_blocklengths, array_of_displacements, oldtype, newtype, ierror)

integer count, array_of_blocklengths(*), array_of_displacements(*), oldtype, newtype, ierror

[119] MPI_Type_lb(datatype, displacement, ierror)

integer datatype, displacement, ierror

[120] MPI_Type_size(datatype, size, ierror)

integer datatype, size, ierror

[121] MPI_Type_struct(count, array_of_blocklengths, array_of_displacements, array_of_types, newtype,ierror)

integer count, array_of_blocklengths(*), array_of_displacements(*), array_of_type(*), newtype, ierror

[122] MPI_Type_ub(datatype, displacement, ierror)

integer datatype, displacement, ierror

[123] MPI_Type_vector(count, blocklength, stride, oldtype, newtype, ierror)

integer count, blocklength, stride, oldtype, newtype, ierror

[124] MPI_Unpack(inbuf, insize, position, outbuf, outcount, datatype, comm, ierror)

<type> inbuf(*), outbuf(*)

integer insize, position, outcount, datatype, comm, ierror

[125] MPI_Wait(request, status, ierror)

integer request, status(*), ierror

[126] MPI_WAITALL(count, array_of_requests, array_of_statuses, ierror)

INTEGER count, array_of_requests(*), array_of_statuses(MPI_STATUS_SIZE, *), ierror

[127] MPI_Waitany(count, array_of_request, index, status, ierror)

integer count, array_of_requests(*), index, status(*), ierror

[128] MPI_WAITSOME(incount, array_of_requests, outcount, array_of_indices, array_of_statuses, ierror)

INTEGER incount, array_of_requests(*), outcount, array_of_indices(*), array_of_statuses(MPI_STATUS_SIZE, *), ierror

[129] MPI_WTICK()

[130] MPI_WTIME()

16.3 MPI-2 与 C 语言的接口

MPI-2 的 C 语言接口及其主要功能如下。

[1] Int MPI_Accumulate(void * origin_addr, int origin_count, MPI_Datatype origin_datatype, int target_rank, MPI_Aint target_disp, int target_count, MPI_Datatype target_datatype, MPI_Op op, MPI_Win win)：用指定的操作累计目标进程窗口中的数据。

[2] Int MPI_Add_error_class(int * errorclass)：创建一个新的出错处理类并返回它的值。

[3] Int MPI_Add_error_code(int errorclass, int * error)：创建一个与错误处理类相联系的错误处理代码并返回它的值。

[4] Int MPI_Add_error_string(int errorcode, char * string)：将一个出错提示串与错误处理类或错误代码建立联系。

[5] Int MPI_Alloc_mem(MPI_Aint size, MPI_Info info, void * baseptr)：分配一块内存用于远程存储访问和消息传递操作。

[6] Int MPI_Alltoallw(void * sendbuf, int sendcounts[], int sdispls[], MPI_Datatype sendtypes[], void * recvbuf, int recvcounts[], int rdispls[], MPI_Datatype recvtypes[], MPI_Comm comm)：所有进程之间的数据交换其数量偏移和数据类型可以互不相同。

[7] Int MPI_Close_port(char * port_name)：关闭指定的端口。

[8] Int MPI_Comm_accept(char * port_name, MPI_Info info, int root, MPI_Comm comm, MPI_Comm * newcomm)：接受请求和客户端建立联系。

[9] MPI_Fint MPI_Comm_c2f(MPI_Comm comm)：C 通信域句柄转换为 Fortran 通信域句柄。

[10] Int MPI_Comm_call_errhandler(MPI_Comm comm, int error)：激活与指定通信域相联系的错误处理程序。

[11] Int MPI_Comm_connect(char * portname, MPI_Info info, int root, MPI_Comm comm, MPI_Comm * newcomm)：请求和服务端建立联系。

[12] Int MPI_Comm_create_errhandler(MPI_Comm_errhandler_fn *function, MPI_Errhandler * errhandler)：创建一个能附加到通信域的错误处理程序。

[13] Int MPI_Comm_create_keyval(MPI_Comm_copy_attr_function *comm_copy_attr_fn, MPI_Comm_delete_attr_function *comm_delete_attr_fn, int *comm_keyval, void *extra_state)：建一个能在通信域之上缓存的新属性。

[14] Int MPI_Comm_delete_attr(MPI_Comm comm, int comm_keyval)：删除建立在通信域之上的缓存属性。

[15] Int MPI_Comm_disconnect(MPI_Comm *comm)：等待所有在通信域之中排队的通信完成断开与服务端的联系并释放通信域。

[16] MPI_Comm MPI_Comm_f2c(MPI_Fint comm)：把一个 Fortran 通信域句柄转换成 C 通信域句柄。

[17] Int MPI_Comm_free_keyval(int *comm_keyval)：释放用 MPI_Comm_create_keyval 创建的属性。

[18] Int MPI_Comm_get_attr(MPI_Comm comm, int comm_keyval, void attribute_val, int *flag)：返回与一个通信域缓存的属性对应的值。

[19] Int MPI_Comm_get_errhandler(MPI_comm comm, MPI_Errhandler *errhandler)：返回当前与一个通信域对应的错误处理程序。

[20] Int MPI_Comm_get_name(MPI_Comm comm, char *comm_name, int *resultlen)：返回与一个通信域对应的名字。

[21] Int MPI_Comm_get_parent(MPI_Comm *parent)：返回一个既包括子进程又包括

父进程的组间通信域。

[22] Int MPI_Comm_join(int fd, MPI_Comm *intercom)：将通过套接字连接的 MPI 进程形成一个组间通信域返回。

[23] Int MPI_Comm_set_attr(MPI_Comm comm, int comm_keyval, void *attribute_val)：设置通信域缓存的属性的值。

[24] Int MPI_Comm_set_errhandler(MPI_Comm comm, MPI_Errhandler errhandler)：把出错处理程序附加到通信域。

[25] Int MPI_Comm_set_name(MPI_Comm comm, char *comm_name)：把名字对应到通信域。

[26] Int MPI_Comm_spawn(char *command, char *argv[ ], int maxprocs, MPI_Info info, int root, MPI_Comm comm, MPI_Comm *intercom, int array_of_errcodes[ ])：产生子进程运行 MPI 程序。

[27] Int MPI_Comm_spawn_multiple(int count, char *array_of_commands[ ], Char **array_of_argv[ ], int array_of_maxprocs[ ], MPI_Info array_of_info[ ], int root, MPI_Comm comm, MPI_Comm *intercom, int array_of_errcodes[ ])：产生子进程运行不同 MPI 程序。

[28] Int MPI_Exscan(void *sendbuf, void *recvbuf, int count, MPI_Datatype datatype, MPI_Op op, MPI_Comm comm)：同 MPI_Scan 只不过归约操作的对象不包括自身。

[29] MPI_Fint MPI_File_c2f(MPI_File file)：把 C 文件句柄转换成 Fortran 文件句柄。

[30] Int MPI_File_call_errhandler(MPI_File fh, int error)：激活与一个文件对应的出错处理程序。

[31] Int MPI_File_close(MPI_File *fh)：关闭一个文件。

[32] Int MPI_File_create_errhanlder(MPI_File_errhandler_fn *function, MPI_Errhandler *errhandler)：创建能附加到文件的出错处理程序。

[33] Int MPI_File_delete(char *filename, MPI_Info info)：删除一个文件。

[34] MPI_File MPI_File_f2c(MPI_Fint file)：把 Fortran 文件句柄转换成 C 文件句柄。

[35] Int MPI_File_get_amode(MPI_File fh, int *amode)：返回文件的访问模式。

[36] Int MPI_File_get_atomicity(MPI_File fh, int *flag)：得到文件句柄 fh 对应文件的访问模式信息结果放在 flag 中。

[37] Int MPI_File_get_byte_offset(MPI_File fh, MPI_Offset offset, MPI_Offset *disp)：把一个相对视口的文件偏移转换成绝对字节偏移。

[38] Int MPI_File_get_errhandler(MPI_File file, MPI_Errhandler *errhandler)：返回与文件对应的出错处理程序。

[39] Int MPI_File_get_group(MPI_file fh, MPI_Group *group)：返回用来打开文件的通信域组的副本。

[40] Int MPI_File_get_info(MPI_File fh, MPI_Info *info_used)：返回与文件相联系的 INFO 对象的值。

[41] Int MPI_File_get_position(MPI_File fh, MPI_Offset *offset)：返回非共享文件指针的当前位置。

[42] Int MPI_File_get_position_shared(MPI_File fh, MPI_Offset *offset)：返回共享文件指针的当前位置。

[43] Int MPI_File_get_size(MPI_File fh, MPI_Offset *size)：返回共享文件的大小。

[44] Int MPI_File_get_type_extent(MPI_File fh, MPI_Datatype datatype, MPI_Aint *extent)：返回文件中数据类型的跨度。

[45] Int MPI_File_get_view(MPI_File fh, MPI_Offset *disp, MPI_Datatype *etype, MPI_ Datatype *filetype, char *datarep)：返回当前文件视口。

[46] Int MPI_File_iread(MPI_File fh, void *buf, int count, MPI_Datatype datatype, MPI_Request *request)：在非共享文件指针的当前位置开始非阻塞读文件。

[47] Int MPI_File_iread_at(MPI_File fh, MPI_Offset offset, void *buf, int count, MPI_Datatype datatype, MPI_Request *request)：在指定的偏移开始非阻塞读文件。

[48] Int MPI_File_iread_shared(MPI_File fh, void *buf, int count, MPI_Datatype datatype, MPI_Request *request)：在共享文件指针的当前位置开始非阻塞读文件。

[49] Int MPI_File_iwrite(MPI_File fh, void *buf, int count, MPI_Datatype, MPI_Request *request)：在非共享文件指针的当前位置开始非阻塞写文件。

[50] Int MPI_File_iwrite_at(MPI_File fh, MPI_Offset offset, void *buf, int count, MPI_Datatype datatype, MPI_Request *request)：在指定的偏移开始非阻塞写文件。

[51] Int MPI_File_iwrite_shared(MPI_File fh, void *buf, int count, MPI_Datatype datatype, MPI_Request *request)：在共享文件指针的当前位置开始非阻塞写文件。

[52] Int MPI_File_open(MPI_Comm comm, char *filename, int amode, MPI_Info info, MPI_File *fh)：打开一个文件。

[53] Int MPI_File_preallocate(MPI_File fh, MPI_Offset size)：为一个文件预分配磁盘空间。

[54] Int MPI_File_read(MPI_File fh, void *buf, int count, MPI_Datatype datatype, MPI_Status *status)：在非共享文件指针的当前位置处读数据。

[55] Int MPI_File_read_all(MPI_File fh, void *buf, int count, MPI_Datatype datatype, MPI_Status *status)：非共享文件的组读取如同进程组内的所有进程都执行了一个MPI_FILE_READ 调用一样。

[56] Int MPI_File_read_all_begin(MPI_File fh, void *buf, int count, MPI_Datatype datatype)：用二步法开始一个非共享文件的组读取。

[57] Int MPI_File_read_all_end(MPI_File fh, void *buf, MPI_Status *status)：用二步法完成一个非共享文件的组读取。

[58] Int MPI_File_read_at(MPI_File fh, MPI_Offset offset, void *buf, int count, MPI_Datatype datatype, MPI_Status *status)：从指定文件偏移处读数据。

[59] Int MPI_File_read_at_all(MPI_File fh, MPI_Offset offset, void *buf, int count, MPI_Datatype datatype, MPI_Status *status)：从指定位置开始读取的组调用其效果就如同每个进程都执行了一个相应的 MPI_FILE_READ_AT 操作。

[60] Int MPI_File_read_at_all_begin(MPI_File fh, MPI_Offset offset, Void *buf, int

count, MPI_Datatype datatype)：用二步法开始一个从指定位置读取的组调用。

[61] Int MPI_file_read_at_all_end(MPI_File fh, void *buf, MPI_Status *status)：用二步法完成一个从指定位置读取的组调用。

[62] Int MPI_File_read_ordered(MPI_File fh, void *buf, int count, MPI_Datatype datatype, MPI_Status *status)：用共享文件指针进行组读取就如同每一个进程组内的进程依次执行了一个 MPI_FILE_READ_SHARED 调用。

[63] Int MPI_File_read_ordered_begin(MPI_File fh, void *buf, int count, MPI_datatype datatype)：用二步法开始一个共享文件的组读取。

[64] Int MPI_File_read_ordered_end(MPI_File fh, void *buf, MPI_status *status)：用二步法完成一个共享文件的组读取。

[65] Int MPI_File_read_shared(MPI_File fh, void *buf, int count, MPI_Datatype datatype, MPI_Status *status)：从共享文件指针的当前位置开始读数据。

[66] Int MPI_file_seek(MPI_File fh, MPI_Offset offset, int whence)：移动非共享文件指针。

[67] Int MPI_file_seek_shared(MPI_File fh, MPI_Offset offset, int whence)：移动共享文件指针。

[68] Int MPI_File_set_atomicity(MPI_File fh, int flag)：组调用设置文件的访问模式。

[69] Int MPI_File_set_errhandler(MPI_File file, MPI_Errhandler errhandler)：把一个新的出错处理程序附加到文件上。

[70] Int MPI_File_set_info(MPI_File fh, MPI_Info info)：设置与一个文件对应的 INFO 对象的值。

[71] Int MPI_File_set_size(MPI_File fh, MPI_Offset size)：设置文件长度。

[72] Int MPI_File_set_view(MPI_File fh, MPI_Offset disp, MPOI_Datatype etype, MPI_Datatype filetype, char *datarep, MPI_info info)：设置文件视口。

[73] Int MPI_File_sync(MPI_File fh)：将缓冲文件数据与存储设备的数据进行同步。

[74] Int MPI_File_write(MPI_File fh, void *buf, int count, MPI_Datatype datatype, MPI_Status *status)：在非共享文件指针的当前位置处写入数据。

[75] Int MPI_File_write_all(MPI_File fh, void *buf, int count, MPI_Datatype datatype, MPI_Status *status)：对非共享文件执行组写入其效果就如同每一个进程都执行了一个 MPI_File_write 调用。

[76] Int MPI_File_write_all_begin(MPI_File fh, void *buf, int count, MPI_Datatype datatype)：用二步法开始一个非共享文件的组写入。

[77] Int MPI_File_write_all_end(MPI_file fh, void *buf, MPI_Status *status)：用二步法完成一个非共享文件的组写入。

[78] Int MPI_File_write_at(MPI_file fh, MPI_Offset offset, void *buf, int count, MPI_Datatype datatype, MPI_Status *status)：在指定的文件偏移处写数据。

[79] Int MPI_File_write_at_all(MPI_File fh, MPI_Offset offset, void *buf, int count, MPI_Datatype datatype, MPI_Status *status)：在各自的指定偏移处开始执行文件的组写入。

[80] Int MPI_File_write_at_all_begin(MPI_File fh, MPI_Offset offset, Void *buf, int count, MPI_Datatype datatype)：用二步法开始一个指定位置的组写入。

[81] Int MPI_File_write_at_all_end(MPI_File fh, void *buf, MPI_Status *status)：用二步法完成一个指定位置的组写入。

[82] Int MPI_File_write_ordered(MPI_file fh, void *buf, int count, MPI_Datatype datatype, MPI_Status *status)：对共享文件进行组写入其效果就如同每一个进程都按序依次执行了一个 MPI_File_write_shared 调用。

[83] Int MPI_File_write_ordered_begin(MPI_File fh, void *buf, int count, MPI_Datatype datatype)：用二步法开始一个共享文件的组写入。

[84] Int MPI_File_write_ordered_end(MPI_File fh, viod *buf, MPI_Status *status)：用二步法完成一个共享文件的组写入。

[85] Int MPI_File_write_shared(MPI_File fh, void *buf, int count, MPI_Datatype datatype, MPI_Status *status)：在共享文件指针的当前位置处写入数据。

[86] Int MPI_Finalized(int *flag)：检查 MPI_Finalize 是否完成。

[87] Int MPI_Free_mem(void *base)：释放以 MPI_Alloc_mem 申请的内存。

[88] Int MPI_Get(void *origin_addr, int origin_count, MPI_Datatype origin_datatype, int target_rank, MPI_Aint target_disp, int target_count, MPI_Datatype target_datatype, MPI_Win win)：从指定进程的窗口取数据。

[89] Int MPI_Get_address(void *location, MPI_Aint *address)：返回内存位置的地址。

[90] Int MPI_Grequest_complete(MPI_Request request)：通知 MPI 给定对象上的操作已经结束。

[91] Int MPI_Grequest_start(MPI_Grequest_query_function *query_fn, MPI_Grequest_free_function*free_fn, MPI_Grequest_cancel_function *cancel_fn, void *extra_state, MPI_Request *request)：开始一个通用的非阻塞操作并返回与该操作相联系的对象。

[92] MPI_Fint MPI_Group_c2f(MPI_Group group)：把 C 进程组句柄转换为 Fortran 进程组句柄。

[93] MPI_Group MPI_Group_f2c(MPI_Fint group)：把 Fortran 进程组组句柄转换为 C 进程组句柄。

[94] MPI_Fint MPI_Info_c2f(MPI_Info info)：把 C 信息句柄转换为 Fortran 信息句柄。

[95] Int MPI_Info_create(MPI_Info *info)：创建一个新的 INFO 对象。

[96] Int MPI_Info_delete(MPI_Info info, char *key)：从 INFO 对象中删除<关键字值>元组。

[97] Int MPI_Info_dup(MPI_Info info, MPI_Info *newinfo)：返回 INFO 对象的副本。

[98] MPI_Info MPI_Info_f2c(MPI_Fint info)：把 Fortran INFO 对象句柄转换为 C INFO 对象句柄。

[99] Int MPI_Info_free(MPI_Info *info)：释放 INFO 对象。

[100] Int MPI_Info_get(MPI_Info info, char *key, int valuelen, char *value, int *flag)：返回与信息关键字对应的值。

[101] Int MPI_Info_get_nkeys(MPI_Info info, int *nkeys)：返回 INFO 对象当前定义的关键字的数量。

[102] Int MPI_Info_get_nthkey(MPI_Info info, int *n*, char *key)：返回 INFO 对象定义的第 *n* 个关键字。

[103] Int MPI_Info_get_valuelen(MPI_Info info, char *key, int *valuelen, int *flag)：返回与一个信息关键字对应的值的长度。

[104] Int MPI_Info_set(MPI_Info info, char *key, char *value)：往 INFO 对象中加入<关键字，值>元组。

[105] Int MPI_Init_thread(int *argc, char *((*argv)[]), int required, int *provided)：初始化 MPI 和 MPI 线程环境。

[106] Int MPI_Is_thread_main(int *flag)：表明调用本函数的线程是否是主线程。

[107] Int MPI_Lookup_name(char *service_name, MPI_Info info, Char *prot_name)：返回与服务名对应的端口名。

[108] MPI_Fint MPI_Op_c2f(MPI_Op op)：把 C 操作句柄转换为 Fortran 句柄。

[109] MPI_Op MPI_Op_f2c(MPI_Fint op)：把 Fortran 句柄转换为 C 操作句柄。

[110] Int MPI_Open_port(MPI_Info info, char *port_name)：建立一个网络地址以使服务器能够接收客户的连接请求。

[111] Int MPI_Pack_external(char *datarep, void *inbuf, int incount, MPI_Datatype datatype, void *outbuf, MPI_Aint outsize, MPI_Aint *position)：以指定的数据格式进行打包。

[112] Int MPI_Pack_external_size(char *datarep, int incount, MPI_Datatype datatype, MPI_Aint *size)：返回以指定的数据格式数据打包需要的空间的大小。

[113] Int MPI_Publish_name(char *service_name, MPI_Info info, Char *port_name)：将一个服务名和端口名建立联系并将该服务名公之于众。

[114] Int MPI_Put(void *origin_addr, int origin_count, MPI_Datatype origin_datatype, int target_rank, MPI_Aint target_disp, int target_count, MPI_Datatype target_datatype, MPI_Win win)：向指定进程的窗口写入数据。

[115] Int MPI_Query_thread(int *provided)：返回支持线程的级别。

[116] Int MPI_Register_datarep(char *datarep, MPI_Datarep_conversion_function *read_conversion_fn, MPI_Datarep_conversion_function *write_conversion_fn, MPI_Datarep_extent_function *dtype_file_extent_fn, Void *extra_state)：加入新的文件数据表示到 MPI。

[117] MPI_Fint MPI_Request_c2f(MPI_Request request)：把 C 请求句柄转换成 Fortran 请求句柄。

[118] MPI_Request MPI_Request_f2c(MPI_Fint request)：把 Fortran 请求句柄转换成 C 请求句柄。

[119] Int MPI_Request_get_status(MPI_Request request, int *flag, MPI_Status *status)：测试非阻塞操作的完成情况，如完成不释放请求对象。

[120] Int MPI_Status_c2f(MPI_Status *c_status, MPI_Fint *f_status)：把 C 状态对象转换成 Fortran 状态对象。

[121] Int MPI_Status_f2c(MPI_Fint *f_status, MPI_Status *c_status)：把 Fortran 状态对象转换成 C 状态对象。

[122] Int MPI_Status_set_cancelled(MPI_Status *status, int flag)：设置 MPI_Test_cancelled 将要返回的值。

[123] Int MPI_Status_set_elements(MPI_Status *status, MPI_Datatype datatype, int count)：设置 MPI_Get_elements 将要返回的值。

[124] MPI_Fint MPI_Type_c2f(MPI_Datatype datatype)：将 C 数据类型句柄转换成 Fortran 数据类型句柄。

[125] Int MPI_Type_create_darray(int size, int rank, int ndims, int array_of_gsizes[], int array_of_distribs[], int array_of_dargs[], int array_of_psizes[], int order, MPI_Datatype oldtype, MPI_Datatype *newtype)：创建一个分布数组数据类型。

[126] Int MPI_type_create_f90_complex(int *p*, int *r*, MPI_Datatype *newtype)：返回一个预定义的 MPI 数据类型，它与 Fortran 90 复数变量的指定精度和十进制指数范围一致。

[127] Int MPI_Type_create_f90_integer(int *r*, MPI_Datatype *newtype)：返回一个预定义的 MPI 数据类型，它与 Fortran 90 整数变量的十进制数字的指定个数一致。

[128] Int MPI_type_create_f90_real(int *p*, int *r*, MPI_Datatype *newtype)：返回一个预定义的 MPI 数据类型，它与 Fortran 90 实数变量的指定精度和十进制指数范围一致。

[129] Int MPI_Type_create_hindexed(int count, int array_of_blocklengths[ ], MPI_Ainyt array_of_displacements[ ], MPI_Datatype oldtype, MPI_Datatype *newtype)：创建带字节偏移的索引数据类型。

[130] Int MPI_Type_create_hvector(int count, int blocklength, MPI_Aint stride, MPI_Datatype oldtype, MPI_Datatype *newtype)：通过以字节为单位的间距创建向量数据类型。

[131] Int MPI_Type_create_indexed_block(int count, int blocklength, int array_of_displacements[ ], MPI_Datatype oldtype, MPI_Datatype *newtype)：创建固定块长的索引数据类型。

[132] Int MPI_Type_create_keyval(MPI_Type_copy_attr_function *type_copy_attr_fn, MPI_Type_delete_attr_function *type_delete_attr_fn, int *type_keyval, void *extra_state)：创建一个能在数据类型上缓冲的新属性关键字。

[133] Int MPI_Type_create_resized(MPI_Datatype oldtype, MPI_Aint lb, MPI_Aint extent, MPI_Datatype *newtype)：返回一个指定下限和范围的新数据类型。

[134] Int MPI_Type_create_struct(int count, int array_of_blocklengths[], MPI_Aint array_of_displacements[], MPI_Datatype array_of_types[ ], MPI_Datatype *newtype)：创建结构数据类型。

[135] Int MPI_type_create_subarray(int ndims, int array_of_sizes[], int array_of_subsizes[], int array_of_starts[], int order, MPI_Datatype oldtype, MPI_Datatype *newtype)：创建子数组数据类型。

[136] Int MPI_type_delete_attr(MPI_Datatype type, int type_keyval)：删除数据类型上缓冲的属性关键字。

[137] Int MPI_Type_dup(MPI_Datatype type, MPI_Datatype *newtype)：返回数据类型的副本。

[138] MPI_datatype MPI_Type_f2c(MPI_Fint datatype)：把 Fortran 数据类型句柄转换成 C 数据类型句柄。

[139] Int MPI_Type_free_keyval(int *type_keyval)：释放用 MPI_Type_create_keyval 创建的属性关键字。

[140] Int MPI_Type_get_attr(MPI_Datatype type, int type_keyval, Void *attribute_val, int *flag)：返回与一个数据类型上缓冲的属性关键字对应的值。

[141] Int MPI_type_get_contents(MPI_Datatype datatype, int max_integers, int max_addresses, int max_datatypes, int array_of_integers[], MPI_Aint array_of_addresses[], MPI_Datatype array_of_datatypes[])：返回用来创建派生数据类型的参数的值。

[142] Int MPI_Type_get_envelope(MPI_Datatype datatype, int *num_integers, int *num_addresses, int *num_datatypes, int *combiner)：返回数据类型的类型和用来创建数据类型的参数的数量和类型。

[143] Int MPI_Type_get_extent(MPI_Datatype datatype, MPI_Aint *lb, MPI_Aint *extent)：返回数据类型的下限和范围。

[144] Int MPI_Type_get_name(MPI(_Datatype type, char *type_name, int *resultlen)：返回与数据类型对应的名称。

[145] Int MPI_Type_get_true_extent(MPI_Datatype datatype, MPI_Aint *true_lb, MPI_Aint *true_extent)：返回数据类型的真实范围。

[146] Int MPI_Type_match_size(int typeclass, int size, MPI_Datatype *type)：返回与指定类型和大小的局部变量匹配的 MPI 数据类型。

[147] Int MPI_Type_set_attr(MPI_Datatype type, int type_keyval, void *attribute_val)：设置在一个数据类型上缓冲的属性关键字的值。

[148] Int MPI_Type_set_name(MPI_Datatype type, char *type_name)：把名字和数据类型相关联。

[149] Int MPI_Unpack_external(char *datarep, void *inbuf, MPI_Aint insize, MPI_Aint *position, void *outbuf, int outocunt, MPI_Datatype datatype)：以指定的格式将数据解包。

[150] Int MPI_Unpublish_name(char *service_name, MPI_Info info, Char *port_name)：取消一个以前发布的服务名。

[151] MPI_Fint MPI_Win_c2f(MPI_Win win)：把 C 窗口对象句柄转换为 Fortran 窗口对象句柄。

[152] Int MPI_Win_call_errhandler(MPI_Win win, int error)：激活与窗口对象对应的错误处理程序。

[153] Int MPI_Win_complete(MPI_Win win)：完成从 MPI_Win_start 开始的 RMA 访问。

[154] Int MPI_Win_create(void *base, MPI_Aint size, int disp_unit, MPI_Info info, MPI_

Comm comm, MPI_Win *win)：创建新窗口对象。

[155] Int MPI_Win_create_errhandler(MPI_Win_errhandler_fn *function, MPI_Errhandler *errhandler)：创建对附加到窗口对象上的错误处理程序。

[156] Int MPI_Win_create_keyval(MPI_Win_copy_attr_function *win_copy_attr_fn, MPI_Win_delete_attr_function *win_delete_attr_fn, int *win_keyval, void *extra_state)：创建能在窗口对象上缓冲的新属性关键字。

[157] Int MPI_Win_delete_attr(MPI_Win win, int win_keyval)：删除在窗口对象上缓冲的属性关键字。

[158] MPI_Win MPI_Win_f2c(MPI_Fint win)：把 Fortran 窗口对象句柄转换成 C 窗口对象句柄。

[159] Int MPI_Win_fence(int assert, MPI_Win win)：同步窗口对象上的 RMA 操作。

[160] Int MPI_Win_free(MPI_Win *win)：释放窗口对象。

[161] Int MPI_Win_free_keyval(int *win_keyval)：释放用 MPI_Win_create_keyval 创建的属性关键字。

[162] Int MPI_Win_get_attr(MPI_Win win, int win_keyval, void *attribute_val, int *flag)：返回与窗口对象上缓冲的属性关键字对应的值。

[163] Int MPI_Win_get_errhandler(MPI_Win win, MPI_Errhandler *errhandler)：返回与窗口对象对应的出错处理程序。

[164] Int MPI_Win_get_group(MPI_Win win, MPI_Group *group)：返回用来创建窗口对象的通信域组的副本。

[165] Int MPI_Win_get_name(MPI_Win win, char *win_name, int *resultlen)：返回与窗口对象对应的名称。

[166] Int MPI_Win_lock(int lock_type, int rank, int assert, MPI_Win win)：对指定进程的窗口加锁。

[167] Int MPI_Win_post(MPI_Group group, int assert, MPI_Win win)：开始允许其他窗口的远程访问。

[168] Int MPI_Win_set_attr(MPI_Win win, int win_keyval, void *attribute_val)：设置窗口对象缓冲的属性关键字的值。

[169] Int MPI_Win_set_errhandler(MPI_Win win, MPI_Errhandler errhandler)：把一个新的错误处理程序附加到窗口对象上。

[170] Int MPI_Win_set_name(MPI_Win win, char *win_name)：将名称与窗口对象关联。

[171] Int MPI_Win_start(MPI_Group group, int assert, MPI_Win win)：准备访问其他的窗口实现与 MPI_Win_post 的握手。

[172] Int MPI_Win_test(MPI_Win win, int *flag)：测试窗口对象之上的 RMA 操作是否完成。

[173] Int MPI_Win_unlock(int rank, MPI_Win win)：对给定的窗口开锁。

[174] Int MPI_Win_wait(MPI_Win win)：完成用 MPI_Win_post 启动的 RMA 访问。

16.4 MPI-2 与 Fortran 语言的接口

本节给出按字母顺序列出所有的 MPI-2 与 Fortran 语言的接口，其功能的简要介绍与对应的 C 语言接口完全相同，本节不重复。

[1] MPI_ACCUMULATE (origin_addr, origin_count, origin_datatype, Target_rank, target_disp, target_count, target_datatype, op, Win, ierror)

<type>origin_addr (*)

INTEGER (KIND=MPI_ADDRESS_KIND) target_disp

INTEGER origin_count, origin_datatype, target_rank, target_count, target_datatype, op, win, ierror

[2] MPI_ADD_ERROR_CLASS (errorclass, ierror)

INTEGER errorclass, ierror

[3] MPI_ADD_ERROR_CODE (errorclass, errorcode, ierror)

INTEGER errorclass, errorcode, ierror

[4] MPI_ADD_ERROR_STRING (errorcode, string, ierror)

INTEGER errorcode, ierror

CHARACTER* (*) string

[5] MPI_ALLOC_MEM (size, info, baseptr, ierror)

INTEGER (KIND = MPI_ADDRESS_KIND) size, baseptr, info, ierror

[6] MPI_Alltoallw (sendbuf, sendcounts, sdispls, sendtypes, recvbuf, Recvcounts, rdispls, recvtypes, comm, ierror)

<type> sendbuf (*), recvbuf (*)

integer sendcounts (*), sdispls (*), sendtypes (*), recvcounts (*), rdispls (*), recvtypes (*), comm, ierror

[7] MPI_Close_port (port_name, ierror)

CHARACTER* (*) port_name

integer ierror

[8] MPI_COMM_ACCEPT (port_name, info, root, comm, newcomm, ierror)

CHARACTER* (*) port_name

INTEGER info, root, comm, newcomm, ierror

[9] MPI_Comm_call_errhandler (comm, errorcode, ierror)

integer comm, errorcode, ierror

[10] MPI_Comm_connect (port_name, info, root, comm, newcomm, ierror)

character* (*) port_name

integer info, root, comm, newcomm, ierror

[11] MPI_COMM_CREATE_ERRHANDLER (function, errhandler, ierror)

EXTERNAL function

INTEGER errhandler, ierror

[12] MPI_COMM_CREATE_KEYVAL(comm_copy_attr_fn, comm_delete_attr_fn, Comm_keyval, extra_state, ierror)

EXTERNAL comm_copy_attr_fn, comm_delete_attr_fn

INTEGER(KIND = MPI_ADDRESS_KIND) extra_state, comm_keyval, ierror

[13] MPI_Comm_delete_attr(comm, comm_keyval, ierror)

integer comm, comm_keyval_ierror

[14] MPI_Comm_disconnect(comm, ierror)

integer comm, ierror

[15] MPI_Comm_free_keyval(comm_keyval, ierror)

integer comm_keyval, ierror

[16] MPI_Comm_get_attr(comm, comm_keyval, attribute_val, flag, ierror)

integer(kind=MPI_ADDRESS_KIND) attribute_val, comm, comm_keyval, ierror

LOGICAL flag

[17] MPI_Comm_get_errhandler(comm, errhandler, ierror)

integer comm, errhandler, ierror

[18] MPI_Comm_get_name(comm, comm_name, resultlen, ierror)

integer comm, resultlen, ierror

character* (*) comm_name

[19] MPI_Comm_get_parent(parent, ierror)

integer parent, ierror

[20] MPI_Comm_join(fd, intercom, ierror)

integer fd, intercom, ierror

[21] MPI_COMM_SET_ATTR(com, comm_keyval, attribute_val, ierror)

INTEGER comm, comm_keyval, ierror

INTEGER(KIND = MPI_ADDRESS_KIND) attribute_val

[22] MPI_Comm_set_errhandler(comm, errhandler, ierror)

integer comm, errhandler, ierror

[23] MPI_Comm_set_name(comm, comm_name, ierror)

integer comm, ierror

character* (*) comm_name

[24] MPI_Comm_spawn(command, argv, maxprocs, info, root, comm, intercom, array_of_errcodes, ierror)

character* (*) command, argv(*)

integer info, maxprocs, root, comm, intercomm, array_of_errcodes(*), ierror

[25] MPI_Comm_spwan_multiple(count, array_of_commands, array_of_argv, aray_of_maxprocs, array_of_info, root, comm, intercomm, array_of_errcodes, ierror)

integer count, array_of_info(*), array_of_maxprocs(*), root, comm, intercomm,

array_of_errcodes(*), ierror
character*(*) array_of_commands(*), array_of_argv(count, *)
[26] MPI_Exscan(sendbuf, recvbuf, count, datatype, op, comm, ierror)
<type> sendbuf(*), recvbuf(*)
integer count, datatype, op, comm, ierror
[27] MPI_File_call_errhandler(fh, errorcode, ierror)
integer fh, errorcode, ierror
[28] MPI_File_close(fh, ierror)
integer fh, ierror
[29] MPI_File_create_errhandler(function, errhandler, ierror)
External function
integer errhandler, ierror
[30] MPI_File_delete(filename, info, ierror)
Character*(*) filename
integer info, ierror
[31] MPI_File_get_amode(fh, amode, ierror)
integer fh, amode, ierror
[32] MPI_File_get_atomicity(fh, flag, ierror)
integer fh, ferror
Logical flag
[33] MPI_File_get_byte_offset(fh, offset, disp, ierror)
integer fh, ierror
integer(kind=MPI_OFFSET_KIND) offset, disp
[34] MPI_File_get_errhandler(file, errhandler, ierror)
integer file, errhandler, ierror
[35] MPI_File_get_group(fh, group, ierror)
integer fh, group, ierror
[36] MPI_File_get_info(fh, info_used, ierror)
integer fh, info_used, ierror
[37] MPI_FILE_GET_POSITION(fh, offset, ierror)
INTEGER fh, ierror
INTEGER(KIND = MPI_OFFSET_KIND) offset
[38] MPI_File_get_position_shared(fh, offset, ierror)
integer fh, ierror
integer(kind=MPI_OFFSET_KIND) offset
[39] MPI_File_get_size(fh, size, ierror)
integer fh, ierror
integer(kind=MPI_OFFSET_KIND) size

[40] MPI_File_get_type_extent(fh, datatype, extent, ierror)
integer fh, datatype, ierror
integer(kind=MPI_ADDRESS_KIND) extent
[41] MPI_File_get_view(fh, disp, etype, filetype, datarep, ierror)
integer fh, etype, filetype, ierror
Character* (*) datarep, integer(kind=MPI_OFFSET_KIND) disp
[42] MPI_File_iread(fh, buf, count, datatype, request, ierror)
<type> buf(*)
integer fh, count, datatype, request, ierror
[43] MPI_File_iread_at(fh, offset, buf, count, datatype, request, ierror)
<type> buf(*)
integer fh, count, datatype, request, ierror
integer(kind=MPI_OFFSET_KIND) offset
[44] MPI_File_iread_shared(fh, buf, count, datatype, request, ierror)
<type> buf(*)
integer fh, count, datatype, request, ierror
[45] MPI_File_iwrite(fh, buf, count, datatype, request, ierror)
<type> buf(*)
integer fh, count, datatype, request, ierror
[46] MPI_File_iwrite_at(fh, offset, buf, count, datatype, request, ierror)
<type> buf(*)
integer fh, count, datatype, request, ierror
integer(kind=MPI_OFFSET_KIND) offset
[47] MPI_File_iwrite_share(fh, buf, count, datatype, request, ierror)
<type> buf(*)
integer fh, count, datatype, request, ierror
[48] MPI_File_open(comm., filename, amode, info, fh, ierror)
Character* (*) filename
integer comm., amode, info, fh, ierror
[49] MPI_File_preallocate(fh, size, ierror)
integer fh, ierror
integer(kind=MPI_OFFSET_KIND) size
[50] MPI_File_read(fh, buf, count, datatype, status, ierror)
<type> buf(*)
integer fh, count, datatype, status(MPI_STATUS_SIZE), ierror
[51] MPI_File_read_all(fh, buf, count, datatype, status, ierror)
<type> buf(*)
integer fh, count, datatype, status(MPI_STATUS_SIZE), ierror

[52] MPI_File_read_all_begin(fh, buf, count, datatype, ierror)
<type> buf(*)
integer fh, count, datatype, ierror
[53] MPI_File_read_all_end(fh, buf, status, ierror)
<type> buf(*)
integer fh, status(MPI_STATUS_SIZE), ierror
[54] MPI_File_read_at(fh, offset, buf, count, datatype, status, ierror)
<type> buf(*)
integer fh, count, datatype, status(MPI_STATUS_SIZE), ierror
integer(kind=MPI_OFFSET_KIND) offset
[55] MPI_File_read_at_all(fh, offset, buf, count, datatype, status, ierror)
<type> buf(*)
integer fh, count, datatype, status(MPI_STATUS_SIZE), ierror
integer(kind=MPI_OFFSET_KIND) offset
[56] MPI_File_read_at_all_begin(fh, offset, buf, count, datatype, ierror)
<type> buf(*)
integer fh, count, datatype, ierror
integer(kind=MPI_OFFSET_KIND) offset
[57] MPI_File_read_at_all_end(fh, buf, status, ierror)
<type> buf(*)
integer fh, status(MPI_STATUS_SIZE), ierror
[58] MPI_File_read_ordered(fh, buf, count, datatype, status, ierror)
<type> buf(*)
integer fh, count, datatype, status(MPI_STATUS_SIZE), ierror
[59] MPI_File_read_ordered_begin(fh, buf, count, datatype, ierror)
<type> buf(*)
integer fh, count, datatype, ierror
[60] MPI_File_read_ordered_end(fh, buf, status, ierror)
<type> buf(*)
integer fh, status(MPI_STATUS_SIZE), ierror
[61] MPI_File_read_shared (fh, buf, count, datatype, status, ierror)
<type> buf(*)
integer fh, count, datatype, status(MPI_STATUS_SIZE), ierror
[62] MPI_File_seek(fh, offset, whence, ierror)
integer fh, whence, ierror
integer(kind=MPI_OFFSET_KIND) offset
[63] MPI_File_seek_shared(fh, offset, whence, ierror)
integer fh, whence, ierror

integer(kind=MPI_OFFSET_KIND) offset
[64] MPI_File_set_atomicity(fh, flag, ierror)
integer fh, ierror
logical flag
[65] MPI_File_set_errhandler(file, errhandler, ierror)
integer file, errhandler, ierror
[66] MPI_File_set_info(fh, info, ierror)
integer fh, info, ierror
[67] MPI_File_set_size(fh, size, ierror)
integer fh, ierror
integer(kind=MPI_OFFSET_KIND) size
[68] MPI_File_set_view(fh, disp, etype, filetype, datarep, info, ierror)
integer fh, etype, filetype, info, ierror
character* (*) datarep
integer(kind=MPI_OFFSET_KIND) disp
[69] MPI_File_sync(fh, ierror)
integer fh, ierror
[70] MPI_File_write(fh, buf, count, datatype, status, ierror)
<type> buf(*)
integer fh, count, datatype, status(MPI_STATUS_SIZE), ierror
[71] MPI_File_write_all(fh, buf, count, datatype, status, ierror)
<type> buf(*)
integer fh, count, datatype, status(MPI_STATUS_SIZE), ierror
[72] MPI_File_write_all_begin(fh, buf, count, datatype, ierror)
<type> buf(*)
integer fh, count, datatype, ierror
[73] MPI_File_write_all_end(fh, buf, status, ierror)
<type> buf(*)
integer fh, status(MPI_STATUS_SIZE), ierror
[74] MPI_File_write_at(fh, offset, buf, count, datatype, status, ierror)
<type> buf(*)
integer fh, count, datatype, status(MPI_STATUS_SIZE), ierror
integer(kind=MPI_OFFSET_KIND) offset
[75] MPI_File_write_at_all(fh, offset, buf, count, datatype, status, ierror)
<type> buf(*)
integer fh, count, datatype, status(MPI_STATUS_SIZE), ierror
integer(kind=MPI_OFFSET_KIND) offset
[76] MPI_File_write_at_all_begin(fh, offset, buf, count, datatype, ierror)

<type> buf(*)
integer fh, count, datatype, ierror
integer(kind=MPI_OFFSET_KIND) offset
[77] MPI_File_write_at_all_end(fh, buf, status, ierror)
<type> buf(*)
integer fh, status(MPI_STATUS_SIZE), ierror
[78] MPI_File_write_ordered (fh, buf, count, datatype, status, ierror)
<type> buf(*)
integer fh, count, datatype, status(MPI_STATUS_SIZE), ierror
[79] MPI_File_write_shared
MPI_File_write_ordered _begin(fh, buf, count, datatype, ierror)
<type> buf(*)
integer fh, count, datatype, ierror
[80] MPI_File_write_ordered _end(fh, buf, status, ierror)
<type> buf(*)
integer fh, status(MPI_STATUS_SIZE), ierror
[81] MPI_File_write_shared (fh, buf, count, datatype, status, ierror)
<type> buf(*)
integer fh, count, datatype, status(MPI_STATUS_SIZE), ierror
[82] MPI_Finalized(flag, ierror)
logical flag
integer ierror
[83] MPI_Free_mem(base, ierror)
<type> base(*)
integer ierror
[84] MPI_Get(origin_addr, origin_count, origin_datatype, target_rank, target_disp, target_count,
target_datatype, win, ierror)
<type> origin_addr(*)
integer(kind=MPI_ADDRESS_KIND) target_disp
integer origin_count, origin_datatype, target_rank, target_count, target_datatype, win, ierror
[85] MPI_Get_address(location, address, ierror)
<type> location(*)
integer ierror
integer(kind=MPI_ADDRESS_KIND) address
[86] MPI_Grequest_complete(request, ierror)
integer request, ierror

[87] MPI_Grequest_start(query_fn, free_fn, cancel_fn, extra_state, request, ierror)
integer request, ierror
external query_fn, free_fn, cancel_fn
integer (kind=MPI_ADDRESS_KIND) extra_state
[88] MPI_Info_create(info, ierror)
integer info, ierror
[89] MPI_Info_delete(info, key, ierror)
integer info, ierror
character* (*) key
[90] MPI_Info_dup(info, newinfo, ierror)
integer info, newinfo, ierror
[91] MPI_Info_free(info, ierror)
integer info, ierror
[92] MPI_Info_get(info, key, valuelen, value, falg, ierror)
integer info, valuelen, ierror
character* (*) key, value
logical flag
[93] MPI_Info_get_nkeys(info, nkeys, ierror)
integer info, nkeys, ierror
[94] MPI_Info_get_nthkey(info, n, key, ierror)
integer info, n, ierror
character* (*) key
[95] MPI_Info_get_valuelen(info, key, valuelen, falg, ierror)
integer info, valuelen, ierror
logical flag
character* (*) key
[96] MPI_Info_set(info, key, value, ierror)
integer info, ierror
character* (*) key, value
[97] MPI_Init_thread(required, provided, ierror)
integer reuqired, provided, ierror
[98] MPI_Is_thread_main(flag, ierror)
logical flag
integer ierror
[99] MPI_Lookup_name(service_name, info, port_name, ierror)
character* (*) service_name, port_name
integer info, ierror
[100] MPI_Open_port(info, port_name, ierror)

character* (*) port_name
integer info, ierror
[101] MPI_Pack_external(datarep, inbuf, incount, datatype, outbuf, outsize, Position, ierror)
integer incount, datatype, ierror
integer(kind=MPI_ADDRESS_KIND) outsize, position
character* (*) datarep
<type> inbuf(*), outbuf(*)
[102] MPI_Pack_external_size(datarep, incount, datatype, size, ierror)
integer incount, datatype, ierror
integer(kind=MPI_ADDRESS_KIND) size
character* (*) datarep
[103] MPI_Publish_name(service_name, info, port_name, ierror)
integer info, ierror
character* (*) service_name, port_name
[104] MPI_Put(origin_addr, origin_count, origin_datatype, target_rank, target_disp, target_count, target_datatype, win, ierror)
<type> origin_addr(*)
integer(kind=MPI_ADDRESS_KIND) target_disp
integer origin_count, origin_datatype, target_rank, target_count, target_datatype, win, ierror
[105] MPI_Query_thread(provide, ierror)
integer provided, ierror
[106] MPI_Register_datarep(datarep, read_conversion_fn, write_conversion_fn, dtype_file_extent_fn, extra_state, ierror)
character* (*) datarep
external read_conversion_fn, write_conversion_fn, dtype_file_extent_fn
integer(kind=MPI_ADDRESS_KIND) extra_state
integer ierror
[107] MPI_Request_get_status(request, falg, status, ierror)
integer request, status(MPI_STATUS_SIZE), ierror
logical flag
[108] MPI_Sizeof(*x*, size, ierror)
<type> *x*
integer size, ierror
[109] MPI_Status_set_cancelled(status, flag, ierror)
integer status(MPI_STATUS_SIZE), ierror
logical falg
[110] MPI_Status_set_elements(status, datatype, count, ierror)
integer status(MPI_STATUS_SIZE), datatype, count, ierror

[111] MPI_Type_create_darray(size, rank, ndims, array_of_gsizes, array_of_distribs, array_of_dargs, array_of_psizes, order, oldtype, newtype, ierror)

integer size, rank, ndims, array_of_gsizes(*), array_of_distribs(*), array_of_dargs(*), array_of_psizes(*), order, oldtype, newtype, ierror

[112] MPI_type_create_f90_complex(p, r, newtype, ierror)

integer p, r, newtype, ierror

[113] MPI_Type_create_f90_integer(r, newtype, ierror)

integer r, newtype, ierror

[114] MPI_Type_create_f90_real(p, r, newtype, ierror)

integer p, r, newtype, ierror

[115] MPI_Type_create_hindexed(count, array_of_blocklengths, array_of_ dispalcements, oldtype, newtype, ierror)

integer count, array_of_blocklengths(*), oldtype, newtype, ierror

integer(kind=MPI_ADDRESS_KIND) array_of_displacements(*)

[116] MPI_Type_create_hvector(count, blocklength, stide, oldtype, newtype, ierror)

integer count, blocklength, oldtype, newtype, ierror

integer(kind=MPI_ADDRESS_KIND) stride

[117] MPI_Type_create_indexed_block(count, blocklength, array_of_displacements, oldtype, newtype, ierror)

integer count, blocklength, array_of_displacements(*), oldtype, newtype, ierror

[118] MPI_Type_create_keyval(type_copy_attr_fn, type_delete_attr_fn, type_keyval, extra_state, ierror)

external type_copy_attr_fn, type_delete_attr_fn

integer type_keyval, ierror

integer(kind=MPI_ADDRESS_KIND) extra_state

[119] MPI_Type_create_resized(oldtype, lb, extent, newtype, ierror)

integer oldtype, newtype, ierror

integer(kind=MPI_ADDRESS_KIND) lb, extent

[120] MPI_Type_create_struct(count, array_of_blocklengths, array_of_displacements, array_of_types, newtype, ierror)

integer count, array_of_blocklengths(*), array_of_types(*), newtype, ierror

integer(kind=MPI_ADDRESS_KIND) array_of_displacements(*)

[121] MPI_Type_create_subarray(ndims, array_of_sizes, array_of_subsizes, array_of_starts, order, oldtype, newtype, ierror)

integer ndims, array_of_sizes(*), array_of_subsizes(*),
array_of_starts(*), order, oldtype, newtype, ierror

[122] MPI_type_delete_attr(type, type_keyval, ierror)

integer type, type_keyval, ierror

[123] MPI_Type_dup (type, newtype, ierror)

integer type, newtype, ierror

[124] MPI_Type_free_keyval (type_keyval, ierror)

integer type_keyval, ierror

[125] MPI_Type_get_attr (type, type_keyval, attribute_val, flag, ierror)

integer type, type_keyval, ierror

integer (kind=MPI_ADDRESS_KIND) attribute_val

logical flag

[126] MPI_Type_get_contents (datatype, max_integers, max_addresses, max_datatypes, array_of_integers, array_of_addresses, array_of_datatypes, ierror)

integer datatype, max_integers, max_addresses, max_datatypes, array_of_integers (*), array_of_datatypes (*), ierror

integer (kind=MPI_ADDRESS_KIND) array_of_addresses (*)

[127] MPI_Type_get_envelope (datatype, num_integers, num_addresses, num_datatypes, combiner, ierror)

integer datatype, num_integers, num_addresses, num_datatypes, combiner, ierror

[128] MPI_Type_get_extent (datatype, lb, extent, ierror)

integer datatype, ierror

integer (kind=MPI_ADDRESS_KIND) lb, extent

[129] MPI_Type_get_name (type, type_name, resultlen, ierror)

integer tyep, resultlen, ierror

character* (*) type_name

[130] MPI_Type_get_true_extent (datatype, true_lb, true_extent, ierror)

integer datatype, ierror

integer (kind=MPI_ADDRESS_KIND) true_lb, true_extent

[131] MPI_Type_match_size (typeclass, size, type, ierror)

integer typeclass, size, type, ierror

[132] MPI_type_set_attr (type, type_keyval, attribute_val, ierror)

integer type, type_keyval, ierror

integer (kind=MPI_ADDRESS_KIND) attribute_val

[133] MPI_Type_set_name (type, type_name, ierror)

integer type, ierror

character* (*) type_name

[134] MPI_Unpack_external (datarep, inbuf, insize, position, outbuf, outcount, datatype, ierror)

integer outcount, datatype, ierror

integer (kind=MPI_ADDRESS_KIND) insize, position

character* (*) datarep

<type> inbuf (*), outbuf (*)

[135] MPI_Unpublish_name(service_name, info, port_name, ierror)
integer info, ierror
character* (*) service_name, port_name
[136] MPI_Win_call_errhandler(win, errorcode, ierror)
integer win, errorcode, ierror
[137] MPI_Win_complete(win, ierror)
integer win, ierror
[138] MPI_Win_create(base, size, disp_unit, info, comm, win, ierror)
<type> base(*)
integer (kind=MPI_ADDRESS_KIND) size
integer disp_unit, info, comm, win, ierror
[139] MPI_Win_create_errhanlder(function, errhanlder, ierror)
external function
integer errhandler, ierror
[140] MPI_Win_create_keyval(win_copy_attr_fn, win_delete_attr_fn, win_keyval, extra_state, ierror)
external win_copy_attr_fn, win_delete_attr_fn
integer win_keyval, ierror
integer (kind=MPI_ADDRESS_KIND) extra_state
[141] MPI_Win_delete_attr(win, win_keyval, ierror)
integer win, win_keyval, ierror
[142] MPI_Win_fence(assert, win, ierror)
integer assert, win, ierror
[143] MPI_Win_free(win, ierror)
integer win, ierror
[144] MPI_Win_free_keyval(win_keyval, ierror)
integer win_keyval, ierror
[145] MPI_Win_get_attr(win, win_keyval, attribute_val, flag, ierror)
integer win, win_keyval, ierror
integer (kind=MPI_ADDRESS_KIND) attribute_val
logical flag
[146] MPI_Win_get_errhandler(win, errhandler, ierror)
integer iwn, errhandler, ierror
[147] MPI_Win_get_group(win, group, ierror)
integer win, group, irror
[148] MPI_Win_get_name(win, win_name, resultlen, ierror)
integer win, resultlen, irror
character* (*) win_name

[149] MPI_Win_lock(lock_type, rank, assert, win, ierror)
integer lock_type, rank, assert, win, ierror
[150] MPI_Win_post(group, assert, win, ierror)
integer group, assert, win, ierror
[151] MPI_Win_set_attr(win, win_keyval, attribute_val, ierror)
integer win, win_keyval, ierror
integer (kind=MPI_ADDRESS_KIND) attribute_val
[152] MPI_Win_set_errhandler(win, errhandler, ierror)
integer win, errhandler, ierror
[153] MPI_Win_set_name(win, win_name, ierror)
integer win, ierror
character* (*) win_name
[154] MPI_Win_start(group, assert, win, ierror)
integer group, assert, win, ierror
[155] MPI_Win_test(win, falg, ierror)
integer win, ierror
logical flag
[156] MPI_Win_unlock(rank, win, ierror)
integer rank, win, ierror
[157] MPI_Win_wait(win, ierror)
integer win, ierror

第四篇　CUDA 并行程序设计

这一篇主要介绍如何基于 CUDA (compute unified device architrctyre，统一计算设备架构) 实现算法的 GPU 加速。GPU 集群是新一代高性能并行计算设备，目前已广泛应用于石油勘探、天文计算、流体力学模拟、分子动力学仿真、生物计算、图像处理、音视频编解码等领域，在很多应用中获得了几倍、几十倍，甚至上百倍的加速比。CUDA 的应用及其支持 GPU 的更新迭代为开发人员利用 GPU 进行高性能计算提供了技术平台。本篇第 17 章主要介绍 GPU 的发展历史、硬件架构特征以及基于 GPU 进行程序开发的发展；第 18 章主要介绍 CUDA C 语言与 CUDA 函数库、CUDA 的安装与配置及 CUDA 编译与驱动。

第 19 章和第 20 章介绍如何基于 CUDA 进行程序编写和优化。其中第 19 章主要介绍 CUDA 的编程基础，内容涵盖 CUDA 编程模型、CUDA 核函数的定义与调用、CUDA 线程结构、硬件映射、存储器类型及 CUDA 通信机制等内容。第 20 章主要介绍 CUDA 程序优化，内容涵盖 CUDA 程序优化简介、如何进行任务划分实现程序优化、存储器访问优化以及如何通过异步并行执行优化 CUDA 程序。

第 21 章主要介绍如何管理和应用多设备集群，实现 CUDA 程序的高性能并行运算。其中第 21.1 节主要介绍了 CUDA 如何管理多设备集群，第 21.2 节则分别简单介绍了如何将 CUDA 和 MPI 以及 OpenMP 结合使用，实现基于多设备集群的高性能并行运算。

第 17 章　GPU 简介

17.1　NVIDIA GPU 发展简介

图形处理器(graphics processing unit, GPU)，又称显卡核心、视觉处理器或显卡芯片，是一种专门在 PC(personal computer)、工作站、游戏机和一些移动终端上进行图像计算工作的处理器。

20 世纪 80 年代之前,计算机的图形计算和处理工作都是由 CPU(中央处理器,central processing unit)完成，而近几十年里，图形处理技术的重大变革，特别是图形界面操作系统(如 Microsoft 公司的 Windows、国产的麒麟等)的出现和普及推动了新型图形处理器架构的更迭，GPU 也不再是只能作为辅助 CPU 的简单图像处理设备，逐渐发展为如今的通用高性能并行计算工具。

作为全球视觉计算技术的行业先驱及 GPU 发明者的 NVIDIA 公司，其于 1993 年由黄仁勋、Curtis P 和 Chirs M 三人共同成立，并于接下来的几年里陆续推出了 NV-1 和 NV-2 显卡芯片，是后来 GPU 开发的雏形。

1997 年，NVIDIA 发布了 RIVA-128。RIVA-128 以在当时来说优秀的 2D 性能和不错的 3D 性能在图形运算市场上获得了成功。与当时的 PCI 接口 Voodoo 图形 3D 加速芯片相比，RIVA-128 是一块基于 AGP 接口的完整的显卡。同年底，NVIDIA 又发布了 RIVA-128ZX 和 TNT 显示芯片。

1999 年 8 月，NVIDIA 发布了全球第一个 GPU——GeForce 256。它主要由顶点转换和顶点光照处理器、像素着色流水线(或片元着色流水线)两个模块组成。其中，前者由进行 32 位浮点数运算的固定功能单元组成；后者则由进行定点数运算的固定功能单元组成。GeForce 256 同时支持 OpenGL 和微软公司的 DirectX 7 标准 API 接口。在 DirectX 7 时代，NVIDIA 又推出了 GeForce 2 的其他系列产品(如 GeoForce 2 MX200、GeForce 2 MX、GeForce 2 MX400、GeForce 2 GTS、GeForce 2 Pro、GeForce 2 Ultra 等)。

2001 年,第一款拥有可编程顶点着色器的 GPU—GeForce 3 由 NVIDIA 推出。该 GPU 主要由顶点处理器和像素处理器(或片元处理器)两部分组成,二者都能够进行 32 位单精度浮点运算。GeForce 3 同时支持 DirectX 8 和 OpenGL API，在 DirectX 8 时代中英伟达主打 GeForce3 和 4 系列及面向低端市场的 GeForce MX 系列，其中 GeForce MX 系列只支持 DirectX 7。

2002 年，NVIDIA 推出了以 32 位浮点流水线作为可编程的顶点处理器的 GPU—GeForce Fx，也是世界上第一款使用该类型处理器的 GPU，能够支持 DirectX 9.0，画质清晰度极高。GeForce 6 系列和 GeForce 7 也于随后相继推出，该系列改善了着色引擎，能够支持 DirectX 9.0C API 和更多的特效。

2006 年的 GeForce 8 系列 GPU 率先采用了统一渲染构架，不再沿用定点着色处理器和像素处理器，而是采用通用的渲染单元，能够支持 DirectX 10.0。NIVDIA 的 GPU 从 GeForce 8 系列开始支持 CUDA。

2007 年，CUDA 正式发布，引发了 GPU 通用计算革命。

2008 年，NVIDIA 发布了 GeForce 9 系列 GPU，该系列能够支持 CUDA 计算能力 1.1，同年还发布了支持 CUDA 计算能力 1.3 的 GT200 GPU。从架构上讲 GT200 沿用了 G80 显卡，但其内置的 14 亿晶体管为视频编码、通用计算等提供了可能。另外，Tegra 系列产品的发布标志着 NVIDIA 开始进军移动处理器市场。

随着相关技术的进一步发展，NVIDIA 在桌面、专业设计及高性能计算等不同领域推出了 GeForce、Quadro 及 Tesla 等性能出众的 GPU 产品，其中 Tesla 系列是专门用于高性能通用计算的产品线，其以有限的体积和较小的功耗实现了强大的浮点运算处理能力。目前 NVIDIA 已经推出了 K20、K40、K80、P100 及 V100 等 Tesla 系列 GPU，其中 2017 NVIDIA 发布的 Tesla V100 号称史上最强大的旗舰计算卡，其基于 Volta 架构，内置了 5120 个 CUDA 单元，核心频率为 1455MHz，搭载 16GB HBM2 显存，单精度浮点性能 15 TFLOPS，双精度浮点 7.5 TFLOPS，显存带宽 900GB/s，还增加了与深度学习高度相关的 Tensor 单元，更适合于深度学习算法的计算加速。

17.2 GPU 硬件架构

17.2.1 图形显卡概览

现代图形显卡超强计算能力、极高存储器带宽和 I/O 带宽的发挥是建立在有限容积内可靠的电源和稳定的散热手段基础之上。一块高端显卡上，GPU 中的晶体管数量达到了主流 CPU 的两倍，而显存容量达到了 1GB 以上（当前单块显卡最高显存可达 32GB），工作频率超过了 1GHz。大量的高速器件对显卡的信号完整性、供电和散热设计提出了挑战。

PCB（printed circuit board，印刷电路板）是图形显卡的“骨架”。NVIDIA 公司在发布 GPU 的同时一般也会发布相应的 PCB 设计、GPU 和显存的建议工作频率等参数，称为公版；同时，部分厂商也会开发各自的显卡设计，称为非公版。显卡上的电路都工作在非常高的频率上，因此 PCB 的质量对显卡的稳定性和寿命有很大的影响。一般来说 PCB 层数的增加会提高电路的电磁兼容性和稳定性，但相应的生产成本也会上升。为提升非公版 GPU 在市场上的竞争力，厂商往往通过提高性能（如提升显存运行频率）或者控制成本（如减少 PCB 的层数）等方法。不同性能和价格的产品能够满足多元化的市场需求，对计算稳定性和可靠性有较高需求的科研和工业中最好选用公版显卡。

显卡的散热方式有主动式和被动式两种，前者依靠风冷或水冷方式进行散热，后者则利用散热片由显卡内部向外传输热量。就目前而言，多数的显卡仍采用风冷方式散热，但也可以改装为水冷散热，少数情况下还可使用液氮或者植物油等方式。除基本的散热方式外，机箱内显卡位置和风道的合理设计也对散热起到一定作用。

17.2.2 PCI-E 总线

在当前高性能计算中，PCI-E（peripheral component interconnect express，高速串行计算机扩展总线标准）总线是显卡与主机进行通信的渠道。当数据交换量大于总线传输带宽时，GPU 会处于等待状态直至与主机端数据交互完成，导致显卡无法始终以高使用率运行。

随着数据传输技术的发展，显卡与主板之间的连接方式发生过多次变更。显卡最初只应用于二维空间中的绘图工作，从计算机内存到显卡的数据传输量很小，因此只需要使用和网卡、声卡等其他扩展卡相同的 ISA（industrial standard architecture，工业标准结构总线）、PCI 等系统总线就可以满足传输需要。ISA 和 PCI 总线提供的带宽较小，并且由总线上连接的所有设备共享。

在 3D 图形显卡时代中，内存与显存之间的数据交换量相较于 2D 绘图而言十分巨大。PCI 总线不再能够满足内—显数据交换需求，带宽大小成为限制系统性能发挥的瓶颈，另外带宽共享的特性也限制了其他设备的应用。

为解决上述问题，Intel 公司推出了 AGP 规范。AGP（accelerated graphics port，图形加速端口）以 PCI 总线为雏形，针对图形显示进行优化且专门用于显卡。AGP 插槽结构完全独立于 PCI 和 ISA，直接将显卡与主板芯片组连在一起，进行点对点传输，解决了以往与 PCI 总线上设备的带宽共享问题，即突破了传统总线带宽的瓶颈。AGP 标准先后推出了 AGP1.0（AGP1X 和 AGP2X），AGP2.0（AGP4X），AGP3.0（AGP8X）等版本，其中规格最高的 AGP8X 沿用了前代上升/下降沿信号触发模式，相较于 AGP4X 中一个时钟周期内触发四次，AGP8X 在单次时钟周期内输出传输达到了 8 倍（两个信号，单信号触发次数为 4），同时触发信号的工频提升到了 266MHz，带宽达到了 2.1GB/s。

虽然基于 PCI 和 AGP 的显卡已经逐渐由于技术发展和市场需求被淘汰，但为了满足部分用户的升级要求，少数厂商仍生产着少量的该类显卡。在计算机技术、通信技术、网络技术等高速发展的时代中，用户的计算需求和存储需求进一步提高，新一代 I/O 接口也层出不穷，比如基于以太网的千兆（GE）、万兆（10GE）技术、4G/8G 的 FC（fibre channel，网状通道）技术等，计算机内部大量的数据交互、并行读写等高带宽消耗工作对 PCI 总线提出了更高的要求，PCI 总线带宽又一次成为计算机系统性能提升的瓶颈。

PCI-Express（PCI-E）总线的出现打破了这一僵局，用于高带宽消耗的系统数据传输，逐渐取代了传统 PCI、PCI-X 和 AGP 接口并成为总线的统一标准。PCI-Express 是最新的总线和接口标准，它在 2001 年由英特尔提出，最初被命名为“3GIO”（第三代 I/O），在交由 PCI-SIG（PCI 特殊兴趣组织）认证发布后才改名为“PCI-Express”，简称“PCI-E”。它的主要优势是数据传输速率高，PCIe 4.0x16 的双向带宽可达 32GB/s，而且还有相当大的发展潜力。

PCI-E 采用了点对点、双通道串行连接，每个设备都有自己的专用连接，其连接的设备有独享的带宽，而并不需要向整个总线请求带宽。串行连接方式使 PCI-E 总线可以工作在很高的频率，带宽远远超过了 PCI。PCI 总线在一个时间周期内只能实现单向传输，而双通道的 PCI-E 则可以同时进行上下行数据传输。

PCI-E 的插槽根据通道数量的多少而有所差异。PCI-E 1.0 规范中规定的通道数量有 x1、x4、x8、x16 等不同版本，1 个 PCI-E 1.0 通道可以提供上下行各 2.5GT/s 的传输速率。PCI-E 1.0 x16 接口拥有 16 个通道，能够提供上下行各 5GB/s 的带宽。由于 PCI-E 采用了 8b/10b 纠错编码，因此 PCI-E x16 的有效带宽为上下行各 4GB/s，双向 8GB/s。PCI-E 2.0 规范在 PCI-E 1.0 的基础上将每个通道的传输速度提高了一倍，达到了 5.0GT/s；PCI-E 3.0 规范也已经确定，其带宽在 PCI-E 2.0 规范基础上提高了一倍，每个通道的传输速度达到了 8.0GT/s，几乎达到了信号在铜线上传输速度的极限。

17.2.3 显存

显存是显卡上的关键部位之一，它的速度和容量直接影响了显卡的性能。由于显卡需要实现较高的像素填充率，因此显存必须能够提供远大于内存的带宽。

由于高成本和大功耗，早期的 GPU 显存远远小于 CPU 内存，K20 显存一般约为 4G，目前显存容量有了大幅度提升，最先进的 V100 卡显存最高已可配置到 32G（Tesla 系列显存参数见表 17.1）。

表 17.1 Tesla 系列显存参数

	K20	K40	K80	P100	V100
访存带宽/(GB/s)	200	240	480	732	900
显存大小/GB	5	12	24	16	32

早期显卡使用的显存颗粒与主机端的内存颗粒相类似，比如 EDO-DRAM（extended data out-dynamic random access memory，扩展内存输出-动态随机存储器）、SDRAM（synchronous DRAM，同步动态随机存储器）、DDR-SDRAM（double data rate – SDRAM，双倍速率同步动态随机存储器）等。对同时期内存与显存采用的颗粒的比较如表 17.2 所示。以 SGRAM（synchronous graphics random-access memory，同步图形随机存储器）为基础设计的高端显卡能够提供更大的显存空间。SGRAM 是在 SDRAM 基础上改良而来的，以块为单位读写数据的特性减少了对数据整体的读写次数，同时高工频特性为其提供了更高的数据传输带宽。由于显卡与其他组件频繁的数据交互使其对显存带宽有较高的要求，因此显存一般先于内存采用更加先进的技术。

表 17.2 同时期内存与显存颗粒比较

内存	SDRAM	DDR SDRAM	DDR2	DDR3
显存	SGRAM	GDDR SDRAM	GDDR2 GDDR3	GDDR4 GDDR5

主流独立显卡使用的显存主要是各种版本的 GDDR SDRAM（graphics double data rate SDRAM，图形用双倍速率同步动态随机存储器），而一部分集成显卡则没有单独的显存，需要将部分内存化为虚拟内存，进而将其作为显存使用。

GDDR 是专门用于显卡的高速 DDR 颗粒，与同时代的 DDR 相比总体来说二者基于相同的技术，但高工频特点使其具有更大的容量和数据传输速度且发热量相较于内存中使用的普通 DDR 更小。DDR 和 GDDR 架构上的相似性使二者能够合并生产线，降低成本。DDR 与传统 SDRAM 的区别在于：DDR 在每个外部时钟周期的上升沿和下降沿都能传输数据，SDRAM 则只能在外部时钟周期的上升沿传输数据。所以，DDR 在不提高频率的前提下提供的带宽是 SDRAM 的两倍，即预取（prefetch）2bit。GDDR 1 采用了与 DDR 类似的技术，其核心频率、I/O 时钟频率和数据频率分别为 200MHz、200MHz 和 400MHz。

内存在 2004 年前后步入了 DDR2 时代。相较于 DDR1，二代产品最大的改进是将外部 I/O 时钟的频率（400MHz）提升至内部核心时钟频率（200MHz）的两倍，这样在一个时钟周期能进行 4 次数据传输。在 DDR2 的基础上，DDR3 进一步提升了 I/O 时钟频率（800MHz）和数据频率（1600MHz）。虽然 GDDR2 和 GDDR3 都基于 DDR2 技术，但从架构上讲 GDDR3 更接近于 DDR2 且离 DDR3 还有一定的差距，GDDR3 与 DDR3 属于两代产品。而与 GDDR 相比，GDDR3 将工作电压从 2.5V 降低到 1.8V，由于传输频率的上升，采用片内信号端接（将端接电阻集成于存储器芯片内部）取代 GDDR 中末端接的信号线，且有 4bit 预取，功效相较于前代有所下降。

DBI（data bus inversion，数据总线转位）技术和 Multi-Preamble 技术的应用使 GDDR4 的运行效率比 GDDR3 提升了 56%，但是高延迟和高成本限制了其应用和普及。

GDDR5 存储器架构与 DDR3 相似，预取 8bit，DQ 并行双数据线的应用避免了 GDDR4 高延迟问题，时钟频率分离等技术的应用使其理论传输速度分别达到了 DDR3 的四倍、GDDR3/GDDR4 的两倍。1.5V 工作电压和新电源管理技术进一步降低了 GDDR5 系列的功耗，相较于制程为 80nm 的 GDDR3 系列，55nm 的 GDDR5 也缩小了芯片体积、降低了发热量。

GDDR6 的双通道读写设计使其数据传输速率有了更大的提升，理论显存速度能达到 16Gbps，而且工作电压也由 GDDR5 的 1.5V 降低到了 1.35V，功耗进一步降低，如当前火热的 GTX 2080 Ti 搭载了 GDDR6。

17.2.4 GPU 芯片

当前使用的 CPU 通常为多核，由于 CPU 的缓存本身就有数据一致性（coherency&consistency，简称 CC），所以对其来说核心与核心之间的通信代价并不太大。但是，GPU 中缓存大多为只读，单个 GPU 内部和多个 GPU 之间的数据一致性都无法保证，亦即多个 GPU 之间通信很难保证高带宽、低延迟，而只能通过 PCI-E 总线和系统内存交换数据，开销非常高昂。因此，提升单个 GPU 的计算能力和显存容量就可以利用更少显卡完成相同的工作，对于减小通信开销和编程负担具有积极意义。

高端显卡上有专门的 NVIO 系列芯片负责输出视频信号，而中低端 GPU 中已经继承了这一功能。MIO（multipurpose input outout，多功能输入输出）接口可以用于与视频采集设备等通信，也可以用安装 SLI（scalable link interface，俗称“速力”）连接桥，使用户能够同时配置多块 GPU，进而将画面分为上下两部分并分别由两块显卡进行渲染，为此部分显卡配备了相应的桥接芯片。

17.3 基于 GPU 的程序开发

17.3.1 传统 GPU 开发

在 DirectX 10.0 规范推出前，顶点着色器和像素着色器作为两种主要可编程单元存在于 GPU 中，这两种着色器在未采用统一渲染架构的显卡中是物理分离的，而且数量上的比例也是固定的，两种可编程着色器的性能很难在同一个应用程序运行中发挥出来。除此之外，早期的显卡无法通过片内存储器进行计算单元之间的数据通信，在 SIMT（single instruction multiple thread，单指令多线程）提出之前仍旧采用与 CPU 相同的 SIMD（single instruction multiple data，单指令多数据流），对算法灵活性的限制同时制约了基于传统 GPU 的编程效率和应用范围。

早期要想将程序在 GPU 上运行，必须通过图形 API（如 Open GL 或 DirectX）等完成。这种开发方式要求编程人员将数据打包成纹理，将计算任务映射为对纹理的渲染过程，用汇编或者高级着色器语言（GLSL、Cg、HLSL）编写 shader 程序，然后通过图形学 API（Direct3D、OpenGL）执行。但由于对图形 API 的学习曲线相对较长，在利用 GPU 进行高性能计算前需要首先对图形学硬件和编程接口等知识进行深入学习，开发难度较大，所以 GPU 并没有被大规模应用于科研和工业领域。

2003 年，斯坦福大学的 Ian Buck 等对 ANSI C 进行拓展，开发了基于 NVIDIA Cg 的 Brook 源到源编译器。Brook 通过 brcc 编译器将类似 C 的 brook C 语言编译为 Cg 代码，把图形 API 打包为高级语言进而不需直接对 API 进行操作和编程，使得开发过程得到极大简化。但早期的 Brook 编译效率很低，并且只能使用像素着色器进行运算。受 GPU 架构限制，Brook 也缺乏有效的数据通信机制。AMD/ATI 公司在其 GPU 通用计算产品 Stream 中采用了 Brook 的改进版本 Brook+作为高级开发语言。Brook+早期版本与 Brook 相比在语法和编程模型上没有显著改进，线程间数据通信问题依旧没有得到有效解决。

17.3.2 CUDA 开发

2007 年 6 月，NVIDIA 推出了 CUDA（compute unified device architrctyre，统一计算设备架构）。基于并行计算架构的 CUDA 是一种将 GPU 作为计算设备的软硬件体系，既包括 CUDA 指令集架构，同时还含有 GPU 内部的并行计算引擎，能够很好地支持基于不同架构的 NVIDIA 显卡。

与早期的 GPU 开发相比，CUDA 编程语言不再依赖于图形学 API，而是采用了比较容易掌握的类 C 语言进行开发。这一改变使得开发人员能够熟练地由基于 C/C++语言的 CPU 编程过渡到基于 CUDA C/C++的 GPU 编程，节省了大量学习基础编程语法和 API 接口的时间。但是，对并行算法、GPU 架构等知识的掌握有助于开发人员编写具有更高性能的 GPU 程序。

支持 CUDA 的 GPU 在架构上有了两项明显变化：一是采用了统一处理架构，使得过去分布在顶点着色器和像素着色器的计算资源能够被充分利用；二是引入了片内共享存储器，使其拥有了随机写入(scatter)和线程间通信等功能。

CUDA 的应用及其支持 GPU 的更新迭代为开发人员利用 GPU 进行高性能计算提供了技术平台。目前，CUDA 被广泛应用于石油勘测、天文计算、流体力学模拟、分子动力学仿真、生物计算、图像处理、音视频编解码等领域，在很多应用中获得了几倍、几十倍，甚至上百倍的加速比。

第 18 章　CUDA 安装与编译

18.1　CUDA 函数库与 CUDA C++语言

18.1.1　CUDA　API 和函数库

Runtime、Driver、Math 是 CUDA 中的三大 API，另外还有 cuBLAS、NVBLAS、nvJPEG、cuFFT、nvGRAPH、cuRAND、cuSPARSE、NPP、NVRTC、Thrust 及 cuSOLVER 等函数库，为编程人员提供了丰富的 GPU 函数接口，极大地降低了 GPU 开发难度。下面给出其简单的介绍。

(1) Runtime API(运行时 API)将驱动 API 封装起来，对其实现细节进行了隐藏，分为低级 API(cuda_runtime_api.h)和高级 API(cuda_runtime.h)两种，分别为 C 和 C++风格的接口。该 API 提供了隐式初始化、上下文管理和模块管理等功能，使得代码编写过程更简单，但是缺少高级控制功能。

(2) Driver API(驱动 API)是基于句柄的底层接口，大多数对象通过句柄被引用，其相对于 Runtime API 提供了更细粒度的控制。在程序初始化后及运行过程中，与 Runtime API 相关的 kernels 都会被自动加载，而 Driver API 则只会加载当前需要的或对模块进行动态重载。

(3) Math API 提供了应用于半精度浮点数、单精度浮点数、双精度浮点数、整数等的运算函数、基本的数学函数、精度转换函数等。

(4) cuBLAS(CUDA basic linear algebra subprograms，CUDA 基本线性代数子程序)库提供了与 BLAS 相似的接口，可以将其视为 BLAS 的并行高性能计算升级版，是一个基本的矩阵与向量的运算库，既可用于简单的矩阵计算，也可以作为 LAPACK 等复杂的函数包的基础。利用 cuBLAS 计算时同样需要内存与显存的数据通信。

(5) NVBLAS 是基于 cuBLAS 库的用于多 GPU 计算的基本线性代数运算库。

(6) nvJPEG 库为深度学习和超大规模多媒体应用中常用的 JPEG 图像格式提供了高性能、GPU 加速的解码功能。该库提供单次和成批 JPEG 解码功能，其能够有效利用 GPU 计算资源以获得最佳性能，并且为用户管理解码所需内存分配提供了灵活的接口。

(7) cuFFT(CUDA fast Fourier transform，CUDA 快速傅里叶变换)库提供了与广泛使用的 FFTW 库相似的编程接口，进而使得傅里叶变换能够在 GPU 上以并行计算的方式运行。但是，FFTW 可以直接操作存储在内存中的数据，而在利用 cuFFT 计算前后需要将数据在内存与显存之间进行交互，在执行完数据由内存到显存的拷贝操作后才能够利用 GPU 进行快速傅里叶变换的并行计算，同理，在变换完成之后需要将显存中的数据复制到 CPU 上进而进行后续处理。

（8）nvGRAPH 提供了图像构造和操作基类及针对 GPU 优化的图像处理算法。其核心功能是 SPMV（sparse matrix-vector multiplication，稀疏矩阵向量乘法），该算法是在对任何稀疏模式都有自动负载平衡的半环模型上建立起来的。

（9）cuRAND 提供了能够简单高效地生成伪随机数和准随机数方法。伪随机数序列由确定性算法生成，能够满足真正随机序列的大多数统计特性；*n* 维点的准随机数由被设计用来均匀填充 *n* 维空间的确定性算法生成。

（10）cuSPARSE 提供了用于稀疏矩阵的基本线性代数算法，建立在 Runtime API 基础上，可以通过 C/C++进行调用。

（11）NPP（NVIDIA performance primitives）库提供了应用于二维图像和信号处理领域的 CUDA 加速算法。对该库中函数的合理使用能够在保持 GPU 计算性能的基础上最大限度提升 CUDA 代码的灵活性。

（12）NVRTC 是 CUDA C++运行时的编译库。其接受字符串形式的 CUDA C++源码并生成能够用于得到 PTX 的句柄。NVRTC 生成的 PTX 字符串可以被 cuModuleLoadData 和 cuModuleLoadDataEx 所加载，进而通过 Driver API 的 cuLinkAddData 函数与其他模块相连接。

（13）Thrust 是基于 STL（standard template library，标准模板库）设计的 CUDA-C++模板库，提供了灵活的 CUDA-C 接口以用于实现各种矢量运算、基本函数运算（求最大最小值、排序等）。

（14）cuSOLVER 是基于 cuBLAS 和 cuSPARSE 库的高级函数库，包括针对单个 GPU 的 cuSOLVER API 和针对单节点多 GPU 的 cuSOLVERMG API。该库目的是提供类似 LAPACK 的功能，如密集矩阵的公共矩阵分解和三角矩阵求解、稀疏最小二乘解法和特征值解法等。此外，cuSOLVER 还提供了一个新的重构库，可用于求解具有共享稀疏模式的矩阵序列。

这些 API 和函数库为开发人员提供了便捷易懂的 CUDA-C 和 CUDA-C++接口，不需要刻意针对硬件架构设计程序就能使算法获得较高的计算效率，能够简化代码、提升开发效率。

18.1.2 CUDA C++语言

CUDA 附带允许开发人员使用 C++作为高级编程语言的软件环境。支持其他语言、应用程序编程接口或基于指令的方法，如 Fortran、DirectCompute、OpenACC 等。

（1）引入了函数执行空间限定符（function execution space specifiers）。用来表示函数是在 host 还是在 device 上执行，以及函数是从 host 调用还是从 device 调用。这些限定符有：__device__、__host__、__global__、__noinline__和__forceinline__。

(2) 引入了变量存储空间限定符(variable memory space specifiers)。用来表示变量位于 device 的哪类存储单元上。在设备代码中声明的自动变量，如果没有__device__、__shared__和__constant__存储空间说明符，则通常位于寄存器中。

(3) 引入了内置矢量类型。如 char1、short2、int3、long4、longlong4、float4、double4、dim3 等，它们是由基本的整型或浮点型构成的结构体矢量类型，通过 x、y、z、w 访问 1st、2nd、3rd 和 4th 变量。

(4) 引入内置变量用于指定网格(grid)和块(block)大小及线程索引，这些变量只能用于设备(device)函数上。如 gridDim、gridIdx、blockDim、blockIdx 等。

(5) 引入了内存栅栏函数(memory fences functions)、同步函数(synchronization functions)、数学函数(mathematical functions)、纹理函数(texture functions)、面元函数(surface functions)、只读数据缓存加载函数(read-only data Cache load functions)、测时函数(time function)、原子函数(atomic functions)、地址空间谓词函数(address space predicate functions)和 Warp 类函数(warp match、warp shuffle、warp matrix)等。

这些函数需要在相关规范和语法的指导下使用，否则可能会导致不可预知的内存/显存错误。

18.1.3 CUDA C++拓展限定符语法

1) 函数执行空间限定符(表 18.1)

表 18.1 CUDA C++中函数执行空间限定符

函数名称	执行位置	只能从哪里调用
__device__ float DeviceFunc()	设备	设备
__global__ void KernelFunc()	设备	主机
__host__ float HostFunc()	主机	主机

(1) __device__限定符。其声明的函数具有以下性质：①在设备上执行；②只能从主机端调用；③__global__和__device__限定符不能同时使用。

(2) __global__限定符，用于声明内核函数。此类函数：①在设备上执行；②只能从主机端调用；③__global__函数返回类型为空且不能作为类成员；④__global__函数调用前需要先指定执行配置(以<<<Grid、Block、Shared Memory、Stream>>>形式，其中 Shared、Memory 和 Stream 为可选参数，二者默认值均为 0)；⑤_global__函数是异步的，即在设备执行完成之前返回。

(3) __host__限定符，其声明的函数具有以下性质：①在设备上执行；②只能从主机端调用。

特别地，没有__host__，__device__，__global__限定符修饰的函数，等同于只用__host__限定符修饰的函数，函数都将仅为主机端进行编译，即编译出的版本只能在主机端运行。其中，__global__和__host__不能同时使用；__host__可以与__device__同时使用，此时函数将为主机和设备进行编译，即分别编译出在主机和设备端运行的版本。用__CUDA__ARCH__宏指令可区分 host 和 device 代码路径。

(4) 限制：①__device__和__global__函数不支持递归；②__device__和__global__函数的函数体内不能声明静态变量；③__device__和__global__函数的参数数目是不可以变化的；④不能对__device__取指针，但可以对__global__函数取指针；⑤__global__函数的参数目前通过共享存储器传递，总的大小不能超过 256byte。

2) 变量存储空间限定符

(1) __device__变量限定符，声明的变量存在于设备上。其他类型限定符，最多只能有一种可以与__device__连用，以更明确地指示变量存在于哪一类存储器空间。当__device__变量限定符不与其他限定符连用时，这个变量将：①位于全局存储器中；②与应用程序具有相同的生命周期；③每个设备有一个不同的对象；④可以通过运行时库从主机端访问，设备端网格内的所有线程也可访问。

(2) 单独使用__constant__限定符，或者与__device__限定符连用，这样声明的变量：①存在于常数存储器空间；②与应用程序具有相同的生命周期；③每个设备有一个不同的对象；④可以通过运行时库从主机端访问，设备端的所有线程也可访问。

(3) 单独使用__shared__限定符，或者与__device__限定符连用。此时声明的变量：①位于线程块(thread block)中的共享存储器空间中；②与 block 具有相同的生命周期；③仅可通过线程块内的所有线程访问；④没有固定地址。

(4) 使用__managed__限定符，或与__device__限定符连用。此时声明的变量可以从设备端或主机端引用，如可以从设备端或主机端函数取其地址或直接进行读写操作。

(5) 使用__restrict__限定符：C99 中引入了受限指针(restricted pointers)，用以消除 C 类型语言中的混叠现象。在 CUDA 代码中，寄存器压力较大，使用受限指针会降低占用率，对代码性能产生负面影响。

(6) 限制：①以上限定符不能用于 struct 与 union 成员、在主机端执行的函数的形参及局部变量；②__shared__和__constant__变量默认为是静态存储；③__device__、__shared__和__constant__不能用 extern 关键字声明为外部变量，在__shared__前可以加 extern 关键词，但表示的变量大小由执行参数确定；④__device__和__constant__变量只能在文件作用域中声明，不能在函数体内声明；⑤__constant__变量不能从 device 中赋值，只能从 host 中通过运行时函数赋值；⑥__shared__变量的声明不能初始化；⑦在设备代码(__global__或者__device__函数)中，如果一个变量前没有任何限定符，这个变量将被分配到寄存器中；但如果寄存器资源不足，编译器会把这些变量存放在 local memory 中，local memory 中的数据被存放在显存中，而且没有任何缓存可以加速 local memory 的读写，因此会大大降低程序的速度；⑧只要编译器能够解析出设备端代码中指针指向的地址，指向 shared memory 或者 global memory，这样的指针即受支持，如果编译器不能正确解析指针指向的地址，那么只能使用指向 global memory 的指针；⑨在 host 端代码中使用指向 global 或者 shared memory 的指针，或者在 device 端代码中使用指向 host memory 的指针都将引起不确定的行为，通常会报分区错误(segmentation fault)并导致程序终止运行；⑩在 device 端通过取地址符号&获得__device__、__constant__、__shared__的地址，这样得到的地址只能在 device 端使用。通过在 host 端调用 cudaGetSymbolAddress() 函数可以获得__device__、__constant__的地址，这样得到的地址只能在 host 端使用。

3) 内建向量类型

Char1, uchar1, char2, uchar2, char3, uchar3, char4, uchar4, short1, ushort1, short2, ushort2, short3, ushort3, short4, ushort4, int1, uint1, int2, uint2, int3, uint3, int4, uint4, long1, ulong1, long2, ulong2, long3, ulong3, long4, ulong4, longlong1, longlong2, float1, float2, float3, float4, double1, double2 这些 *N*-元组向量类型由基本的整数与浮点类型派生而来。这些类型本质上是结构体，其第一、二、三、四元素分别通过结构体的 *x*、*y*、*z*、*w* 成员访问。它们都通过形如 make_<type name>;的构造函数生成，例如，int2 make_int2(int *x*, int *y*) 将生成一个值为 (*x*,*y*) 的 int2 型 2 元组向量。在主机端代码中，对向量类型的对齐要求与对构成向量的基本类型要求相同。在设备端代码中，对向量类型的对齐要求如表 18.2 所示。

表 18.2　设备端代码对齐要求

类型	对齐
char1, uchar1	1
char2, uchar2	2
char3, uchar3	1
char4, uchar4	4
short1, ushort1	2
short2, ushort2	4
short3, ushort3	2
short4, ushort4	8
int1, uint1	4
int2, uint2	8
int3, uint3	4
int4, uint4	16
long1, ulong1	若 sizeof (long) = sizeof (int) 则为 4，否则为 8
long2, ulong2	若 sizeof (long) = sizeof (int) 则为 8，否则为 16
long3, ulong3	若 sizeof (long) = sizeof (int) 则为 4，否则为 8
long4, ulong4	16
longlong1, ulonglong1	8
longlong2, ulonglong2	16
longlong3, ulonglong3	8
longlong4, ulonglong4	16
float1	4
float2	8

续表

类型	对齐
float3	4
float4	16
double1	8
double2	16
double3	8
double4	16

Dim3 类型是一种整型向量类型，基于用于指定维度的 uint3。在定义 dim3 类型变量时，凡是没有赋值的元素都会被初始化为 1。

4) 内置变量

内置变量用于确定 grid 和 block 的维度，以及 block 和 thread 在其中的索引。这些内置变量只能在设备端执行的函数（__global__、__device__）中使用。

(1) 变量 gridDim 为 dim3 类型，包含了 grid 在三个维度上的尺寸信息。

(2) 变量 blockIdx 为 uint3 类型，包含了一个 block 在 grid 中各个维度上的索引信息。

(3) 变量 blockDim 为 dim3 类型，包含了 block 在三个维度上的尺寸信息。

(4) 变量 threadIdx 为 uint3 类型，包含了一个 thread 在 block 中各维度上的索引信息。

(5) 变量 warpSize 为 int 类型，用于确定设备中一个 warp 包含多少个 thread。

(6) 限制：①不能对任何内置变量取地址；②不能对内置变量赋值，即内置变量是只读的。

18.2 CUDA 的安装与配置

编写 CUDA 程序需先下载并以此安装最新版本的驱动、CUDA 工具包、CUDA SDK 包。目前，CUDA 10.2 提供了对 x86_64 架构的 Windows10、Windows 8.1、Windows7、Windows Server 2019、Windows Server 2016、Windows Server 2012 R2 系统、基于 x86_64 和 ppc64le 的 Linux 系统和 Mac OSX 系统的支持（比较老版本的 CUDA 还支持 32 位和 64 位 Windows Vista 和 Windows XP）。CUDA 满足向后兼容，在特定版本上编译的程序、插件、库，在未来版本的 CUDA 中仍然可以使用，但在早期版本上无法运行。驱动、CUDA Toolkit 及 CUDA SDK 的版本必须匹配，否则无法正常编译。

18.2.1 开发环境

在开始 CUDA 编程之前，首先要配置好编写 CUDA C++代码的开发环境。使用 CUDA C++来编写代码的前提条件包括：支持 CUDA 的 GPU、NVIDIA 设备驱动程序、CUDA 开发工具箱和标准 C 编译器。

1) 支持 CUDA 的 GPU

自从 2006 年发布 GeForce 8800 GTX 以来，NVIDIA 推出的每款 GPU 都能支持 CUDA。现有的 GPU 架构有 Tesla、Fermi、Maxwell、Kepler、Pascal、Turing、Ampere 等，具体可支持 CUDA 的 GPU 型号列表可以参考 NVIDIA 官方网址 https://developer.nvidia.com/cuda- gpus 上的信息。图 18.1 为可支持 CUDA 的 GPU 设备列表。

图 18.1　可支持 CUDA 的 GPU 设备列表总览

2) NVIDIA 设备驱动程序

NVIDIA 提供了一些系统软件来实现应用程序与支持 CUDA 硬件之间的通信。如果正确安装了 NVIDIA GPU，那么在机器上就已经安装好了这些软件。要确保安装最新的驱动程序，可以访问网址 https://www.nvidia.com/en-us/support/并点击“Download Drivers”链接，然后选择与开发环境相符的图形卡与操作系统。根据所选平台的安装指令，在机器上将安装最新的 NVIDIA 驱动软件。图 18.2 为 NVIDIA 驱动程序下载界面。

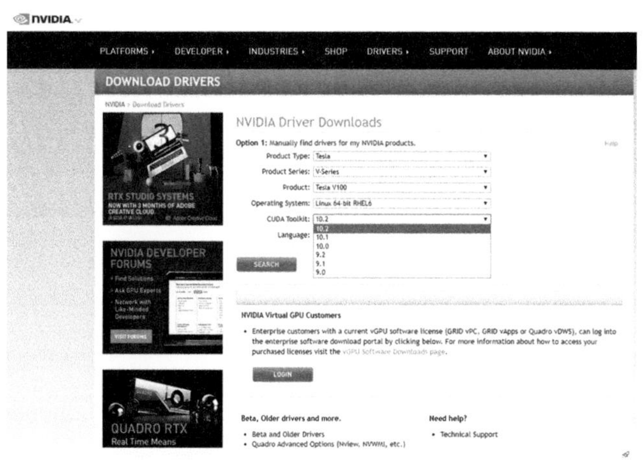

图 18.2　NVIDIA 驱动程序下载界面

3) CUDA 开发工具箱

CUDA 开发工具箱(Toolkit)中主要包含了编译器(Compiler)、工具包(Tools)、库函数(Libraries)、样例(Samples)、文档(Documentation)、驱动(Driver)及 GDB 调试工具等，在不同的 Toolkit 版本中具体内容会有所区别。所以，在安装好驱动程序后，即可选择与操作系统和显卡驱动相适配的 Toolkit 版本，可在网站 https://developer.nvidia.com/cuda-toolkit 获取最新版本 Toolkit 的相关资讯，点击“Download Now”可跳转到最新版 CUDA Toolkit 下载界面(https://developer.nvidia.com/cuda-downloads，图 18.3)，具体的版本和安装方式可根据需要进行选择(历史版本的 CUDA Toolkit 可通过 https://developer.nvidia.com/cuda-toolkit-archive 下载)。

图 18.3　CUDA Toolkit 下载界面

其中，CUDA Samples 会跟随 CUDA Toolkit 自动安装到系统中，Samples 包含了基本 CUDA 代码应用教学，包括设备信息查询、带宽检测、图像计算、模拟计算等多个方面。另外，Toolkit 中驱动程序的安装是可选择的，既可以通过 Toolkit 完成自动安装(常用于 Windows 的 CUDA 安装)，也可以单独手动安装(常用于 Linux 的 CUDA 安装)。表 18.3 给出了 CUDA 版本与 GPU 驱动程序的兼容关系。

表 18.3　CUDA 版本与 GPU 驱动程序兼容关系

CUDA Toolkit 版本	Linux x86_64 驱动版本	Windows x86_64 驱动版本
CUDA 10.2.89	>= 440.33	>= 441.22
CUDA 10.1 (10.1.105 general release, and updates)	>= 418.39	>= 418.96
CUDA 10.0.130	>= 410.48	>= 411.31
CUDA 9.2 (9.2.148 Update 1)	>= 396.37	>= 398.26
CUDA 9.2 (9.2.88)	>= 396.26	>= 397.44
CUDA 9.1 (9.1.85)	>= 390.46	>= 391.29
CUDA 9.0 (9.0.76)	>= 384.81	>= 385.54
CUDA 8.0 (8.0.61 GA2)	>= 375.26	>= 376.51
CUDA 8.0 (8.0.44)	>= 367.48	>= 369.30
CUDA 7.5 (7.5.16)	>= 352.31	>= 353.66
CUDA 7.0 (7.0.28)	>= 346.46	>= 347.62

4) 标准的 C 编译器

GPU 代码的编译器环境包含在 CUDA Toolkit 中(NVCC)，因此 CUDA Toolkit 安装完成之后即可编译 GPU 代码。Linux 操作系统下会默认安装有 gcc 编译器用于 C/C++代码编译，Linux 环境下的 CUDA C/C++开发编译环境安装完毕。对于 Windows 操作系统下的编译器，推荐使用 Visual Studio 系列。

18.2.2　安装平台

1) Windows

在 Microsoft Windows 平台上，包括 Windows XP、Windows Vista、Windows Server 2008 及 Windows 7，推荐使用 Microsoft Visual Studio C 编译器。NVIDIA 当前同时支持 Visual Studio 2005 和 Visual Studio2008。当 Mircrosoft 发布新版本时，NIVDIA 也将增加对 Visual Studio 新版本的支持，同时去掉一些对旧版本的支持。

2) Linux

在 Linux 环境下，CUDA 的开发依赖于主机开发环境(包括主机编译器版本和 C 运行时库等)，因此不同版本 CUDA 只能在满足其运行条件需求的系统中使用(原生 Linux 系统与 CUDA10.2 的兼容性如表 18.4 所示)。

表 18.4　支持 CUDA 10.2 的原生发布版 Linux

<table>
<tr><th>Distribution</th><th>Kernel*</th><th>GCC</th><th>GLIBC</th><th>ICC</th><th>PGI</th><th>XLC</th><th>CLANG</th></tr>
<tr><td colspan="8">x86_64</td></tr>
<tr><td>RHEL 8.1</td><td>4.18</td><td>8.2.1</td><td>2.28</td><td></td><td></td><td></td><td></td></tr>
<tr><td>RHEL 7.7</td><td>3.10</td><td>4.8.5</td><td>2.17</td><td rowspan="11">19.0</td><td rowspan="11">18.x, 19.x</td><td rowspan="11">NO</td><td rowspan="11">8.0.0</td></tr>
<tr><td>RHEL 6.10</td><td>2.6.32</td><td>4.4.7</td><td>2.12</td></tr>
<tr><td>CentOS 7.7</td><td>3.10</td><td>4.8.5</td><td>2.17</td></tr>
<tr><td>CentOS 6.10</td><td>2.6.32</td><td>4.4.7</td><td>2.12</td></tr>
<tr><td>Fedora 29</td><td>4.16</td><td>8.0.1</td><td>2.27</td></tr>
<tr><td>OpenSUSE Leap 15.1</td><td>4.15.0</td><td>7.3.1</td><td>2.26</td></tr>
<tr><td>SLES 15.1</td><td>4.12.14</td><td>7.2.1</td><td>2.26</td></tr>
<tr><td>SLES 12.4</td><td>4.12.14</td><td>4.8.5</td><td>2.22</td></tr>
<tr><td>Ubuntu 18.04.3 (**)</td><td>4.15.0</td><td>7.3.0</td><td>2.27</td></tr>
<tr><td>Ubuntu 16.04.6 (**)</td><td>4.4</td><td>5.4.0</td><td>2.23</td></tr>
<tr><td colspan="8">POWER8 (***)</td></tr>
<tr><td>RHEL 7.6</td><td>3.10</td><td>4.8.5</td><td>2.17</td><td>NO</td><td>18.x, 19.x</td><td>13.1.x, 16.1.x</td><td>8.0.0</td></tr>
<tr><td>Ubuntu 18.04.1</td><td>4.15.0</td><td>7.3.0</td><td>2.27</td><td>NO</td><td>18.x, 19.x</td><td>13.1.x, 16.1.x</td><td>8.0.0</td></tr>
<tr><td colspan="8">POWER9 (****)</td></tr>
<tr><td>Ubuntu 18.04.1</td><td>4.15.0</td><td>7.3.0</td><td>2.27</td><td>NO</td><td>18.x, 19.x</td><td>13.1.x, 16.1.x</td><td>8.0.0</td></tr>
<tr><td>RHEL 7.6 IBM Power LE</td><td>4.14.0</td><td>4.8.5</td><td>2.17</td><td>NO</td><td>18.x, 19.x</td><td>13.1.x, 16.1.x</td><td>8.0.0</td></tr>
</table>

3) MacOS X

CUDA 10.2 是最后一个支持 macOS 系统的开发版本，后期特性可能不再支持 macOS，需要 MacOS X10.13、Clang 编译器及 Xcode 安装的工具链。表 18.5 列出了 CUDA 10.2 支持的 MacOS 操作系统环境配置参数。

表 18.5　CUDA 10.2 支持的 MacOS 操作系统环境配置

工具链		MacOS X 版本（原生 x86_64）
Xcode	Apple LLVM	10.13.6（17G2307）
10.2（10B61）	10.0.1	YES

18.2.3　CUDA 安装与配置

（1）Windows 系统安装步骤如下。

步骤 1： 在 https://developer.nvidia.com/cuda-downloads 选择相应的操作系统，并下载最新的 CUDA Toolkit。CUDA 目前支持 x86_64 架构的 Windows10、Windows 8.1、Windows7、Windows Server 2019、Windows Server 2016、Windows Server 2012 R2 等操作系统。NVIDIA 为用户提供了网络安装和离线安装两种方式，网络安装模式下用户可以自主选择需要的文件进行下载和安装，离线安装则为独立的安装程序。

步骤 2： 如果尚未安装显卡驱动，可从 Toolkit 中安装。其中 CUDA Toolkit 的默认安装路径为%ProgramFiles%\NVIDIA GPU Computing Toolkit\CUDA\v#.#。安装过程会自动添加一部分系统环境变量，如 CUDA_BIN_PATH、CUDA_INC_PATH、CUDA_LIB_PATH 等。

步骤 3： 接下来可以利用 VS 编译%ProgramData%\NVIDIA Corporation\CUDA Samples\v#.#里的例子，编译成功后的文件存储在 C:\ProgramData\NVIDIA Corporation\CUDA Samples\v10.2\bin\win64\Release 中，若例子最后显示 Result = Pass 则说明安装正确。注意，release 和 debug 的执行需要 GPU 真正支持 CUDA，而 emu 则无此要求。

步骤 4： 开发人员要建立自己的 CUDA 程序，可以在 Toolkit 提供的 Samples 基础上开发，其提供了许多基础的 CUDA 语法及函数库（如 Thrust、CUDA FFT 等）的使用样例。

（2）Linux（以 Redhat/CentOS 的 runfile installer 安装为例）系统安装步骤如下。

步骤 1： 在 https://developer.nvidia.com/cuda-downloads 选择系统版本后下载 CUDA Toolkit Installer for [Linux version]，对于不同的系统版本提供了 runfile（本地安装）、rpm（本地安装和网络安装）、cluster（本地安装）、deb（本地安装和网络安装）等多种安装方式。

步骤 2： 禁用 Nouveau 驱动。在/etc/modprobe.d/下创建文件 blacklist-nouveau.conf，并在文件中输入以下内容：

```
blacklist nouveau
options nouveau modeset=0
```

刷新内核：

```
$ sudo update-initramfs -u
```

步骤 3：重启并进入文本模式，执行以下安装过程：

```
$ sudo init 3
$ sudo sh cuda_<version>_linux.run --silent
```

步骤 4：创建 xorg.conf 文件以使用 GPU 显示：

```
$ sudo nvidia-xconfig
```

步骤 5：重启系统并进入图形界面。

步骤 6：重启系统并加载 NVIDIA 显卡驱动。

步骤 7：修改~/.bashrc 文件（在用户目录下），将 PATH 和 LD_LIBRARY_PATH 变量添加到系统变量中，并使环境变量生效。

```
export PATH=/usr/local/cuda-10.2/bin${PATH:+:${PATH}}
export LD_LIBRARY_PATH=/usr/local/cuda-10.2/lib64\
            $ {LD_LIBRARY_PATH:+:${LD_LIBRARY_PATH}}
```

```
$ source ~/.bashrc
```

其中，CUDA Toolkit 的默认安装路径为/usr/local/cuda-10.2，而 CUDA Samples 的默认安装路径为/usr/local/cuda-#.#/samples 和$HOME/NVIDIA_CUDA-#.#_Samples。

步骤 8：安装完 CUDA Toolkit 之后，可以通过以下 Sample 中的程序测试安装是否正确、获取 GPU 参数等：

```
$ cd ~/NVIDIA_CUDA-10.2_Samples/0_Simple/vectorAdd
$ make
$ ./vectorAdd
```

若显示 Result = PASS，则证明 CUDA 安装成功。

步骤 9：开发人员要建立自己的 CUDA 程序，最简单的办法就是以 Sample 中样例为模板，根据程序需求进行模块增减。需要注意的是，/usr/local/cuda-#.#/samples 中的样例可能需要较高权限才可进行更改，可直接利用$HOME/NVIDIA_CUDA-#.#_Samples 中的代码，二者相同。

（3）MacOS X 安装步骤如下。

步骤 1：进入网站 https://developer.nvidia.com/cuda-downloads 下载 CUDA Toolkit Installer for MacOS X。

步骤 2：打开安装包并按照提示进行安装。安装完成后配置环境变量：

```
$ open -e .bash_profile
```

在 bash_profile 文件中添加：

```
export PATH=/Developer/NVIDIA/CUDA-10.2/bin${PATH:+:${PATH}}
export DYLD_LIBRARY_PATH=/Developer/NVIDIA/CUDA-10.2/lib\
          ${DYLD_LIBRARY_PATH:+:${DYLD_LIBRARY_PATH}}
```

刷新 bash 文件：

```
$ . ~/.bash_profile
```

步骤 3：编译运行样例，检测安装是否正确：

```
$ cd /usr/local/cuda/samples
$ sudo make -C 1_Utilities/deviceQuery
$ ./deviceQuery
```

若结果显示 Result = PASS，则安装成功。

在 MacOS X 系统中，CUDA Toolkit 包含了编译器、函数库、头文件等，默认安装到系统/Developer/NVIDIA/CUDA-10.2 中，先前版本的 Toolkit 将被移动到/Developer/NVIDIA/CUDA-#.#。只读形式的程序样例(samples)默认安装到/Developer/NVIDIA/CUDA-10.2/samples 中，样例的先前版本将被移动到/Developer/NVIDIA/CUDA-#.#/samples 中。

18.3 CUDA 编译与驱动

18.3.1 Emu 调试

对于设备端代码，编程环境如 VS2005 不提供本地调试支持，但可以通过设备模拟模式(device emulation mode)进行调试。在这种模式下编译应用程序(使用-deviceemu 选项)，设备代码是在主机端编译并运行，程序员可以像调试普通的应用程序一样，使用主机端的本地调试支持来调试设备端程序。预处理宏__DEVICE_EMULATION__在此模式下定义。一个应用程序的所有代码，包括使用的全部库，都必须一致地为设备模拟而编译，或一致地为设备运行而编译。如果将为设备模拟编译的代码与为设备执行编译的代码连接，将导致初始化时返回运行时错误 cudaErrorMixedDeviceExeuction。

在 emu 模式下运行 CUDA 程序，会将 kernel 映射到 CPU 上运行。对线程块中的每个线程，模拟运行时都在主机端创建一个由软件维护的线程。程序员需要确定以下两点。

(1)主机端能够运行每个块的最大线程数，外加一个主控线程。

(2)存储器内存足够大，能跑起所有线程，已知每个线程都要占据堆栈中的256KB空间。

设备模拟方式的众多特性，使其成为有效的调试工具，可实现以下功能。

(1)主机端的本地调试功能提供了断点运行、数据检查等功能。

(2)由于无法直接访问设备端代码，而设备代码被编译为在主机端运行，因此可以使用标准输入输出来监控程序。

(3)由于所有的数据都在主机端，设备或主机代码可以读取任何特定于设备端或特定于主机端的数据。类似的，也可以调用任何设备端或主机端函数。

(4)如果误用了同步函数，运行时将检测到死锁情况。

程序员要知道，在设备模拟模式下，线程是一次串行执行的，发生读后写、写后读、写后写的错误概率较小，但有些错误很难发现，具体如下所示。

(1)设备模拟模式下，竞争条件很难实现。

(2)主机端解除一个指向全局内存的指针，但设备端真正执行时会遇到不可预知的错误。

(3)大部分情况下，同样的浮点运算在设备执行模式和模拟模式下会得到不同的结果。

18.3.2　编译相关

1)__noinline__

默认情况下，__device__函数总是内联的(inlineed)。可以通过__noinline__函数限定符让编译器尽量不内联该函数。__noinline__函数必须与调用它的函数处于同一个文件中。

2)#pragma unroll

在默认情况下，编译器会自动展开循环次数已知的小循环。#pragma unroll 指令可以用于对任意循环的展开。#pragma unroll 必须紧接于循环之前，并且只作用于该循环。#pragma unroll 有一个可选参数，用于指明循环要被展开多少次。例如，在下面的代码示例中：

```
#pragma unroll 5
for (int i=0;i<n;i++)
```

循环将被展开5次。程序员必须确保程序的展开操作不会影响程序的正确性(如果上面代码中的n<5，程序就会出错)。

#pragma unroll 1 指令将使编译器在任何情况下都不展开循环。如果#pragma unroll 后未指定任何数据并且循环次数固定，那么整个循环将完全展开，否则循环不会被展开。

18.3.3 错误处理

调用运行时函数将会返回错误代码。但是在调用异步函数时，GPU 完成操作之前就已经返回到主机端线程，此时主机端不会得到真正的错误值，需要执行一次同步，或者调用 cudaGetLastError()函数才能得到异步函数的错误，否则下一个 GPU 操作将会返回上一步的错误。

运行时为每一个主机线程维护一个错误变量，初始化为 cudaSuccess，如果发生了错误，那么该值将被错误代码重写(参数非法错误或异步错误)。CudaGetLastError()返回这个变量并将其重置为 cudaSuccess。

Kernel 调用是异步的，因此 kernel 调用不返回错误代码，所以在 kernel 启动后必须调用 cudaGetLastError()来检查运行是否出现错误。为保证 cudaGetLastError()返回的任何错误不是由 kernel 启动前的因素造成的，必须保证在 kernel 启动前错误变量被赋为 cudaSuccess，在 kernel 启动前调用 cudaGetLastError()可以实现。

在驱动 API 实现中也有类似的情况：驱动 API 函数返回错误，但异步参数也不会立即返回错误。在异步函数调用后检验异步错误，唯一的办法就是调用 cuCtxSynchronize()并检验其返回的错误代码。

18.3.4 计算模式

Linux 下的 Tesla 方案，可以通过 NVIDIA 的系统管理接口来设置系统里的任一设备为以下方式，其中系统管理结构是 Linux 驱动的一部分。

(1) Default 计算模式：主机线程——设备为多对一的模式，即一个设备可同时被多个线程所使用，通过在这个设备上调用 cudaSetDevice()。

(2) Exclusive 计算模式：任何时间都只允许一个主机端线程使用设备。

(3) Prohibited 计算模式：没有主机端线程可以使用设备。

这意味着，主机端线程使用运行时 API(不通过显式调用 cudaSetDevice())，这个主机端线程可能关联于 device()以外的一个设备，如果 device0 处于 prohibited 或 exclusive 计算模式并被另一个主机端线程所使用，CudaSetValidDevices()可用来从一个优先设备列表里去设置一个设备。

设备计算能力的查询，可以通过调用 cudaGetDeviceProperties()的 computeMode 及 cuDeviceGetAttribute()的 CU_DEVICE_COMPUTE_MODE 属性。

第 19 章 CUDA 编程基础

19.1 主机与设备

当前主流处理器大都是基于 Multicore-CPU 和 Manycore-GPU 的并行系统。CUDA 并行编程模型的出现为开发者由标准编程语言(如 C/C++)向具有低学习曲线的 CUDA C/C++快速过渡提供了捷径，这种编程模型能够更好地在代码的并行特性和不断增长的处理器核心数量之间做出平衡。

线程组织结构、共享内存和栅栏同步是 CUDA 编程模型的三个关键抽象概念，这些架构和功能将细粒度数据并行和线程并行嵌套在粗粒度数据并行和任务并行中，可以指导编程人员将宏观问题分解为粗粒度的子问题，进而利用线程块内的线程协同并行解决。

CUDA C++通过 C++扩展来允许用户定义核函数(kernels)，与常规 C++程序被调用时只执行一次不同，核函数会在 N 个不同的 CUDA 线程中同时执行 N 次，并且每个执行核函数的线程都有其独一无二的 ID，并可以通过内置变量访问。

不同维度的线程组织方式能够形成不同的线程块(block)，但每个线程块中的线程数量是有限制的，现有的 GPU 线程块中线程数量上限为 1024。但是，核函数能够在多个形状(尺寸)相同的线程块上运行，如此一来共有“每个线程块中的线程数”乘以“总的线程块数”个线程在执行核函数。进一步，线程块以类似的方式组织成网格(Grid)。同一块内的线程能够通过同步方式实现共享内存内数据的交互，更准确地讲，可以通过 syncthreads() 函数设置“栅栏”，让块中线程等待操作完成。

CUDA 线程可以在代码运行期间从多个内存空间访问数据，每个线程都有专用的本地内存。每个线程块的共享内存都对该块的所有线程可见，并且与该块具有相同的生存期。所有线程都可以访问相同的全局内存。

所有线程还可以访问另外两个只读内存空间：常量和纹理内存空间。全局、常量和纹理内存空间针对不同的内存使用进行了优化。对于某些特定的数据格式(请参见纹理和曲面内存)，纹理内存还提供不同的寻址模式及数据过滤功能。

CUDA 程序执行由设备端 kernel 函数的并行和主机端串行共同组成(图 19.1)，这些处理步骤会按照程序中相应语句的顺序依次执行，满足顺序一致性。

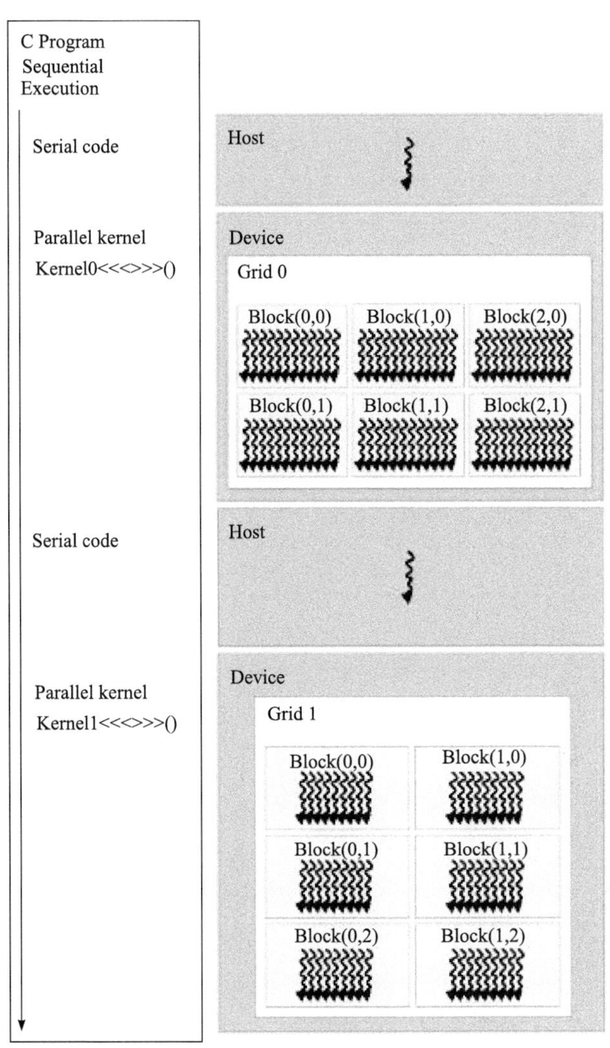

图 19.1　CUDA 编程模式

在程序设计中，CPU 部分的串行代码应主要完成 kernel 启动前的数据准备、内存到显存的数据传递、设备初始化、kernel 间的串行计算等工作。理想情况下，串行代码只负责内核函数的交替清理和启动工作，使得数据尽可能地在设备上进行操作，避免内存与显存的多次数据交互。

由图 19.1 可知，典型的 CUDA 程序执行过程如下所示。

(1) 执行过程开始于主机(CPU)。

(2) 当 kernel 函数被调用或启动时，函数转移到设备上由大量线程同时执行。在调用 kernel 函数时生成的所有线程(thread)构成线程块(block)，进而组织为网格(grid)。

(3) 当 kernel 函数中的所有线程都完成它们的执行任务后，相应的网格终止，程序转移到主机上继续执行。

从图 19.1 中还可以看出，一个 kernel 函数中的并行以 grid 中的 block 间并行和 block

中的 thread 间两级构成，两层并行模型是 CUDA 最重要的创新之一，后面的章节会详细讲述这一点。

19.2　核函数的定义与调用

运行在 GPU 上的 kernel 函数必须通过__global__函数执行空间限定符定义，并且只能在主机端代码中调用。在调用时，必须声明内核函数的执行参数，即 grid、block 及 thread 的大小，如程序 19.1 所示。

程序 19.1　kernel 函数的定义与调用

```
//kernel 定义
__global__ void VecAdd(float *A, float *B, float *C)
{
          //略
}
int main()
{
    //Kernel 调用
    VecAdd<<<1, N>>> (A, B, C);
    //VecAdd<<<Dg, Db, Ns >>> (A, B, C);
}
```

上述代码中，VecAdd<<<1, *N*>>>(A, B, C)完成了对内核函数 VecAdd 的调用。其中，<<<>>>运算符中是内核函数的执行参数，用于说明内核函数中的线程数量，以及线程是如何组织的；小括号里的参数是函数自身的参数。本例中，“1, *N*”是函数的执行参数，代表 kernel 的 grid 中只有一个 block，而每个 block 中则有 *N* 个 thread；而“A, B, C”则是函数的参数。

VecAdd<<<Dg, Db, Ns, S>>> (A, B, C)中，Dg 为 dim3 类型，代表了 grid 的组织形式，使得 Dg.x * Dg.y * Dg.z 等于线程块数量；Db 也为 dim3 类型，指定了每个块的维度，使得 Db.x * Db.y * Db.z 等于每个块中的线程数；Ns 为 size_t 类型，指定了除静态分配的内存外，每个 block 动态分配给 VecAdd 的共享内存大小(单位为 bytes)，这部分共享内存可以由外部声明的__shared__数组变量使用。

线程在设备端的执行过程是并行的，每个线程都有自己的 ID 并以内置变量的形式存储在设备端的专用寄存器中，为只读类型，因此线程 ID 只能够在设备端的 kernel 函数中使用。

程序 19.2 演示了如何对长度为 *N* 的两个向量 A 和 B 求和，并将结果存储在向量 C 中。由于本例中所有的 thread 都属于同一个 block，因此只使用了 thread ID 区分这些线程。

程序 19.2　向量的求和

```
//kernel 定义
__global__ void VecAdd(float *A, float *B, float *C)
{
    int i = threadIdx.x;
    C[i] = A[i] + B[i];
}
int main()
{
    //Kernel 调用
    VecAdd<<<1, N>>>(A, B, C);
}
```

N 个线程中的每一个线程以并行的方式各执行了一次 VecAdd() 函数，对两个数进行求和；所有的 *N* 个线程共同完成了对两个 N 元向量的求和操作。图 19.2 给出了向量加法的核函数执行示例。

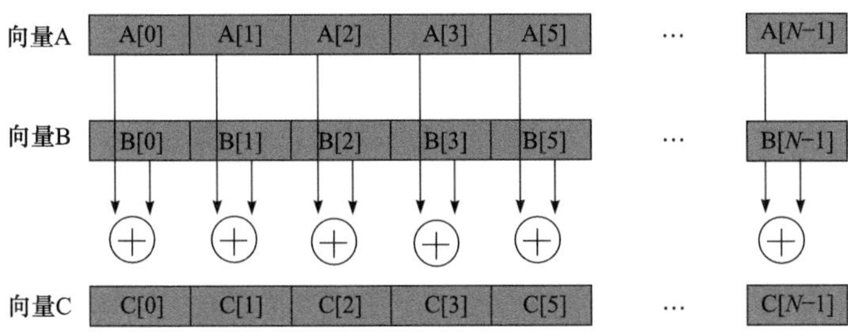

图 19.2　向量加法的核函数执行示例

19.3　设备中的空间管理与数据传输

1) 设备中的空间管理

在 CUDA 中，主机和设备都有自己独立的存储空间。这里值得注意的是，kernel 中用到的数组或变量必须在 CUDA 程序执行前就为其分配好足够的内存空间；函数执行完毕，也需要及时释放空间。在设备存储器中为变量分配和释放空间，与传统的 C 程序类似，也需调用相应的函数。

(1) 在设备中开辟空间：

cudaMalloc ((void **) pointer, size)

其中，pointer 为待分配空间的变量指针，size 为数组需要的空间大小(单位为 bytes)。

(2) 在设备中释放空间：

cudaFree (pointer)

程序 19.3 给出了在设备中开辟和释放空间的示例。

程序 19.3　在设备中开辟和释放空间

```
float *d_A;                                     //定义变量
cudaMalloc((void **)&d_A, 5*sizeof(float));    //在设备中分配空间
......
cudaFree (d_A);                                 //释放空间
```

2) 设备与主机中的数据传输

Kernel 函数执行前，需先将主机(即内存中)的数据传输至设备(即显存)；函数执行完毕，也需将显存数据传输至内存。程序执行时，有时还需进行主机和主机及设备和设备间的数据传输，因此 CUDA 提供了 cudaMemcpy 函数实现主机/设备间数据传输。cudaMemcpy 函数：

cudaMemcpy (pointer_tag, pointer_source, size, type)

pointer_tag	一个指针，指向数据复制操作的目的地址
pointer_source	一个指针，指向要复制的源数据地址
size	复制数据的大小(以字节为单位)
type	复制中所涉及存储器的类型

其中 type 共有 4 种情况，分别如下。

(1) cudaMemcpyHostToDevice：将主机内存中的数据拷贝到设备内存中。

(2) cudaMemcpyDeviceToHost：将设备内存中的数据拷贝到主机内存中。

(3) cudaMemcpyHostToHost：将主机内存中的数据拷贝到主机内存中。

(4) cudaMemcpyDeviceToDevice：将设备内存中的数据拷贝到设备内存中。

程序 19.4 给出了执行向量加法 kernel 函数时的数据传输示例。

程序 19.4　执行向量加法 kernel 函数时的数据传输

```
void main()
{
    int size = N*sizeof(float);
    float *d_A, *d_B, *d_C;
        ...... // 在设备中为 d_A, d_B, d_C 分配空间
    cudaMalloc((void **)&d_A, size);
    cudaMalloc((void **)&d_B, size);
    cudaMalloc((void **)&d_C, size);
    cudaMemcpy(d_A, A, size, cudaMemcpyHostToDevice);
    cudaMemcpy(d_B, B, size, cudaMemcpyHostToDevice);
        // 将主机内存里 A, B 中的数据拷贝到设备内存里 d_A, d_B
    cuda_vector_add<<<1, N>>> (d_A, d_B, d_C);
```

```
        // 调用 kernel 函数在设备中运算
    cudaMemcpy(C,d_C, size, cudaMemcpyDeviceToHost);
        // 将设备中 d_C 的数据拷贝回主机 C 数组
}
```

19.4 线程结构

为了能让 CUDA 核函数运行在具有不同核心数量的 GPU 上，CUDA 编程模型将计算任务映射为大量的可以并行执行的线程，并由硬件动态调度和执行这些线程。

如图 19.3 所示，线程网格(grid)为 kernel 中线程的最高级组织形式，每个线程网格由多个线程块(block)组成，而每个线程块又由多个线程(thread)组成。实质上，block 为 kernel 的基本执行单位，grid 的引入只是用来表示一系列可以被并行执行的 block 的集合。各 block 是并行执行的，block 间无法通信且没有执行顺序，但是同一 block 内部线程间可以通信。这样，CUDA 编程模型不但适用于单个线程块的处理，且更能方便地处理上百个线程块，提升了编程开发和并行计算效率。

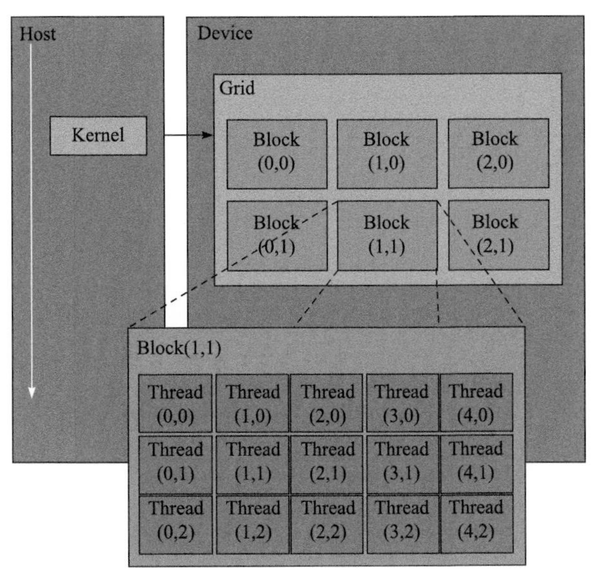

图 19.3　线程结构

为方便编程，CUDA 中使用了 dim3 类型(dim3 是基于 uint3 定义的矢量类型，相当于由 3 个 unsigned int 型组成的结构体，未初始化的维度默认值为 1)的内置变量 threadIdx 和 blockIdx，这样就可以使用一维、二维或三维的索引来标识线程，构成一维、二维或三维线程块。这样的线程组织形式使得程序员对各种域(向量、矩阵，或者空间)中数据的划分变得直观、自然。

1）线程组织模型

CUDA 运行时系统生成一个两级层级结构的网格，层次结构：网格（grid）→ 线程块（block）→ 线程（thread）。每个网格是线程块组成的数组，一个网格内所有线程块的大小一样，且线程块的大小一般都是 32 的倍数；线程块由线程组成，在当前最先进的 GPU 中，每个线程块至多包含 1024 个线程。每个内核程序（kernel）包含大量的线程，线程和线程块拥有唯一 ID。

网格中线程 ID 的计算：*i*=blockIdx.x * blockDim.x +threadIdx.x。

网格中第 1 个线程块的 blockIdx 值为 0；

第 2 个线程块的 blockIdx 值为 1；

第 3 个线程块的 blockIdx 值为 2；

线程块 0 中第 1 个线程的 threadIdx 值为 0；

第 2 个线程的 threadIdx 值为 1；

第 3 个线程的 threadIdx 值为 2；

……

依次类推，通过组合 threadIdx 和 blockIdx 可以为每个线程在整个网格中形成唯一的全局索引（图 19.4）。

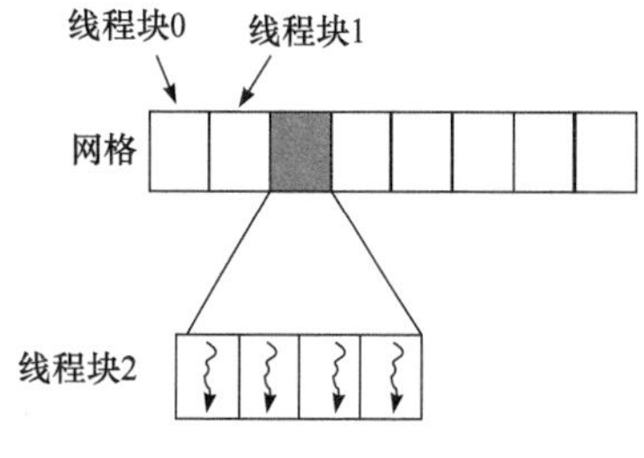

图 19.4　一维网格和线程块示意图

线程也可以通过 CUDA 拓展的内置变量（gridDim、blockDim、blockIdx 和 threadIdx，其是由 *x*、*y* 和 *z* 三个无符号整型字段组成的 C 结构体）实现多维索引。

二维网格和线程块中，线程的全局索引：

i=blockIdx.*x* * blockDim.*x* +threadIdx.*x*

j=blockIdx.*y* * blockDim.*y* +threadIdx.*y*

三维网格和线程块中，线程的全局索引：

i=blockIdx.*x* * blockDim.*x* +threadIdx.*x*

j=blockIdx.*y* * blockDim.*y* +threadIdx.*y*

k=blockIdx.*z* * blockDim.*z* +threadIdx.*z*

其中，gridDim 为一个网格中包含的线程块数量信息；blockDim 为一个线程块中可用的线程信息；blockIdx 为块索引；threadIdx 为线程索引。

这里需要注意的是，内置变量都有特殊的含义和用途，它们的值一般都由运行时系统预初始化，程序员应避免将这些变量用于任何其他目的。

2）Kernel 函数的线程启动

Kernel 函数线程启动的具体数目由语句中的执行配置参数决定。

配置参数：<<<参数 1，参数 2>>>，其中，参数 1 为指定了网格的维度（即网格内线程块的数量）；参数 2 为指定了线程块的维度（即线程块内线程的数量）。这两个参数都是 dim3 类型，dim3 类型是由 *x*、*y* 和 *z* 三个无符号整型字段组成的 C 结构体。如参数 1 定义为：dim3 dimGrid（8, 8, 8），表示共有 512 个线程块；参数 2 定义为 dim3 dimBlock（4,

3, 1) 表示每个线程块中共有 12 个线程。

而对于一个计算任务，需要启动的线程块数量只与问题规模有关，而与实际硬件设备中拥有多少个处理核心没有关系。由于各个线程块在处理核心上独立运行，因此可以在规格不同的硬件上处理相同的问题，只是拥有更多核心的 GPU 可以在更短时间内完成计算。通常，线程块的数量都应该至少是处理核心的数量的几倍，才能有效地发挥 GPU 的处理能力。

线程块和线程的启动一般有下列两种方式。

(1) 由程序员自己定义，如：dim3 dimGrid(128, 1, 1);dim3 dimBlock(32, 1, 1)。

假如 kernel 函数为 cuda_vector_add，则 cuda_vector_add<<<dimGrid, dimBlock>>>(…) 生成了一个 128 个线程块的一维网格，每个线程块包含 32 个线程，这个网格中线程总数是 128*32=4096 (这里要注意的是，对于一维或二维网格和线程块，未使用的维度字段应明确设为 1)。

(2) 由其他变量计算得到，如：dim3 dimGrid (ceil(*N*/256.0), 1, 1);dim3 dimBlock(256, 1, 1)。

这里 ceil(*N*/256.0) 表示求不小于 *N*/256.0 的最小整数，*N* 表示计算任务的数量。此时，假如 kernel 函数为 cuda_vector_add，则 cuda_vector_add<<<dimGrid, dimBlock>>>(…) 启动的线程块数量可以根据任务的数量动态变化，从而保证网格拥有足够多的线程处理所有的计算任务。

此外，为了方便起见，CUDA 还提供了用一维网格和一维线程块启动 kernel 函数的便捷方式，假如 kernel 函数为 cuda_vector_add，则一维网格和一维线程块启动 kernel 函数的便捷方式为：cuda_vector_add<<< ceil(*N* / 256.0), 256 >>>(…)。

由于线程块的大小一般都是 32 的倍数，因此通常情况下任务量和线程启动数量难以恰好一致，如有 100 个计算任务，而选定的线程块大小为 32，则需要启动 4 个线程块，这样共有 32*4=128 个线程，此时线程块 3 的最后 28 个线程没有计算任务，在 kernel 函数中可通过 if($i < N$) 判断线程是否需要做计算。

程序 19.5 给出了一个完整的向量加法 CUDA 程序代码。

程序 19.5　向量加法 CUDA 程序

```
__global__void cuda_vector_add(float *A, float *B, float*C,
int N)
{
    int i = threadIdx.x + blockDim.x*blockIdx.x;
    if(i < N)
         C[i] = A[i] + B[i];
}
void main()
{
```

```
    int i, N;
    N = 6000;
    int size = N*sizeof(float);
    float *A, *B, *C;     //给变量A, B, C在主机内存中分配空间
    A = (float *)malloc(size);
    B = (float *)malloc(size);
    C = (float *)malloc(size);

    for (i = 0; i < N; i++)
    {
          A[i] = i;
          B[i] = 1;
    }
    float *d_A, *d_B, *d_C;     ////给变量d_A, d_B, d_C在设备内
                                    存中分配空间
    cudaMalloc((void **)&d_A, size);
    cudaMalloc((void **)&d_B, size);
    cudaMalloc((void **)&d_C, size);
    cudaMemcpy(d_A, A, size, cudaMemcpyHostToDevice);
    cudaMemcpy(d_B, B, size, cudaMemcpyHostToDevice);
    //将主机内存中A, B变量的数据拷贝给设备内存中的d_A, d_B变量中
    dim3 dimGrid(ceil(N/8.0, 1, 1);
    dim3 dimBlock(8, 1, 1);
    cuda_vector_add<<<dimGrid, dimBlock>>>(d_A, d_B, d_C, N);
    //调用向量加法函数
    cudaMemcpy(C, d_C, size, cudaMemcpyDeviceToHost);
    for (i = 0, i < N; i++)
    {
          printf( "C[%d]=%f\n" , i, C[i]);
    }
    free(A); free(B); free(C);
    cudaFree(d_A); cudaFree(d_B); cudaFree(d_C);
}
```

由上述介绍可知，线程的组织形式可以是一维、二维或者三维。具体写程序时，我们需要根据数据本身的特点确定组织形式。无论是二维或者三维或是多维数组，在计算机内部本质上都可以“扁平化”等价为一维数组。下面以图 19.5 和程序 19.6 为例说明。

对于一张 30*37 的图片(图 19.5)进行处理，使图片中每个像素点的值扩大 2 倍。分析得出，假设采用 8*8 的线程块，那么需要 4*5=20 个线程块。

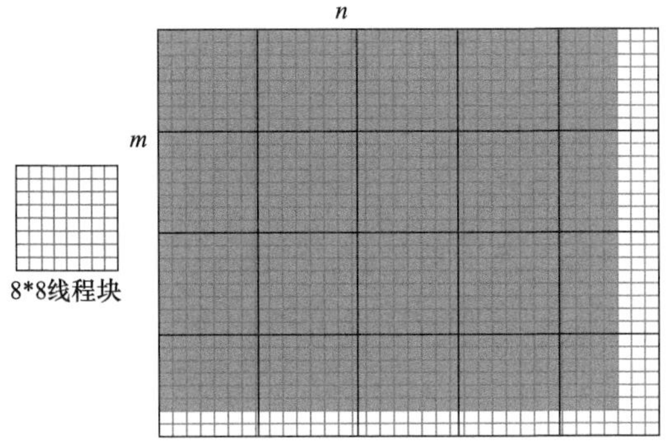

图 19.5　二维图片像素处理的线程划分示例

程序 19.6　二维图片像素处理的线程划分代码

```
__global__void pictureKernel(float *d_Pin, float *d_Pout, int
m, int n)
{
    int Row = threadIdx.y + blockDim.y*blockIdx.y;
    int Col = threadIdx.x + blockDim.x*blockIdx.x;
    if ((Row < m)&& (Col < n))
            d_Pout[Row*n + Col] = 2 * d_Pin[Row*n + Col];
}
void main()
{
    int Row, Col;
    int m = 30, n = 37;
    int size = m*n*sizeof(float);  // 给变量 Pin, Pout 在主机内存
                                      中开辟空间
    float *Pin, *Pout;
    Pin = (float *)malloc(size);
    Pout = (float *)malloc(size);
    for (Row = 0; Row < m; Row++)
         for (Col = 0; Col < n; Col++)
         {
              Pin[Row*n + Col] = 1.0;
         }
    // 给变量 d_Pin, d_Pout 在设备内存中开辟空间
    float *d_Pin, *d_Pout;
    cudaMalloc((void **)&d_Pin, size);
    cudaMalloc((void **)&d_Pout, size);
    // 将变量 Pin 的数据拷贝给 d_Pin
```

```
    cudaMemcpy(d_Pin, Pin, size, cudaMemcpyHostToDevice);
    dim3 dimGrid(ceil(m / 8.0), ceil(n / 8.0), 1);
    dim3 dimBlock(8, 8, 1);
    pictureKernel<<<dimGrid, dimBlock>>>(d_Pin, d_Pout, m, n);
    cudaMemcpy(Pout, d_Pout, size, cudaMemcpyDeviceToHost);
    for(Row = 0; Row < m; Row++)
        for(Col = 0; Col < n; Col++)
        {
            printf( "Pout[%d][%d]=%f" , Row, Col, Pout[Row*n
            + Col]);
            if((Col + 1)% n==0)
                printf( "\n" );
        }
    free(Pin); free(Pout);
    cudaFree(d_Pin); cudaFree(d_Pout);
}
```

19.5 硬件映射

19.5.1 计算单元

NVIDIA GPU 架构是围绕一个可扩展的 SM(multithreaded stream multiprocessor，多线程流多处理器)阵列构建的(图 19.6)。当主机 CPU 上的 CUDA 程序调用内核网格时，网格的块被枚举并分发给具有可执行能力的多处理器。线程块的线程在一个多处理器上并发执行，多个线程块可以在一个多处理器上并发执行。当线程块计算完成时，新的块将在空出的多处理器上启动。

以完整版 GV100 GPU 为例。共包含 84 个 Volta SM，每个 SM 有 64 个 FP32 核心、64 个 INT32 核心、32 个 FP64 核心、8 个 Tensor 核心以及 4 个纹理单元，所以含 84 个 SM 的完整 V100 中共有 5376 个 FP32 核心、5376 个 INT32 核心、2688 个 FP64 核心、672 个 Tensor 核心以及 336 个纹理单元。其中，Tensor 是专为深度学习设计的核心，每个 Tensor 核心能够在每个时钟周期执行 64 次浮点混合乘加(FMA)运算，能为训练和推理应用程序提供高达 125TFLOPS 的计算性能。

不同架构的 GPU 其 SM 和 SP 的配置不同。在 G80/G92 的架构下，总共有 128 个 SP，以 8 个 SP 为一组，组成 16 个 SM；在 GT200 里，SP 则是增加到 240 个，还是以 8 个 SP 组成一个 SM，共 30 个 SM。而新一代 Tesla 系列的配置得到显著提高(表 19.1)，最新的完整版 GV100 其 SM 数量达到了 84 个，其中 Tesla V100 拥有 80 个 SM。

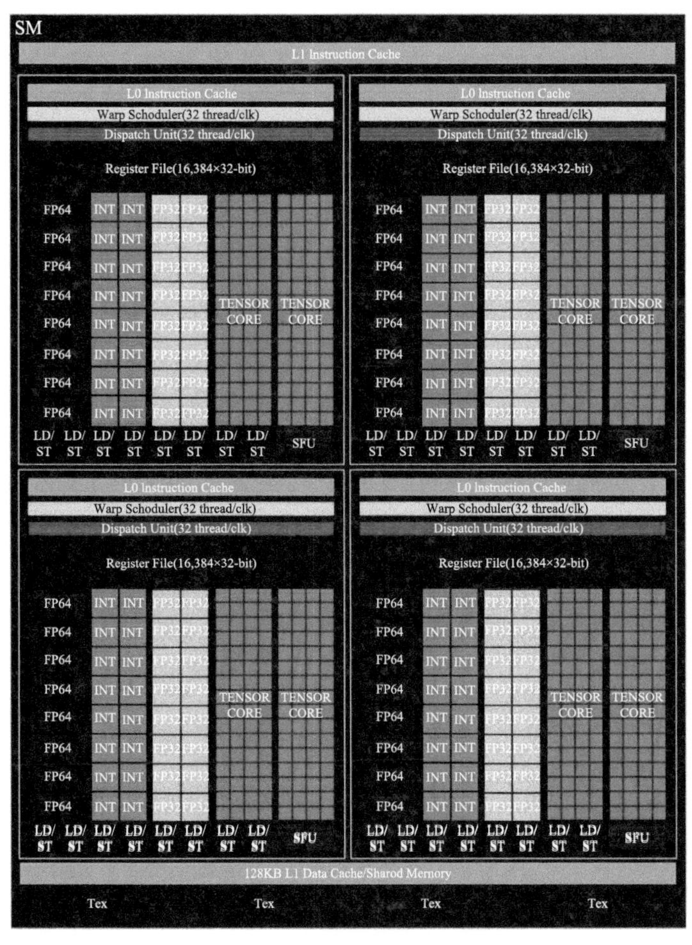

图 19.6 V100 计算单元简图

表 19.1 Tesla 系列 GPU 硬件参数

参数	K20	K40	K80	P100	V100
晶体管数/billions	7.1	7.1	>7.1	15.3	21.1
核心数/个	2496	2880	4992	3584	5120
SM 数/个	13	15	26	56	80
SP 数/个	2496	2880	4992	3584	5120

CUDA 中的 kernel 函数实质上是以 block 为单位执行的，同一 block 中的线程需要共享数据，因此它们必须在同一个 SM 中反射，而 block 中的每一个 thread 则被发射到一个 SP 上执行(block 内部架构见图 19.7)。一个 block 必须被分配到一个 SM 中，但是一个 SM 中同一时刻可以有多个活动线程块(active block)在等待执行，即在一个 SM 中可以同时存在多个 block 的上下文。在一个 SM 中反射多个线程块是为了降低延迟，最大化执行单元资源。当一个 block 进行同步或者访问显存等高延迟操作时，另一个 block 就可以

“乘虚而入”，占用 GPU 执行资源。限制 SM 中活动线程块数量的因素包括：SM 中的活动线程块数量不超过 8 个；所有活动线程块使用的寄存器和共享存储器之和不超过 SM 中的资源限制。关于 active block 的详细讨论，请见 20.2.2 节。

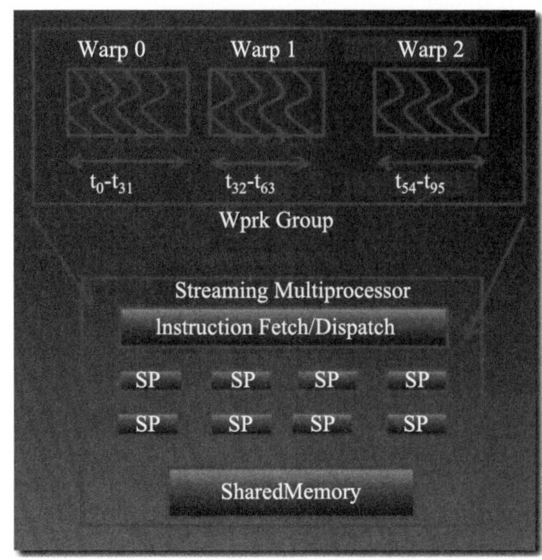

图 19.7　block 内部架构

19.5.2　Warp

GPU 中多处理器创建、管理、调度和执行并行线程以 32 个为一组，被称为 warps。组成一个 warp 的各个线程在同一个程序地址同时启动，但是线程有独立的指令地址寄存器，因此可以独立地进行分支和执行。Half-warp 对应的是 warp 中的前 16 个线程或者后 16 个线程。

当一个多处理器需要同时调用一个或多个线程块来执行程序时，其将线程块划分为 warp，每个 warp 都相对应 warp 调度程序执行。线程块划分为 warp 的方式保持一致，每个 warp 包含连续的线程，其线程 ID 由 0 开始不断递增。

19.5.3　执行模型

GPU 中的多处理器能够并发执行上百个线程。为了管理数量庞大的线程，CUDA 编程模型中采用了 SIMT(single instruction，multiple thread，单指令多线程) 执行模型，SIMT 是对 SIMD(single instruction, multiple data，单指令多数据) 的一种改进。

SIMT 架构与 SIMD 类似，二者均通过一条指令控制多个处理元素。但是二者的区别在于，SIMD 将 SIMD 宽度提供给软件，即 SIMD 总是要求分量是一致的，不能对某个分量单独进行自由拓展，限制了编程思路，而 SIMT 指令可以指定单个线程的执行和分支行为。因此，与 SIMD 向量机相比，SIMT 使程序员能够为独立的标量线程编写线程并行代码，并为坐标级线程编写数据并行代码。为了编程的方便性和灵活性，我们基本可以忽略 SIMT 机制，但是，通过理解 warp 组织形式来设计程序有助于提升其性能。实际上，这类似于传统代码中 cache lines 的作用：在只考虑正确性时，可以安全地忽略 cache lines 大小，但要想实现性能最大化，必须在代码结构中考虑其大小。

Volta 架构之前，warps 通过 32 个线程之间共享的程序计数器和活动掩码（active mask）限定活动的线程。因此，同一 warp 中来自不同区域或不同执行状态的线程间无法通信或交换数据，并且基于锁或互斥锁保护的细粒度数据共享的算法会由于无法确定并发线程来源于哪一个 warp 而导致死锁，这取决于竞争线程来自哪个 warp。

Volta 架构开始，独立的线程调度将线程之间的并发独立于 warp。通过独立的线程调度，GPU 可以维护每个线程的程序计数器和函数调用堆栈，并且可以在每个线程的粒度上执行，能够更好地利用线程资源并且允许一个线程等待另一个线程的数据。调度优化器灵活地将来自同一个 warp 的活动线程组合成 SIMT 单元。Volta 中保留了先前 SIMT 架构的高吞吐量，同时扩展了其灵活性，即线程能够以子 warp 形式进行重组。

19.6 存储器类型

除了编程模型和执行模型，CUDA 也规定了存储器模型（图 19.8），线程在执行时使用的数据可能来源于多个不同存储空间。本节将介绍 8 种存储器的基本使用方法，并在第 20.3 节中详细讨论各种存储器的优化方法。

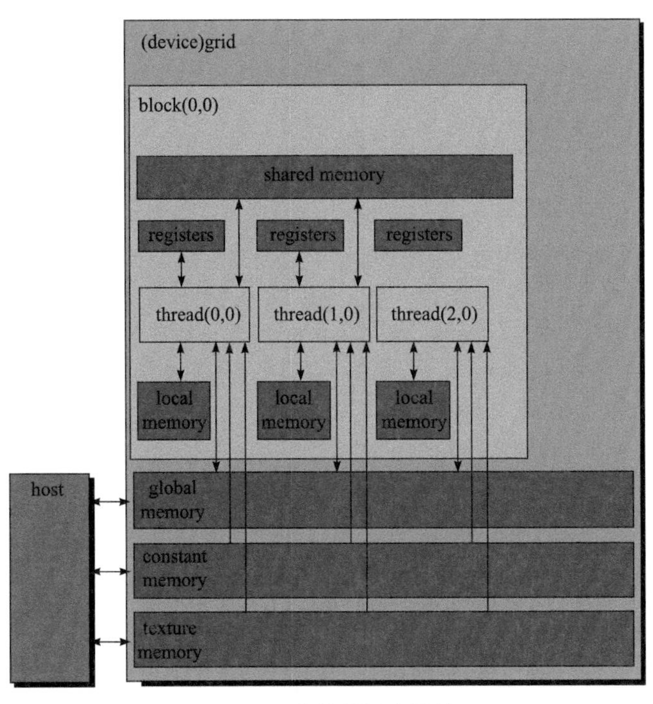

图 19.8 存储器层次结构

每一个线程拥有自己的私有存储器、寄存器和局部存储器；每一个线程块拥有一块共享存储器(shared memory)；最后，grid 中所有的线程都可以访问同一块全局存储器(global memory)。除此之外，还有两种可以被所有线程访问的只读存储器：常数存储器(constant memory)和纹理存储器(texture memory)，它们分别为不同的应用进行优化(见第 20.3 节)。全局存储器、常数存储器和纹理存储器中的值在一个内核函数执行完成后将继续保持，可以被同一程序中的其他内核函数调用。表 19.2 给出了这 8 种存储器的位置、缓存情况、访问权限及生存域。

表 19.2 各种存储器类型及特点

存储器	位置	拥有缓存	访问权限	变量生存周期
register	GPU 片内	N/A	device 可读/写	与 thread 相同
local memory	板载显存	无	device 可读/写	与 thread 相同
shared memory	GPU 片内	N/A	device 可读/写	与 thread 相同
constant memory	板载显存	有	device 可读，host 可读/写	可在程序中保持
texture memory	板载显存	有	device 可读，host 可读/写	可在程序中保持
global memory	板载显存	无	device 可读/写，host 可读/写	可在程序中保持
host memory	host 内存	无	host 可读/写	可在程序中保持
pinned memory	host 内存	无	host 可读/写	可在程序中保持

注：① N/A：register 和 shared memory 都是 GPU 上高速存储器。

② 通过 mapped memory 实现的 zero copy 功能，某些 GPU 可以直接在 kernel 中访问 page-locked memory。

19.6.1 寄存器

寄存器(register)是 GPU 片上的高速缓存器，执行单元可以以极低的延迟访问寄存器。寄存器的基本单元是寄存器文件(register file)，每个寄存器文件大小为 32bit。

在计算能力 1.0/1.1 版本硬件中，每个 SM 中寄存器文件大小为 8k 32-bit；而在计算能力 1.2/1.3 硬件中，每个 SM 中寄存器文件大小为 16k 32-bit，在 Volta、Turing、Pascal、Maxwell 和 Kepler GK110 等架构中，每个 SM 中寄存器文件大小为 64k 32-bit。核函数代码的质量是影响程序运行效率的主要因素，但由于设备计算能力的不同，多处理器数量、寄存器文件大小、共享内存大小和带宽等参数(可通过 CUDA 运行时函数查询)均有差异，所以核函数的具体执行参数需要根据实验进行选择。

在程序 19.7 中，aBegin、aEnd、aStep、*a* 等变量都是寄存器变量，每个线程都会维护这些变量。

程序 19.7　寄存器变量应用示例

```
__global__ void registerDemo(float *B, float *A, int wA)
{
    int aBegin = wA * BlOCK_SIZE * blockIdx.y;
    int aEnd = aBegin + wA - 1;
    int aStep = BlOCK_SIZE;
    for(int a = aBegin; a <= aEnd; a += aStep)
    {
            //略
    }
}
```

19.6.2　局部存储器

局部存储器(local memory)中的“局部”是相对于其作用域而言的，即该存储器对于线程而言是 local 的。当 nvcc 编译器确定没有足够的寄存器空间来保存自动变量时，就会将这部分变量保存到局部存储器中。自动变量包括相对于寄存器空间而言较大的结构体和数组、编译器无法确定大小的数组等。由于局部存储器是片外(off-chip)的，因此访问局部存储器的速度很慢，“局部”并不意味着更快的访问。

在程序 19.8 中，mt 会被存入 local memory 中。

程序 19.8　局部存储器应用示例 1

```
__global__ void localmemDemo(float *A)
{
    unsigned int mt[3];
     //略
}
```

不过，如果线程私有数组较小且在定义的同时就对其进行初始化，仍可能被存储在寄存器中，如程序 19.9 所示。

程序 19.9　局部存储器应用示例 2

```
__global__ void localmemDemo(float *A)
{
    unsigned int mt[3] = {1, 2, 3};
    //略
}
```

在编译时输出 ptx 汇编代码（在编译时加上-ptx 或者-keep 选项），就能观察变量在编译的第一阶段是否被分配到了 local memory 中。如果一个变量在 ptx 中以 .local 助记符声明，可使用 ld.local 和 st.local 助记符访问，这个变量就被放在 local memory 中。不过，即使初次编译变量不位于 local memory 中，在编译的第二阶段仍然有可能根据目标硬件中存储器的大小将变量存放在 local memory 中。虽然无法对特定变量进行查询，但可通过–ptxas-options=-v 编译选项来观察每个 kernel 的总 local memory 使用情况。

如果需要将较小的数组存储在寄存器中，可以用如下程序 19.10 的方法。

程序 19.10　局部存储器应用示例 3

```
__global__void localmemDemo(float *A)
{
    unsigned int mt0, mt1, mt2;
    //略
}
```

19.6.3　共享存储器

共享存储器（shared memory）是 GPU 片内的高速存储器，也是一块可以被同一 block 中的所有线程访问的可读写存储器。访问共享存储器的速度几乎和访问寄存器一样快，是实现线程间通信延迟最小的方法。共享存储器可用于实现多种功能，如用于保存公用的计数器（如计算循环迭代次数）或者 block 的公用结果（如归约运算的结果）。

计算能力 1.0/1.1/1.2/1.3 硬件中，每个 SM 的共享存储器大小为 16KB，被组织为 16 个 bank（详见 20.3.3 节）。而在 Volta 架构（计算能力 7.0），统一数据缓存（Unified data cache）的大小为 128 KB（L1 缓存、纹理缓存和共享缓存由 128KB 的统一数据缓存代替），但在使用中与以前的架构（如 Kepler）一样，可以通过程序中调用运行时函数 cudaFuncSetAttribute() 的 cudaFuncAttributePreferredSharedMemoryCarveout 属性将共享内存容量设置为 0、8、16、32、64 或 96 KB。对于 Turing 架构（计算能力 7.5），统一数据缓存的大小为 96 KB，共享内存容量可以设置为 32 KB 或 64 KB。

程序 19.11 展示了对共享存储器的动态与静态分配与初始化。

程序 19.11　对共享存储器的动态与静态分配与初始化

```
int main(int argc, char **argv)
{
        //略
        testKernel<<<1, 10, mem_size>>>(d_idata, d_odata);
        //略
        CUT_EXIT(argc, argv);
}
```

```
__global__ void testKernel(float *g_idata, float *g_odata)
{
    extern __shared__ float sdata_dynamic[];
    //extern 动态声明，大小由主机端程序决定。
    __shared__ int sdata_static[16];
    //静态声明
    sdata_static[tid] = 0;     //注意 shared memory 不能在定义
                                  时初始化
    //略
}
```

这里要注意的是，将共享存储器中的变量声明为外部数组时，例如，extern __shared__ float shared[]，在调用 kernel 时需要明确指定数组的大小和执行参数。通过这种方式定义的所有变量都开始于相同的地址，因此对数组中变量的访问必须通过相对于起始地址的偏移量来实现。如果希望在动态分配的共享存储器内获得与以下代码相对应的内容：

```
short array0[128];
float array1[64];
int array2[256];
```

则应该按照程序 19.12 的方式定义。

程序 19.12　外部变量共享存储器应用示例

```
extern __shared__ char array[];
__device__ void func()
{
    short *array0 = (short*)array;
    float *array1 = (float*)&array0[128];
    int *array2 = (int*)&array1[64];
}
```

19.6.4　全局存储器

全局存储器(global memory)位于设备内存(显存)中，对设备内存的访问是通过 32byte、64byte 或 128byte 的内存事务(memory transaction)来进行的，只有与其大小对齐(首地址是其大小的倍数)的 32byte、64byte 或 128byte 设备内存才能够被内存事务所读和写。

设备内存可以作为线性内存或 CUDA 数组进行分配。其中，CUDA 数组是为纹理提取而优化的不透明内存布局；线性内存则被分配在统一地址空间中，因此，单独分配的实体可以通过指针相互引用，如二叉树或链表等。统一地址空间的大小由 CPU 和 GPU

的计算能力所决定。

分别使用 cudaMalloc()和 cudaFree()函数分配、释放线性内存，主机端与设备端的数据传输则通过 cudaMemcpy()实现。

此外，也可以使用__device__关键词定义的变量分配全局存储器，这个变量应该在所有函数外定义，必须对使用这个变量的 host 端和 device 端函数都可见才能成功编译。在定义__device__变量的同时可以对其赋值。

程序 19.13 展示了完成两个向量从主机端到设备端的拷贝，进行向量求和后，再将数据拷贝回主机端。

程序 19.13　全局存储器应用示例

```
__global__ void VecAdd(float *A, float *B, float *C)
{
   int i = threadIdx.x;
   if(i < N)
   C[i] = A[i] + B[i];
}
int main()
{
    size_t size = N * sizeof(float);
    float *d_A;
    cudaMalloc((void**)&d_A, size);
    float *d_B;
    cudaMalloc((void**)&d_B, size);
    float *d_C;
    cudaMalloc((void**)&d_C, size);
    cudaMemcpy(d_A, h_A, size, cudaMemcpyHostToDevice);
    cudaMemcpy(d_B, h_B, size, cudaMemcpyHostToDevice);
    int threadsPerBlock = 256;
    int blocksPerGrid = (N + threadsPerBlock - 1)/
    threadsPerBlock;
    VecAdd<<< blocksPerGrid, threadsPerBlock>>>(d_A, d_B,
    d_C);
    cudaMemcpy(h_C, d_C, size, cudaMemcpyDeviceToHost);
    cudaFree(d_A);
    cudaFree(d_B);
    cudaFree(d_C);
}
```

可以使用 cudaMallocPitch() 和 cudaMalloc3D() 对二维、三维数组分配线性存储空间。这些函数能够确保分配满足对齐要求（详见 20.3.2 节），因此在按列访问、使用 cudaMemcpy2D() 或 cudaMemcpy3D() 与其他设备端存储器进行拷贝时都能获得最佳性能。注意，在访问由 cudaMallocPitch() 或 cudaMalloc3D() 分配的线性存储空间时，需要用到分配时返回的 stride 值或 pitch 值。

程序 19.14 展示了如何分配一个尺寸为 width × height 的 float 型 2D 数组，以及如何遍历数组元素。调用 cudaMallocPitch() 时，该函数会返回经过填充、对齐后的 pitch 值（单位为 byte）。在设备代码中，如果不将数组首地址转换为 char*型，那么每行的偏移量应该是 *r**pitch/sizeof(float) 或 *r**(pitch>>2)。

程序 19.14　2D 数组的分配及如何遍历数组元素

```
float *devPtr;
int pitch;
cudaMallocPitch((void**)&devPtr, &pitch, width *
sizeof(float), height);
myKernel<<<100, 512>>>(devPtr, pitch);

__global__ void myKernel(float *devPtr, int pitch)
{
    for(int r = 0; r < height; ++r)
    {
        float *row = (float*)((char*)devPtr + r * pitch);
        for (int c = 0; c < width; ++c)
        {
            float element = row[c];
        }
    }
}
```

程序 19.15 展示了如何分配一个 width*height*depth 的 float 型 3D 数组，以及如何遍历数组元素。与 cudaMallocPitch()类似，cudaMalloc3D()将返回一个存储了每个维度填充后的偏移量大小的 cudaExtent 型结构体，并需要在__global__函数中使用它对数组中的元素进行寻址。

程序 19.15　3D 数组的分配以及如何遍历数组元素

```
cudaPitchedPtr devPitchedPtr;
cudaExtent extent = make_cudaExtent(64 * sizeof(float), 64,
64);
```

```
cudaMalloc3D(&devPitchedPtr, extent);
myKernel<<<100, 512>>>( devPitchedPtr, extent);

__global__ void myKernel(cudaPitchedPtr devPitchedPtr,
cudaExtent extent)
{
    char *devPtr = devPitchedPtr.ptr;
    size_t pitch = devPitchedPtr.pitch;
    size_t slicePitch = pitch * extent.height;
    for(int z = 0; z < extent.depth; ++z)
    {
        char *slice = devPtr + z * slicePitch;
        for(int y = 0; y < extent.height; ++y)
        {
            float *row = (float*)(slice + y * pitch);
            for(int x = 0; x < extent.width; ++x)
            {
                float element = row[x];
            }
        }
    }
}
```

在由 cudaMalloc()、cudaMallocPitch()和 cudaMalloc3D()分配的线性空间、CUDA 数组，以及使用变量分明的全局或者常数存储器间，可以使用 cudaMemcpy 系列函数进行相互拷贝。程序 19.16 展示了二维数组和 CUDA 数组间的数据拷贝。

程序 19.16　二维数组和 CUDA 数组间的数据拷贝

```
cudaMemcpy2DToArray(cuArray, 0, 0, devPtr, pitch,
width * sizeof(float), height,
cudaMemcpyDeviceToDevice);
```

19.6.5　常数存储器

设备上总共有 64KB 的常数存储器(constant memory)。常数存储器具有缓存机制，当缓存未命中时对常数存储器的读操作即从设备内存读取，而缓存命中时则从常数缓存中读取。warp 中线程对不同地址的访问是序列化的，因此总耗时与 warp 中所有线程读取同一个地址耗时成线性比例。所以，当同一个 warp 中的线程只访问几个不同的位置时，常数缓存机制能发挥作用。如果一个 warp 的所有线程都访问同一个位置，那么常量内存的访问速度可以和寄存器访问一样快。

程序 19.17 展示了如何使用常数存储器。

程序 19.17　常数存储器的使用

```
__constant__ char p_HelloCUDA[11];
__constant__ int t_HelloCUDA[11] = {0, 1, 2, 3, 4, 5, 6, 7,
8, 9, 10};
__constant__ int num = 11;
__global__ static void HelloCUDA(char *result)
{
    int = 0;
    for(i = 0; i < num; i++)
            result[i] = p_HelloCUDA[i] + t_HellocCUDA[i];
}
int main(int argc, char *argv[])
{
    if(!lnitCUDA())
          return 0;
    char helloCUDA[] = "Hdjik CUDA!";
    char *device_result = 0;
    char host_result[12] = {0};

    CUDA_SAFE_CALL(cudaMalloc((void**)&device_result,
    sizeof(char)* 11));
    CUDA_SAFE_CALL( cudaMemcpyToSymbol(p_ HelloCUDA,
    helloCUDA, sizeof(char)*11));
    HelloCUDA<<<l, 1, 0>>>(device_result);
    CUT_CHECK_ERROR( "Kernel execution failed\n");

    CUDA_SAFE_CALL(cudaMemcpy(&host_result, device_result,
    sizeof(char)* 11,
    cudaMempyDeviceToHost));
    printf( "%s\n", host_result;
    CUDA_ SAFE_ CALL(cudaFree(device_result));
    CUT_ EXIT(argc. argv);
    return();
}
```

由程序 19.17 可知，使用常数存储器时，需要将其定义在所有函数之外，作用范围为整个文件，并且对主机端和设备端函数都可见。常数存储器的使用方法主要有如下两种。

(1)在定义时直接初始化常数存储器，然后在 kernel 里面直接使用就可以了，如：

```
__constant__ int t_HelloCUDA[11] = {0, 1, 2, 3, 4, 5, 6, 7,
8, 9, 10};
__constant__ int num = 11;
```

(2)定义一个 constant 数组，然后使用函数进行赋值：

```
__constant__ char p_HelloCUDA[11];
CUDA_SAFE_CALL(cudaMemcpyToSymbol(p_HelloCUDA, helloCUDA,
sizeof(char)* 11));
```

19.6.6 纹理存储器

纹理存储器(texture memory)是一种只读存储器，由 GPU 用于纹理渲染的图形专用单元发展而来，但并不是一块专门的存储器，是牵扯到显存、两级纹理缓存及纹理拾取单元的纹理流水线。纹理存储器中的数据以一维、二维或者三维数据的形式存储在显存中，不但可以通过缓存加速访问，而且声明的大小比常数存储器要大得多。纹理存储器非常适合于通用计算中的图像处理和查找表，能够加速对大量数据的随机访问或非对齐访问过程。

纹理存储器的缓存机制主要有以下两方面作用。首先，纹理缓存中的数据可以被重复利用，当一次访问需要的数据已经存在于纹理缓存中时，就可以避免对显存的再次读取。数据重用减少了对显存访问的次数，节约了带宽，也不必按照显存对齐的要求读取。其次，纹理缓存一次预取拾取坐标对应位置附近的几个像元，可以实现滤波模式，也可以提高具有一定局部性的访存的效率。

纹理存储器的只读性使其缺少数据一致性特性。如果更改了绑定到纹理显存中的数据，可能并不会更新纹理缓存中的数据，此时通过纹理拾取得到的数据可能是错误的。在同一个 kernel 函数中，当在绑定到线性存储器中的数据被修改后，无法正确通过纹理拾取访问此数据块，此时需要重新启动一个新的 kernel 函数，待纹理缓存刷新后，才能拾取到正确的被修改的数据。

19.6.6.1 纹理存储器的数据支持类型

纹理拾取(texture fetching)为从 kernel 中访问纹理存储器的操作。纹理拾取使用的坐标可以不与数据在显存中位置相同，而是通过纹理参照系(texture reference)约定二者的映射方式。将显存中的数据与纹理参照系关联的操作称为将数据与纹理绑定(texture binding)，但不是显存中所有数据都可以实现到纹理的绑定，能够绑定到纹理的数据只有普通的线性存储器(linear memory)和 CUDA 数组(CUDA array)。

表 19.3 显示了从一张图片到一块纹理的三种映射方式。线性存储器中的数据只能与一维或者二维纹理绑定，采用整形纹理拾取坐标，坐标值与数据在存储器中的位置相同；而 CUDA 数组可以与一维、二维或者三维纹理绑定，纹理拾取坐标为归一化或者非归一化的浮点型，并且支持许多特殊功能。

表 19.3　显存数据与拾取坐标的对应

	整型坐标	非归一化浮点型坐标	归一化浮点型坐标
线性内存	√		
CUDA 数组		√	√

绑定到纹理的线性存储器或 CUDA 数组中的元素称为像元(texels)。CUDA 可以支持的像元数据类型包括：char1，uchar1，char2，uchar2，char4，uchar4，short1，ushort1，short2，ushort2，short4，ushort4，int1，uint1，int2，uint2，int4，uint4，long1，ulong1，long2，ulong2，long4，ulong4，float1，float2，float4。请注意：CUDA 纹理不支持三元组数据类型(如 float3)，并且 short1，ushort1，short2，ushort2，short4，ushort4 等由 16bit 整型扩展的数据类型只能通过 driver API 支持。像元的组件数量必须与纹理参照系的返回值组件数量相同，如都为四元组(如 float4)。

19.6.6.2　纹理存储器的使用

纹理存储器的使用如下：首先在主机端声明需要绑定到纹理的线性存储器或 CUDA 数组，并设置好纹理参照系，然后绑定纹理参照系与线性存储器或者 CUDA 数组。完成这些工作后，就可以在内核函数中通过纹理拾取函数访问纹理存储器了。

通过 CUDA runtime API 使用纹理存储器一般需通过以下步骤实现。

1)声明 CUDA 数组，分配空间

声明 CUDA 数组之前，必须先以结构体 channelDesc 描述 CUDA 数组中的组件数量和数据类型。

```
struct cudaChannelForematDesc
{
    int x, y, z, w;
    enum cudaChannelFormatKind f;
}
```

其中，x、y、z 和 w 是多元数据类型的每个组件的位数。例如，对 uchar2 数据类型，x、y、z、w 的值分别是 8、8、0、0；而 float4 数据类型中 x、y、z、w 的值分别是 32、32、32、32。f 是一个枚举变量，取值为 cudaChannelFormatKindSigned(如果成员是有符号整型)、cudaChannelFormatKindUnsigned(如果成员是无符号整型)、cudaChannelFormatKind-Float(如果成员是浮点型)。

然后，确定 CUDA 数组的维度和尺寸。CUDA 数组可以通过 cudaMalloc3DArray()

或 CudaMallocArray()函数分配。前者可以分配 1D、2D 或 3D 的 CUDA 数组，而后者一般用于分配 2D 的 CUDA 数组。在使用完 CUDA 数组后，要使用 cudaFreeArray()函数释放显存。

可使用 cudaMemcpy3D()对由 cudaMalloc3DArray()分配的 CUDA 数组进行与其他 CUDA 数组或者线性存储器的数据传输。CUDA API 中使用结构体 CUDAExtent 描述 3D CUDA 数组和用 malloc3D 分配的线性存储器在三个维度上的尺寸：

```
cudaextent extent = make_cudaextent([1,8192],0,0);
cudaextent extent = make_cudaextent([1,65535],[1,32768],0);
cudaextent extent = make_cudaextent([1,2048], [1,2048],
[1,2048]);
```

其中方括号[]内为允许寻址范围。注意，二维 CUDA 数组的第一个维度的寻址范围比一维 CUDA 数组的寻址范围要大，因此在一维 CUDA 数组的尺寸不够用时，将二维 CUDA 数组的第二个维度设为 1 代替一维 CUDA 数组，就可以获得更大的寻址范围。

程序 19.18 声明一个数据类型为 char2 型，宽×高×深为 64×32×16 的 CUDA 3D 数组，并用主机端存储器中的数据对其初始化的示例代码。

程序 19.18　3D 数组的初始化过程

```
unsigned int size = volumeSize.width*volumSize.heigtht *
volumeSize.depth;
uchar *h_volumc = (uchar*)malloc(size);
cudaArray* cuArray =0;
cudaChannelFormatDesc channelDesc = cudaCreateChannelDesc<
uchar>();
cutilSafeCall( cudaMalloc3DArray(&d_volumeArray,
&channelDesc, volumeSize));
cudaMemcpy3DParms copyParams= {0};
copyParams.srcPtr = make_cudaPitchedPtr((void* )h_volumc,
volumeSize.width
                    *sizeof(uchar), volumeSize.width,
                    volumeSize.height);
copyParams.dstArray = d_volumeArray;
copyParams.extent = extent;
copyParams.kind = cudaMemcpyHostToDevice;
cutilSafeCall( cudaMemcpy3D(&copyParams));
```

程序 19.19 使用 cudaMallocArray 声明一个由 float 型构成，尺寸为 64×32 的 CUDA 数组，对其赋值，并最后释放的示例代码。

程序 19.19　CUDA 数组的赋值及释放

```
cudaChannelFormatDesc channelDesc = cudaCreateChannelDesc(32,
0, 0, 0,
cudaChannelFormatKindunsigned);
cudaArray* cuArray;
cudaMallocArray(&cuArray, &channelDesc, 64, 32);
cudaMemcpyToAray(cuArray, 0, 0, h_data, &channelDesc);
cudaFreeArray(cuArray);
```

2) 声明纹理参照系

纹理参照系中的一些属性必须在编译前显式声明，这些值在编译时就必须确定，并且一旦确定就不能在运行时进行修改。纹理参照系必须定义在所有函数体外，并且作用范围要包括主机端和设备端代码。因此，最好将它放在一个头文件中。对__constant__类型数据和__global__类型数据(不通过 cudaMalloc() 等函数动态分配)最好也这样做。

纹理参照系通过一个作用范围为全文件的 texture 型变量声明：

texture<Type, Dim, ReadMode>texRef;

Type 确定了由纹理拾取返回的数据类型，它可以是任意一种由基本整型或单精度浮点型组成的 1、2 或者 4 元组向量类型;Dim 确定了纹理参照系的维度,默认为 1.ReadMode 可以是 cudaReadModeNormalizedFloat 或 cudaReadModeElementType,前者将按照 19.5.8.2 节所述方法进行类型转换，后者则不会改变返回值的类型；ReadMode 是一个可选参数，不写默认就是 cudaReadModeElementType。

3) 设置运行时纹理参照系属性

纹理参照系另外一些属性只适用于与 CUDA 数组绑定的纹理参照系，并且可以在运行时修改。这些属性通过 TextureReference 结构体描述，规定了纹理的寻址模式，是否进行归一化，以及纹理滤波模式等。

```
struct textureReference
{
     int normalized;
     enum cudaTextureFilterMode filterMode;
     enum cudaTextureAddressMode addressMode[3];
     struct cudaChannelFormatDesc channelDesc;
}
```

上述代码中, normalized 设置是否对纹理坐标进行过归一化。不管纹理坐标是否归一化，在默认情况下都使用[0，N−1]范围内的浮点坐标引用纹理(通过纹理函数中的函数)，其中 N 是与坐标相对应的维度中纹理的大小。例如，对于尺寸为 64x32 的纹理，其 x 维度的坐标引用范围为[0, 63]，y 维度的坐标引用范围为[0，31]。归一化的纹理坐标使坐标指定在范围[0.0，1.0−1/N]内，此时尺寸为 64x32 的纹理，其 x 维度和 y 维度的坐标引用范围都为[0，1–1/N]，进行寻址。如果希望纹理坐标与纹理大小无关，则可以对纹理坐标归一化进而适合某些应用程序的要求。

FilterMode 用于设置纹理的滤波模式，即指定如何根据输入的纹理坐标计算纹理拾取时返回的值。线性纹理滤波只针对返回值为浮点型数据的纹理有效，通过在相邻的像元之间执行低精度插值来实现。当滤波模式可用时，会首先读取纹理提取位置周围的像元，并根据像元周围的纹理坐标对纹理的返回值进行插值。对于一维纹理执行简单的线性插值，对于二维纹理执行双线性插值，对于三维纹理执行三线性插值。过滤模式有 cudaFilterModePoint 或 cudaFilterModeLinear 两种。在 cudaFilterModePoint 模式下，返回值是与输入纹理坐标最接近的像元。在 cudaFilterModeLinear 模式下，返回值是最接近输入纹理坐标的两个(对于一维纹理)、四个(对于二维纹理)或八个(对于三维纹理)纹理的线性插值。其中，CudaFilterModelLinear 仅对返回值类型为浮点型的纹理有效。

AddressMode 说明了寻址模式，即如何处理超出寻址范围的纹理坐标。AddressMode 是一个大小为 3 的数组，三个元素分别说明对多维纹理的第一、二、三个维度的纹理坐标的寻址模式。寻址模式有 cudaAddressModeBorder、cudaAddressModeClamp、cudaAddressModeWrap 和 cudaAddressModeMirror，其中后两者仅支持标准化纹理坐标。默认寻址模式是将坐标归到有效范围内：对于非归一化坐标为[0，N)，对于归一化坐标为[0.0，1.0)。如果改为指定边界模式(border mode)，则纹理拾取时超出纹理坐标范围将会返回零值。对于归一化坐标，可以使用“wrap”模式或“mirror”模式：使用 wrap 模式时，x 坐标将被转换为 frac(x)=x floor(x)，其中 floor(x)为向下取整；使用 mirror 模式时，如果 floor(x)为偶数，则将 x 坐标转换为 frac(x)，如果 floor(x)为奇数，则为 1-frac(x)。

ChannelDesc 描述纹理获取返回值类型，前面已经在讲解 CUDA 数组时介绍过这个结构体。纹理参照系的返回值类型描述必须和与之绑定的 CUDA 数组的数据类型描述相同，或者和与之绑定的线性存储器中的元素类型相同。

4)纹理绑定

纹理参照系属性设置完成后，还要通过 cudaBindTexture()或 cudaBindTextureToArray()将数据与纹理绑定。CudaUnbindTexture()用于解除纹理参照系的绑定。与纹理绑定的数据类型必须与声明纹理参照系时的参数匹配，否则纹理获取的结果是不确定的。CUDA runtime API 提供了 C 风格的低级 API 和 C++风格的高级 API 完成纹理绑定。

程序 19.20 展示了如何绑定纹理参考系到 devPtr 指向的线性存储器。

程序 19.20　绑定纹理参考系到 devPtr 指向的线性存储器过程

```
texture<float, 2. cudaReadModeElementType> texRef;
textureReferencc* texRefPtr;
cudaGetTextureReference(&texRefPtr, “texRef”);
cudaChannelFormatDesc channelDesc = cudaCreateChannelDesc<
float>();
cudaBindTexture2D(0, texRefPtr, devPtr, &channelDesc, width,
height, pitch};
```

```
texture<float, 2, cudaReadModeElementType> texRef;
cudaChannelFormatDesc channelDesc = cudaCreateChannelDesc<
float>();
cudaBindTexturc2D(0, texRef, devPtr, &channelDesc, width,
height, pitch);
```

程序 19.21 展示了如何绑定纹理参照系到一个 CUDA 数组。

程序 19.21　绑定纹理参照系到一个 CUDA 数组的过程

```
texture<float, 2, cudaReadModeElementType> texRef;
textureReference* texRefPtr;
cudaGetTextureReference(&texRefPtr, “texRef”);
cudaChannclFommatDesc channelDesc;
cudaGetChannelDesc( &channclDesc, cuArray);
cudaBindTextureToArray(texRef, cuArray, &channclDesc);

texture<float, 2, cudaReadModeElementType> texRef;
cudaBindTextureToArray(texRef, cuArray);
```

5)纹理拾取

纹理拾取函数采用纹理坐标对纹理存储器进行访问。每次纹理拾取需要指定一个参数，称为纹理对象 API 的纹理对象(texture object)或纹理引用 API 的纹理引用(texture reference)。

对于线性存储器绑定的纹理，使用 tex1Dfetch()访问，采用的纹理坐标是整型。由 cudaMallocPitch()或者 cudaMalloc3D()分配的线性空间实际上仍然是经过填充、对齐的一维线性空间，因此也用 tex1Dfetch()访问。

对与一维、二维和三维 CUDA 数组绑定的纹理，分别使用 tex1D()、tex2D()和 tex3D()函数访问，并且使用浮点型纹理坐标。

19.7　CUDA 通信机制

本节主要讲解 CUDA 的数据传递与同步机制，涉及 blcok 内线程数据传递、blcok 内线程同步、block 间线程同步、GPU 与 CPU 线程同步等，以及 volatile、atom、vote 操作等内建变量与函数的介绍。

19.7.1　Block 内通信与同步机制

CUDA 中 kernel 之间的数据传递，可以通过 global memory 实现。而 CUDA 两层

并行的线程结构也使得在同一个 block 中的线程间通信成为可能，事实上 block 中的线程间通信正是 CUDA 的一大创新，可以显著提高执行效率，并大大拓展了 GPU 的适用范围。

CUDA 中实现了 block 内通信的方法是：在同一个 block 中的线程通过共享存储器（shared memory）交换数据，并通过栅栏同步保证线程间能够正确地共享数据，具体来说，可以在 kernel 函数中需要同步的位置调用__syncthreads()函数。

一个 block 中所有 thread 在一个时刻代码执行的完成度不一定相同。比如，在一个 block 中可能存在这样的情况：有些线程已经执行到第 20 条指令，而这时其他的线程只执行到第 8 条；如果需要在第 21 条语句的位置通过 shared memory 共享数据，那么只执行到第 8 条语句的线程中的数据可能还没有来得及更新，就被交给其他线程去处理，这会导致错误的计算结果。而调用__syncthreads()函数进行栅栏同步（barrier）以后，就可以确保只有当 block 中的每个线程都运行到第 21 条指令以后，程序才会继续向下进行。程序 19.22 展示了使用共享存储器和同步求一个 32 × 128 矩阵中的每列之和，并将其存储到向量 B 的对应元素中。

程序 19.22　使用共享存储器同步求和及存储

```
__global__ void Sum(float *A, float *B)
{
    int bid = threadIdx.x;
    int tid = threadIdx.y;
    __shared__ s_data[128];
    (…)//将数据从显存读入 shared memory
    s_data[tid] = A[bid * 128 + tid];
    __syncthreads();
    for(int i = 64; i > 0; i /=2)
    {
            if(tid < i)
            {
                 s_data[tid] = s_data[tid] + s_data[tid + i];
            }
            __syncthreads();
    }
    if(tid == 0)
           B[bid] = s_data[0];
    //归约求和
}
int main()
{
```

```
    Sum<<<32, 128>>> (A, B);  //kernel调用
}
```

在这段代码的每轮循环中，进行加法运算的线程都只有上一轮的一半，而每次求和运算之后的同步语句能够保证数据能够安全地被其他线程使用。这种树状的运算称为归约，在 CUDA 编程中会经常用到。

线程组织结构、共享内存和栅栏同步将细粒度数据并行和线程并行嵌套在粗粒度数据并行和任务并行中。在当前的 GPU 中，每个线程块中可允许的最大线程数量为 1024。我们期望线程块的所有线程都存储在同一个处理器核心上并共享其有限的内存资源，这样同一线程块中的线程通过共享内存共享数据和同步函数协调内存访问这两种形式完成高效的协作。具体来讲，可以利用 Cooperative Groups API 中的__syncthreads()函数为线程运行设置屏障，使其达到线程级别的同步；另外，共享内存也应像 L1 缓存一样更靠近处理器核心，以提供低延迟的访问。

19.7.2 同步函数

19.7.2.1 __syncthreads()

__syncthreads()实现了线程块内的线程同步，保证线程块中的所有线程都执行到同一位置。当任意一个 thread 运行到 BAR 标记处后，就会暂停运行，直到整个 block 中所有的 thread 都运行到 BAR 标记处以后，才继续执行下面的语句。这样，才能保证之前语句的执行结果对块内所有线程可见。

如果不做同步，一个线程块中的一些线程访问全局或者共享存储器的同一地址时，可能会发生读后写、写后读或写后写的错误，通过同步可以避免这些错误的发生。

程序 19.23 的 kernel 函数中，如果不加入__syncthreads()，线程不会检查 block[threadIdx.y][threadIdx.x]处的数据是否已经被其他 warp 中的线程写入新值，而会立即将 block[threadIdx.y][threadIdx.x]处的数据写入 global memory，这样就造成了错误。所以，块内的线程在向 odata 写操作之前必须调用一次同步__syncthreads()，才能保证所有线程已经从 idata 中正确读入数据。

程序 19.23 调用同步__syncthreads()

```
__global__ void transpose(float *odata, float *idata, int
width, int height)
{
    __shared__ float block[BLOCK_DIM][BLOCK_DIM+1];
    //静态分配sharedMem
    unsigned int xIndex = blockIdx.x * BLOCK_DIM +
    threadIdx.x;
    unsigned int yIndex = blockIdx.y * BLOCK_DIM +
```

```
        threadIdx.y;
        if((xIndex < width)&& (yIndex < height))//
        {
              unsigned int index_in = yIndex * width + xIndex;
              block[threadIdx.y][threadIdx.x] = idata[index_in];
        }
        //将矩阵块数据读入共享存储器
        __syncthreads();
        xIndex = blockIdx.y * BLOCK_DIM + threadIdx.x;
        yIndex = blockIdx.x * BLOCK_DIM + threadIdx.y;
        if((xIndex < height)&& (yIndex < width))//
        {
               unsigned int index_out = yIndex * height + xIndex;
               odata[index_out] = block[threadIdx.x][threadIdx.y];
        }
        //将转置后的矩阵块写回全局存储器
}
```

同一个 warp 内的线程同步不需要调用__syncthreads()。此外注意，只有当整个线程块都走向相同分支时，才能在条件语句里面使用__syncthreads()，否则可能引起错误。当同步语句出现在 if-then-else 语句中，如果每个分支都有一个__syncthreads()语句，则要求线程块中的所有线程要么都执行 then 分支，要么都执行 else 分支。由于这两个分支有不同的栅栏，如果一部分线程执行了 then 分支，而另一部分执行了 else 分支，则它们将在不同的栅栏等待，导致程序死锁，如程序 19.24 所示。

程序 19.24　线程块都走向不同分支导致程序死锁

```
__global__void cuda_vector_add(float *A, float *B, float *C,
int N)
{
    int i = threadIdx.x + blockDim.x*blockIdx.x;
     if (i < N)
             ...... __synthreads();
     else
             ......__synthreads();
}
```

19.7.2.2　Memory fence 函数

Memory fence 函数也是用来保证线程间数据通信可靠性的。Memory fence 函数也可用于强制对内存访问进行排序。内存栅栏函数在强制顺序的作用域中有所不同，但它们独立于访问的内存空间(共享内存、全局内存、页锁定主机内存和对等设备的内存)。

(1) __threadfence_block()：一个线程调用__threadfence_block()后，该线程在该语句前对全局存储器或共享存储器的访问已经全部完成，执行的结果对 block 中的所有线程可见。

(2) __threadfence()：充当调用线程块中所有线程的__threadfence_block()，一个线程调用__threadfence()后，该线程在该语句前对全局存储器或共享存储器的访问已经全部完成，执行的结果对 grid 中的所有线程可见。

(3) __threadfence_system()：充当调用线程块中所有线程的 threadfence_block()，并确保在调用 threadfence_system()之前调用线程对所有内存的所有写操作对所有设备线程、主机线程、peer 设备中线程可见。只有计算能力为 2.x 及更高版本的设备才支持 threadfence_system()。

Memory fence 使其他能够安全地消费当前线程生产的数据，多个线程间可以正确地操作共享数据，实现 grid/block 内的线程通信。

程序 19.25 展示了如何对 *N* 个元素求和。首先由 *N* 个元素划分为多个子序列并分配到不同的 block 中，由每个 block 计算得出其中一个子序列的和并将结果存储在 global memory 中，当所有 block 完成这一步以后，再由最后一个完成求和操作的 block 从全局存储器中读入先前计算好的子序列和，并计算最终结果。为了确定最后一个完成子序列求和操作的 block，我们使用了一个计数器：每个 block 完成子序列求和并存储结果后，就让计数器的值递增 1，这样，最后一个 block 读到计数器中的值就会是 gridDim.x-1。如果不在存储部分和与计数器递增之间设置 fence，那么计数器值的递增可能发生在子序列和的存储之前，此时最后一个 block 读到的子序列和可能还没有更新，造成计算结果错误。

程序 19.25　对 *N* 个元素求和

```
__device__ unsigned int count = 0;
__shared__ bool isLastBlockDone;
__global__ void sum(const float *array, unsigned int N, float
*result)
{
    float partialSum = calculatePartialSum(array, N);
    //每个 block 对输入数组的一个 subset 求和
    if(threadIdx.x == 0)
    {
          result[blockIdx.x] = partialSum;
          //0 号线程存储局部和 partialSum 并负责写回全局存储器
         __threadfence(); //线程 0 要保证它的结果对所有其他线程都可见
          //每个 block 的 0 号线程负责计算结束后一次标记，count++
```

```
            unsigned int value = atomicInc(&count, gridDim.x);
            //每个 block 的 0 号线程来判断该块是不是最后一个计算结束的块
            isLastBlockDone = (value == (gridDim.x - 1));
        }
        __syncthread();
        //做一次同步，保证每个线程读到正确的 isLastBlockDone 值
        if(isLastBlockDone)
        {
            float totalSum = calculateTotalSum(result);
            //最后的那个 block 负责局部和(存储在 result[0..
            gridDim.x - 1])的求和
            if(threadIdx.x == 0)
            {
                result[0] = totalSum;
                count = 0;
                //last block 的线程 0 存储计算总和并将其写回全局
                存储器，count 置 0 以保证下一个 kernel 的正常计数
            }
        }
    }
```

19.7.2.3　GPU 与 CPU 同步

在 CUDA 主机端代码中使用 cudaThreadSynchronize()（程序 19.26）。该函数名与其实际功能并不一致，要想实现与其函数名相一致的功能可以使用 cudaDevice Synchronize()。该函数将阻塞主机直至设备端完成所有已请求的任务，如果某一任务失败则返回错误。如果为此设备设置了 cudaDeviceScheduleBlockingSync flag，则将阻塞主机直至设备工作结束。

程序 19.26　CUDA 主机端代码中使用 cudaThreadSynchronize()

```
void runTest(int arge, char **argv)
{
    boxFilterRGBA(d_img, d_temp, d_temp, width, height,
    filter_radius, iterations, nthreads);
    CUDA_SAFE_CALL(cudaThreadSynchronize());
    CUT_SAFE_CALL(cutStartTimer));
    boxFilterRGBA(d_img, d_temp, d_img, width, height,
    filter_radius, iterations, nthreads);
    CUT_CHECK_ERROR( "Error: boxFilterRGBA kernel execution
```

```
        failed!" );
    CUDA_SAFE_CALL(cudaThreadSynchronize());
    CUT_SAFE_CALL(cutStopTimer(timer));
    printf( "Processing time: %f(ms)\n" , cutGetTimerValue
    (timer));
    printf( "%.2fMpixels/sec\n" , (width * height /
    (cutGetTimerValue(timer)/ 1000.0f)/ 1e6);
}
# define CUDA_SAFE_CALL(call)do
{
    CUDA_SAFE_CALL_NO_SYNC(call);
    cudaError err = cudaThreadSynchronize();
    if(cudaSuccess != err)
    {
        fprintf(stderr, "CUDA error in file '%s' in line %i:
        %s.\n" ,
        __FILE__, __LINE__,cudaGetErrorString(err));
        exit(EXIT_FAILURE);
    }
}while(0)
```

类似的函数还有 cudaStreamSynchronize()和 cudaEventSynchronize()，它们阻塞所有的流或事件，直到此前的所有 CUDA 调用均已完成。

19.7.3 Volatile 关键字

__threadfence()、__threadfence_block()或__syncthreads()等函数的应用能够确保函数调用之前的全局存储器或者共享运算结果的正确性，进而在后续程序中被其他线程调用。在内存栅栏函数的内存顺序语义框架下，编译器自动优化对全局存储器和共享存储器的读、写操作(如将全局读缓存到寄存器或 L1 缓存中)，而 volatile 关键字的使用可以禁用这些优化。

例如，在下面代码中，对 myArray[tid]的首次引用将被编译成一次对全局或者共享存储器的访问。但第二次引用时，编译器将直接使用第一步读出的结果，而不进行第二次访存操作。

程序 19.27 中，myArray 是存储在全局存储器或共享中的数组，其元素是非零整数。

程序 19.27 引用 myArray[tid]

```
__global__ void myKernel(int *result)
```

```
{
    int tid = threadIdx.x;
    int ref1 = myArray[tid] * 1;
    myArray[tid + 1] = 2;
    int ref2 = myArray[tid] * 1;
    result[tid] = ref1 * ref2;
}
```

线程 tid 中 ref2 的值不会是线程 tid-1 改写 myArray[tid]后的值 2，这显然不是程序员的初衷，但可以通过 volatile 关键字改变这一点。volatile 关键字可以禁用编译器的自动优化，将存在于全局或者共享存储器中的变量声明为敏感变量，此时编译器认为其他线程可能随时会修改变量的值，因此每次对该变量的引用会被编译成一次真实的内存读指令。

注意，即使上面代码中的 myArray 使用 volatile 关键字，仍然不能保证 ref 的值是 2。这是因为线程 tid 可能在 myArray[tid]被线程 tid-1 改写为 2 之前就已经进行了读操作，此时就需要额外进行一次同步才能保证代码的正确性。

19.7.4 ATOM 操作

原子函数(atomic function)对位于全局或共享存储器的一个 32 位或 64 位字执行 read-modify-write 的原子操作。也就是说，当多个线程同时访问全局或共享存储器的同一位置时，保证每个线程能够实现对共享可写数据的互斥数据操作；在一个操作完成之前，其他任何线程都无法访问此地址，但是原子函数不充当内存栅栏，也不意味着对内存操作的同步或排序约束。程序 19.28 展示了原子函数的使用方法。

程序 19.28　原子函数的使用方法

```
__global__ void testAtom(int *g_odata)
{
    const unsigned int tid = blockDim.x * blockIdx.x +
    threadIdx.x;
    atomicAdd(&g_odata[0], 10);//Atomic addition
    atomicMax(&g_odata[0], tid);// Atomic maximum
    atomicInc((unsigned int*)&g_odata[0], 17);// Atomic
    increment
    atomicCAS(&g_odata[0], tid - 1, tid);// Atomic compare-
    and-swap
    //算数原子操作
    atomicAnd(&g_odata[8], 2 * tid + 7);// Atomic AND
```

```
        atomicOr(&g_odata[8], 1 << tid);// AtomicOR
        atomicXor(&g_odata[8], tid);// Atomic XOR
        //二进制位的原子操作
    }
```

如果不使用原子操作，同一 half warp 内的线程读入数据进行运算后，将同时试图改变存储器中的值，存储器中的结果可能是其中任意一个线程的结果。

注意，各种硬件对 ATOM 指令的支持，以及 ATOM 指令支持的数据类型等不尽相同。1.0 计算能力的设备不支持任何原子函数；1.1 支持在全局存储器的 32 位字上操作的原子函数；1.2 增加了操作共享存储器的原子函数，以及全局存储器 64 位字的原子函数。原子操作仅适用于有符号和无符号整型，但 atomicExch 除外，它支持单精浮点。计算能力 6.x 设备扩展了原子操作功能，允许开发人员扩大或缩小原子操作的范围。例如，atomicAdd_system 保证指令相对于系统中的其他 CPU 和 GPU 是原子的，atomicAdd_block 则表示该指令仅与来自同一线程块中其他线程的原子有关等。

19.7.5 VOTE 操作

VOTE 指令是 CUDA2.0 的新特性，只有 1.2 以上的版本的硬件才能支持。但在 CUDA 9.0 之后不再使用__any, __all 和 __ballot，而是代替为__all_sync、__any_sync、__ballot_sync 和__activemask 函数。Warp vote 函数允许给定 warp 内的线程执行规约(reduction)和广播(broadcast)操作，这些函数接收来自 warp 中每个线程的整数谓词(predicate)作为输入，并将其与零进行比较。

(1) __all_sync(unsigned mask, predicate):对 mask 中所有未退出线程的 predicate 求值，当且仅当所有值非零时返回。

(2) __any_sync(unsigned mask, predicate):对 mask 中所有未退出线程的 predicate 求值，当且仅当任何非零时返回。

(3) __ballot_sync(unsigned mask, predicate):对 mask 中所有非退出线程的 predicate 求值并返回一个第 N 位被设置的整数，当且仅当 predicate 对 warp 中第 N 个线程计算为非零并且第 N 个线程处于活动状态时返回。

(4) __activemask():返回调用 warp 中所有当前活动线程的 32 位整数 mask。

第 20 章 CUDA 程序优化

高性能 CUDA 程序的设计需要综合考虑算法、并行划分、指令流吞吐量、存储器带宽等多方面因素。总的来说，其应该同时具有以下几个特征。

(1) 所选算法的计算复杂度在给定的数据规模下应不明显高于最优的算法。

(2) 应尽可能使活动 warp 数量充满 SM，并且活动 block 数量大于 2，能够有效地隐藏访存延迟。

(3) 若程序出现指令流瓶颈时，确保指令流的优化适合计算需求。

(4) 若程序出现访存或者 I/O 瓶颈时，确保程序中数据存储方式和访问方式的合理性，以最大化带宽。

按照开发流程的先后程序，CUDA 程序的编写与优化需要解决以下问题。

(1) 对于原始问题按照串行部分和并行部分进行算法设计，根据算法是否符合并行计算的原则来确定其是否需要 GPU 的支持。

(2) 按照算法对数据和任务分块，其中需要将并行计算部分设计为能够满足 CUDA 编程模型的 kernel 函数，尽可能最大化 SM 的性能。

(3) 确保算法的正确实现是对其性能优化的开始。

(4) 显存访问优化，避免过多的内存和显存数据交换。

(5) 指令流优化。

(6) 平衡共享存储器和寄存器的使用，保证存储器资源的均衡。

(7) 保证与主机通信优化。

上述流程只是 CUDA 编程的一般框架，实际程序优化需要综合考虑多方面因素，各个因素之间相互制约，很难实现各个方面均达到最优。因此需要针对实际出现的问题进行分析，通过实验不断优化参数和算法，在实验中排除不可行的方案，充分利用其 CUDA 内置的各种并行函数和算法，最终在保证算法稳定可靠的前提下达到最佳性能。

20.1 任务划分

CPU 和 GPU 分别适合于复杂逻辑运算和浮点型密集运算，因此在进行程序编写之前，首先需要将要处理的任务划分为几个连续的步骤，根据每个步骤的计算任务特征，将其划分为 CPU 端程序和 GPU 端程序。划分时需要考虑的原则有以下几点。

(1) 将步骤中涉及的可选择的算法列出来，从计算效率和复杂度上对不同算法做出比较。由于 CPU 架构和 GPU 架构的差异性，对于同一问题的解决，采用并行算法不一定比串行算法效率高。因此，当需要解决的问题较为简单时，即使是计算复杂度高的算法也有可能比复杂度低的算法耗时更短。根据实际情况选择最妥当的算法，将任务中涉及大规模数据并行和高计算密度的步骤放到并行计算中设计。

（2）CPU 并行算法与 GPU 并行算法不能画等号。对 CPU 程序的设计主要考量指令并行和线程并行，其是粗粒度的，而在每个主机线程框架下仍然是串行的，所以在将 CPU 并行程序直接映射为 GPU 程序时不但会出现兼容性问题，还可能导致算法不稳定或失效。GPU 核函数的执行过程更像是针对大规模数据的 CPU 循环结构中的单次循环，但并不是所有的 CPU 循环程序都能够映射为并行算法，因为部分算法中不同循环次数之间具有耦合性，此时需要采用其他思路对任务重新划分。

（3）由于核函数的执行是异步的，因此可以利用程序在设备上运行这段时间进行额外的计算，划分任务时可在两次 host—device 通信之间穿插其他主机上的串行运算过程，例如，可以利用主机为下次 host—device 通信准备数据，实现计算上的无缝衔接。

20.2 Grid 和 block 维度设计

GPU 多处理器依靠线程级别的并行来最大限度地利用其功能单元，因此 GPU 的利用率直接与 resident warp 的数量相关。Kernel 函数需要指定 grid、block 等执行参数，而 block 中的 thread 将会被分配到 GPU 的各个 SM 中执行，grid 和 block 的数量在一定程度上也影响着程序执行效率。

一个 warp 准备执行下一条指令所需的时钟周期数称为延迟。在每个时钟周期的延迟时间内，当所有 warp 调度程序（warp scheduler）总能为其他 warp 分发指令，即延迟被“隐藏”时，在该延迟期间的每个时钟周期（即当延迟被完全“隐藏”时），就达到了满利用率状态。隐藏 L 时钟周期延迟所需的指令数量取决于指令的吞吐量。若按最大吞吐量计算，4L 用于计算能力 5.x、6.1、6.2 和 7.x 的设备，因为这些设备的一个多处理器能够在一个时钟周期内为四个 warp 发送一个指令；2L 用于计算能力为 6.0 的设备，因为在这些设备中，每个时钟周期内处理的两条指令实质上是一条指令被分发给了两个不同的 warp。

当所有的输入操作数（input operands）都是寄存器时，通信延迟由寄存器的依赖性所决定，即部分输入数是由之前尚未执行完成的指令写入的。在这种情况下，延迟等于前一条指令的执行时间，而 warp 调度程序需要在这一延迟时间内调度其他 warp 的指令，执行时间取决于指令的复杂度。在计算能力 7.x 的设备上，大多数指令的执行时间为 4 个时钟周期，在 warp 以最大吞吐量执行指令的前提下，每个多处理器需要 16 个活动 warp（4 cycles，4 warp schedulers）才能有效地将算数指令延迟隐藏。而如果某些输入操作数在片外存储器上时，延迟则高达上百个时钟周期。一般情况下，如果没有片外存储器操作数的指令数量与有片外存储器操作数的指令数量之比（被定位为运算强度，单位为 flops per byer）较低时，常需要更多的 warp 来执行。

一个 SM 上的 active warp 和 active block 数量计算方法如下。

1) 确定 GPU 和 CUDA 程序的状态

在 Linux 环境下，我们可以使用 CUDA-GDB 调试工具来查看 GPU 状态及 CUDA 程序的运行状态。首先，需要将程序编译为可调式版本，然后通过 cuda-gdb 命令进入调试器，在调试器中可使用 info cuda + keywords 命令查看与关键词有关的 cuda 信息，可供查看的信息有 devices(所有设备状态)、sms(当前设备下所有 SM)、warps(当前 SM 中所有 warps)、blocks(当前 kernel 中所有活动的线程块)、threads(当前 kernel 中所有活动的线程)等。

(1) 首先利用 info cuda sms SM 显示出所有 SM 及每个 SM 中对应的活动 warp(其中，*表示当前选中的 SM)。

```
$ (cuda-gdb)info cuda sms SM
Active Warps Mask Device 0
* 0 0xffffffffffffffff
1 0xffffffffffffffff
2 0xffffffffffffffff
3 0xffffffffffffffff
4 0xffffffffffffffff
5 0xffffffffffffffff
6 0xffffffffffffffff
7 0xffffffffffffffff
8 0xffffffffffffffff
```

(2) 然后利用 info cuda warps 进入当前选中 SM 的下一级(默认显示当前设备、当前 SM 的所有 warp)，该命令可以用来显示 warp 与 block 的关联关系。

(3) Info cuda lanes 显示所选中 warp 的所有 lanes(线程)，该命令可以用于显示线程被哪个 lane 执行。

```
$(cuda-gdb)info cuda warps
Wp /Active Lanes Mask/ Divergent Lanes Mask/Active Physical
PC/Kernel/BlockIdx
Device 0 SM 0
* 0  0xffffffff  0x00000000 0x000000000000001c  0  (0,0,0)
  1  0xffffffff  0x00000000 0x0000000000000000  0  (0,0,0)
  2  0xffffffff  0x00000000 0x0000000000000000  0  (0,0,0)
  3  0xffffffff  0x00000000 0x0000000000000000  0  (0,0,0)
  4  0xffffffff  0x00000000 0x0000000000000000  0  (0,0,0)
  5  0xffffffff  0x00000000 0x0000000000000000  0  (0,0,0)
  6  0xffffffff  0x00000000 0x0000000000000000  0  (0,0,0)
```

```
    7  0xffffffff  0x00000000 0x0000000000000000  0   (0,0,0)
  ...
```

利用其他命令还可查看与程序运行相关的 block、thread 信息及运行状态等。

2) 根据硬件确定 SM 上的可用资源

```
(cuda-gdb)info cuda lanes
  Ln    State  Physical PC        ThreadIdx
Device 0 SM 0 Warp 0
*  0    active 0x000000000000008c   (0,0,0)
   1    active 0x000000000000008c   (1,0,0)
   2    active 0x000000000000008c   (2,0,0)
   3    active 0x000000000000008c   (3,0,0)
   4    active 0x000000000000008c   (4,0,0)
   5    active 0x000000000000008c   (5,0,0)
   6    active 0x000000000000008c   (6,0,0)
   7    active 0x000000000000008c   (7,0,0)
   8    active 0x000000000000008c   (8,0,0)
...
```

可以用 SDK 中的 deviceQuery 获得每个 SM 中的资源。要注意的是，在程序编译时，要使目标代码和目标硬件版本与实际使用的硬件一致（使用-arch、-gencode 和-code 编译选项）。在 Tesla 不同产品上，这些限制如表 20.1 所示。

表 20.1 每 SM 上的可用资源个数

GPU 型号	Tesla K40	Tesla M40	Tesla P100	Tesla V100
计算能力	3.5	5.2	6.0	7.0
架构	GK180(Kepler)	GM200(Maxwell)	GP100(Pascal)	GV100(Volta)
最大线程束数/SM	64	64	64	64
最大线程数/SM	2048	2048	2048	2048
最大线程块数/SM	16	32	32	32
FP32 核心/SM	192	128	64	64
FP64 核心/SM	64	4	32	32
共享内存大小/SM	16KB/32KB/48KB	96KB	64KB	最高 96KB
寄存器文件大小/SM	256KB	256KB	256KB	256KB

此外，每个 block 中的线程数量不能够超过 1024 个。

3）计算每个 block 使用的资源，并确定 active block 和 active warp 数量

假设每个 block 中有 64 个线程，每个 block 使用 256 byte shared memory，8 个寄存器文件，那么就有：①每个 block 使用的 shared memory 是：256byte；②每个 block 使用的寄存器文件数量：$8 \times 64 = 512$；③每个 block 中的 warp 数量：$64 / 32 = 2$。

然后，根据每个 block 使用的资源，就可以计算出由每个因素限制的最大 active block 数量。这里，假设在 G80/G92 GPU 中运行这个内核程序：①由 shared memory 数量限制的 active block 数量 $16384 / 256 = 64$；②由寄存器数量限制的 active block 数量 $8192/512 = 16$；③由 warp 数量限制的 active block 数量 $24 / 2 = 12$；④每个 SM 中的最大 active block 数量 8。

注意，在计算每个因素限制的 active block 数量时如果发现有除不尽的情况，应该只取结果的整数部分。取上述计算结果中的最小值，可以知道每个 SM 的 active block 数量为 8。

20.3 存储器访问优化

内存优化的目的是最大化带宽，进而最大化对硬件的使用，这是提升算法性能的关键途径之一。为提升带宽，最直接的途径是使用尽可能多的能提供快速访问能力的存储器，而对于访问速度过慢存储器的使用则要尽可能少。本节将就全局存储器、共享存储器、纹理存储器和常数存储器等内存访问优化进行更详细的分析，对程序的设计及优化中出现的内存问题做出讨论。

访存和运算是 CUDA 内核程序中每个 warp 中两种基本指令。只有访存指令结束，数据准备妥当之后才会执行相关的运算指令。所以，在高性能并行计算程序设计阶段就需要进行存储器的规划，在程序开发和测试过程中时刻注意不同存储器访问对其性能的影响。对于以提升计算效率为目的的 CUDA 程序，GPU 的主要功能在于运算，应尽可能减少存储器访问和通信对性能造成的负面影响。相对地，在以访存为主的应用中，则需要尽量增大程序的可用带宽。针对不同存储器的特性而灵活地设计优化方案，进而平衡好计算效率和访问带宽之间的关系，是优化 CUDA 程序的主要任务之一。

20.3.1 全局存储器访问优化

在编写运行于 GPU 上的 CUDA 程序时，合并局内存访问是实现高性能的关键措施之一。全局内存一个 warp 内线程的加载和存储数据被设备合并为尽可能少的事务(transactions)。

合并访问的需求条件依据 GPU 的计算能力而有所不同。对于计算能力为 6.0 或更高版本的设备，可以总结为 warp 线程的并发访问将合并成若干事务，事务数量相当于服务 warp 所有线程所需的 32 字节事务的数目。

图 20.1 展示了一个 half-warp 中的所有线程进行 32bit 字(如 float)的合并访问情况，

图中 global memory 中每一行是一个 64byte 对齐的段(16 个 float)，颜色相同的两行则表示一个按照 128byte 对齐的段，图形下方则表示对全局存储器进行访问的 half-warp 中的线程。

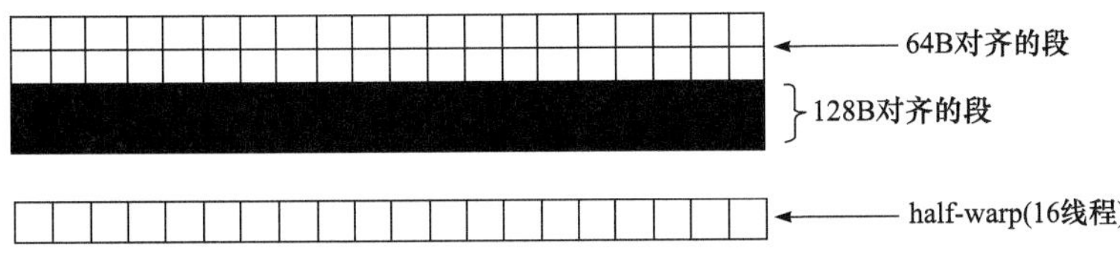

图 20.1　half-warp 与全局存储器中的段

不同计算能力的 GPU 对合并访问条件有不同的要求，其中计算能力 1.2 以上的设备的合并访问要求要宽松一些。下面是各种设备中合并访问条件的具体要求。

(1) 在计算能力 1.0 和 1.1 的设备上，一个 half-warp 中的第 k 个线程必须访问段里的第 k 个字，并且其访问的段的地址必须对齐到每个线程访问的字长的 16 倍，比如每个线程访问 32bit 字时，half-warp 访问的段的首地址就必须是 64byte 的整数倍；如果满足合并访问条件的一个 half-warp 中有一些线程不访存(也不能访问显存的其他位置)，此时仍然会进行一次合并访问，只是不访存的线程不会得到访存结果。计算能力 1.0 和 1.1 的设备只支持对字长为 32bit、64bit 和 128bit 的数据的合并访问。如果不满足合并访问条件，那么 half-warp 的访问请求会被解释为 16 次串行的传输。

(2) 在计算能力为 1.2 及更高的设备上，合并访问要求大大放宽。例如，计算能力 1.2 和 1.3 的设备支持对字长为 8bit(对应段长 32byte)、16bit(对应段长 64byte)、32bit、64bit 和 128bit(三者都对应 128byte 段长)的数据进行合并访问。但是这里段长与 1.0/1.1 设备的段对齐长度概念并不一致，合并访问条件变更为只要 half-warp 中线程访问的数据在同一段中即可满足，而线程的顺序和线程访问的地址则不再需要像计算能力 1.0/1.1 硬件中那样按顺序依次对应。如果访问的数据首地址没有按段对齐，一个 half-warp 的访问请求也只会被解释为两次满足合并访问的传输，只是多访问的数据会被丢弃。

(3) 对于计算能力为 3.5、3.7 和 5.2 的某些设备，可以自主选择是否启动对全局内存访问的 L1 缓存。如果在这些设备上启用了 L1，则所需事务数等于所需 128 字节对齐的段数。

对于计算能力 6.0 及更高设备，访问全局存储器的 L1 缓存是默认的，但无论是否缓存在 L1 上，访问单元始终保持 32byte。其合并访问机制如下：第 k 个线程访问 32byte 对齐数组中的第 k 个字，但并非所有线程都要参与(例如，如果 warp 的线程访问相邻 4byte 的浮点值，则四个合并的 32byte 事务将为该段内存提供访问服务)。如果四个 32byte 段中任何一个其中只有部分字被请求访问，那么无论如何都能取得完整的段。此外，如果 warp 线程的访问在此四个段中进行了排序或交叉，仍然只能执行 4 个 32byte 的事务。

下面的协议详细描述了计算能力 1.2/1.3 硬件的一个 half-warp 是如何完成一次合并访问的。

(1) 首先，找到由最低线程号活动线程(前 half-warp 中的线程 0，或者后 half-warp 中的线程 16)请求访问的地址所在段。例如，对于 8bit 数据其段长为 32byte，对于 16bit 数据其段长为 64byte，对于 32/64/128bit 数据其段长为 128byte。

(2)然后，找到所请求访问的地址在段内相应的活动线程。如果所有线程访问的数据都处于段的前半部分或者后半部分，那么还可以减少一次传输的数据大小。例如，如果一个段的大小为 128byte，但只有上半部分或下半部分被使用了，那么实际传输的数据大小就可以缩小到 64byte。同理，对 64byte 的段的合并传输，当只使用了前半或者后半部分的情况下也可以缩小到 32byte。

(3)进行传输，此时执行访存指令的线程将处于不活动状态，执行资源被释放供 SM 中其他闲置 warp 使用。

(4)重复上述过程，直到 half-warp 所有线程访问均完成。

下面将通过一些小例子来解释对显存的合并访问。

20.3.2 共享存储器访问优化

Shared memory 是片上寄存器，在线程间没有 bank 冲突的前提下，比局部存储器和全局存储器带宽高、延迟低。当线程块内的多个线程需要从全局存储器读取相同的数据时，利用共享存储器可以只访问全局存储器一次，从而有效提高访问效率。

20.3.2.1 共享存储器与 bank conflict

为使并行访问能以高带宽进行，共享存储器被以更小的存储器模块—bank 组织起来，各个 bank 的尺寸相同且能够被同时访问。如此一来，对 n 个存储器模块上 n 个内存空间的读取或存储能够同时进行，将带宽提升到了只有一个 bank 时的 n 倍。

为了能够在并行访问时获得高带宽，共享存储器被划分为大小相等、能被同时访问的存储器模块，称为 bank。由于不同的存储器模块可以互不干扰的同时工作，因此对位于 n 个 bank 上的 n 个地址的访问能够同时进行，此时的有效带宽是只有一个 bank 时的 n 倍。

但如果一个内存请求的多个地址映射到相同的 bank 上，就会出现 bank conflict，进而导致访问被串行执行。硬件会将造成 bank conflict 的一组访存请求划分为尽可能多的(假设为 M)不存在 conflict 的访问，使得带宽下降为 conflict-free 的 $1/M$。另外，若一个 warp 的多个线程共享内存地址相同，则会产生一次广播，来自多个 bank 的多个广播(broadcasts)合并从请求的共享内存位置到内存的一个多播(multicast)。

为了减少 bank conflict，必须先了解 shared memory 地址如何被映射到各个 memory bank，以及如何通过优化调度访存请求来避免 bank conflict。对共享存储器的访问应避免 bank conflict 造成序列化访问。

在计算能力为 5.x 或更高版本的设备上，每一个时钟周期，每个 bank 都有 32 位的带宽，并且连续的 32-bit 字被分配给连续的 bank。在计算能力为 3.x 的设备上，每一个时钟周期，每个 bank 都有 64 位的带宽。有两种不同的 banking 模式：将连续的 32-bit 字(32 位模式)或连续的 64-bit 字(64 位模式)分配给连续的 bank。每个 warp 包含 32 个线程，bank 的数量也是 32，因此 warp 任何线程之间都可能发生 bank conflict。

而对于计算能力 1.x 设备，每个 warp 大小都是 32 个线程，而一个 SM 中的 shared memory 被划分为 16 个 bank（按 0～15 编号）。一个 warp 中的线程对共享存储器的访问请求会被划分为两个 half-warp 的访问请求，只有处于同一 half-warp 内的线程才可能发生 bank conflict，而一个 warp 中位于前 half-warp 的线程与位于后 half-warp 的线程间则不会发生 bank conflict。

程序 20.1 展示了 shared memory 的一般使用方法，线程从数组中读取 32bit 字（索引由 tid 及间隔 s 确定）。

程序 20.1　shared memory 的一般使用方法

```
__shared__float shared[32];
float data = shared[BaseIndex + s * tid];
```

在这段代码中，如果 $s*n$ 是 m（m 是 bank 数）的倍数，或者 n 是 m/d（d 是 m 和 s 的最大公约数）的倍数，就会发生 bank conflict。因此，只要 half-warp 小于或者等于 m/d，就不会发生 bank conflict。对于计算能力 1.x 的硬件，当 d=1 或者 s 为奇数（因为 m 是 2 的幂）时，就可以避免 bank conflict 的发生。在 SDK 的很多例子中，都使用了宽度为 17 或者 threadDim.x+1 的行来避免 bank conflict。

图 20.2 是不存在 bank conflict 的 shared memory 访问的例子，图 20.3 是存在 bank conflict 的 shared memory 访问的例子。

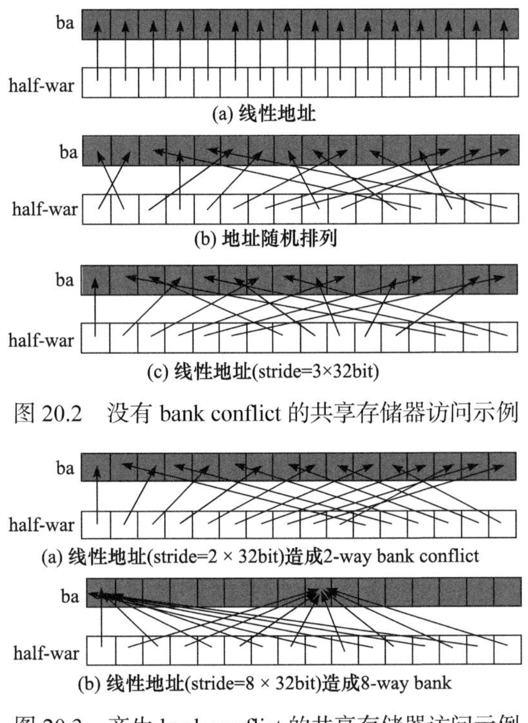

图 20.2　没有 bank conflict 的共享存储器访问示例

图 20.3　产生 bank conflict 的共享存储器访问示例

如果每个线程访问的数据大小不是32bit时，也会发生bank conflict。程序20.2对char数组的访问会造成4-way bank conflict，因为此时shared[0]、shared[1]、shared[2]和shared[3]同属于一个bank。

程序 20.2　发生 bank conflict 的 shared memory 访问

```
__shared__char shared[32];
char data = shared[BaseIndex + tid];
```

对同样的数组，按程序20.3的形式进行访问，则可以避免bank conflict问题。

程序 20.3　避免 bank conflict 问题

```
char data = shared[BaseIndex + 4 * tid];
```

Shared memory 中广播机制如下：在响应一个对同一个地址的读请求时，一个32bit字可以被读取并同时广播给不同的线程。当一个32bit字地址中的数据被half-warp内多个线程同时读取时，可以减少bank conflict 的数量。如果half-warp中所有线程需要对同一地址进行读操作，不会出现bank conflict；但是，如果half-warp内有多个线程要对同一地址进行写操作，会引发不确定性后果，发生这种情况时应该使用对shared memory的原子操作。

对不同地址的访存请求会被分为若干步骤进行处理，每两个执行单元周期完成一步，每步都只处理一个conflict-free的访存请求的子集，直到half-warp的所有线程请求均完成。在每一步中都会按下列规则构建子集。

(1)从尚未访问的地址所指向的字中，选出一个作为广播字。

(2)继续选取访问其他bank，并且不存在bank conflict的线程，再与上一步中广播字对应的线程一起构建一个子集。在每个周期中，选择哪个字作为广播字，以及选择哪些与其他bank对应的线程，都是不确定的。

图20.4是采用广播机制的内存读操作的例子。

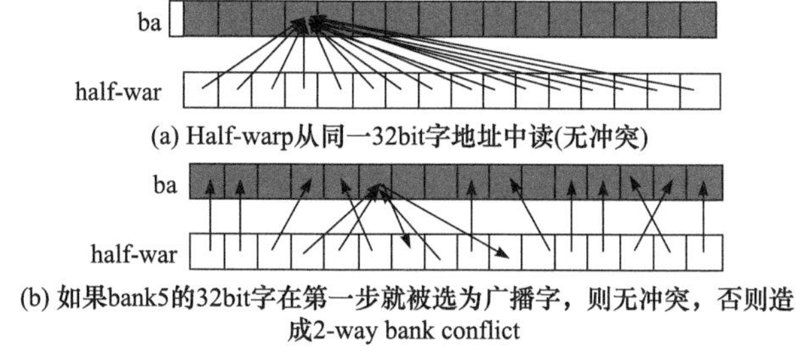
ba
half-war
(a) Half-warp从同一32bit字地址中读(无冲突)
ba
half-war
(b) 如果bank5的32bit字在第一步就被选为广播字，则无冲突，否则造成2-way bank conflict

图 20.4　共享存储器广播模式示例

20.3.2.2　通过 kernel 参数使用共享存储器

加载kernel时会将执行参数和部分函数参数保存在共享存储器中，如果参数列表很长，建议将其中的一部分参数放入constant memory，并从中取用，以节约共享存储器空间。

20.3.3 使用纹理存储器和常数存储器加速

20.3.3.1 纹理存储器

纹理存储器能够通过缓存利用数据的局部性来提高效率，其主要用途是用于存放图像和查找表。使用 texture 时的好处有以下几点。

(1) 不用严格遵守合并访问条件，也能获得很高带宽。

(2) 对于随机访问，如果要访问的数据并不是很多，效率也不会特别差。

(3) 可以使用线性滤波和自动类型转换等功能调用硬件的不可编程计算资源，而不必占用可编程计算单元。

20.3.3.2 常数存储器

常数存储器主要用于存放指令中的常数。warp 中线程对不同地址的访问是串行的，因此其开销与 warp 中所有线程读取同一地址开销呈线性关系。当同一个 warp 中的线程只访问几个不同的位置时，使用常数缓存较为妥当。如果一个 warp 的所有线程都访问同一个位置，那么常量存储器的访问与寄存器访问速度相当。

如果有因为尺寸太大无法存放在寄存器或者 shared memory 中的查找表一类的常数数组，可以考虑将其放在常数存储器中获得一定的加速。

20.4 异步并行执行

20.4.1 简单异步函数使用

异步执行是指 GPU 进行的操作(kernel 启动或者异步存储器拷贝函数)。从主机端启动后，函数的返回值在 GPU 真正完成这些操作之前就已经被发送至主机端，此时 CPU 线程能够继续执行其他操作。即 CPU 端的 API 函数和内核启动的结束，和 GPU 端真正完成这些操作是异步的。通过异步函数，主机(CPU 端)可以在设备(GPU)端进行运算或者数据传输的同时执行其他操作，从而更充分地利用 CPU 端与 GPU 端计算资源。

Kernel 启动和显存内部的数据拷贝(device to device)总是异步的，但是内存和显存间的数据拷贝函数则有异步和同步两个版本。程序 20.4 中进行了一次同步的数据拷贝，只有确实完成 CPU 和 GPU 间数据传输后，cudaMemcpy() 函数才会返回，此时 CPU 才能开始执行后面的 cpuFunction() 函数。

程序 20.4 同步的数据拷贝

```
cudaMemcpy(a_d, a_h, size, cudaMemcpyHostToDevice);
cpuFunction();
```

但如果调用 cudaMemcpyAsync()这一异步函数，CPU 线程通过存储器管理 API 函数启动了一次数据传输，cudaMemcpyAsync 函数在 GPU 传输的同时就已经返回了，此时 cpuFunction()函数实质上与 GPU 和 CPU 间的数据传输同时进行的，如程序 20.5 所示。

程序 20.5　异步的数据拷贝

```
cudaMemcpyAsync(a_d, a_h, size, cudaMemcpyHostToDevice);
cpuFunction();
```

倘若主机端需要使用内核函数计算得到的最终结果，应该利用同步函数保证操作顺序的一致性，如程序 20.6 所示。

程序 20.6　使用同步函数进行内核函数计算

```
kernel<<<blocks, threads>>>(a_d);
cudaThreadSynchronize();
cpuFunction();
```

20.4.2　基于流的异步并行

CUDA Stream（流）是在 GPU 上的操作队列，并且该队列中的操作符将以指定的顺序执行，并且这些操作可以由不同的主机线程发出。属于同一个流中的内核启动总是同步的，但如果根据具体的任务特征，同时启动多个流实现核函数间的异步并行则有可能极大的提高计算效率。

程序 20.7 中，没有显式地为 kernel1 和 kernel2 指定所属的流，此时它们都属于默认的 stream0，因此，kernel2 总是会在 kernel1 执行完成之后才能开始执行。

程序 20.7　未指定流的 kernel 函数

```
kernel1<<<blocks, threads>>>(a_d1);
kernel2<<<blocks, threads>>>(a_d2);
```

如果几次内核启动分别属于不同的流，它们的执行顺序可能并不保持一致，此时若需要由它们向同一块存储器写数据，就有可能因为竞写而导致错误。因此在实际使用时，需要确保 stream 之间的数据相关性要尽量小。

程序 20.8 中同时启动了两个流，当 stream0 的异步数据传输在 GPU 上执行完毕时，GPU 可以同时执行 stream1 的异步数据传输和 stream0 中的 kernel。

程序 20.8　启动两个流的 kernel 函数

```
cudaStreamCeate(&stream0);
```

```
cudaStreamCeate(&stream1);
cudaMemcpyAsync(a_d,a_h,size,cudaMemcpyHostToDevice,0);
cudaMemcpyAsync(a_d,a_h,size,cudaMemcpyHostToDevice,1);
kernel<<<blocks1,threads1,stream0>>>(a_d1);
kernel<<<blocks1,threads1,stream1>>>(a_d1);
```

使用流和异步提高程序性能的常用方法有以下两种。

(1)使用流和异步使 GPU 和 CPU 同时进行运算，如程序 20.9 所示。

程序 20.9　使用流和异步使 GPU 和 CPU 同时进行运算

```
cudaStreamCeate(&stream1);
cudaMemcpy(DeviceData,HostData,size,CudaMemcpyHostToDevice,
stream1);
kernel<<<blocks,threads,0,stream1>>>(a_d);
cpuFunctionA(CPUresult);
cudaThreadSynchronize();
cudaMemcpy、(GPUResult,DeviceData,size,cudaMemcpyHostToDevice,
stream1);
cpuFunctionB(GPUResult,CPUresult);
```

在这个例子中，假设 cpuFunctionA()与 GPU 的操作不存在冲突，而 cpuFunctionB()则需要用到 cpuFunctionA()与 GPU 运算的结果，那么可以首先利用内核启动的异步执行让 CPU 和 GPU 同时运算，然后再使用同步确保 GPU 运算已经完成。此时，cpuFunctionB()函数就可以安全地使用 CPU 和 GPU 同时生产的数据。

(2)利用不同流之间的异步执行特性，使流之间的传输和运算能够同时执行，进而更好地利用 GPU 资源，如程序 20.10 所示。

程序 20.10　同时执行流之间的传输和运算

```
for(i=0;i<nStreams;i++)
{
    cudaStreamCeate(&(stream[i]));
}
size=N*sizeof(float)/nStreams;
for(i=0;i<nStreams;i++)
{
    offset=i*N/nStreams;
    cudaMemcpyAsync(a_d+offset,a_h+offset,size,dir,stream[i]);
}
for(i=0;i<nStreams;i++)
```

```
{
      offset=i*N/nStreams;
      kernel<<<N/(nThreads*nStreams),nThreads,0,stream[i]>>>
      (a_d+offset);
}
```

程序 20.10 创建了一系列流，并且每个流都执行了异步传输和核函数计算。此时，一个流的传输和另一个流的执行是没有依赖性的，因此能够确保 GPU 持续计算，而不必等待数据。不使用异步执行时程序的运行时间为执行时间加传输时间；而使用流和异步后，时间降为执行时间加传输时间/流的数量，此时有效地隐藏了 CPU 和 GPU 间的数据传输时间，进而优化了程序性能。

第 21 章 CUDA 与多设备集群

多个 GPU 设备可以同时组装在同一台计算机中，进而通过 API 中的上下文(context)管理和设备(device)管理功能让这些设备能够高效地协同工作。多设备系统的建立能够提升单台计算机的性能，节约高性能计算集群的建设空间和成本。

CUDA 中设备管理功能与 NVIDIA 在图形应用中采用的 SLI 技术有很大的不同。SLI 将多个 GPU 桥接并虚拟为一个设备，任务的分配及通信等由驱动层自动管理；而在 CUDA 的设备管理中，GPU 设备是由主机端的不同线程管理的，每个 GPU 在同一时刻只能绑定一个线程。

除增加单个主机上的 GPU 数量外，也可以使用 CPU + GPU 异构系统作为节点构造集群，或者设计更大规模异构超级计算机，充分利用 CPU 和 GPU 的不同特性设计适用于不同架构设备的串行或并行算法。另外，也可以将 MPI 与 CUDA 联合使用，使得算法能够满足计算集群的特殊架构，进一步提升计算资源利用率和算法性能。

21.1 CUDA 的设备控制

系统中主机与设备可以是一对多的对应关系，如 CUDA 中提供的 API 可以准确地枚举这些设备，并详细地查询它们的属性。每个设备都可以由主机端的一个线程分配 kernel 函数来执行，即每个主机端线程都能够操作和管理一个设备，当主机端中有多个线程存在时，就可以使多个设备并行工作，但是多个调用设备的主机端线程之间无法相互调用。

程序 21.1 演示了如何枚举系统中的所有设备，并返回他们的属性，这段代码也会找出所有 CUDA 兼容的设备的数量。

程序 21.1 枚举系统中的所有设备并返回属性

```
int deviceCount;
cudaGetDeviceCount(&deviceCount);
int device;
for(device=0;device<deviceCount;++device)
{
    cudaDeviceProp deviceProp;
    cudaGetDeviceProperties(&deviceProp,device);
```

```
        if(dev==0)
        {
            if(deviceProp.major==9999&&deviceProp.minor==9999)
                        printf( "There is no device supporting
                        CUDA\n" );
            else if(deviceCount==1)
                        printf( "There is 1 device supporting CUDA.\
                        n" );
            else
                        printf( "There are %d device supporing CUDA\
                        n" ,deviceCount);
            }
    }
```

CudaSetDevice()可以用于主机线程对其操作设备的调用。内存分配、内核启动、流和事件的创建等都与由 cudaSetDevice()所设置的设备相关。如果未调用此函数进行设置，则默认设备 0 为当前设备。cuDeviceGetCount()和 cuDeviceGet()可用于枚举系统中已有设备和其他函数来获取它们的属性，如程序 21.2 所示。

程序 21.2　cuDeviceGetCount()和 cuDeviceGet()的调用

```
Int deviceCount;
cuDeviceGetCount(&deviceCount);
int device;
for(device=0;device<deviceCount;++device)
{
    CUdevice cuDevice;
    cuDeviceGet(&cuDevice,device);
    int major,minor;
    cuDeviceComputeCapability(&major,&minor,cuDevice);
}
```

21.2　多设备并行

CUDA runtime API 通过设备管理功能对多个设备进行管理从而可实现多设备并行计算。由 CUDA 运行时 API 管理多设备，需要使用多个主机端进程/线程。其中，运行时 API 自动决定为 thread 使用哪个上下文，另外也可以通过 driver API 进行设置，使 Runtime 能够使用所调用线程的当前上下文。在同一个进程中，运行时 API 的所有用户共享上下文，即上下文由 cudaDeviceSynchronize()同步并由 cudaDeviceReset()销毁。这种上下文结合方式有利有弊，在同一进程中运行的所有插件虽然共享上下文，但之间很可能无法通信,并且若某一个插件执行了 cudaDeviceReset(),其他插件也将停止工作。如果将 driver API 与基于运行时 API 构建的库(如 cuBLAS 和 cufft 等)结合使用，这种上下文机制的优势则比较明显。

21.2.1 CUDA 与 MPI

MPI(message passing interface,消息传递接口)是目前国际上最流行的并行编程开发环境。MPI 不但可以应用于 CPU 编程，同时也适用于 GPU 编程，基于 MPI 的 CUDA 编程，能够使算法适合于集群或者超级计算机中的多节点多 GPU 并行计算。

程序 21.3 展示了在 MPICH 环境中，CUDA Runtime API 如何启用多 GPU 并执行并行计算。本例假设每一个节点都有 4 块 GPU，每个节点都启动 4 个进程，每一个进程负责控制一块 GPU。

程序 21.3　CUDA Runtime API 启用多 GPU 并执行并行计算

```
#include "mpi.h"
#include <stdio.h>
#include <math.h>
#include <cutil.h>
/***********************************************************
************
/* Init CUDA
/***********************************************************
************
#if __DEVICE_EMULATION__
      bool InitCUDA(int myid){return true;}
#else
      bool InitCUDA(int myid)
      {
           int count = 0;
           int i = 0;
           cudaGetDeviceCount(&count);
           if(count == 0)
           {
                 fprintf(stderr, "There is no device.\n");
                 return false;
           }
```

```
        for(i = 0; i < count; i++)
        {
            cudaDeviceProp prop;
            if(cudaGetDeviceProperties(&prop, i)==
            cudaSuccess)
            {
                if(prop.major >= 1){   break;   }
            }
        }
        if(i == count)
        {
            fprintf(stderr, "There is no device supporting
            CUDA.\n");
            return false;
        }
        /**************************************************
        *********
        cudaSetDevice(myid);
        /**************************************************
        *********
        fprintf(stdout, "CUDA %d initialized.\n", myid);
        return true;
    }
    #endif
    __global__ static void HelloCUDA(char* result, int num,
    char myid)
{
        int i = 0;
        char p_HelloCUDA[] = "Hello CUDA ";
        for(i = 0; i < num; i++){   result[i] = p_HelloCUDA
        [i];   }
        result[i] = myid;
    }
    int HelloCUDA(char myid[] )
    {
        char*device_result    = 0;
        charhost_result[16]    ={0};
```

```
        cudaMalloc((void**)&device_result, sizeof(char)*
        12);
        HelloCUDA<<<1, 1>>>(device_result, 11, myid[0]);
        cudaMemcpy(host_result, device_result, sizeof
        (char)* 12,
           cudaMemcpyDeviceToHost);
        fprintf(stdout,"%s\n", host_result);
        fflush(stdout);
        cudaFree(device_result);
        return 0;
    }
    int main(int argc,char *argv[])
    {
        int myid, numprocs;
        int namelen;
        char processor_name[MPI_MAX_PROCESSOR_NAME];
        MPI_Init(&argc,&argv);
        MPI_Comm_size(MPI_COMM_WORLD,&numprocs);
        MPI_Comm_rank(MPI_COMM_WORLD,&myid);
        MPI_Get_processor_name(processor_name,&namelen);
        int myGPU_id = myid%4;
        char str_myGPU_id[10];
        itoa(myGPU_id, str_myGPU_id, 10);
        InitCUDA(myGPU_id);
        fprintf(stdout,"Process %d of %d is on %s\n", myid,
        numprocs, processor_name);
        fflush(stdout);
        HelloCUDA(str_myGPU_id);
        MPI_Finalize();
        return 0;
    }
```

21.2.2 CUDA 与 OpenMP

对多线程管理，除了直接使用操作系统提供的 API 以外，CUDA 也可以与 OpenMP 一起使用，进而实现集群或者超级计算机中的多节点多 GPU 并行计算。

程序 21.4 展示了基于 CUDA 与 OpenMP 的多 GPU 并行计算。

程序 21.4 基于 CUDA 与 OpenMP 的多 GPU 并行计算

```
#include <omp.h>
#include <stdio.h>
#include <cutil_inline.h>
__global__ void kernelAddConstant(int *g_a, const int b)
{   int idx = blockIdx.x * blockDim.x + threadIdx.x;
    g_a[idx] += b;
}
int correctResult(int *data, const int n, const int b)
{   for(int i = 0; i < n; i++)
        if(data[i] != i + b)
              return 0;
        return 1;
}
int main(int argc, char *argv[])
{   int num_gpus = 0;  // number of CUDA GPUs
    cudaGetDeviceCount(&num_gpus);
    if(num_gpus < 1)
    {   printf("no CUDA capable devices were detected\n");
                 return 1;
    }
    printf("number of host CPUs:\t%d\n", omp_get_num_procs());
    printf("number of CUDA devices:\t%d\n", num_gpus);
    for(int i = 0; i < num_gpus; i++)
    {   cudaDeviceProp dprop;
        cudaGetDeviceProperties(&dprop, i);
        printf("   %d: %s\n", i, dprop.name);
    }
        printf("---------------------------\n");
        unsigned int n = num_gpus * 8192;
        unsigned int nbytes = n * sizeof(int);
        int *a = 0;
        int b = 3;
        a = (int*)malloc(nbytes);
        if(0 == a)
        {
             printf("couldn't allocate CPU memory\n");
             return 1;
```

```
}
for(unsigned int i = 0; i < n; i++)a[i] = i;
omp_set_num_threads(num_gpus);
#pragma omp parallel
{
    unsigned int cpu_thread_id = omp_get_thread_num();
    unsigned int num_cpu_threads = omp_get_num_threads();
    int gpu_id = -1;
    CUDA_SAFE_CALL(cudaSetDevice(cpu_thread_id % num_
    gpus));
    CUDA_SAFE_CALL(cudaGetDevice(&gpu_id));
    printf("CPU thread %d (of %d)uses CUDA device %d\
    n", cpu_thread_id, num_cpu_threads, gpu_id);
    int *d_a = 0;
    int *sub_a = a + cpu_thread_id * n / num_cpu_threads;
    unsigned int nbytes_per_kernel = nbytes / num_cpu_
    threads;
    dim3 gpu_threads(128);
    dim3 gpu_blocks(n / (gpu_threads.x * num_cpu_
    threads));
    CUDA_SAFE_CALL(cudaMalloc((void**)&d_a, nbytes_
    per_kernel));
    CUDA_SAFE_CALL(cudaMemset(d_a, 0, nbytes_per_
    kernel));
    CUDA_SAFE_CALL(cudaMemcpy(d_a, sub_a, nbytes_per_
           kernel, cudaMemcpyHostToDevice));
    kernelAddConstant<<<gpu_blocks, gpu_threads>>>
    (d_a, b);
    CUDA_SAFE_CALL(cudaMemcpy(sub_a, d_a, nbytes_per_
           kernel, cudaMemcpyDeviceToHost));
    CUDA_SAFE_CALL(cudaFree(d_a));
}
printf("---------------------------\n");
if(cudaSuccess != cudaGetLastError())
       printf("%s\n", cudaGetErrorString
       (cudaGetLastError()));
if(correctResult(a, n, b))
       printf("Test PASSED\n");
```

```
        else
              printf("Test FAILED\n");
        free(a);
        cudaThreadExit();
        cutilExit(argc, argv);
        return 0;
}
```

第五篇　求解声波方程的并行程序

本篇只包含第 22 章内容，主要通过一个有限差分求解各向同性介质中声波方程的并行程序来深入理解并行程序设计方法。

第 22.1 节给出了有限差分求解声波方程的基本算法与公式，包括方程形式、差分网格、差分格式、差分系数的求取方法、稳定性条件、吸收边界条件及震源的设置方法等，并在此基础上给出了二维声波方程正演模拟的基本步骤与流程图。此外，还给出了一个头文件 accessories.h，该头文件包含了差分系数求取、稳定性判断及截断边界镶边等函数，以便于在后面的程序中直接调用。

第 22.2～22.6 节分别给出了有限差分求解声波方程的串行 C 语言程序，C+OpenMP 程序、C+MPI 程序、CUDA 程序及 C+MPI+CUDA 程序，读者可以通过这些程序进一步理解并掌握 OpenMP、MPI、CUDA 及 MPI+CUDA 程序的设计思路与方法。

第 22 章 声波方程有限差分正演模拟的并行实现

22.1 声波方程有限差分模拟算法

22.1.1 声波方程及差分格式

二维各向同性介质中的声波方程为

$$\begin{cases} \dfrac{\partial v_x}{\partial t} = -\dfrac{1}{\rho}\dfrac{\partial p}{\partial x} \\ \dfrac{\partial v_z}{\partial t} = -\dfrac{1}{\rho}\dfrac{\partial p}{\partial z} \\ \dfrac{\partial p}{\partial t} = -\rho v^2\left(\dfrac{\partial v_x}{\partial x} + \dfrac{\partial v_z}{\partial z}\right) \end{cases} \tag{22.1}$$

其中，v_x、v_z分别为质点在 x 与 z 方向的振动速度；p 为位移；v 为速度；ρ为密度；x、z 为空间坐标；t 为时间。

图 22.1 为交错网格示意图。

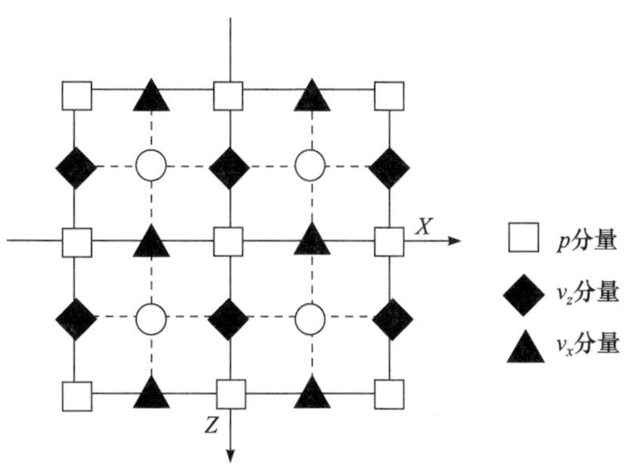

图 22.1 交错网格示意图

在图 22.1 所示的交错网格空间中对式(22.1)进行差分离散，可得高阶差分格式：

$$\begin{cases} v_x^{n^+}(i^+,j)=v_x^{n^-}(i^+,j)-\dfrac{1}{\rho(i^+,j)}\dfrac{\Delta t}{\Delta x}A_1 \\ v_z^{n^+}(i,j^+)=v_z^{n^-}(i,j+)-\dfrac{1}{\rho(i,j^+)}\dfrac{\Delta t}{\Delta z}A_2 \\ p^n(i,j)=p^{n-1}(i,j)-\rho(i,j)v^2(i,j)\times B \end{cases} \tag{22.2}$$

其中：

$$A_1=\sum_{k=1}^{N}D_k^{(N)}[p^n(i+k,j)-p^n(i-k+1,j)]$$

$$A_2=\sum_{k=1}^{N}D_k^{(N)}[p^n(i,j+k)-p^n(i,j-k+1)]$$

$$B=\frac{\Delta t}{\Delta x}B_1+\frac{\Delta t}{\Delta z}B_2$$

$$B_1=\sum_{k=1}^{N}D_k^{(N)}[v_x^{n^-}(i^++k,j)-v_x^{n^-}(i^+-k,j)]$$

$$B_2=\sum_{k=1}^{N}D_k^{(N)}[v_z^{n^-}(i,j^++k)-v_z^{n^-}(i,j^+-k)]$$

i、j 为空间离散点序号；n 为时间离散点序号；i^+、j^+、$n^\pm$ 分别表示 i+1/2、j+1/2、$n\pm$ 1/2；Δx、Δz 分别为 x 与 z 方向的空间离散步长；Δt 为时间离散步长；N 为半差分阶数；$D_k^{(N)}$ 为差分系数，其计算方法如下：

$$D_k^{(N)}=\frac{(-1)^{k+1}\prod\limits_{i=1,i\neq n}^{N}(2i-1)^2}{(2k-1)\prod\limits_{i=1,i\neq n}^{N}\left|(2k-1)^2-(2i-1)^2\right|} \tag{22.3}$$

式(22.2)的稳定性条件为

$$\Delta t v_{\max}\sqrt{\frac{1}{\Delta x^2}+\frac{1}{\Delta z^2}}\leqslant\left[\sum_{k=1}^{N}\left|D_k^{(N)}\right|\right]^{-1} \tag{22.4}$$

其中，$v_{\max}$ 为计算空间内的最大纵波速度。

22.1.2 吸收边界条件

采用 PML 边界条件吸收入射到截断边界处的外行波。PML 吸收边界又叫完全匹配层吸收边界，是目前进行地震数值模拟时一种较为理想的吸收边界。PML 吸收边界的实现过程是在进行有限差分计算的区域边缘设计一定层数的衰减层，当波场值传播到衰减层上时，每到一层便用一个衰减函数对其进行衰减，这样逐层进行，直到波场值近似为零为止，这样就达到了模拟地下无限介质的目的。与其他吸收边界条件相比，PML 吸收边界的吸收效率更高，并且对任意大小的入射角度的波场值都能进行衰减。

PML 吸收边界的应用，首先要将波场值分裂为平行于边界和垂直于边界的两部分，然后在两个方向上分别对波场值进行吸收衰减。对于一阶声波方程，只需对声压分量进行分裂，二维条件下将其分为 p_x、 p_z 两个部分，即

$$p = p_x + p_z \tag{22.5}$$

式中：

$$\begin{cases} \dfrac{\partial p_x}{\partial t} = \rho v_p^2 \dfrac{\partial v_x}{\partial x} \\ \dfrac{\partial p_z}{\partial t} = \rho v_p^2 \dfrac{\partial v_z}{\partial z} \end{cases} \tag{22.6}$$

则带有 PML 吸收边界的一阶声波方程如下所示：

$$\begin{cases} \dfrac{\partial p_x}{\partial t} + d(x) p_x = \rho v_p^2 \dfrac{\partial v_x}{\partial x} \\ \dfrac{\partial p_z}{\partial t} + d(z) p_z = \rho v_p^2 \dfrac{\partial v_z}{\partial z} \\ \dfrac{\partial v_x}{\partial t} + d(x) v_x = \dfrac{1}{\rho} \dfrac{\partial p}{\partial x} \\ \dfrac{\partial v_z}{\partial t} + d(z) v_z = \dfrac{1}{\rho} \dfrac{\partial p}{\partial z} \end{cases} \tag{22.7}$$

式中，$d(x)$ 是 x 方向的衰减函数，$d(z)$ 是 z 方向的衰减函数。以 $d(x)$ 为例，表达式如下：

$$\begin{cases} d(x) = d_0 \left(\dfrac{x}{\delta} \right)^2 \\ d_0 = \log\left(\dfrac{1}{R} \right) \dfrac{3 v_p}{2\delta} \end{cases} \tag{22.8}$$

其中，d_0 为衰减因子常数， x 为波场到达 PML 层的深度， δ 为 PML 层的厚度， R 是理论反射系数。

通过上面带有 PML 完全匹配层的一阶速度-应力方程，结合泰勒展开式，即可推出时间 2 阶空间 $2N$ 阶精度的带有 PML 边界的交错网格高阶差分格式：

$$\begin{cases} v_{x(i+1/2,j)}^{n+1/2} = \dfrac{1}{1+0.5\cdot\Delta t\cdot d(x)}[(1-0.5\cdot\Delta t\cdot d(x))v_{x(i+1/2,j)}^{m-1/2} + E_1] \\ v_{z(i,j+1/2)}^{n+1/2} = \dfrac{1}{1+0.5\cdot\Delta t\cdot d(z)}[(1-0.5\cdot\Delta t\cdot d(x))v_{z(i,j+1/2)}^{m-1/2} + E_2] \\ p_{x(i,j)}^{m+1} = \dfrac{1}{1+0.5\cdot\Delta t\cdot d(x)}[(1-0.5\cdot\Delta t\cdot d(x))p_{x(i,j)}^{m} + F_1] \\ p_{z(i,j)}^{m+1} = \dfrac{1}{1+0.5\cdot\Delta t\cdot d(z)}[(1-0.5\cdot\Delta t\cdot d(z))p_{z(i,j)}^{m} + F_2] \\ p_{(i,j)}^{m+1} = p_{x(i,j)}^{m+1} + p_{z(i,j)}^{m+1} \end{cases} \tag{22.9}$$

其中：

$$E_1 = \frac{\Delta t}{\rho_{(i+1/2,j)}} \frac{1}{\Delta x} \sum_{n=1}^{N} D_k^{(N)} (p_{(i+n,j)}^m - p_{(i-n,j)}^m)$$

$$E_2 = \frac{\Delta t}{\rho_{(i,j+1/2)}} \frac{1}{\Delta z} \sum_{n=1}^{N} D_k^{(N)} (p_{(i,j+n)}^m - p_{(i,j-n)}^m)$$

$$F_1 = \frac{\Delta t \cdot \rho v_{p(i,j)}^2}{\Delta x} \sum_{n=1}^{N} D_k^{(N)} (v_{x(i+(2n-1)/2,j)}^{m+1/2} - v_{x(i-(2n-1)/2,j)}^{m+1/2})$$

$$F_2 = \frac{\Delta t \cdot \rho v_{p(i,j)}^2}{\Delta z} \sum_{n=1}^{N} D_k^{(N)} (v_{z(i,j+(2n-1)/2)}^{m+1/2} - v_{z(i,j-(2n-1)/2)}^{m+1/2})$$

PML 吸收边界的示意图如图 22.2 所示。图中区域 ABCD 是进行常规有限差分的区域。区域 1、2、3 是加了 PML 吸收层的区域。在区域 1 中，令 $d(x) \neq 0$，$d(z) \neq 0$，速度都等于点 A、B、C、D 的速度；在区域 2 中，令 $d(x)=0$，$d(z) \neq 0$，速度分别等于 AB、CD 处的边界处的速度；在区域 3 中，令 $d(x) \neq 0$，$d(z)=0$，速度分别等于 AC、BD 边界处的速度。

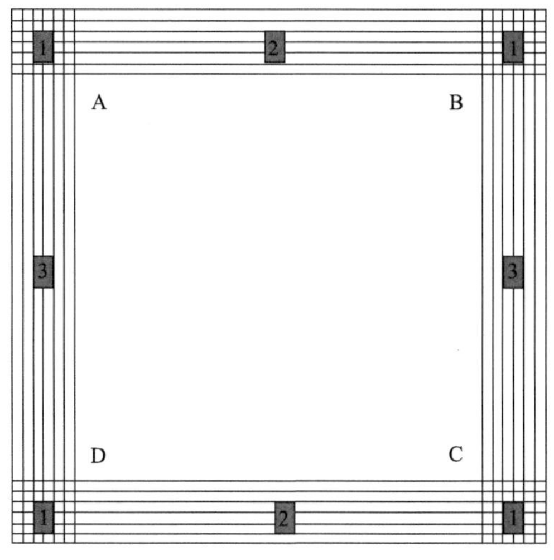

图 22.2　PML 吸收边界示意图

22.1.3　震源设置方法

地震勘探中常将震动激发源假定为点震源，因此正演模拟中也常采用点源激发来实现炮点的模拟。本例中假定炮点位置为(X_0, Z_0)，炮点激发的 Ricker 子波满足以下关系：

$$f(t) = (1 - 2\pi^2 f_0^2 t^2) \mathrm{e}^{-\pi^2 f_0^2 t^2} \tag{22.10}$$

其中，f_0 表示雷克子波的主频。则模拟过程中炮点位置处的波场计算方式如下：

$$p^n(i,j)=\begin{cases} p^{n-1}(i,j)-\rho(i,j)v^2(i,j)\times B+f(t), & n\leqslant T_{\text{shot\_len}} \\ p^{n-1}(i,j)-\rho(i,j)v^2(i,j)\times B, & n>T_{\text{shot\_len}} \end{cases} \tag{22.11}$$

其中，$T_{\text{shot\_len}}$ 表示震源的加载时间，B 的求法与式(22.2)相同。

22.1.4 二维声波方程正演模拟的实现步骤

二维声波方程正演模拟实现流程图见图 22.3。

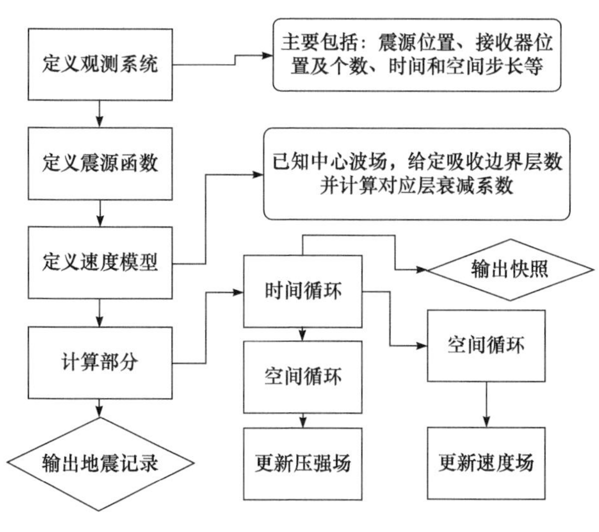

图 22.3 二维声波正演实现流程图

从图中看出该流程具体如下。

(1)给定观测系统参数(震源位置、接收点位置、接收道数、时间及空间采样间隔等)。

(2)给定震源子波函数。

(3)给定速度模型，确定边界层数，计算边界区域吸收衰减系数。

(4)波场迭代计算(一般为时间和空间循环，CUDA 并行时应用核函数的计算替代二重空间循环计算，时间循环可以输出波前快照)。

(5)输出波场和地震记录。

更为详细的实现思路与方法需要读者参考地球物理勘探领域的专业文献。

本章第 22.2～22.6 节将给出求解二维声波方程的 C 语言串行程序、C+MPI 并行程序、C+OpenMP 并行程序、CUDA 并行程序和 C+MPI+CUDA 并行程序。这些程序中差分系数求取、稳定性判断和 PML 边界层镶边代码均包含在头文件“accessories.h”中。程序 22.1 给出了 accessories.h 的详细代码。

程序 22.1 头文件 accessories.h 的详细代码

```
#pragma once
```

```
#include<stdio.h>
#include<math.h>
#include<stdlib.h>
#define N 6     // 空间 2N 阶
#define L 50    // PML 层厚
#define Xn1 300      // 未附加 PML 层的模型大小
#define Zn1 300
void coefficient_grid(float *a) //计算交错网格差分系数
{   int i, m;
   double sx1, sx2;
   for (m = 1; m <= N; m++)
   {   sx1 = sx2 = 1.0;
      for (i = 1; i < m; i++)
      {   sx1 = sx1 * (2 * i - 1)*(2 * i - 1);
         sx2 = sx2 * abs((2 * m - 1)*(2 * m - 1)- (2 * i -
         1)*(2 * i - 1));
      }
      for (i = m + 1; i <= N; i++)
      {   sx1 = sx1 * (2 * i - 1)*(2 * i - 1);
         sx2 = sx2 * abs((2 * m - 1)*(2 * m - 1)- (2 * i -
         1)*(2 * i - 1));
      }
      if (m % 2 == 1)a[m - 1] = (float)(sx1/(sx2*(2 * m - 1)));
      else a[m - 1] = (float)(-sx1/(sx2*(2 * m - 1)));
   }
}
void stable(float *a, float *v, int Xn, int Zn, float dx,
float dz, float dt) //稳定性分析
{    float temp1 = 0.0, temp = 0.0, sum = 0.0;;
     int i;
     temp =(float)( dt * sqrt(1 / (dx*dx)+ 1 / (dz*dz)));
     for (i = 0; i < N; i++) temp1 +=(float)(fabs(a[i]));
     sum = (float)(1.0 / temp1);
     for (i = 0; i < Xn*Zn; i++)
          if (temp*v[i] > sum) printf("not stable! please
          repair the dt or dh!\n");
}
void xiangbian(int Xn, int Zn, float *v)  //边界层镶边
```

```
{   int i, j;
    for (i = L; i < Xn1 + L; i++) ///// 上边界镶边 /////
          for (j = 0; j < L; j++) v[i*Zn + j] = v[i*Zn + L];
    for (i = L; i < Xn1 + L; i++)///// 下边界镶边 /////
          for (j = Zn1 + L; j < Zn; j++) v[i*Zn + j] = v[i*Zn
          + Zn1 + L - 1];
    for (i = 0; i < L; i++) ///// 左边界镶边 /////
          for (j = L; j < Zn1 + L; j++) v[i*Zn + j] = v[L*Zn
          + j];
    for (i = Xn1 + L; i < Xn; i++) ///// 右边界镶边 /////
          for (j = L; j < Zn1 + L; j++) v[i*Zn + j] = v[(Xn1
          + L - 1)*Zn + j];
    for (i = 0; i < L; i++) ///// 左上角镶边 /////
          for (j = 0; j < L; j++) v[i*Zn + j] = v[L*Zn + L];
    for (i = Xn1 + L; i < Xn; i++) ///// 右上角镶边 /////
          for (j = 0; j < L; j++)v[i*Zn + j] = v[(Xn1 + L -
          1)*Zn + L];
    for (i = 0; i < L; i++) ///// 左下角镶边 /////
          for (j = Zn1 + L; j < Zn; j++)v[i*Zn + j] = v[L*Zn
          + Zn1 + L - 1];
    for (i = Xn1 + L; i < Xn; i++) ///// 右下角镶边 /////
          for (j = Zn1 + L; j < Zn; j++)v[i*Zn + j] = v[(Xn1
          + L - 1)*Zn + Zn1 + L - 1];
}
```

22.2 声波方程有限差分模拟的串行程序

程序 22.2 为声波方程正演模拟的串行程序。

程序 22.2 声波方程正演模拟的串行 C 语言程序

```
#define _CRT_SECURE_NO_WARNINGS
#include<stdio.h>
#include<math.h>
#include<stdlib.h>
#include "accessories.h"
#define R 3
#define PI 3.1415926
#define Tn 2001
```

```
#define FM 30.0     // 雷克子波主频
#define Xn1 300     // 未附加 PML 层的模型大小
#define Zn1 300
#define N 6    // 空间 2N 阶
#define L 50   // PML 层厚
/// 计算声波方程 u 位移分量
void u_forward(int Xn, int Zn, int X0, int Z0, float *a, int
t, float *w, float dt, float ff1, float *K, float *vx, float
*vz, float *u, float *ddx, float *ddz, float *u_x_l, float
*u_z_l, float *u_x_r, float *u_z_r, float *u_x_t, float
*u_z_t, float *u_x_b, float *u_z_b, float *u_x_lt, float
*u_z_lt, float *u_x_rt, float *u_z_rt, float *u_x_lb, float
*u_z_lb, float *u_x_rb, float *u_z_rb, float *svx, float *svz,
int flag, int flag_shot);
/// 计算声波方程 v 速度分量
void vxvz_forward(int Xn, int Zn, int X0, int Z0, float *a,
int t, float dt, float ff1, float *p, float *K, float *vx,
float *vz, float *u, float *ddx, float *ddz, float *svx, float
*svz, int flag, int flag_shot);
int main()
{   FILE *fp1;           // 文件指针
    int i, j, k, l, t, Xn, Zn, X0, Z0;  // Xn, Zn 为镶了 PML 层厚
    的模型大小，X0 和 Z0 为震源位置
    Xn = Xn1 + 2 * L; Zn = Zn1 + 2 * L;
    X0 = Xn / 2; Z0 = L + 0;
    float  dt = (float)0.0005, dh = (float)5.0, dx = (float)5.0,
    dz = (float)5.0;  // 网格尺寸和时间步长
    float a[N] = { 0.0 };  // 交错网格差分系数
    float ff1 = dt/dh, s = 0.0;
    float *p, *v, *K, *w;  // 模型参数：p 为密度，v 为模型， K=p*v*v,
    w 为震源子波
    float *vx, *vz, *u;   // 声波方程中的变量 u 位移分量 vx vz 速度
    分量
    float *u_x_l, *u_z_l, *u_x_r, *u_z_r, *u_x_t, *u_z_t,
    *u_x_b, *u_z_b;
    float *u_x_lt, *u_z_lt, *u_x_rt, *u_z_rt, *u_x_lb,
    *u_z_lb, *u_x_rb, *u_z_rb; //边界分裂波场
    float *svx, *svz, *ddx, *ddz; // svx 记录 vx 分量, svz 记录 vz
```

分量，ddx，ddz 为 PML 衰减系数

```
w = (float *)malloc(Tn * sizeof(float));
p = (float *)malloc(Xn*Zn * sizeof(float));
v = (float *)malloc(Xn*Zn * sizeof(float));
K = (float *)malloc(Xn*Zn * sizeof(float));
vx = (float *)malloc(Xn*Zn * sizeof(float));
vz = (float *)malloc(Xn*Zn * sizeof(float));
u = (float *)malloc(Xn*Zn * sizeof(float));
u_x_l = (float *)malloc(Zn1*L * sizeof(float));
u_z_l = (float *)malloc(Zn1*L * sizeof(float));
u_x_r = (float *)malloc(Zn1*L * sizeof(float));
u_z_r = (float *)malloc(Zn1*L* sizeof(float));
u_x_t = (float *)malloc(Xn1*L* sizeof(float));
u_z_t = (float *)malloc(Xn1*L* sizeof(float));
u_x_b = (float *)malloc(Xn1*L * sizeof(float));
u_z_b = (float *)malloc(Xn1*L * sizeof(float));
u_x_lt = (float *)malloc(L*L * sizeof(float));
u_z_lt = (float *)malloc(L*L * sizeof(float));
u_x_rt = (float *)malloc(L*L * sizeof(float));
u_z_rt = (float *)malloc(L*L * sizeof(float));
u_x_lb = (float *)malloc(L*L* sizeof(float));
u_z_lb = (float *)malloc(L*L* sizeof(float));
u_x_rb = (float *)malloc(L*L* sizeof(float));
u_z_rb = (float *)malloc(L*L* sizeof(float));
ddx = (float *)malloc(Xn*Zn * sizeof(float));
ddz = (float *)malloc(Xn*Zn * sizeof(float));
svx = (float *)malloc(Xn*Tn * sizeof(float));
svz = (float *)malloc(Xn*Tn * sizeof(float));
//////////////////// 赋初值 零////////////////////////
for (i = 0; i < Tn; i++)w[i] = 0.0;
for (i = 0; i < Xn * Zn; i++)p[i] = v[i] = K[i] = vx[i] =
vz[i] = u[i] = ddx[i] = ddz[i] = 0.0;
for (i = 0; i < Zn1 * L; i++)u_x_l[i] = u_z_l[i] = u_x_r[i]
= u_z_r[i] = 0.0;
for (i = 0; i < Xn1 * L; i++)u_x_t[i] = u_z_t[i] = u_x_b[i]
= u_z_b[i] = 0.0;
for (i = 0; i < L * L; i++)
    u_x_lt[i] = u_z_lt[i] = u_x_rt[i] = u_z_rt[i] =
```

```
    u_x_lb[i] = u_z_lb[i] = u_x_rb[i] = u_z_rb[i] = 0.0;
for (i = 0; i < Xn*Tn; i++)svx[i] = svz[i] = 0.0;
coefficient_grid(a);   /////////////// 计算交错网格差分系数
///////////////
////////////////以下定义模型，在第 150 个网格深度处有一个波阻抗界面
//////////////////
for (i = L; i < Xn - L; i++)
    for (j = L; j < 150 + L; j++)
    {   v[i*Zn + j] = 2500.0; p[i*Zn + j] = 1000.0;   }
for (i = L; i < Xn - L; i++)
    for (j = 150 + L; j < Zn; j++)
    { v[i*Zn + j] = 3500.0; p[i*Zn + j] = 1000.0;  }
xiangbian(Xn, Zn, v); ///////////  速度镶边  //////////////
xiangbian(Xn, Zn, p); ///////////  密度镶边  //////////////
for (i = 0; i < Xn; i++)
    for (j = 0; j < Zn; j++) K[i*Zn + j] = p[i*Zn + j] *
    v[i*Zn + j] * v[i*Zn + j];
float af = (float)10e-6, aa = (float)0.25, b = (float)0.75,
rr = (float)0.001;
for (i = 0; i < Xn; i++)
    for (j = 0; j < Zn; j++)
    {   if (i < L)
            ddx[i*Zn + j] = (float)(log10(1 / rr)* (5.*v
            [i*Zn + j] / (2.*L))* pow(1.0*(L - i)/ L, 4.0));
        if (i > Xn1 + L)
            ddx[i*Zn + j] = (float)(log10(1 / rr)*(5.*v[i*Zn
            + j] / (2.*L))*pow(1.*(i - Xn1 - L)/ L, 4.));
        if (j < L)
        {   l = L - j;
            ddz[i*Zn + j] = -(v[i*Zn + j] * log(af)*(aa*l /
            (L - N)+ b * (l / (L - N))*(l / (L - N))))/ (L - N);
        }
        if (j > Zn1 + L)
       {   l = j - Zn1 - L;
            ddz[i*Zn + j] = -(v[i*Zn + j] * log(af)*(aa*l /
            (L - N)+ b * (l / (L - N))*(l / (L - N))))/ (L - N);
       }
    }
```

```
/*********** 震源为雷克子波 *************/
float  Nk = (float)(PI * PI * FM * FM * dt * dt);
int t0 = (int)(ceil(1.0 / (FM*dt)));
int wavelate = 100;
for (k = 0; k < Tn; k++)
   w[k] = (float)((1.0 - 2.0 * Nk * (k - t0)* (k - t0))*
   exp(-Nk * (k - t0)* (k - t0)));   //震源 s(t)
stable(a, v, Xn, Zn, dx, dz, dt);  /////稳定性分析 /////
int flag = 1, flag_shot = 1;
for (t = 0; t < Tn; t++)
{   if (t % 100 == 0)printf("t=%f s\n", t*dt);
    //调用函数计算位移分量 u
   u_forward(Xn, Zn, X0, Z0, a, t, w, dt, ff1, K, vx, vz,
u, ddx, ddz, u_x_l, u_z_l, u_x_r, u_z_r, u_x_t, u_z_t, u_x_b,
u_z_b, u_x_lt, u_z_lt, u_x_rt, u_z_rt, u_x_lb, u_z_lb, u_x_rb,
u_z_rb, svx, svz, flag, flag_shot);
    //调用函数计算速度分量 v
   vxvz_forward(Xn, Zn, X0, Z0, a, t, dt, ff1, p, K, vx,
   vz, u, ddx, ddz, svx, svz, flag, flag_shot);
  if (t == 500) //输出 t=500 时刻的快照
     {   if ((fp1 = fopen("vx500.bin", "wb"))!= NULL)
            {   for (i = L; i < Xn - L; i++)
                    for (j = L; j < Zn - L; j++)fwrite(&vx
                    [Zn*i + j], sizeof(float), 1, fp1);
               fclose(fp1);
            }
     }
}  //时间循环结束
// 将地震记录以二进制文件输出
if ((fp1 = fopen("svx.bin", "wb"))!= NULL)
   {   for (i = L; i < Xn - L; i++)
              for (j = 0; j < Tn; j++)fwrite(&svx[Tn*i +
              j], sizeof(float), 1, fp1);
          fclose(fp1);
   }
if ((fp1 = fopen("svz.bin", "wb"))!= NULL)
{   for (i = L; i < Xn - L; i++)
          for (j = 0; j < Tn; j++)fwrite(&svz[Tn*i + j],
```

```
                sizeof(float), 1, fp1);
            fclose(fp1);
        }
        free(w); free(p); free(v); free(K); free(vx); free(vz);
        free(u); free(u_x_l);
        free(u_z_l); free(u_x_r); free(u_z_r); free(u_x_t);
        free(u_z_t); free(u_x_b); free(u_z_b);
        free(u_x_lt); free(u_z_lt); free(u_x_rt); free(u_z_rt);
        free(u_x_lb); free(u_z_lb);
        free(u_x_rb); free(u_z_rb); free(svx); free(svz);
        free(ddx); free(ddz);
        return 0;
}
void u_forward(int Xn, int Zn, int X0, int Z0, float *a, int
t, float *w, float dt, float ff1, float *K, float *vx, float
*vz, float *u, float *ddx, float *ddz, float *u_x_l, float
*u_z_l, float *u_x_r, float *u_z_r, float *u_x_t, float
*u_z_t, float *u_x_b, float *u_z_b, float *u_x_lt, float
*u_z_lt, float *u_x_rt, float *u_z_rt, float *u_x_lb, float
*u_z_lb, float *u_x_rb, float *u_z_rb, float *svx, float *svz,
int flag, int flag_shot)
{   int i, j, m;
    float s;
    float  temp1 = 0.0, temp2 = 0.0, temp3 = 0.0, temp4 = 0.0,
    temp5 = 0.0, temp6 = 0.0;
    for (i = N; i < Xn - N; i++)
        for (j = N; j < Zn - N; j++)
        {   if (i == X0 && j == Z0) s = 10 * w[t];  //加载子波
            else s = 0;
            temp1 = temp2 = 0.0;
            for (m = 0; m < N; m++)
            {   temp1 += a[m] * ((vx[Zn*(i + m)+ j] - vx[Zn*(i -
            m - 1)+ j]));
                temp2 += a[m] * ((vz[Zn*i + j + m] - vz[Zn*i + j
                - m - 1]));
            }
            if (i >= L && i < Xn1 + L && j >= L && j < Zn1 +
            L)// 模型中间计算区域
```

```
      u[Zn*i + j] += flag * ff1 * K[Zn * i + j] *
      (temp1 + temp2)+ s * flag_shot;
if (i < L && j >= L && j < Zn1 + L)////////// 左边界
//////////
     {  u_x_l[Zn1*i + j - L] = (float)((1 / (1 +
     0.5*dt*ddx[Zn*i + j]))*((1 -  0.5*dt*ddx[Zn*i +
     j])*u_x_l[Zn1*i + j - L] + flag * ff1*K[Zn*i +
     j] * temp1));
        u_z_l[Zn1*i + j - L] = (float)((1 / (1 + 0.5*
        dt*ddz[Zn*i + j]))*((1 -  0.5*dt*ddz[Zn*i +
        j])*u_z_l[Zn1*i + j - L] + flag * ff1*K[Zn*i
        + j] * temp2));
        u[Zn*i + j] = (float)(u_x_l[Zn1*i + j - L] +
        u_z_l[Zn1*i + j - L]);
     }
if (i >= Xn1 + L && i < Xn1 + 2 * L && j >= L && j
< Zn1 + L)/////// 右边界 ///////
     {  u_x_r[Zn1*(i - Xn1 - L)+ j - L] = (float)((1
     / (1 + 0.5*dt*ddx[Zn*i + j]))*((1 - 0.5*dt*ddx
     [Zn*i + j])*u_x_r[Zn1*(i - Xn1 - L)+ j - L] +
     flag * ff1*K[Zn*i + j] * temp1));
        u_z_r[Zn1*(i - Xn1 - L)+ j - L] = (float)((1
        / (1 + 0.5*dt*ddz[Zn*i + j]))*((1 - 0.5*dt*
        ddz[Zn*i + j])*u_z_r[Zn1*(i - Xn1 - L)+ j -
        L] + flag * ff1*K[Zn*i + j] * temp2));
        u[Zn*i + j] = (float)(u_x_r[Zn1*(i - Xn1 -
       L)+ j - L] + u_z_r[Zn1*(i - Xn1 - L)+ j - L]);
     }
if (j >= N && j < L && i >= L && i < Xn1 + L)
////////// 上边界 //////////
    {  u_x_t[L*(i - L)+ j] = (float)((1 / (1 + 0.5*
    dt*ddx[Zn*i + j]))*((1 - 0.5*dt*ddx[Zn*i + j])*u_
    x_t[L*(i - L)+ j] + flag * ff1*K[Zn*i + j] *
    temp1));
        u_z_t[L*(i - L)+ j] = (float)((1 / (1 + 0.5*
        dt*ddz[Zn*i + j]))*((1 - 0.5*dt*ddz[Zn*i +
        j])*u_z_t[L*(i - L)+ j] + flag * ff1*K[Zn*i
        + j] * temp2));
```

```
            u[Zn*i + j] = (float)(u_x_t[L*(i - L)+ j] +
            u_z_t[L*(i - L)+ j]);
        }
    if (j >= Zn1 + L && j < Zn1 + 2 * L && i >= L && i
    < Xn1 + L)////////// 下边界 //////////
        {   u_x_b[L*(i - L)+ j - Zn1 - L] = (float)((1 /
        (1 + 0.5*dt*ddx[Zn*i + j]))*((1 - 0.5*dt*ddx[Zn*i
        + j])*u_x_b[L*(i - L)+ j - Zn1 - L] + flag *
        ff1*K[Zn*i + j] * temp1));
            u_z_b[L*(i - L)+ j - Zn1 - L] = (float)((1 /
            (1 + 0.5*dt*ddz[Zn*i + j]))*((1 - 0.5*dt*ddz
            [Zn*i + j])*u_z_b[L*(i - L)+ j - Zn1 - L] +
            flag * ff1*K[Zn*i + j] * temp2));
            u[Zn*i + j] = (float)(u_x_b[L*(i - L)+ j -
            Zn1 - L] + u_z_b[L*(i - L)+ j - Zn1 - L]);
        }
    if (i >= N && i < L && j >= N && j < L)//////////
    左上角 //////////
        {   u_x_lt[L*i + j] = (float)((1 / (1 + 0.5*dt*ddx
    [Zn*i + j]))*((1 - 0.5*dt*ddx[Zn*i + j])*u_x_lt[L*i
    + j] + flag * ff1*K[Zn*i + j] * temp1));
           u_z_lt[L*i + j] = (float)((1 / (1 + 0.5*dt*ddz
           [Zn*i + j]))*((1 - 0.5*dt*ddz[Zn*i + j])*u_z_
           lt[L*i + j] + flag * ff1*K[Zn*i + j] * temp2));
           u[Zn*i + j] = (float)(u_x_lt[L*i + j] + u_z_
           lt[L*i + j]);
        }
    if (i >= Xn1 + L && i < Xn1 + 2 * L && j >= N && j
    < L)////////// 右上角 //////////
        {   u_x_rt[L*(i - Xn1 - L)+ j] = (float)((1 / (1
        + 0.5*dt*ddx[Zn*i + j]))*((1 - 0.5*dt*ddx[Zn*i +
        j])*u_x_rt[L*(i - Xn1 - L)+ j] + flag * ff1*K[Zn*
        i + j] * temp1));
           u_z_rt[L*(i - Xn1 - L)+ j] = (float)((1 / (1
           + 0.5*dt*ddz[Zn*i + j]))*((1 - 0.5*dt*ddz[Zn*
           i + j])*u_z_rt[L*(i - Xn1 - L)+ j] + flag *
           ff1*K[Zn*i + j] * temp2));
           u[Zn*i + j] = (float)(u_x_rt[L*(i - Xn1 - L)+
```

```
            j] + u_z_rt[L*(i - Xn1 - L)+ j]);
        }
    if (i >= N && i < L && j >= Zn1 + L && j < Zn1 + 2
    * L) ////////// 左下角 //////////
        {   u_x_lb[L*i + j - Zn1 - L] = (float)((1 / (1
        + 0.5*dt*ddx[Zn*i + j]))*((1 - 0.5*dt*ddx[Zn*i +
        j])*u_x_lb[L*i + j - Zn1 - L] + flag * ff1*K[Zn*i
        + j] * temp1));
            u_z_lb[L*i + j - Zn1 - L] = (float)((1 / (1 +
            0.5*dt*ddz[Zn*i + j]))*((1 - 0.5*dt*ddz[Zn*i
            + j])*u_z_lb[L*i + j - Zn1 - L] + flag * ff1*
            K[Zn*i + j] * temp2));
            u[Zn*i + j] = (float)(u_x_lb[L*i + j - Zn1 -
            L] + u_z_lb[L*i + j - Zn1 - L]);
        }
    if (i >= Xn1 + L && i < Xn1 + 2 * L && j >= Zn1 + L
    && j < Zn1 + 2 * L)
    ////////// 右下角 //////////
        {   u_x_rb[L*(i - Xn1 - L)+ j - Zn1 - L] = (float)
        ((1 / (1 + 0.5*dt*ddx[Zn*i + j]))*((1 - 0.5*dt*
        ddx[Zn*i + j])*u_x_rb[L*(i - Xn1 - L)+ j - Zn1 -
        L] + flag * ff1*K[Zn*i + j] * temp1));
            u_z_rb[L*(i - Xn1 - L)+ j - Zn1 - L] = (float)
            ((1 / (1 + 0.5*dt*ddz[Zn*i + j]))*((1 - 0.5*
            dt*ddz[Zn*i + j])*u_z_rb[L*(i - Xn1 - L)+ j
            - Zn1 - L] + flag * ff1*K[Zn*i + j] * temp2));
            u[Zn*i + j] = (float)(u_x_rb[L*(i - Xn1 - L)+
            j - Zn1 - L] + u_z_rb[L*(i - Xn1 - L)+ j -
            Zn1 - L]);
        }
  } //空间循环结束
}
void vxvz_forward(int Xn, int Zn, int X0, int Z0, float *a,
int t, float dt, float ff1, float *p, float *K, float *vx,
float *vz, float *u, float *ddx, float *ddz, float *svx, float
*svz, int flag, int flag_shot)
{   int i, j, m;
    float temp1 = 0.0, temp2 = 0.0, temp3 = 0.0, temp4 = 0.0;
```

```
    for (i = N; i < Xn - N; i++)
      for (j = N; j < Zn - N; j++)
      {
            temp3 = temp4 = 0.0;
            for (m = 0; m < N; m++)
            {   temp3 += a[m] * (u[Zn*(i + m + 1)+ j] - u[Zn*(i
            - m)+ j]);
                  temp4 += a[m] * (u[Zn*i + j + m + 1] - u[Zn*i
                  + j - m]);
            }
            if (i >= L && i < Xn1 + L && j >= L && j < Zn1 + L)
            // 模型中间计算区域
               ddx[Zn*i + j] = ddz[Zn*i + j] = 0.0;
               vx[Zn*i + j] = (float)((1 / (1 + 0.5*dt*ddx[Zn*i
               + j]))*((1 - 0.5*dt*ddx[Zn*i + j])*vx[Zn*i + j] +
               ff1 / p[Zn*i + j] * temp3));
               vz[Zn*i + j] = (float)((1 / (1 + 0.5*dt*ddz[Zn*i
               + j]))*((1 - 0.5*dt*ddz[Zn*i + j])*vz[Zn*i + j] +
               ff1 / p[Zn*i + j] * temp4));
            if (j == Z0 && flag == 1)////// 地震记录 //////
            {   svx[Tn*i + t] = vx[Zn*i + j];
                svz[Tn*i + t] = vz[Zn*i + j];
            }
      } //空间循环结束
}
```

22.3 声波方程有限差分模拟的 OpenMP 程序

程序 22.3 为声波方程正演模拟的 OpenMP 程序。

程序 22.3　声波方程正演模拟的 OpenMP 程序

```
#define _CRT_SECURE_NO_WARNINGS
#include<stdio.h>
#include<math.h>
#include<stdlib.h>
#include "accessories.h"
#include <omp.h> //OpenMP 所需头文件
#define R 3
```

```
#define PI 3.1415926
#define Tn 2001     // 时间
#define FM 30.0     // 雷克子波主频
#define Xn1 300     // 未附加 PML 层的模型大小
#define Zn1 300
#define N 6   // 空间 2N 阶
#define L 50   // PML 层厚
/******************OpenMP 线程任务分配函数******************/
void ThreadTaskDivide(int *StartGridNo, int *EndGridNo, int
ThreadNum, int TotalTask, int StartGrid0)
{   int avg = TotalTask / ThreadNum;
    int left = TotalTask%ThreadNum;
    if (left > 0)
    {   StartGridNo[0] = StartGrid0;
        EndGridNo[0] = StartGridNo[0] + avg;
    }
    else
    {   StartGridNo[0] = StartGrid0;
        EndGridNo[0] = StartGridNo[0] + avg - 1;
    }
    for (int i = 1; i < ThreadNum; i++)
    {
        if (i < left)
        {   StartGridNo[i] = EndGridNo[i - 1] + 1;
            EndGridNo[i] = StartGridNo[i] + avg;
        }
        else
        {   StartGridNo[i] = EndGridNo[i - 1] + 1;
            EndGridNo[i] = StartGridNo[i] + avg - 1;
        }
    }
}
int main()
{   /// 计算声波方程 u 位移分量
    void u_forward(int Xn, int Zn, int X0, int Z0, float *a,
    int t, float *w, float dt, float ff1, float *K, float *vx,
    float *vz, float *u, float *ddx, float *ddz, float *u_x_l,
    float *u_z_l, float *u_x_r, float *u_z_r, float *u_x_t,
```

```
float *u_z_t, float *u_x_b, float *u_z_b, float *u_x_lt,
float *u_z_lt, float *u_x_rt, float *u_z_rt, float *u_x_
lb, float *u_z_lb, float *u_x_rb, float *u_z_rb, float *
svx, float *svz, int flag, int flag_shot, int XStart, int
XEnd);
/// 计算声波方程 v 速度分量
void vxvz_forward(int Xn, int Zn, int X0, int Z0, float
*a, int t, float dt, float ff1, float *p, float *K, float
*vx, float *vz, float *u, float *ddx, float *ddz, float
*svx, float *svz, int flag, int flag_shot, int  XStart,
int XEnd);
FILE *fp1;                    // 文件指针
int i, j, k, l, m, t;
int  Xn, Zn;                            // 镶了 PML 层厚的模型大小
Xn = Xn1 + 2 * L; Zn = Zn1 + 2 * L;
int X0, Z0;                             // 震源位置
X0 = Xn / 2;  Z0 = L + 0;
float  dt = 0.0005;                     // 采样间隔
float  dh = 5.0, dx = 5.0, dz = 5.0;  // 网格
float  s = 0.0;
float a[N] = { 0.0 };                // 交错网格差分系数
float ff1 = dt / dh;
float *p, *v, *K;                // 模型参数 p 密度 v 模型速度 K=
                                    p*v*v
float *w;                      // 震源子波（雷克子波）
float *vx, *vz, *u;     // 声波方程中的变量 u 位移分量 vx vz
                           速度分量
float *u_x_l, *u_z_l, *u_x_r, *u_z_r, *u_x_t, *u_z_t, *u_
x_b, *u_z_b;
float *u_x_lt, *u_z_lt, *u_x_rt, *u_z_rt, *u_x_lb, *u_
z_lb, *u_x_rb, *u_z_rb;  //边界分裂波场
float *svx, *svz;         // 地震记录 svx --记录 vx 分量  svz -
                            记录 vz 分量
float *ddx, *ddz;                      // PML 衰减系数
//////////////分配空间////////////////////
w = (float*)malloc(Tn*sizeof(float));
p = (float*)malloc(Xn*Zn*sizeof(float));
v = (float*)malloc(Xn*Zn*sizeof(float));
```

```
K = (float*)malloc(Xn*Zn*sizeof(float));
vx = (float*)malloc(Xn*Zn*sizeof(float));
vz = (float*)malloc(Xn*Zn*sizeof(float));
u = (float*)malloc(Xn*Zn*sizeof(float));
u_x_l = (float*)malloc(Zn1*L*sizeof(float));
u_z_l = (float*)malloc(Zn1*L*sizeof(float));
u_x_r = (float*)malloc(Zn1*L*sizeof(float));
u_z_r = (float*)malloc(Zn1*L*sizeof(float));
u_x_t = (float*)malloc(Xn1*L*sizeof(float));
u_z_t = (float*)malloc(Xn1*L*sizeof(float));
u_x_b = (float*)malloc(Xn1*L*sizeof(float));
u_z_b = (float*)malloc(Xn1*L*sizeof(float));
u_x_lt = (float*)malloc(L*L*sizeof(float));
u_z_lt = (float*)malloc(L*L*sizeof(float));
u_x_rt = (float*)malloc(L*L*sizeof(float));
u_z_rt = (float*)malloc(L*L*sizeof(float));
u_x_lb = (float*)malloc(L*L*sizeof(float));
u_z_lb = (float*)malloc(L*L*sizeof(float));
u_x_rb = (float*)malloc(L*L*sizeof(float));
u_z_rb = (float*)malloc(L*L*sizeof(float));
ddx = (float*)malloc(Xn*Zn*sizeof(float));
ddz = (float*)malloc(Xn*Zn*sizeof(float));
svx = (float*)malloc(Xn*Tn*sizeof(float));
svz = (float*)malloc(Xn*Tn*sizeof(float));
//////////////////// 赋初值 零///////////////////////
for (i = 0; i < Tn; i++)w[i] = 0.0;
for (i = 0; i < Xn*Zn; i++)
    p[i] = v[i] = K[i] = vx[i] = vz[i] = u[i] = ddx[i] =
    ddz[i] = 0.0
for (i = 0; i < Zn1*L; i++)
    u_x_l[i] = u_z_l[i] = u_x_r[i] = u_z_r[i] = 0.0;
for (i = 0; i < Xn1*L; i++)
    u_x_t[i] = u_z_t[i] = u_x_b[i] = u_z_b[i] = 0.0;
for (i = 0; i < L*L; i++)
    u_x_lt[i] = u_z_lt[i] = u_x_rt[i] = u_z_rt[i] = u_x_lb
    [i] = u_z_lb[i] = u_x_rb[i] = u_z_rb[i] = 0.0;
for (i = 0; i < Xn*Tn; i++)
   svx[i] = svz[i] = 0.0;
```

```
coefficient_grid(a); /////////////// 计算交错网格前系数
///////////////
///////////////////// 定义模型 ////////////////////
for (i = L; i < Xn - L; i++)
    for (j = L; j < 150 + L; j++)
    {   v[i*Zn + j] = 2500.0;
        p[i*Zn + j] = 1000.0;
    }
for (i = L; i < Xn - L; i++)
    for (j = 150 + L; j < Zn; j++)
    {   v[i*Zn + j] = 3500.0;
        p[i*Zn + j] = 1000.0;
    }
xiangbian(Xn, Zn, v); ///////////  镶边  /////////////
xiangbian(Xn, Zn, p); ///////////  镶边  /////////////
for (i = 0; i < Xn; i++)
    for (j = 0; j < Zn; j++)
        K[i*Zn + j] = p[i*Zn + j] * v[i*Zn + j] * v[i*Zn
        + j];
float af = 10e-6, aa = 0.25, b = 0.75; /********PML边界
衰减系数************/
float rr = 0.001;
for (i = 0; i < Xn; i++)
    for (j = 0; j < Zn; j++)
    {   if (i<L)
            ddx[i*Zn + j] = log10(1 / rr)*(5.0*v[i*Zn + j]
            / (2.0*L))*pow(1.0*(L - i)/ L, 4.0);
        if (i>Xn1 + L)
            ddx[i*Zn + j] = log10(1 / rr)*(5.0*v[i*Zn + j]
            / (2.0*L))*pow(1.0*(i - Xn1 - L)/ L, 4.0);
        if (j < L)
        {   l = L - j;
          ddz[i*Zn + j] = -(v[i*Zn + j] * log(af)*(aa*l / (L
          - N)+ b* (l / (L - N))*(l / (L - N))))/ (L - N);
        }
        if (j > Zn1 + L)
        {   l = j - Zn1 - L;
          ddz[i*Zn + j] = -(v[i*Zn + j] * log(af)*(aa*l /
```

```
            (L-N)+b* (1 / (L - N))*(1 / (L - N))))/ (L-N);
        }
    }
  /*********** 震源为雷克子波 *************/
  float  Nk = PI * PI * FM * FM * dt * dt;
  int t0 = ceil(1.0 / (FM * dt));
  int wavelate = 100;
  for (k = 0; k < Tn; k++)
    w[k] = (1.0 - 2.0*Nk*(k - t0)*(k - t0))*exp(-Nk*(k - t0)*(k
    - t0));  //  震源 s(t)离散化
  stable(a, v, Xn, Zn, dx, dz, dt);   /////稳定性分析 /////
  int flag = 1, flag_shot = 1;
  //OpenMP 部分
  int *StartGridNo = NULL;
  int *EndGridNo = NULL;
  int StartGrid0 = N;
  int TotalTask = Zn - N - StartGrid0; //计算区域总任务
  int ThreadNum = 1; //开启的线程数
  StartGridNo = (int *)malloc(ThreadNum*sizeof(int));
  EndGridNo = (int *)malloc(ThreadNum*sizeof(int));
  ThreadTaskDivide(StartGridNo, EndGridNo, ThreadNum,
  TotalTask, StartGrid0);
//根据线程数分配任务
  //////////////  正向延拓  ////////////
  for (t = 0; t < Tn; t++)
  {   if (t % 100 == 0)printf("t=%d\n", t);
#pragma omp parallel num_threads(ThreadNum)//空间循环采用 OpenMP
并行计算，并指定线程数
            {   int threadIdx = omp_get_thread_num(); //获取
                当前执行代码线程号
                int XStart = StartGridNo[threadIdx]; //计算
                任务的左边界
                int XEnd = EndGridNo[threadIdx] + 1; //计算
                任务的右边界
                //调用函数计算位移分量 u
                u_forward(Xn, Zn, X0, Z0, a, t, w, dt, ff1, K,
                vx, vz, u, ddx, ddz, u_x_l, u_z_l, u_x_r, u_z_r,
                u_x_t, u_z_t, u_x_b, u_z_b, u_x_lt, u_z_lt, u_
```

```
                x_rt, u_z_rt, u_x_lb, u_z_lb, u_x_rb, u_z_rb,
                svx, svz, flag, flag_shot, XStart, XEnd);
#pragma omp barrier //添加栅障使所有的线程同步
                //调用函数计算速度分量 v
                vxvz_forward(Xn, Zn, X0, Z0, a, t, dt, ff1, p,
                K, vx, vz, u, ddx, ddz, svx, svz, flag, flag_
                shot, XStart, XEnd);
#pragma omp barrier
            }
        if (t == 500) //输出 t=500 时刻的快照
        {   //将此时刻计算的速度分量以二进制文件输出
            if ((fp1 = fopen("vx5001.bin", "wb"))!= NULL)
            {   for (i = L; i < Xn - L; i++)
                    for (j = L; j < Zn - L; j++)fwrite(&vx[Zn*i
                    + j], sizeof(float), 1, fp1);
                fclose(fp1);
            }
        }
    }   //时间循环结束
    // 将地震记录以二进制文件输出
    if ((fp1 = fopen("svx1.bin", "wb"))!= NULL)
    {   for (i = L; i < Xn - L; i++)
          for (j = 0; j < Tn; j++) fwrite(&svx[Tn*i + j], sizeof
      (float), 1, fp1);
        fclose(fp1);
    }
    if ((fp1 = fopen("svz1.bin", "wb"))!= NULL)
    {   for (i = L; i < Xn - L; i++)
          for (j = 0; j < Tn; j++) fwrite(&svz[Tn*i + j], sizeof
          (float), 1, fp1);
        fclose(fp1);
    }
    free(w); free(p); free(v); free(K);
    free(vx); free(vz); free(u);
    free(u_x_l); free(u_z_l); free(u_x_r); free(u_z_r); free
    (u_x_t); free(u_z_t); free(u_x_b); free(u_z_b);
    free(u_x_lt); free(u_z_lt); free(u_x_rt); free(u_z_rt);
    free(u_x_lb); free(u_z_lb);
```

```
    free(u_x_rb); free(u_z_rb); free(svx); free(svz);
    free(ddx); free(ddz);
    getchar();
    return 0;
}
//////////////////////    function   //////////////////////////
void u_forward(int Xn, int Zn, int X0, int Z0, float *a, int
t, float *w, float dt, float ff1, float *K, float *vx, float
*vz, float *u, float *ddx, float *ddz, float *u_x_l, float
*u_z_l, float *u_x_r, float *u_z_r, float *u_x_t, float *u_
z_t, float *u_x_b, float *u_z_b, float *u_x_lt, float *u_z_lt,
float *u_x_rt, float *u_z_rt, float *u_x_lb, float *u_z_lb,
float *u_x_rb, float *u_z_rb, float *svx, float *svz, int
flag, int flag_shot, int XStart, int XEnd)
{   int i, j, m;
    float s;
    float  temp1 = 0.0, temp2 = 0.0, temp3 = 0.0, temp4 = 0.0,
    temp5 = 0.0, temp6 = 0.0;
    for (i = XStart; i < XEnd; i++)
    for (j = N; j < Zn - N; j++)
    {  if (i == X0 && j == Z0) s = 10 * w[t];   //加载子波
       else  s = 0;
       //////////////////// (i,j) k时刻展开 ////////////////////
       temp1 = temp2 = 0.0;
       for (m = 0; m < N; m++)
       {   temp1 += a[m] * ((vx[Zn*(i + m)+ j] - vx[Zn*(i - m -
       1)+ j]));
           temp2 += a[m] * ((vz[Zn*i + j + m] - vz[Zn*i + j - m
           - 1]));
       }
       ////////////////////// 模型中间计算区域 ////////////////////
       if (i >= L && i < Xn1 + L && j >= L && j < Zn1 + L)  //
       模型中间计算区域
              u[Zn*i + j] += flag*ff1*K[Zn*i + j] * (temp1 +
              temp2)+ s*flag_shot;
              ///////// 左边界 /////////
       if (i < L && j >= L && j < Zn1 + L)
       {
```

```
        u_x_l[Zn1*i + j - L] = (1 / (1 + 0.5*dt*ddx[Zn*i
        + j]))*((1 - 0.5*dt*ddx[Zn*i + j])*u_x_l[Zn1*i + j
        - L] + flag*ff1*K[Zn*i + j] * temp1);
        u_z_l[Zn1*i + j - L] = (1 / (1 + 0.5*dt*ddz[Zn*i
        + j]))*((1 - 0.5*dt*ddz[Zn*i + j])*u_z_l[Zn1*i + j
        - L] + flag*ff1*K[Zn*i + j] * temp2);
        u[Zn*i + j] = u_x_l[Zn1*i + j - L] + u_z_l[Zn1*i
        + j - L];
}
    ////////// 右边界 //////////
if (i >= Xn1 + L && i < Xn1 + 2 * L && j >= L && j < Zn1
+ L)
{   u_x_r[Zn1*(i - Xn1 - L)+ j - L] = (1 / (1 + 0.5*dt*
ddx[Zn*i + j]))*((1 - 0.5*dt*ddx[Zn*i + j])*u_x_r[Zn1*(i
- Xn1 - L)+ j - L] + flag*ff1*K[Zn*i + j] * temp1);
  u_z_r[Zn1*(i - Xn1 - L)+ j - L] = (1 / (1 + 0.5*dt*ddz
  [Zn*i + j]))*((1 - 0.5*dt*ddz[Zn*i + j])*u_z_r[Zn1*(i
  - Xn1 - L)+ j - L] + flag*ff1*K[Zn*i + j] * temp2);
  u[Zn*i + j] = u_x_r[Zn1*(i - Xn1 - L)+ j - L] + u_z_r
  [Zn1*(i - Xn1 - L)+ j - L];
}
    ////////// 上边界 //////////
if (j >= N && j < L && i >= L && i < Xn1 + L)
{   u_x_t[L*(i - L)+ j] = (1 / (1 + 0.5*dt*ddx[Zn*i +
j]))*((1 - 0.5*dt*ddx[Zn*i + j])*u_x_t[L*(i - L)+ j] +
flag*ff1*K[Zn*i + j] * temp1);
  u_z_t[L*(i - L)+ j] = (1 / (1 + 0.5*dt*ddz[Zn*i +
  j]))*((1 - 0.5*dt*ddz[Zn*i + j])*u_z_t[L*(i - L)+ j]
  + flag*ff1*K[Zn*i + j] * temp2);
  u[Zn*i + j] = u_x_t[L*(i - L)+ j] + u_z_t[L*(i - L)+
  j];
}
    ////////// 下边界 //////////
if (j >= Zn1 + L && j < Zn1 + 2 * L && i >= L && i < Xn1
+ L)
{   u_x_b[L*(i - L)+ j - Zn1 - L] = (1 / (1 + 0.5*dt*ddx
[Zn*i + j]))*((1 - 0.5*dt*ddx[Zn*i + j])*u_x_b[L*(i - L)
+ j - Zn1 - L] + flag*ff1*K[Zn*i + j] * temp1);
```

```
    u_z_b[L*(i - L)+ j - Zn1 - L] = (1 / (1 + 0.5*dt*ddz
    [Zn*i + j]))*((1 - 0.5*dt*ddz[Zn*i + j])*u_z_b[L*(i
    - L)+ j - Zn1 - L] + flag*ff1*K[Zn*i + j] * temp2);
    u[Zn*i + j] = u_x_b[L*(i - L)+ j - Zn1 - L] + u_z_b
    [L*(i - L)+ j - Zn1 - L];
}
    ////////// 左上边界 //////////
if (i >= N && i < L && j >= N && j < L)
{   u_x_lt[L*i + j] = (1 / (1 + 0.5*dt*ddx[Zn*i + j]))*((1
- 0.5*dt*ddx[Zn*i + j])*u_x_lt[L*i + j] + flag*ff1*K[Zn*
i + j] * temp1);
    u_z_lt[L*i + j] = (1 / (1 + 0.5*dt*ddz[Zn*i + j]))*((1
    - 0.5*dt*ddz[Zn*i + j])*u_z_lt[L*i + j] + flag*ff1*K
    [Zn*i + j] * temp2);
    u[Zn*i + j] = u_x_lt[L*i + j] + u_z_lt[L*i + j];
}
    ////////// 右上边界 //////////
if (i >= Xn1 + L && i < Xn1 + 2 * L && j >= N && j < L)
{   u_x_rt[L*(i - Xn1 - L)+ j] = (1 / (1 + 0.5*dt*ddx[Zn*i
+ j]))*((1 - 0.5*dt*ddx[Zn*i + j])*u_x_rt[L*(i - Xn1 -
L)+ j] + flag*ff1*K[Zn*i + j] * temp1);
    u_z_rt[L*(i - Xn1 - L)+ j] = (1 / (1 + 0.5*dt*ddz[Zn*i
    + j]))*((1 - 0.5*dt*ddz[Zn*i + j])*u_z_rt[L*(i - Xn1
    - L)+ j] + flag*ff1*K[Zn*i + j] * temp2);
    u[Zn*i + j] = u_x_rt[L*(i - Xn1 - L)+ j] + u_z_rt[L*(i
    - Xn1 - L)+ j];
}
    ////////// 左下边界 //////////
if (i >= N && i < L && j >= Zn1 + L && j < Zn1 + 2 * L)
{   u_x_lb[L*i + j - Zn1 - L] = (1 / (1 + 0.5*dt*ddx[Zn*i
+ j]))*((1 - 0.5*dt*ddx[Zn*i + j])*u_x_lb[L*i + j - Zn1
- L] + flag*ff1*K[Zn*i + j] * temp1);
    u_z_lb[L*i + i - Zn1 - L] = (1 / (1 + 0.5*dt*ddz[Zn*i
    + j]))*((1 - 0.5*dt*ddz[Zn*i + j])*u_z_lb[L*i + j -
    Zn1 - L] + flag*ff1*K[Zn*i + j] * temp2);
    u[Zn*i + j] = u_x_lb[L*i + j - Zn1 - L] + u_z_lb[L*i
    + j - Zn1 - L];
}
```

```
        ////////// 右下边界 //////////
      if (i >= Xn1 + L && i < Xn1 + 2 * L && j >= Zn1 + L &&
      j < Zn1 + 2 * L)
      {   u_x_rb[L*(i - Xn1 - L)+ j - Zn1 - L] = (1 / (1 + 0.5*
      dt*ddx[Zn*i + j]))*((1 - 0.5*dt*ddx[Zn*i + j])*u_x_rb[L*
      (i - Xn1 - L)+ j - Zn1 - L] + flag*ff1*K[Zn*i + j] *
      temp1);
          u_z_rb[L*(i - Xn1 - L)+ j - Zn1 - L] = (1 / (1 + 0.5*
          dt*ddz[Zn*i + j]))*((1 - 0.5*dt*ddz[Zn*i + j])*u_z_rb
          [L*(i - Xn1 - L)+ j - Zn1 - L] + flag*ff1*K[Zn*i +
          j] * temp2);
          u[Zn*i + j] = u_x_rb[L*(i - Xn1 - L)+ j - Zn1 - L] +
          u_z_rb[L*(i - Xn1 - L)+ j - Zn1 - L];
      }
   } //空间循环结束
}
void vxvz_forward(int Xn, int Zn, int X0, int Z0, float *a,
int t, float dt, float ff1, float *p, float *K, float *vx,
float *vz, float *u, float *ddx, float *ddz, float *svx, float
*svz, int flag, int flag_shot, int XStart, int XEnd)
{   int i, j, m;
    float temp1 = 0.0, temp2 = 0.0, temp3 = 0.0, temp4 = 0.0;
    for (i = XStart; i < XEnd; i++)
    for (j = N; j < Zn - N; j++)
    {   temp3 =temp4 = 0.0;
        for (m = 0; m < N; m++)
        {   temp3 += a[m] * (u[Zn*(i + m + 1)+ j] - u[Zn*(i -
        m)+ j]);
            temp4 += a[m] * (u[Zn*i + j + m + 1] - u[Zn*i + j -
            m]);
        }
        if (i >= L && i < Xn1 + L && j >= L && j < Zn1 + L)
        // 模型中间计算区域
              ddx[Zn*i + j] = ddz[Zn*i + j] = 0.0;
        vx[Zn*i + j] = (1 / (1 + 0.5*dt*ddx[Zn*i + j]))*((1 -
        0.5*dt*ddx[Zn*i + j])*vx[Zn*i + j] + ff1 / p[Zn*i + j]
        * temp3);
        vz[Zn*i + j] = (1 / (1 + 0.5*dt*ddz[Zn*i + j]))*((1 -
```

```
        0.5*dt*ddz[Zn*i + j])*vz[Zn*i + j] + ff1 / p[Zn*i + j]
        * temp4);
        ////// 地震记录 //////
        if (j == Z0 && flag == 1)
        {   svx[Tn*i + t] = vx[Zn*i + j];
            svz[Tn*i + t] = vz[Zn*i + j];
        }
    } //空间循环结束
}
```

22.4 声波方程有限差分模拟的 MPI 程序

程序 22.4 为声波方程正演模拟的 MPI 程序，该程序一共模拟了 300 道地震记录，每道 2801 个样点。需要说明的是，程序 22.4 没有采用吸收边界条件解决截断边界的伪反射问题，而是采用的刚性边界，读者可以依据需要自行添加各种边界条件。

程序 22.4 声波方程正演模拟的 MPI 程序

```
#define _CRT_SECURE_NO_WARNINGS
#define MPICH_SKIP_MPICXX
#include<stdio.h>
#include<math.h>
#include<stdlib.h>
#include<mpi.h>
#include "accessories.h"
#define R 3
#define PI 3.1415926
#define FM 30.0     // 雷克子波主频
#define Xn1 300
#define Zn1 300     // 未附加 PML 层的模型大小
#define Tn 2801
#define N 6    // 空间 2N 阶
#define L 50   // PML 层厚
#define rec_depth 5   //接收点深度(以网格数为单位)
/// 计算声波方程 u 位移分量
void u_forward(int start, int end, int Xn, int Xn_single, int
Zn, int X0, int Z0, float *a, int t, float *w, float dt, float
ff1, float *K, float *vx, float *vz, float *u, float *ddx,
float *ddz, float *u_x, float *u_z, int myid, int flag, int
```

```
flag_shot);
/// 计算声波方程 v 速度分量
void vxvz_forward(int start, int end, int Xn, int Xn_single,
int Zn, int X0, int Z0, float *a, int t, float dt, float ff1,
float *p, float *K, float *vx, float *vz, float *u, float
*ddx, float *ddz, int myid, int flag, int flag_shot);
int main(int argc, char *argv[])
{   FILE *fp1,*fp2= nullptr;                // 文件指针
    int i, j, k, l, t, Xn, Zn;            // Xn, Zn 为镶了 PML 层厚的
                                            模型大小
    Xn = Xn1 + 2 * L;
    Zn = Zn1 + 2 * L;
    int X0, Z0;    //炮点位置
    float dt, dh, dx, dz;    // 采用间隔与网格尺寸，震源位置
    float  s = 0.0;
    float a[N] = { 0.0 };            // 交错网格差分系数
    float *p, *v, *K;               // 模型参数 p 密度 v 模型速度
                                        K=p*v*v
    float *w;                             // 震源子波（雷克子波）
    float *vx, *vz, *u;    // 声波方程中的变量 u 位移分量 vx vz
                              速度分量
    float *u_x, *u_z;              //PML 吸收边界需要用到 分裂到 x,z
                                     方向
    float *ddx, *ddz;                       // PML 衰减系数
    int numprocs, myid;
    MPI_Status status;
    int rec_flag=0;  //改变量代表接收点所在的平面在某个进程中，该值为
                      1，否则为 0
    MPI_Comm comm = MPI_COMM_WORLD;
    int rec_depth1 ;  /*接收点深度(以网格数为单位)，它指在进程中计算
    空间的网格序号*/
    long displace;
    MPI_Init(&argc, &argv);     //MPI 初始化
    MPI_Comm_rank(comm, &myid);
    MPI_Comm_size(comm, &numprocs);
    //输入相关参数
    if (myid == 0)
    {   X0 = L+0;  Z0 = Xn / 2;    //炮点位置赋值(以网格数为单位)
```

```
    dt = (float)0.0005;          // 采样间隔
    dh = (float)5.0, dx = (float)5.0, dz = (float)5.0;  //
    网格
}
MPI_Bcast(&X0, 1, MPI_INT, 0, comm);
MPI_Bcast(&Z0, 1, MPI_INT, 0, comm);
MPI_Bcast(&dh, 1, MPI_FLOAT, 0, comm);
MPI_Bcast(&dx, 1, MPI_FLOAT, 0, comm);
MPI_Bcast(&dz, 1, MPI_FLOAT, 0, comm);
MPI_Bcast(&dt, 1, MPI_FLOAT, 0, comm);
float ff1 = dt / dh;
int Xn_single1, Xn_single;
Xn_single1 = Xn / numprocs;
Xn_single = Xn_single1 + 2 * N;
//判断进程的选择是否符合要求
if (Xn_single1 < 15)
{   if (myid == 0)
    {   printf("Model is too small!!!\n");
            printf("The max process you can using is:%d
            \n", Xn / 16);
    }
    MPI_Barrier(comm);
    MPI_Abort(comm, 99);
}
//各进程建速度密度数组，大小在 Xn 方向上扩大 12 个网格点
p = (float*)malloc(Xn_single*Zn * sizeof(float));
v = (float*)malloc(Xn_single*Zn * sizeof(float));
K = (float*)malloc(Xn_single*Zn * sizeof(float));
w = (float*)malloc(Tn * sizeof(float));
vx = (float*)malloc(Xn_single*Zn * sizeof(float));
vz = (float*)malloc(Xn_single*Zn * sizeof(float));
u = (float*)malloc(Xn_single*Zn * sizeof(float));
u_x = (float*)malloc(Xn_single*Zn * sizeof(float));
u_z = (float*)malloc(Xn_single*Zn * sizeof(float));
ddx = (float*)malloc(Xn_single*Zn * sizeof(float));
ddz = (float*)malloc(Xn_single*Zn * sizeof(float));
for (i = 0; i < Tn; i++) w[i] = 0.0;
for (i = 0; i < Xn_single*Zn; i++)
```

```
        vx[i] = vz[i] = u[i] = u_x[i] = u_z[i] = ddx[i] =
        ddz[i] = (float)0.0;
    if (myid == 0)
    {   float *tmp_v, *tmp_p, *tmp_K, *tmp_ddx, *tmp_ddz;
        tmp_v = (float *)malloc(Xn*Zn * sizeof(float));
        tmp_p = (float *)malloc(Xn*Zn * sizeof(float));
        tmp_K = (float *)malloc(Xn*Zn * sizeof(float));
        tmp_ddx = (float *)malloc(Xn*Zn * sizeof(float));
        tmp_ddz = (float *)malloc(Xn*Zn * sizeof(float));
        for (i = 0; i < Xn * Zn; i++)tmp_ddx[i] = tmp_ddz[i] =
        (float)0.0;
        for (i = L; i < Xn - L; i++) //////////////////// 定义
        模型 ////////////////////
            for (j = L; j < 150 + L; j++)
            {   tmp_v[i*Zn + j] =(float)2500.0;  tmp_p[i*Zn +
            j] = (float)1000.0;   }
        for (i = L; i < Xn - L; i++)
            for (j = 150 + L; j < Zn; j++)
            {   tmp_v[i*Zn + j] = (float)3500.0;  tmp_p[i*Zn +
            j] = (float)1000.0;   }
      xiangbian(Xn, Zn, tmp_v);   ///////////  镶边
      /////////////
      xiangbian(Xn, Zn, tmp_p);   ///////////  镶边
      /////////////
      for (i = 0; i < Xn; i++)

          for (j = 0; j < Zn; j++)
                  tmp_K[i*Zn + j] = tmp_p[i*Zn + j] * tmp_v
                  [i*Zn + j] * tmp_v[i*Zn + j];
                  float af = (float)10e-6, aa = (float)0.25,
                  b = (float)0.75;
                  /////////// PML边界衰减系数 ////////////
                  float rr = (float)0.001;
          for (i = 0; i < Xn; i++)
              for (j = 0; j < Zn; j++)
                      {   if (i < L)
                          tmp_ddx[i*Zn + j] = (float)(log10
                          (1 / rr)*(5.0*tmp_v[i*Zn + j] /
```

```
(2.0*L))*pow(1.0*(L - i)/ L, 4.0));
if (i > Xn1 + L)
tmp_ddx[i*Zn + j] = (float)(log10(1
/ rr)*(5.0*tmp_v[i*Zn + j] / (2.0*
L))*pow(1.0*(i - Xn1 - L)/ L, 4.0));
if (j < L)
{   l = L - j;
    tmp_ddz[i*Zn + j] = (float)(-
    (tmp_v[i*Zn + j] * log(af)*(aa*
    l / (L - N)+ b * (l / (L - N))*(l
    / (L - N))))/ (L - N));
}
if (j > Zn1 + L)
{   l = j - Zn1 - L;
    tmp_ddz[i*Zn + j] = (float)(-
    (tmp_v[i*Zn + j] * log(af)*(aa*
    l / (L - N)+ b * (l / (L - N))*(l
    / (L - N))))/ (L - N));
}
        }
    //传递模型数组
for (i = 1; i < numprocs; i++)
{   MPI_Send(&tmp_v[i*Xn_single1*Zn], Xn_single1*
Zn, MPI_FLOAT, i, i, comm);
   MPI_Send(&tmp_p[i*Xn_single1*Zn], Xn_single1*
   Zn, MPI_FLOAT, i, i, comm);
   MPI_Send(&tmp_K[i*Xn_single1*Zn], Xn_single1*
   Zn, MPI_FLOAT, i, i, comm);
   MPI_Send(&tmp_ddx[i*Xn_single1*Zn], Xn_single1*
   Zn, MPI_FLOAT, i, i, comm);
   MPI_Send(&tmp_ddz[i*Xn_single1*Zn], Xn_single1*
   Zn, MPI_FLOAT, i, i, comm);
}
for (i = 0; i < Xn_single1; i++)
        for (j = 0; j < Zn; j++)
        {   v[(i + 6)*Zn + j] = tmp_v[i*Zn + j];
            p[(i + 6)*Zn + j] = tmp_p[i*Zn + j];
            K[(i + 6)*Zn + j] = tmp_K[i*Zn + j];
```

```
                }
        for (i = 0; i < Xn_single1; i++)
                for (j = 0; j < Zn; j++)
                {   ddx[(i + 6)*Zn + j] = tmp_ddx[i*Zn + j];
                    ddz[(i + 6)*Zn + j] = tmp_ddz[i*Zn + j];
                }
        free(tmp_v); free(tmp_p); free(tmp_K);
        free(tmp_ddx); free(tmp_ddz);
}//进程 0 读取文件和为自己进程创立 p, v, K完成
//其他进程接收来自主进程的 p, v, K
if (myid != 0)
{    MPI_Recv(&v[N * Zn], Xn_single1*Zn, MPI_FLOAT, 0,
myid, comm, &status);
     MPI_Recv(&p[N * Zn], Xn_single1*Zn, MPI_FLOAT, 0,
     myid, comm, &status);
     MPI_Recv(&K[N * Zn], Xn_single1*Zn, MPI_FLOAT, 0,
     myid, comm, &status);
     MPI_Recv(&ddx[N * Zn], Xn_single1*Zn, MPI_FLOAT, 0,
     myid, comm, &status);
     MPI_Recv(&ddz[N * Zn], Xn_single1*Zn, MPI_FLOAT, 0,
     myid, comm, &status);
}
MPI_Barrier(comm);
//定义传递过程中左右进程的标号，以及 x 方向的取值范围
int right, left, start, end;
right = myid + 1;
left = myid - 1;
if (myid == 0) left = MPI_PROC_NULL;
if (myid == numprocs - 1) right = MPI_PROC_NULL;
start = 6;
end = Xn_single - 6;
if (myid == 0) start = 12;
if (myid == numprocs - 1) end = Xn_single - 12;
coefficient_grid(a);  //////////// 计算交错网格前系数
////////////
/////////// 震源为雷克子波 ///////////
float  Nk = (float)(PI * PI*FM*FM*dt*dt);
int t0 = (int)(ceil(1.0 / (FM*dt)));
```

```
int wavelate = 100;
for (k = 0; k < Tn; k++)
    w[k] = (float)((1.0 - 2.0*Nk*(k - t0)*(k - t0))*exp(-
    Nk * (k - t0)*(k - t0))); //  震源离散
if (myid == 0)stable(a, v, Xn_single, Zn, dx, dz, dt);
/////稳定性分析 /////
int flag = 1, flag_shot = 1;
rec_depth1 = rec_depth + L ;
int xx1, xx2, rec_loc;
for (i = 0; i < numprocs; i++)
{   xx1 = i*Xn_single1;
    xx2 = (i+1)*Xn_single1;
   if (rec_depth1 >= xx1 && rec_depth1 < xx2)rec_loc = i;
}
if (myid == rec_loc)
{   rec_flag = 1;
    rec_depth1 = rec_depth1 - rec_loc * Xn_single1 + 1;
}
if (rec_flag) fp2 = fopen("E:\\sei_recordu.bin","wb+");
int start_raw, end_raw;
start_raw = L;
end_raw = Zn - L;
for (t = 0; t < Tn; t++)
{   if (myid == 0) printf("t=%d\n", t);
    MPI_Sendrecv(&vx[(Xn_single - 12)*Zn + 0], N * Zn,
    MPI_FLOAT, right, 11, &vx[0 * Zn + 0], N * Zn,
    MPI_FLOAT, left, 11, comm, &status);  //vx 分量平移
    MPI_Sendrecv(&vx[N * Zn + 0], N * Zn, MPI_FLOAT,
    left, 22, &vx[(Xn_single - 6)*Zn + 0], N * Zn, MPI_
    FLOAT, right, 22, comm, &status); //vx 分量平移
    MPI_Sendrecv(&vz[(Xn_single - 12)*Zn + 0], N * Zn,
    MPI_FLOAT, right, 11, &vz[0 * Zn + 0], N * Zn, MPI_
    FLOAT, left, 11, comm, &status);   //vz 分量平移
    MPI_Sendrecv(&vz[N * Zn + 0], N * Zn, MPI_FLOAT,
    left, 22, &vz[(Xn_single - N)*Zn + 0], N * Zn, MPI_
    FLOAT, right, 22, comm, &status);  //vz 分量平移
    u_forward(start, end, Xn, Xn_single, Zn, X0, Z0, a,
    t, w, dt, ff1, K, vx, vz, u, ddx, ddz, u_x, u_z,
```

```
myid, flag, flag_shot);  //计算位移分量 u
MPI_Sendrecv(&u[(Xn_single - 12)*Zn + 0], N * Zn,
MPI_FLOAT, right, 11, &u[0 * Zn + 0], N * Zn, MPI_
FLOAT, left, 11, comm, &status);   //u 分量平移
MPI_Sendrecv(&u[N * Zn + 0], N * Zn, MPI_FLOAT, left,
22, &u[(Xn_single - N)*Zn + 0], N * Zn, MPI_FLOAT,
right, 22, comm, &status);        //u 分量平移
vxvz_forward(start, end, Xn, Xn_single, Zn, X0, Z0,
a, t, dt, ff1, p, K, vx, vz, u, ddx, ddz, myid, flag,
flag_shot);  //计算速度分量 v
if (t == 800) //记录 800 个时间步长时的波前快照
{   int start_line, end_line;
    if (myid == 0)
    {   start_line = L + 6; end_line = Xn_single -
    6;   }
        if (myid == (numprocs - 1))
        {   start_line = 6;  end_line = Xn_single -
        L;    }
        if (myid > 0 && myid < (numprocs - 1))
        {   start_line = 6;  end_line = Xn_single - 6
        - 6;   }
if (myid == 0)
{   float *v_tmp;
    v_tmp = (float *)malloc(Xn_single*Zn * sizeof
    (float));
    if ((fp1 = fopen("E:\\wavefront800.bin", "wb"))!=
    NULL)
    {   for (i = start_line; i < end_line; i++)
            for (j = start_raw; j < end_raw; j++)
                fwrite(&u[i*Zn + j], sizeof(float),
                1, fp1);
            for (int mm = 1; mm < numprocs; mm++)
            {   MPI_Recv(v_tmp, Xn_single*Zn, MPI_
            FLOAT, mm, mm, comm, &status);
                if (mm == (numprocs - 1))
                {   start_line = 6;  end_line = Xn_
                single - L - 6;   }
                if (mm > 0 && mm < (numprocs - 1))
```

```
                    {   start_line = 6;  end_line = Xn_
                    single - 6;   }
                    for (i = start_line; i < end_line;
                    i++)
                            for (j = start_raw; j < end_
                            raw; j++)
                                fwrite(&v_tmp[i*Zn + j],
                                sizeof(float), 1, fp1);
                }
                fclose(fp1);  free(v_tmp);
            }
        }
        else MPI_Send(u, Xn_single*Zn, MPI_FLOAT, 0, myid,
        comm);
    }
    if (rec_flag)//存储地震记录
    {   for (j = start_raw; j < end_raw; j++)
        {   displace = (long)((j-start_raw)*Tn+t);
            fseek(fp2, displace*sizeof(float), SEEK_SET);
            fwrite(&u[rec_depth1*Zn + j], sizeof(float), 1,
            fp2);
        }
    }
  }   //时间循环结束
  if (rec_flag)fclose(fp2);
  free(w); free(p); free(v); free(K); free(vx); free(vz);
  free(u);
  free(u_x); free(u_z); free(ddx); free(ddz);
  MPI_Finalize();
}
void u_forward(int start, int end, int Xn, int Xn_single, int
Zn, int X0, int Z0, float *a, int t, float *w, float dt, float
ff1, float *K, float *vx, float *vz, float *u, float *ddx,
float *ddz, float *u_x, float *u_z, int myid, int flag, int
flag_shot)
{   int i, j, m;
    float s, temp1 = 0.0, temp2 = 0.0, temp3 = 0.0, temp4 =
     0.0, temp5 = 0.0, temp6 = 0.0;
```

```
        for (i = start; i < end; i++)
            for (j = N; j < Zn - N; j++)
            {   if (myid*(Xn_single - 12)+ i - 6 == X0 && j == Z0)
            s = 10 * w[t]; //加载子波
                else s = 0;
                temp1 = 0.0; temp2 = 0.0;
                for (m = 0; m < N; m++)
                {   temp1 += a[m] * ((vx[Zn*(i + m)+ j] - vx[Zn*(i
                - m - 1)+ j]));
                    temp2 += a[m] * ((vz[Zn*i + j + m] - vz[Zn*i +
                    j - m - 1]));
                }
                u_x[Zn*i + j] = (float)((1 / (1 + 0.5*dt*ddx[Zn*i
                + j]))*((1 - 0.5*dt*ddx[Zn*i + j])*u_x[Zn*i + j] +
                flag * ff1*K[Zn*i + j] * temp1));
                u_z[Zn*i + j] = (float)((1 / (1 + 0.5*dt*ddz[Zn*i
                + j]))*((1 - 0.5*dt*ddz[Zn*i + j])*u_z[Zn*i + j] +
                flag * ff1*K[Zn*i + j] * temp2));
                u[Zn*i + j] = (float)(u_x[Zn*i + j] + u_z[Zn*i +
                j] + s * flag_shot);
        } //空间循环结束
    }
    void vxvz_forward(int start, int end, int Xn, int Xn_single,
    int Zn, int X0, int Z0, float *a, int t, float dt, float ff1,
    float *p, float *K, float *vx, float *vz, float *u, float
    *ddx, float *ddz, int myid, int flag, int flag_shot)
    {   int i, j, m;
        float temp1 = 0.0, temp2 = 0.0, temp3 = 0.0, temp4 = 0.0;
        for (i = start; i < end; i++)
            for (j = N; j < Zn - N; j++)
            {   temp3 = temp4 = 0.0;
                for (m = 0; m < N; m++)
                {   temp3 += a[m] * (u[Zn*(i + m + 1)+ j] - u[Zn*(i
                - m)+ j]);
                    temp4 += a[m] * (u[Zn*i + j + m + 1] - u[Zn*i +
                    j - m]);
                }
                if (myid*(Xn_single - 12)+ i - 6 >= L && myid*(Xn_
```

```
            single - 12)+ i - 6 < Xn - L && j >= L && j < Zn - L)
            {   ddx[Zn*i + j] = 0.0;  ddz[Zn*i + j] = 0.0;   }
            vx[Zn*i + j] = (float)((1 / (1 + 0.5*dt*ddx[Zn*i +
            j]))*((1 - 0.5*dt*ddx[Zn*i + j])*vx[Zn*i + j] + ff1
            / p[Zn*i + j] * temp3));
            vz[Zn*i + j] = (float)((1 / (1 + 0.5*dt*ddz[Zn*i +
            j]))*((1 - 0.5*dt*ddz[Zn*i + j])*vz[Zn*i + j] + ff1
            / p[Zn*i + j] * temp4));
    } //空间循环结束
}
```

22.5 声波方程有限差分模拟的 CUDA 程序

程序 22.5 为声波方程正演模拟的 CUDA 程序。

程序 22.5 声波方程正演模拟的 CUDA 程序

```
#define _CRT_SECURE_NO_WARNINGS
#include "cuda_runtime.h"   /// CUDA 头文件 ///
#include "device_launch_parameters.h"
#include<stdio.h>
#include “accessories.h”
#include<math.h>
#include<stdlib.h>
#define R 3
#define PI 3.1415926
#define Tn 2001     // 时间
#define FM 30.0     // 雷克子波主频
#define Xn1 300     // 未附加 PML 层的模型大小
#define Zn1 300
#define N 6    // 空间 2N 阶
#define L 50   // PML 层厚
/// 计算声波方程 u 位移分量
__global__
void u_forward(int Xn, int Zn, int X0, int Z0, float *a, int
t, float *w, float dt, float ff1, float *K, float *vx, float
*vz, float *u, float *ddx, float *ddz, float *u_x_l, float
*u_z_l, float *u_x_r, float *u_z_r, float *u_x_t, float *u_z_
t, float *u_x_b, float *u_z_b,float *u_x_lt, float *u_z_lt,
```

```
float *u_x_rt, float *u_z_rt, float *u_x_lb, float *u_z_lb,
float *u_x_rb, float *u_z_rb, float *svx, float *svz, int
flag, int flag_shot);
/// 计算声波方程 v 速度分量
__global__
void vxvz_forward(int Xn, int Zn, int X0, int Z0, float *a,
int t, float dt, float ff1, float *p, float *K, float *vx,
float *vz, float *u, float *ddx, float *ddz, float *svx, float
*svz, int flag, int flag_shot);
int main( )
{   FILE *fp1, *fp2;                    // 文件指针
int i, j, k, l, m, t, Xn, Zn, X0, Z0;    // X0, Z0 为震源位置,
Xn, Zn 为镶边后的模型大小
Xn = Xn1 + 2 * L; Zn = Zn1 + 2 * L;  X0 = Xn / 2;  Z0 = L+0;
float  dt = 0.0005;  float  dh = 5.0, dx = 5.0, dz = 5.0;  //
采样间隔和网格尺寸赋值
float  s = 0.0;
float a[N] = { 0.0 };                  // 交错网格差分系数
float ff1 = dt / dh;
/*因读写文件需在 CPU 端进行，计算在 GPU 端进行，故在 CPU 端仅开辟部分需要
读写操作的变量，在 GPU 端仅定义计算相关的变量，以节省空间 */
float *p, *v, *K;          // 模型参数 p 密度 v 模型速度 K=p*v*v
float *w;                // 震源子波（雷克子波）
float *temp_XnZn;        /* Xn*Zn 大小的变量为从 GPU 端向 CPU 端拷贝数
据输出文件时用。比如想看某时刻的快照，可将 GPU 端的 u 或 vx 拷贝至 CPU 端
然后文件输出*/
float *temp_XnTn;  // Xn*Tn 大小的变量，同上，为文件输出地震记录时用
float *ddx, *ddz;                     // PML 衰减系数
w = (float*)malloc(Tn*sizeof(float));
p = (float*)malloc(Xn*Zn*sizeof(float));
v = (float*)malloc(Xn*Zn*sizeof(float));
K = (float*)malloc(Xn*Zn*sizeof(float));
temp_XnZn = (float*)malloc(Xn*Zn*sizeof(float));
temp_XnTn= (float*)malloc(Xn*Tn*sizeof(float*));
ddx = (float*)malloc(Xn*Zn*sizeof(float));
ddz = (float*)malloc(Xn*Zn*sizeof(float));
////////////////////////  CUDA 定义变量(定义设备端变量)
///////////////////////////
```

```
float *d_p, *d_K;             // 模型参数 p 密度 v 模型速度 K=p*v*v
float *d_w;                  // 震源子波（雷克子波）
float *d_a;                  // 交错网格差分系数
float *d_vx, *d_vz, *d_u;     // 声波方程中的变量 u 位移分量 vx vz
                                速度分量
float *d_svx, *d_svz;        // 地震记录 svx --记录 vx 分量  svz -
                                -记录 vz 分量
float *d_ddx, *d_ddz;        // PML 衰减系数
float *d_u_x_l, *d_u_z_l, *d_u_x_r, *d_u_z_r, *d_u_x_t, *d_u_
z_t, *d_u_x_b, *d_u_z_b;
float *d_u_x_lt, *d_u_z_lt, *d_u_x_rt, *d_u_z_rt, *d_u_x_lb,
*d_u_z_lb, *d_u_x_rb, *d_u_z_rb;
int size;
size = Xn*Zn*sizeof(float);
/// GPU 端动态分配空间 ///
cudaMalloc((void **)&d_w, Tn*sizeof(float));
cudaMalloc((void **)&d_a, N*sizeof(float));
cudaMalloc((void **)&d_p, size);
cudaMalloc((void **)&d_K, size);
cudaMalloc((void **)&d_vx, size);
cudaMalloc((void **)&d_vz, size);
cudaMalloc((void **)&d_u, size);
cudaMalloc((void **)&d_u_x_l, Zn1*L*sizeof(float));
cudaMalloc((void **)&d_u_z_l, Zn1*L*sizeof(float));
cudaMalloc((void **)&d_u_x_r, Zn1*L*sizeof(float));
cudaMalloc((void **)&d_u_z_r, Zn1*L*sizeof(float));
cudaMalloc((void **)&d_u_x_t, Xn1*L*sizeof(float));
cudaMalloc((void **)&d_u_z_t, Xn1*L*sizeof(float));
cudaMalloc((void **)&d_u_x_b, Xn1*L*sizeof(float));
cudaMalloc((void **)&d_u_z_b, Xn1*L*sizeof(float));
cudaMalloc((void **)&d_u_x_lt, L*L*sizeof(float));
cudaMalloc((void **)&d_u_z_lt, L*L*sizeof(float));
cudaMalloc((void **)&d_u_x_rt, L*L*sizeof(float));
cudaMalloc((void **)&d_u_z_rt, L*L*sizeof(float));
cudaMalloc((void **)&d_u_x_lb, L*L*sizeof(float));
cudaMalloc((void **)&d_u_z_lb, L*L*sizeof(float));
cudaMalloc((void **)&d_u_x_rb, L*L*sizeof(float));
cudaMalloc((void **)&d_u_z_rb, L*L*sizeof(float));
```

```
cudaMalloc((void **)&d_ddx, size);
cudaMalloc((void **)&d_ddz, size);
cudaMalloc((void **)&d_svx, Xn*Tn*sizeof(float));
cudaMalloc((void **)&d_svz, Xn*Tn*sizeof(float));
cudaMemcpy(d_w, w, Tn*sizeof(float), cudaMemcpyHostToDevice);
cudaMemcpy(d_a, a, N*sizeof(float), cudaMemcpyHostToDevice);
//////////////////// 赋初值 零////////////////////////
for (i = 0; i<Tn; i++)w[i] = 0.0;
  for (i = 0; i < Xn*Zn; i++)
    p[i] = v[i] =K[i] = temp_XnZn[i] = ddx[i] = ddz[i] = 0.0;
  for (i = 0; i<Xn*Tn; i++)temp_XnTn[i] = 0.0;
    coefficient_grid(a);  /////////////// 计算交错网格前系数
    ////////////////
  for (i = L; i < Xn - L; i++) //////////////////// 定义模型
  ////////////////////
    for (j = L; j < 150 + L; j++)
    {   v[i*Zn + j] = 2500.0;  p[i*Zn + j] = 1000.0;   }
  for (i = L; i < Xn - L; i++)
    for (j = 150 + L; j<Zn; j++)
    {   v[i*Zn + j] = 3500.0;  p[i*Zn + j] = 1000.0;   }
 xiangbian(Xn, Zn, v);  ///////////  镶边  /////////////
 xiangbian(Xn, Zn, p);  ///////////  镶边  /////////////
 for (i = 0; i<Xn; i++)
   for (j = 0; j<Zn; j++) K[i*Zn + j] = p[i*Zn + j] * v[i*Zn
   + j] * v[i*Zn + j];
 /********PML边界衰减系数*************/
 float af = 10e-6, aa = 0.25, b = 0.75, rr = 0.001;
 for (i = 0; i<Xn; i++)
   for (j = 0; j < Zn; j++)
   {   if (i<L)ddx[i*Zn + j] = log10(1 / rr)*(5.0*v[i*Zn + j]
   / (2.0*L))*pow(1.0*(L - i)/ L, 4.0);
       if (i>Xn1 + L)
           ddx[i*Zn + j] = log10(1 / rr)*(5.0*v[i*Zn + j] /
           (2.0*L))*pow(1.0*(i - Xn1 - L)/ L, 4.0);
       if (j < L)
       {   l = L - j;
           ddz[i*Zn+j] = -(v[i*Zn + j]*log(af)*(aa*l/(L - N)+b*
           (l / (L-N))*(l/(L - N))))/(L-N);
```

```
        }
        if (j > Zn1 + L)
        {   l = j - Zn1 - L;
            ddz[i*Zn + j] = -(v[i*Zn+j] * log(af)*(aa*l/(L-N)+b*
            (l/(L-N))*(l/(L-N))))/ (L-N);
        }
    }
/*********** 震源为雷克子波 *************/
float  Nk = PI*PI*FM*FM*dt*dt;
int t0 = ceil(1.0 / (FM*dt));
int wavelate = 100;
for (k = 0; k<Tn; k++)
    w[k] = (1.0 - 2.0*Nk*(k - t0)*(k - t0))*exp(-Nk*(k - t0)*(k
    - t0));       //  震源 s(t)离散化
stable(a, v, Xn, Zn, dx, dz, dt);  /////稳定性分析 /////
////////////// 将计算所需的数据由 CPU 端拷贝至 GPU 端
//////////////////////////
cudaMemcpy(d_w, w, Tn*sizeof(float), cudaMemcpyHostToDevice);
// 震源子波
cudaMemcpy(d_a, a, N*sizeof(float), cudaMemcpyHostToDevice);
// 交错网格差分系数
cudaMemcpy(d_p, p, size, cudaMemcpyHostToDevice);
// 模型 (密度)
cudaMemcpy(d_K, K, size, cudaMemcpyHostToDevice);
// 模型 (K=p*v*v)
cudaMemcpy(d_ddx, ddx, size, cudaMemcpyHostToDevice);
// PML 衰减系数
cudaMemcpy(d_ddz, ddz, size, cudaMemcpyHostToDevice);
/// 定义 kernel 函数启动语句中  线程调用相关参数
dim3 dimGrid(ceil(Xn / 8.0), ceil(Zn / 8.0), 1);   //定义网格
的维度和线程块的数量。
dim3 dimBlock(8, 8, 1);                          //定义线程块的维度和
块内的线程数
int flag, flag_shot, flag_shot_jian;
flag = 1; flag_shot = 1;
for (t = 0; t < Tn; t++)
{   if (t % 100 == 0)printf("t=%d\n", t);
    //调用函数计算位移分量 u  <<<>>>中为调用的线程网格相关参数
```

```
    u_forward << <dimGrid, dimBlock >> >(Xn, Zn, X0, Z0, d_a,
    t, d_w, dt, ff1, d_K, d_vx, d_vz, d_u, d_ddx, d_ddz, d_u_
    x_l, d_u_z_l, d_u_x_r, d_u_z_r, d_u_x_t, d_u_z_t, d_u_x_
    b, d_u_z_b, d_u_x_lt, d_u_z_lt, d_u_x_rt, d_u_z_rt, d_u_
    x_lb, d_u_z_lb, d_u_x_rb, d_u_z_rb, d_svx, d_svz, flag,
    flag_shot);
   //调用函数计算速度分量 v  <<<>>>中为调用的线程网格相关参数
   vxvz_forward << <dimGrid, dimBlock >> >(Xn, Zn, X0, Z0, d_
   a, t, dt, ff1, d_p, d_K, d_vx, d_vz, d_u, d_ddx, d_ddz,
   d_svx, d_svz, flag, flag_shot);
if (t == 500) //输出 t=500*dt 时刻的快照
    {   cudaMemcpy(temp_XnZn, d_vx, Xn*Zn*sizeof(float),
        cudaMemcpyDeviceToHost);
    //将此时刻 GPU 计算的速度分量拷贝 CPU 端，文件输出
        if ((fp1 = fopen("vx500.bin", "wb"))!= NULL)
        {   for (i = L; i<Xn - L; i++)
                for (j = L; j<Zn-L; j++)fwrite(&temp_XnZn[Zn*i
                + j], sizeof(float), 1, fp1);
                    fclose(fp1);
        }
    }
  }  //时间循环结束
  cudaMemcpy(temp_XnTn, d_svx, Xn*Tn*sizeof(float),
  cudaMemcpyDeviceToHost);  // GPU 计算的地震记录拷贝至 CPU 端，
  文件输出
  if ((fp1 = fopen("svx.bin", "wb"))!= NULL)
  {   for (i = L; i<Xn - L; i++)
          for (j = 0; j<Tn; j++)fwrite(&temp_XnTn[Tn*i + j],
          sizeof(float), 1, fp1);
      fclose(fp1);
  }
  cudaMemcpy(temp_XnTn, d_svz, Xn*Tn*sizeof(float),
  cudaMemcpyDeviceToHost);
  if ((fp1 = fopen("svz.bin", "wb"))!= NULL)
  {   for (i = L; i<Xn - L; i++)
          for (j = 0; j<Tn; j++)fwrite(&temp_XnTn[Tn*i + j],
          sizeof(float), 1, fp1);
      fclose(fp1);
```

```
    }
    cudaFree(d_p); cudaFree(d_K);  cudaFree(d_w); cudaFree(d_
    a);
    cudaFree(d_vx); cudaFree(d_vz); cudaFree(d_u); cudaFree(d_
    svx); cudaFree(d_svz);
    cudaFree(d_ddx); cudaFree(d_ddz); cudaFree(d_u_x_l);
    cudaFree(d_u_z_l);
    cudaFree(d_u_x_r); cudaFree(d_u_z_r); cudaFree(d_u_x_t);
    cudaFree(d_u_z_t);
    cudaFree(d_u_x_b); cudaFree(d_u_z_b); cudaFree(d_u_x_lt);
    cudaFree(d_u_z_lt);
    cudaFree(d_u_x_rt); cudaFree(d_u_z_rt); cudaFree(d_u_x_lb);
    cudaFree(d_u_z_lb);
    cudaFree(d_u_x_rb); cudaFree(d_u_z_rb);
    free(p);  free(v);  free(K);  free(w);
    free(temp_XnZn);  free(temp_XnTn);  free(ddx); free(ddz);
    return 0;
}
/////////////////////  CUDA function  /////////////////////////
__global__
void u_forward(int Xn, int Zn, int X0, int Z0, float *a, int
t, float *w, float dt, float ff1, float *K, float *vx, float
*vz, float *u, float *ddx, float *ddz, float *u_x_l, float
*u_z_l, float *u_x_r, float *u_z_r, float *u_x_t, float *u_z_
t, float *u_x_b, float *u_z_b, float *u_x_lt, float *u_z_lt,
float *u_x_rt, float *u_z_rt, float *u_x_lb, float *u_z_lb,
float *u_x_rb, float *u_z_rb, float *svx, float *svz, int
flag, int flag_shot)
{   int i, j, m;
    float s;
    float  temp1 = 0.0, temp2 = 0.0, temp3 = 0.0, temp4 = 0.0,
    temp5 = 0.0, temp6 = 0.0;
    i = blockIdx.x*blockDim.x + threadIdx.x; //线程索引,线程
    (i,j)计算网格点(i,j)位置的量
    j = blockIdx.y*blockDim.y + threadIdx.y;
    if (i >= N && i < Xn - N && j >= N && j < Zn - N)
    {  if (i == X0 && j == Z0)  s = 10 * w[t];   //加载子波
       else  s = 0;
```

```
temp1 = 0.0;  temp2 = 0.0;
for (m = 0; m<N; m++)
{   temp1 += a[m] * ((vx[Zn*(i + m)+ j] - vx[Zn*(i - m
- 1)+ j]));
    temp2 += a[m] * ((vz[Zn*i + j + m] - vz[Zn*i + j -
    m - 1]));
}
////////////////////// 模型中间计算区域 ////////////////////
if (i >= L && i<Xn1 + L && j >= L && j<Zn1 + L)
// 模型中间计算区域
      u[Zn*i + j] += flag*ff1*K[Zn*i + j] * (temp1 +
      temp2)+ s*flag_shot;
if (i < L && j >= L && j < Zn1 + L)///////// 左边界
/////////
{   u_x_l[Zn1*i + j - L] = (1 / (1 + 0.5*dt*ddx[Zn*i +
j]))*((1 - 0.5*dt*ddx[Zn*i + j])*u_x_l[Zn1*i + j - L] +
flag*ff1*K[Zn*i + j] * temp1);
    u_z_l[Zn1*i + j - L] = (1 / (1 + 0.5*dt*ddz[Zn*i +
    j]))*((1 - 0.5*dt*ddz[Zn*i + j])*u_z_l[Zn1*i + j -
    L] + flag*ff1*K[Zn*i + j] * temp2);
    u[Zn*i + j] = u_x_l[Zn1*i + j - L] + u_z_l[Zn1*i +
    j - L];
}
if (i >= Xn1 + L && i<Xn1 + 2 * L && j >= L && j<Zn1 +
L)////// 右边界 //////
{   u_x_r[Zn1*(i - Xn1 - L)+ j - L] = (1 / (1 + 0.5*dt*ddx
[Zn*i + j]))*((1 - 0.5*dt*ddx[Zn*i + j])*u_x_r[Zn1*(i -
Xn1 - L)+ j - L] + flag*ff1*K[Zn*i + j] * temp1);
    u_z_r[Zn1*(i - Xn1 - L)+ j - L] = (1 / (1 + 0.5*dt*ddz
   [Zn*i + j]))*((1 - 0.5*dt*ddz[Zn*i + j])*u_z_r[Zn1*(i -
    Xn1 - L)+ j - L] + flag*ff1*K[Zn*i + j] * temp2);
    u[Zn*i + j] = u_x_r[Zn1*(i - Xn1 - L)+ j - L] + u_z_r
    [Zn1*(i - Xn1 - L)+ j - L];
}
if (j >= N && j<L && i >= L && i<Xn1 + L)/////// 上边界
///////
{   u_x_t[L*(i - L)+ j] = (1 / (1 + 0.5*dt*ddx[Zn*i +
j]))*((1 - 0.5*dt*ddx[Zn*i + j])*u_x_t[L*(i - L)+ j] +
```

```
flag*ff1*K[Zn*i + j] * temp1);
    u_z_t[L*(i - L)+ j] = (1 / (1 + 0.5*dt*ddz[Zn*i +
    j]))*((1 - 0.5*dt*ddz[Zn*i + j])*u_z_t[L*(i - L)+ j]
    + flag*ff1*K[Zn*i + j] * temp2);
    u[Zn*i + j] = u_x_t[L*(i - L)+ j] + u_z_t[L*(i - L)+
    j];
}
if (j >= Zn1 + L && j<Zn1 + 2 * L && i >= L && i<Xn1 +
L)/////// 下边界 ///////
{   u_x_b[L*(i - L)+ j - Zn1 - L] = (1 / (1 + 0.5*dt*ddx
[Zn*i + j]))*((1 - 0.5*dt*ddx[Zn*i + j])*u_x_b[L*(i -
L)+ j - Zn1 - L] + flag*ff1*K[Zn*i + j] * temp1);
    u_z_b[L*(i - L)+ j - Zn1 - L] = (1 / (1 + 0.5*dt*ddz
    [Zn*i + j]))*((1 - 0.5*dt*ddz[Zn*i + j])*u_z_b[L*(i
    - L)+ j - Zn1 - L] + flag*ff1*K[Zn*i + j] * temp2);
    u[Zn*i + j] = u_x_b[L*(i - L)+ j - Zn1 - L] + u_z_b
    [L*(i - L)+ j - Zn1 - L];
}
if (i >= N && i<L && j >= N && j<L)///////// 左上角
/////////
{   u_x_lt[L*i + j] = (1 / (1 + 0.5*dt*ddx[Zn*i + j]))*((1
- 0.5*dt*ddx[Zn*i + j])*u_x_lt[L*i + j] + flag*ff1*K[Zn*
i + j] * temp1);
    u_z_lt[L*i + j] = (1 / (1 + 0.5*dt*ddz[Zn*i + j]))*((1
    - 0.5*dt*ddz[Zn*i + j])*u_z_lt[L*i + j] + flag*ff1*K
    [Zn*i + j] * temp2);
    u[Zn*i + j] = u_x_lt[L*i + j] + u_z_lt[L*i + j];
}
if (i >= Xn1 + L && i<Xn1 + 2 * L && j >= N && j<L)///////
右上角 ///////
{   u_x_rt[L*(i - Xn1 - L)+ j] = (1 / (1 + 0.5*dt*ddx[Zn*i
+ j]))*((1 - 0.5*dt*ddx[Zn*i + j])*u_x_rt[L*(i - Xn1 -
L)+ j] + flag*ff1*K[Zn*i + j] * temp1);
    u_z_rt[L*(i - Xn1 - L)+ j] = (1 / (1 + 0.5*dt*ddz[Zn*i
    + j]))*((1 - 0.5*dt*ddz[Zn*i + j])*u_z_rt[L*(i - Xn1
    - L)+ j] + flag*ff1*K[Zn*i + j] * temp2);
    u[Zn*i + j] = u_x_rt[L*(i - Xn1 - L)+ j] + u_z_rt[L*(i
    - Xn1 - L)+ j];
```

```
        }
        if (i >= N && i<L && j >= Zn1 + L && j<Zn1 + 2 * L)///////
        左下角 ///////
        {   u_x_lb[L*i + j - Zn1 - L] = (1 / (1 + 0.5*dt*ddx[Zn*i
        + j]))*((1 - 0.5*dt*ddx[Zn*i + j])*u_x_lb[L*i + j - Zn1
        - L] + flag*ff1*K[Zn*i + j] * temp1);
            u_z_lb[L*i + j - Zn1 - L] = (1 / (1 + 0.5*dt*ddz[Zn*i
            + j]))*((1 - 0.5*dt*ddz[Zn*i + j])*u_z_lb[L*i + j -
            Zn1 - L] + flag*ff1*K[Zn*i + j] * temp2);
            u[Zn*i + j] = u_x_lb[L*i + j - Zn1 - L] + u_z_lb[L*i
            + j - Zn1 - L];
        }
        if (i >= Xn1 + L && i<Xn1 + 2 * L && j >= Zn1 + L &&
        j<Zn1 + 2 * L)//////// 右下边界 ///////
        {   u_x_rb[L*(i - Xn1 - L)+ j - Zn1 - L] = (1 / (1 + 0.5*
        dt*ddx[Zn*i + j]))*((1 - 0.5*dt*ddx[Zn*i + j])*u_x_rb[L*
        (i - Xn1 - L)+ j - Zn1 - L] + flag*ff1*K[Zn*i + j] *
        temp1);
            u_z_rb[L*(i - Xn1 - L)+ j - Zn1 - L] = (1 / (1 + 0.5*
            dt*ddz[Zn*i + j]))*((1 - 0.5*dt*ddz[Zn*i + j])*u_z_rb
            [L*(i - Xn1 - L)+ j - Zn1 - L] + flag*ff1*K[Zn*i +
            j] * temp2);
            u[Zn*i + j] = u_x_rb[L*(i - Xn1 - L)+ j - Zn1 - L] +
            u_z_rb[L*(i - Xn1 - L)+ j - Zn1 - L];
        }
    }
}
__global__
void vxvz_forward(int Xn, int Zn, int X0, int Z0, float *a,
int t, float dt, float ff1, float *p, float *K, float *vx,
float *vz, float *u, float *ddx, float *ddz, float *svx, float
*svz, int flag, int flag_shot)
{   int i, j, m;
    float temp1 = 0.0, temp2 = 0.0, temp3 = 0.0, temp4 = 0.0;
    i = blockIdx.x*blockDim.x + threadIdx.x;
    j = blockIdx.y*blockDim.y + threadIdx.y;
    if (i >= N && i < Xn - N && j >= N && j < Zn - N)
    {   temp3 = 0.0;  temp4 = 0.0;
```

```
        for (m = 0; m < N; m++)
        {   temp3 += a[m] * (u[Zn*(i + m + 1)+ j] - u[Zn*(i -
        m)+ j]);
            temp4 += a[m] * (u[Zn*i + j + m + 1] - u[Zn*i + j -
            m]);
        }
        if (i >= L && i < Xn1 + L && j >= L && j < Zn1 + L)  //
        模型中间计算区域
        {   ddx[Zn*i + j] = 0.0;  ddz[Zn*i + j] = 0.0;  }
            vx[Zn*i + j] = (1 / (1 + 0.5*dt*ddx[Zn*i + j]))*((1
            - 0.5*dt*ddx[Zn*i + j])*vx[Zn*i + j] + ff1 / p[Zn*i
            + j] * temp3);
            vz[Zn*i + j] = (1 / (1 + 0.5*dt*ddz[Zn*i + j]))*((1
            - 0.5*dt*ddz[Zn*i + j])*vz[Zn*i + j] + ff1 / p[Zn*i
            + j] * temp4);
            if (j == Z0 && flag == 1)////// 地震记录 //////
            {   svx[Tn*i + t] = vx[Zn*i + j];  svz[Tn*i + t] =
            vz[Zn*i + j];   }
    }
}
```

22.6 声波方程有限差分模拟的 MPI+CUDA 程序

程序 22.6 为声波方程正演模拟的 MPI+CUDA 程序。

程序 22.6　声波方程正演模拟的 MPI+CUDA 程序

```
#define _CRT_SECURE_NO_WARNINGS
#define MPICH_SKIP_MPICXX
#include "accessories.h"
#include<stdio.h>
#include<math.h>
#include<stdlib.h>
#include<mpi.h>
#define R 3
#define PI  3.1415926
#define FM 30.0      // 雷克子波主频
#define Xn1 300
#define Zn1 300      // 未附加 PML 层的模型大小
```

```
#define Tn 2001
#define N 6    // 空间 2N阶
#define L 50   // PML层厚
typedef float real;
__global__
void u_forward(int start, int end, int Xn, int Xn_single, int
Zn, int X0, int Z0, float *a, int t, float *w, float dt, float
ff1, float *K, float *vx, float *vz, float *u, float *ddx,
float *ddz, float *u_x, float *u_z, int myid, int flag, int
flag_shot)
{   int i, j, m;
    float s;
    float  temp1 = 0.0, temp2 = 0.0, temp3 = 0.0, temp4 = 0.0,
    temp5 = 0.0, temp6 = 0.0;
    i = blockIdx.x*blockDim.x + threadIdx.x;
    j = blockIdx.y*blockDim.y + threadIdx.y;
    if(i>= start && i < end && j>=N && j<Zn-N)
    {   if (myid*(Xn_single - 12)+ i - 6 == X0 && j == Z0)s =
        10 * w[t]; //加载子波
        else  s = 0;
        temp1 = temp2 = 0.0;
        for (m = 0; m < N; m++)
        {   temp1 += a[m] * ((vx[Zn*(i + m)+ j] - vx[Zn*(i - m
        - 1)+ j]));
            temp2 += a[m] * ((vz[Zn*i + j + m] - vz[Zn*i + j -
            m - 1]));
        }
        u_x[Zn*i + j] = (1 / (1 + 0.5*dt*ddx[Zn*i + j]))*((1 -
        0.5*dt*ddx[Zn*i + j])*u_x[Zn*i + j] + flag*ff1*K[Zn*i
        + j] * temp1);
        u_z[Zn*i + j] = (1 / (1 + 0.5*dt*ddz[Zn*i + j]))*((1 -
        0.5*dt*ddz[Zn*i + j])*u_z[Zn*i + j] + flag*ff1*K[Zn*i
        + j] * temp2);
        u[Zn*i + j] = u_x[Zn*i + j] + u_z[Zn*i + j] + s*flag_
        shot;
    }
}
__global__
```

```
void vxvz_forward(int start, int end, int Xn, int Xn_single,
int Zn, int X0, int Z0, float *a, int t, float dt, float ff1,
float *p, float *K, float *vx, float *vz, float *u, float
*ddx, float *ddz, int myid, int flag, int flag_shot)
{   int i, j, m;
    float temp1 = 0.0, temp2 = 0.0, temp3 = 0.0, temp4 = 0.0;
    i = blockIdx.x*blockDim.x + threadIdx.x;
    j = blockIdx.y*blockDim.y + threadIdx.y;
    if(i>= start && i < end && j>=N && j<Zn-N)
    {   temp3 = temp4 = 0.0;
        for (m = 0; m < N; m++)
        {   temp3 += a[m] * (u[Zn*(i + m + 1)+ j] - u[Zn*(i -
        m)+ j]);
            temp4 += a[m] * (u[Zn*i + j + m + 1] - u[Zn*i + j -
            m]);
        }
        if (myid*(Xn_single - 12)+ i - 6 >= L && myid*(Xn_single
        - 12)+ i - 6 < Xn - L && j >= L && j < Zn - L)
        // 模型中间计算区域
        {   ddx[Zn*i + j] = 0.0;  ddz[Zn*i + j] = 0.0;  }
            vx[Zn*i + j] = (1 / (1 + 0.5*dt*ddx[Zn*i + j]))*((1
            - 0.5*dt*ddx[Zn*i + j])*vx[Zn*i + j] + ff1 / p[Zn*i
            + j] * temp3);
            vz[Zn*i + j] = (1 / (1 + 0.5*dt*ddz[Zn*i + j]))*((1
            - 0.5*dt*ddz[Zn*i + j])*vz[Zn*i + j] + ff1 / p[Zn*i
            + j] * temp4);
        }
}
void u_forward_c(int start, int end, int Xn, int Xn_single,
int Zn, int X0, int Z0, float *a, int t, float *w, float dt,
float ff1, float *K, float *vx, float *vz, float *u, float
*ddx, float *ddz, float *u_x, float *u_z, int myid, int flag,
int flag_shot)
{   cudaSetDevice(myid);
    ////////////////////////// CUDA 定义变量(定义设备端变量)
    ////////////////////////////
    float *d_K;             // 模型参数 p 密度 v模型速度 K=p*v*v
    float *d_w;             // 震源子波 (雷克子波)
```

```
float *d_a;             // 交错网格差分系数
float *d_vx, *d_vz, *d_u;  // 声波方程中的变量 u 位移分量 vx
vz 速度分量
float *d_ddx, *d_ddz;      // PML 衰减系数
float *d_u_x, *d_u_z;    //PML 吸收边界需要用到 分裂到 x,z 方向
int size;
size = Xn_single*Zn*sizeof(float);
/// GPU 端动态分配空间 ///
cudaMalloc((void **)&d_w, Tn*sizeof(float));
cudaMalloc((void **)&d_a, N*sizeof(float));
cudaMalloc((void **)&d_K, size);
cudaMalloc((void **)&d_vx, size);
cudaMalloc((void **)&d_vz, size);
cudaMalloc((void **)&d_u, size);
cudaMalloc((void **)&d_u_x, size);
cudaMalloc((void **)&d_u_z, size);
cudaMalloc((void **)&d_ddx, size);
cudaMalloc((void **)&d_ddz, size);
cudaMemcpy(d_w, w, Tn*sizeof(float), cudaMemcpyHostToDevice);
// 震源子波
cudaMemcpy(d_a, a, N*sizeof(float), cudaMemcpyHostToDevice);
// 交错网格差分系数
cudaMemcpy(d_K, K, size, cudaMemcpyHostToDevice);
// 模型(K=p*v*v)
cudaMemcpy(d_ddx, ddx, size, cudaMemcpyHostToDevice);
// PML 衰减系数
cudaMemcpy(d_ddz, ddz, size, cudaMemcpyHostToDevice);
cudaMemcpy(d_vx, vx, size, cudaMemcpyHostToDevice);
cudaMemcpy(d_vz, vz, size, cudaMemcpyHostToDevice);
cudaMemcpy(d_u, u, size, cudaMemcpyHostToDevice);
cudaMemcpy(d_u_x, u_x, size, cudaMemcpyHostToDevice);
cudaMemcpy(d_u_z, u_z, size, cudaMemcpyHostToDevice);
/// 定义 kernel 函数启动语句中 线程调用相关参数
dim3 dimGrid(ceil(Xn / 8.0), ceil(Zn / 8.0), 1);   //定义
网格的维度和线程块的数量。
dim3 dimBlock(8, 8, 1);                    //定义线程块的维度和
块内的线程数
//////////////  正向延拓  ////////////
```

```
    //调用函数计算位移分量 u  <<<>>>中为调用的线程网格相关参数
    u_forward << <dimGrid, dimBlock >> >(start, end, Xn, Xn_
    single, Zn, X0, Z0, d_a, t, d_w, dt, ff1, d_K, d_vx, d_vz,
    d_u, d_ddx, d_ddz, d_u_x, d_u_z, myid, flag, flag_shot);
    cudaMemcpy(u, d_u, size, cudaMemcpyDeviceToHost);
    cudaMemcpy(u_x, d_u_x, size, cudaMemcpyDeviceToHost);
    cudaMemcpy(u_z, d_u_z, size, cudaMemcpyDeviceToHost);
    cudaFree(d_K);          //释放 GPU 变量
    cudaFree(d_w); cudaFree(d_a);
    cudaFree(d_vx); cudaFree(d_vz); cudaFree(d_u);
    cudaFree(d_ddx); cudaFree(d_ddz);
    cudaFree(d_u_x); cudaFree(d_u_z);
}
void vxvz_forward_c(int start, int end, int Xn, int Xn_single,
int Zn, int X0, int Z0, float *a, int t, float dt, float ff1,
float *p, float *K, float *vx, float *vz, float *u, float
*ddx, float *ddz, int myid, int flag, int flag_shot)
{   cudaSetDevice(myid);
    ///////////////////////  CUDA 定义变量(定义设备端变量)
    ///////////////////////////
    float *d_p, *d_K;         // 模型参数 p 密度 v 模型速度 K=p*v*v
    float *d_a;                // 交错网格差分系数
    float *d_vx, *d_vz, *d_u;   // 声波方程中的变量 u 位移分量 vx
    vz 速度分量
    float *d_ddx, *d_ddz;      // PML 衰减系数
    float *d_u_x, *d_u_z;    //PML 吸收边界需要用到 分裂到 x,z 方向
    int size;
    size = Xn_single*Zn*sizeof(float);
    /// GPU 端动态分配空间 ///
    cudaMalloc((void **)&d_a, N*sizeof(float));
    cudaMalloc((void **)&d_p, size);
    cudaMalloc((void **)&d_K, size);
    cudaMalloc((void **)&d_vx, size);
    cudaMalloc((void **)&d_vz, size);
    cudaMalloc((void **)&d_u, size);
    cudaMalloc((void **)&d_u_x, size);
    cudaMalloc((void **)&d_u_z, size);
    cudaMalloc((void **)&d_ddx, size);
```

```
    cudaMalloc((void **)&d_ddz, size);
    cudaMemcpy(d_a, a, N*sizeof(float), cudaMemcpyHostToDevice);
    // 交错网格差分系数
    cudaMemcpy(d_p, p, size, cudaMemcpyHostToDevice);
    // 模型 （密度）
    cudaMemcpy(d_K, K, size, cudaMemcpyHostToDevice);
    // 模型(K=p*v*v)
    cudaMemcpy(d_ddx, ddx, size, cudaMemcpyHostToDevice);
    // PML 衰减系数
    cudaMemcpy(d_ddz, ddz, size, cudaMemcpyHostToDevice);
    cudaMemcpy(d_vx, vx, size, cudaMemcpyHostToDevice);
    cudaMemcpy(d_vz, vz, size, cudaMemcpyHostToDevice);
    cudaMemcpy(d_u, u, size, cudaMemcpyHostToDevice);
    /// 定义 kernel 函数启动语句中 线程调用相关参数
    dim3 dimGrid(ceil(Xn / 8.0), ceil(Zn / 8.0), 1);   //定义
    网格的维度和线程块的数量。
    dim3 dimBlock(8, 8, 1);                     //定义线程块的维度和
    块内的线程数
    //调用函数计算速度分量 v  <<<>>>中为调用的线程网格相关参数
    vxvz_forward << <dimGrid, dimBlock >> >(start, end, Xn,
    Xn_single, Zn, X0, Z0, d_a, t, dt, ff1, d_p, d_K, d_vx, d_
    vz, d_u, d_ddx, d_ddz, myid, flag, flag_shot);
    cudaMemcpy(vx,d_vx,size,cudaMemcpyDeviceToHost);
    cudaMemcpy(vz,d_vz,size,cudaMemcpyDeviceToHost);
    cudaFree(d_p); cudaFree(d_K);           //释放 GPU 变量
    cudaFree(d_a);
    cudaFree(d_vx); cudaFree(d_vz); cudaFree(d_u);
    cudaFree(d_ddx); cudaFree(d_ddz);
    cudaFree(d_u_x); cudaFree(d_u_z);
}
int main(int argc,char *argv[])
{   FILE *fp1, *fp2;                        // 文件指针
    int i, j, k, l, m, t;
    int Xn, Zn;                             // 镶了 PML 层厚的模型大小
    Xn = Xn1 + 2 * L;
    Zn = Zn1 + 2 * L;
    int X0, Z0;                             // 震源位置
    float  dt;                    // 采样间隔
```

```
float  dh, dx, dz;  // 网格
float  s = 0.0;
float a[N] = { 0.0 };     // 交错网格差分系数
float *p, *v, *K;          // 模型参数 p 密度 v模型速度 K=p*v*v
float *w;                            // 震源子波（雷克子波）
float *vx, *vz, *u;    // 声波方程中的变量 u 位移分量 vx vz
速度分量
float *u_x, *u_z;          //PML 吸收边界需要用到 分裂到 x,z 方向
float *ddx, *ddz;                    // PML 衰减系数
int numprocs, myid;
int namelen;
MPI_Status status;
MPI_Comm comm;
MPI_Init(&argc, &argv);
MPI_Comm_rank(comm, &myid);
MPI_Comm_size(comm, &numprocs);
//输入相关参数
if (myid == 0)
{   X0 = Xn / 2;  Z0 = L + 0;
    dt = 0.0005;              // 采样间隔
    dh = 5.0, dx = 5.0, dz = 5.0;  // 网格
}
MPI_Bcast(&X0, 1, MPI_INT, 0, comm);
MPI_Bcast(&Z0, 1, MPI_INT, 0, comm);
MPI_Bcast(&dh, 1, MPI_FLOAT, 0, comm);
MPI_Bcast(&dx, 1, MPI_FLOAT, 0, comm);
MPI_Bcast(&dz, 1, MPI_FLOAT, 0, comm);
MPI_Bcast(&dt, 1, MPI_FLOAT, 0, comm);
float ff1 = dt / dh;
int Xn_single1, Xn_single;
Xn_single1 = Xn / numprocs;
Xn_single = Xn_single1 + 2 * N;
//判断进程的选择是否符合要求
if (Xn_single1 < 15)
{   if (myid == 0)
    {   printf("Model is too small!!!\n");
        printf("The max process you can using is:%d \n", Xn
        / 16);
```

```
    }
    MPI_Barrier(comm);
    MPI_Abort(comm, 99);
}
//各进程建速度密度数组，大小在 Xn 方向上扩大 12 个网格点
p = (float*)malloc(Xn_single*Zn*sizeof(float));
v = (float*)malloc(Xn_single*Zn*sizeof(float));
K = (float*)malloc(Xn_single*Zn*sizeof(float));
//////////////分配空间////////////////////
w = (float*)malloc(Tn*sizeof(float));
vx = (float*)malloc(Xn_single*Zn*sizeof(float));
vz = (float*)malloc(Xn_single*Zn*sizeof(float));
u = (float*)malloc(Xn_single*Zn*sizeof(float));
u_x = (float*)malloc(Xn_single*Zn*sizeof(float));
u_z = (float*)malloc(Xn_single*Zn*sizeof(float));
ddx = (float*)malloc(Xn_single*Zn*sizeof(float));
ddz = (float*)malloc(Xn_single*Zn*sizeof(float));
//////////////////// 赋初值零//////////////////////
for (i = 0; i<Tn; i++)w[i] = 0.0;
 for (i = 0; i < Xn_single*Zn; i++)
         vx[i] = vz[i] = u[i] = u_x[i] = u_z[i] = ddx[i]
         = ddz[i] = 0.0;
if (myid == 0)
{   /////////////////// 定义模型 ///////////////////
    float *tmp_v, *tmp_p, *tmp_K;
    float *tmp_ddx, *tmp_ddz;
    tmp_v = (float*)malloc(Xn*Zn*sizeof(float));
    tmp_p = (float*)malloc(Xn*Zn*sizeof(float));
    tmp_K = (float*)malloc(Xn*Zn*sizeof(float));
    tmp_ddx = (float*)malloc(Xn*Zn*sizeof(float));
    tmp_ddz = (float*)malloc(Xn*Zn*sizeof(float));
    for (i = 0; i < Xn*Zn; i++)
       tmp_ddx[i] = tmp_ddz[i] = 0.0;
    for (i = L; i < Xn - L; i++)
       for (j = L; j < 150 + L; j++)
       {   tmp_v[i*Zn + j] = 2500.0; tmp_p[i*Zn + j] =
       1000.0;   }
    for (i = L; i < Xn - L; i++)
```

```
    for (j = 150 + L; j<Zn; j++)
    {   tmp_v[i*Zn + j] = 3500.0; tmp_p[i*Zn + j] =
    1000.0;   }
    xiangbian(Xn, Zn, tmp_v); ///////////  镶边
    //////////////
    xiangbian(Xn, Zn, tmp_p); ///////////  镶边
    //////////////
    for (i = 0; i<Xn; i++)
      for (j = 0; j<Zn; j++)
         tmp_K[i*Zn + j] = tmp_p[i*Zn + j] * tmp_v[i*Zn
         + j] * tmp_v[i*Zn + j];
    //////////// PML边界衰减系数 ////////////
    float af = 10e-6, aa = 0.25, b = 0.75;
    float rr = 0.001;
    for (i = 0; i<Xn; i++)
      for (j = 0; j < Zn; j++)
      {   if (i<L) tmp_ddx[i*Zn + j] = log10(1 / rr)*(5.0*
      tmp_v[i*Zn + j] / (2.0*L))*pow(1.0*(L - i)/ L, 4.0);
          if (i>Xn1 + L) tmp_ddx[i*Zn + j] = log10(1 / rr)
          *(5.0*tmp_v[i*Zn + j] / (2.0*L))*pow(1.0*(i -
          Xn1 - L)/ L, 4.0);
          if (j < L)
          {   l = L - j;
              tmp_ddz[i*Zn + j] = -(tmp_v[i*Zn + j] * log
          (af)*(aa*l / (L - N)+ b* (l / (L - N))*(l / (L -
          N))))/ (L - N);
          }
          if (j > Zn1 + L)
          {   l = j - Zn1 - L;
              tmp_ddz[i*Zn + j] = -(tmp_v[i*Zn + j] * log
              (af)*(aa*l / (L - N)+ b* (l / (L - N))*(l /
              (L - N))))/ (L - N);
          }
      }
//传递模型数组
for (i = 1; i<numprocs; i++)
{   MPI_Send(&tmp_v[i*Xn_single1*Zn], Xn_single1*Zn, MPI_
FLOAT, i, i, comm);
```

```
        MPI_Send(&tmp_p[i*Xn_single1*Zn], Xn_single1*Zn, MPI_
        FLOAT, i, i, comm);
        MPI_Send(&tmp_K[i*Xn_single1*Zn], Xn_single1*Zn, MPI_
        FLOAT, i, i, comm);
        MPI_Send(&tmp_ddx[i*Xn_single1*Zn], Xn_single1*Zn,
        MPI_FLOAT, i, i, comm);
        MPI_Send(&tmp_ddz[i*Xn_single1*Zn], Xn_single1*Zn,
        MPI_FLOAT, i, i, comm);
    }
    for (i = 0; i<Xn_single1; i++)
      for (j = 0; j<Zn; j++)
      {   v[(i + 6)*Zn + j] = tmp_v[i*Zn + j];
          p[(i + 6)*Zn + j] = tmp_p[i*Zn + j];
          K[(i + 6)*Zn + j] = tmp_K[i*Zn + j];
      }
      for (i = 0; i<Xn_single1; i++)
        for (j = 0; j<Zn; j++)
        {   ddx[(i + 6)*Zn + j] = tmp_ddx[i*Zn + j];
            ddz[(i + 6)*Zn + j] = tmp_ddz[i*Zn + j];
        }
        free(tmp_v); free(tmp_p); free(tmp_K);
        free(tmp_ddx); free(tmp_ddz);
}//主进程读取文件和为自己进程创立p，v，K完成
//其他进程接收来自主进程的p，v，K
if (myid != 0)
{   MPI_Recv(&v[N * Zn], Xn_single1*Zn, MPI_FLOAT, 0, myid,
comm, &status);
    MPI_Recv(&p[N * Zn], Xn_single1*Zn, MPI_FLOAT, 0, myid,
    comm, &status);
    MPI_Recv(&K[N * Zn], Xn_single1*Zn, MPI_FLOAT, 0, myid,
    comm, &status);
    MPI_Recv(&ddx[N * Zn], Xn_single1*Zn, MPI_FLOAT, 0,
    myid, comm, &status);
    MPI_Recv(&ddz[N * Zn], Xn_single1*Zn, MPI_FLOAT, 0,
    myid, comm, &status);
}
MPI_Barrier(comm);
//定义传递过程中左右进程的标号，以及X方向的取值范围
```

```
int right, left;
int start, end;
right = myid + 1;
left = myid - 1;
if (myid == 0)left = MPI_PROC_NULL;
if (myid == numprocs - 1)right = MPI_PROC_NULL;
start = 6;
end = Xn_single - 6;
if (myid == 0)start = 12;
if (myid == numprocs - 1)end = Xn_single - 12;
/////////////// 计算交错网格前系数 ///////////////
coefficient_grid(a);
/////////// 震源为雷克子波 ///////////
float  Nk = PI*PI*FM*FM*dt*dt;
int t0 = ceil(1.0 / (FM*dt));
int wavelate = 100;
for (k = 0; k<Tn; k++)
        w[k] = (1.0 - 2.0*Nk*(k - t0)*(k - t0))*exp(-Nk*(k
        - t0)*(k - t0));   //  震源 s(t)离散化
/////稳定性分析 /////
if (myid == 0)
stable(a, v, Xn_single, Zn, dx, dz, dt);
int flag, flag_shot, flag_shot_jian;
flag = 1; flag_shot = 1;
for (t = 0; t < Tn; t++)
{   if (myid ==0 && t % 100 == 0)printf("t=%d\n", t);
    //vx 分量
    MPI_Sendrecv(&vx[(Xn_single - 12)*Zn + 0], N * Zn, MPI_
    FLOAT, right, 11, &vx[0 * Zn + 0], N * Zn, MPI_FLOAT,
    left, 11, comm, &status);
    MPI_Sendrecv(&vx[N * Zn + 0], N * Zn, MPI_FLOAT, left,
    22, &vx[(Xn_single - 6)*Zn + 0], N * Zn, MPI_FLOAT,
    right, 22, comm, &status);
    //vz 分量
    MPI_Sendrecv(&vz[(Xn_single - 12)*Zn + 0], N * Zn, MPI_
    FLOAT, right, 11, &vz[0 * Zn + 0], N * Zn, MPI_FLOAT,
    left, 11, comm, &status);
    MPI_Sendrecv(&vz[N * Zn + 0], N * Zn, MPI_FLOAT, left,
```

```
22, &vz[(Xn_single - N)*Zn + 0], N * Zn, MPI_FLOAT,
right, 22, comm, &status);
//调用函数(在 CUDA 中)计算位移分量 u
u_forward_c(start, end, Xn, Xn_single, Zn, X0, Z0, a,
t, w, dt, ff1, K, vx, vz, u, ddx, ddz, u_x, u_z, myid,
flag, flag_shot);
//u 交换
MPI_Sendrecv(&u[(Xn_single - 12)*Zn + 0], N * Zn, MPI_
FLOAT, right, 11, &u[0 * Zn + 0], N * Zn, MPI_FLOAT,
left, 11, comm, &status);
MPI_Sendrecv(&u[N * Zn + 0], N * Zn, MPI_FLOAT, left,
22, &u[(Xn_single - N)*Zn + 0], N * Zn, MPI_FLOAT,
right, 22, comm, &status);
//调用函数(在 CUDA 中)计算速度分量 v
vxvz_forward_c(start, end, Xn, Xn_single, Zn, X0, Z0,
a, t, dt, ff1, p, K, vx, vz, u, ddx, ddz, myid, flag,
flag_shot);
 //波前快照
 if (t == 500)
 {   for (int mm = 0; mm<numprocs; mm++)
     {   if (myid == mm)
         {   if ((fp1 = fopen("wavefront500.bin", "ab"))
         != NULL)
             {
                     for (i = 6; i<Xn_single - 6; i++)
                           for (j = 0; j<Zn; j++)
                                 fwrite(&u[i*Zn + j],
                                 sizeof(float), 1, fp1);
                           fclose(fp1);
                     }
         }
         //同步
         MPI_Barrier(comm);
     }
 }
 MPI_Barrier(comm);
 //地震记录方式
      for (int mm = 0; mm<numprocs; mm++)
```

```
            {   if (myid == mm)
                {   if ((fp1 = fopen("sei_recordu.bin", "ab"))
                != NULL)
                {   for (i = N; i < Xn_single - N; i++)
                    {
                            if (myid*(Xn_single - 12)+ i - N >=
                            L && myid*(Xn_single - 12)+ i - N
                            <Xn - L)
                                    fwrite(&u[i*Zn + Z0],
                                    sizeof(float), 1, fp1);
                    }
                }
                  fclose(fp1);
              }
              //同步
              MPI_Barrier(comm);
           }
    }   //时间循环结束
    free(w);
    free(p);      //释放 CPU 变量
    free(v);
    free(K);
    free(vx); free(vz); free(u);
    free(u_x); free(u_z);
    free(ddx); free(ddz);
    MPI_Finalize();
    return 0;
}
```

参考文献

陈国良, 2004. 并行计算-结构 · 算法 · 编程. 北京: 高等教育出版社.
陈国良, 2004. 并行算法实践. 北京: 高等教育出版社.
陈国良, 2009. 并行算法的设计与分析. 北京: 高等教育出版社.
都志辉, 2001. 高性能计算并行编程技术——MPI 并行程序设计. 北京: 清华大学出版社.
何兵寿, 陈美年, 张会星, 2009. 消息传递接口在声波方程正演中的应用. 勘探地球物理进展, (5): 346-350.
何兵寿, 张会星, 2010. 双程声波方程叠前逆时深度偏移及其并行算法. 煤炭学报, (3): 458-462.
何兵寿, 张会星, 韩令贺, 2010. 弹性波方程正演的粗粒度并行算法. 地球物理学进展, 25(2): 650-656.
雷洪, 2018. 多核异构并行计算 OpenMP 4.5 C/C++ 篇. 北京: 冶金工业出版社.
莫则尧, 袁国兴, 2001. 消息传递并行编程环境 MPI. 北京: 科学出版社.
宋鹏, 王修田, 2016. 基于多卡 GPU 的随机炮分配相位编码全波形反演. 石油物探, (2): 251-260.
宋鹏, 解闯, 李金山, 等, 2015. 基于 MPI+OpenMP 的三维声波方程正演模拟. 中国海洋大学学报(自然科学版), (9): 97-102, 129.
张会星, 何兵寿, 张晶, 等, 2008. 复杂各向异性介质中的地震波场有限差分模拟. 煤炭学报, 33(11): 1257-1262.
张林波, 迟学斌, 莫则尧, 等, 2006. 并行计算导论. 北京: 高等教育出版社.
张舒, 褚艳利, 赵开勇, 等, 2011. GPU 高性能运算之 CUDA. 北京: 中国水利水电出版社.
张武生, 薛巍, 李建江, 等, 2009. MPI 并行程序设计实例教程. 北京: 清华大学出版社.
周伟明, 2009. 多核计算与程序设计. 武汉: 华中科技大学出版社.
朱博, 宋鹏, 李金山, 等, 2015. 基于多卡 GPU 集群的多次波逆时偏移成像技术. 油气地质与采收率, (2): 60-65.
Barbara C, Gabriele J, Ruud van der P, 2007. Using OpenMP: Portable Shared Memory Parallel Programming. Massachusetts: The MIT Press.
Jason S, Edward K. GPU 高性能编程 CUDA 实战. 聂雪军译, 2011. 北京: 机械工业出版社.
Michael J Q. MPI 与 OpenMP 并行程序设计(C 语言版). 奎因, 陈文光, 武永卫, 等译, 2004. 北京: 清华大学出版社.
Ruud van der P, Eric S, Christian T, 2017. Using OpenMP-The Next Step: Affinity, Accelerators, Tasking, and SIMD. Massachusetts: The MIT Press.